高等职业教育“十二五”规划教材

Tongxin Xianlu Gongcheng yu Shigong

通信线路工程与施工

楼惠群　李一雷　高　华　合编
肖钰铨[浙江省邮电工程建设有限公司]　主审

人民交通出版社

内 容 提 要

本书依据通信线路工程施工与维护的内容和步骤设有6个项目,分别是认识通信线路工程、通信线路的施工准备、通信线路敷设、通信线路接续与成端、通信线路施工验收、通信线路维护和防护。

本书可作为高职高专院校通信及相关专业教材,也可供有关技术人员参考。

图书在版编目(CIP)数据

通信线路工程与施工/楼惠群,李一雷,高华编.
— 北京:人民交通出版社, 2014.3

ISBN 978-7-114-11168-6

Ⅰ.①通… Ⅱ.①楼…②李…③高… Ⅲ.①通信线路—通讯工程②通信线路—工程施工 Ⅳ.①TN913.3

中国版本图书馆 CIP 数据核字(2013)第021284号

高等职业教育"十二五"规划教材

书　　名:通信线路工程与施工
著 作 者:楼惠群　李一雷　高　华
责任编辑:任雪莲
出版发行:人民交通出版社
地　　址:(100011)北京市朝阳区安定门外外馆斜街3号
网　　址:http://www.ccpcl.com.cn
销售电话:(010)59757973
总 经 销:人民交通出版社发行部
经　　销:各地新华书店
印　　刷:北京建宏印刷有限公司
开　　本:787×1092　1/16
印　　张:17.25
字　　数:440千
版　　次:2014年3月　第1版
印　　次:2024年7月　第5次印刷
书　　号:ISBN 978-7-114-11168-6
定　　价:40.00元
(有印刷、装订质量问题的图书,由本社负责调换)

通信技术专业建设委员会

前　言　Preface

随着我国社会主义经济的发展,通信技术领域对于通信专业人才尤其是应用型人才的需求越来越大。在通信网建设中,通信线路的建设是规模最大的重要部分,也是对专业人才需求最大的领域。在当今信息社会,随着通信设施的持续建设,以及海外通信建设市场的不断拓展,对于通信线路建设及维护人才的需求将维持长期稳定态势。

本书根据通信类高职教育的培养目标和教学需要,主要围绕通信线路工程的施工和维护任务来编写,根据需要完成线路施工任务,开展贴近工程实际的基本施工技能训练。本教材依据通信线路工程施工与维护的内容和步骤设有6个项目,分别是认识通信线路工程、通信线路的施工准备、通信线路敷设、通信线路接续与成端、通信线路施工验收、通信线路维护和防护。每个项目包含相关任务,全书共有25个任务。每个任务都与通信线路工程密切结合,符合生产实际和认知规律。任务中设有学习目标、工作任务单、知识链接、技能实训、习题与思考等内容,有利于引导学生掌握基本的工程知识和施工操作技能。

本书项目一由高华编写,项目二、项目三由李一雷编写,项目四~项目六由楼惠群编写。浙江省邮电工程建设有限公司和华信邮电咨询设计研究院有限公司为本教材的编写提供了大量基础材料,浙江省邮电工程建设有限公司杭州公司肖钰铨副总工程师担任主审。

本书可作为高职高专院校通信及相关专业教材,也可供有关技术人员参考。

本书的编写和审稿得到了浙江省邮电工程建设有限公司的大力支持,在此表示感谢。

由于编写时间仓促,编者水平有限,期待读者对本书的错漏和问题提出宝贵建议,敬请批评指正。

编　者

2013年11月

目　录 Contents

项目一　认识通信线路工程

技能目标

1. 能够正确描述现代通信网的类型和基本组成；

2. 能简单描述通信线路工程的建设步骤与内容；

3. 能够正确识别通信光(电)缆的类型、端别和纤序(线对号)，能指出其使用场合。

知识目标

1. 了解现代通信网的类型、结构和组成；

2. 了解通信线路工程的建设流程；

3. 熟悉光缆的类型和结构，理解光缆端别的识别方法，掌握光缆纤序的计算方法，熟悉常用光缆类型的应用项目；

4. 熟悉通信用全塑对称电缆、数据网线、同轴电缆的类型和结构，理解全塑对称电缆端别的识别方法，掌握全塑对称电缆、数据网线的线对计算方法，熟悉常用通信电缆的应用项目。

任务一　了解现代通信网

一、现代通信网的类型

众所周知，信息化是现代社会的一个主要特征，大量的各种信息需要时刻不停地在这个信息化社会中进行传输和交换，如：人们日常生活中的电话、手机短信、电子邮件、网络聊天等信息的传输，银行、公安等企业和政府管理部门的电子化办公信息的传输，军队相关信息的传输等。为了完成这些社会生产、管理和人们日常生活相关的各种信息的传输和交换，人们组建了各种不同功能的通信网络，包括固定电话网络、移动通信网络、Internet 计算机数据通信网络、CATV 有线电视信息传输网络等公用通信网络，也有不同企业、政府管理部门之间的专用通信网络。不同功能的通信网络通常有着不同的网络结构，需要不同的组网设备。以下简单介绍几种常见的公用通信网络。

(一)现代电信网

从传输方式来分，电信网可以分为固定电话网和移动通信网，可以提供语音、视频、数据等通信业务，也可以与计算机网络相联。图 1-1 是电信网的组成示意图。

1. 固定电话网

在我国，固定电话网又称为公共交换电话网络(PSTN)，是以电话业务为主的电信网，

PSTN 同时也提供传真等部分简单的数据业务。PSTN 最早是由模拟电话通信系统发展而来的电话网,如今只有在用户线到交换设备侧还存在模拟部分,而其他部分已经全部改为数字系统。

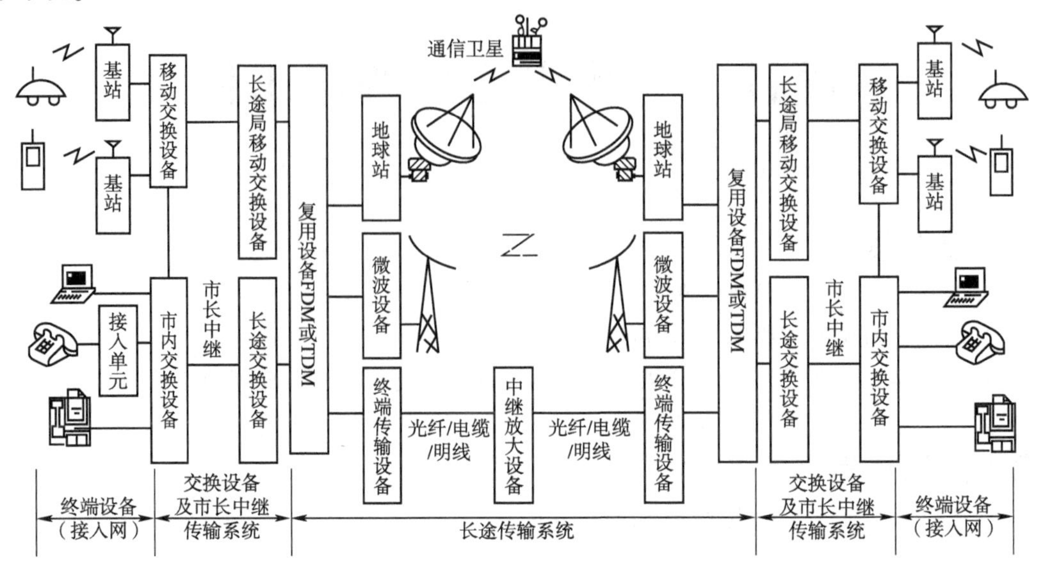

图 1-1　电信网示意图

为了便于管理和维护,同时考虑我国电信业发展的实际情况,我国早期的电话网采用 5 级的层级结构,如图 1-2 所示。

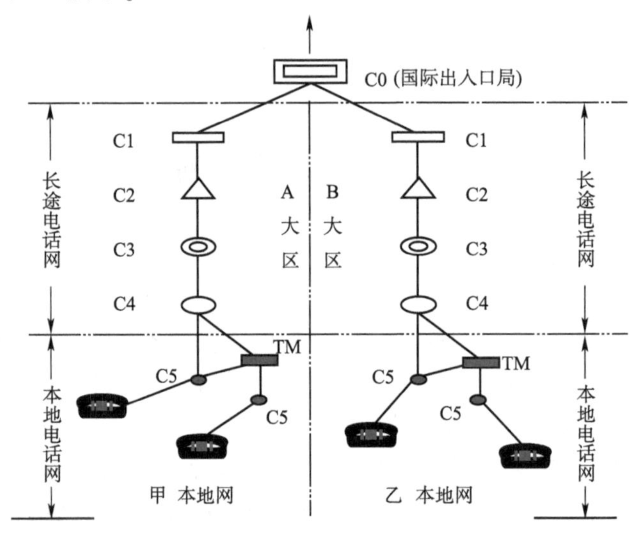

图 1-2　我国早期的电话网络分层结构示意图

如图 1-2 所示,我国早期的公共交换电话网(PSTN)结构从大的方面分为长途电话网和本地电话网两部分,并设置国际出口交换局 C0,负责国内和国际长途之间的电话交换业务。国内的等级结构为五级,即 C1 ~ C5,其中一级交换中心 C1 设置在各大行政区(东北、华北、华中、华南、华东、西南、西北几个大区)中心,作为全国最高一级交换中心,第二级为省际交换中心 C2,第三级为省内地区局交换中心 C3,第四级为县交换中心 C4,第五级为市话端局 C5。

上述五级结构的早期电信网存在较大的局限性,主要包括:需要转接的段数较多,接通率低、易掉线、通信质量低、可靠性差,因而不能很好地适应现代通信网络的维护和管理要求,需要进行优化甚至重新规划。20 世纪 90 年代以后,中国电信公司将传统的五级电信网结构优化为现在的三级电话网结构,即将传统五级结构中的 C1、C2 合并为一级省际长途交换中心 DC1,将传统五级结构中的 C3、C4 合并为一级本地网长途交换中心 DC2,并保留本地网中的汇接端局,组成新的三级结构,如图 1-3 所示。

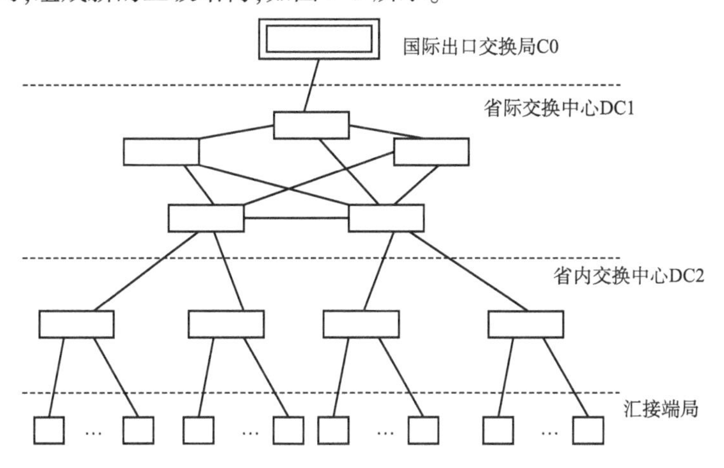

图 1-3　现代电信网三级层次结构示意图

图 1-3 中的国际出口交换局负责国内和世界其他国家之间的信息交换,我国电信网早期分别在上海和广州设置了国际出入口交换局,早期共设置 4 台国际长途电话交换机,并互联成网,后期又相继设置了北京、昆明、南宁、乌鲁木齐等国际通信枢纽局,现已完成 230 多个国家和地区的国际长途直拨电话的接入和呼出业务。

国内的电信网络组织包括省际交换中心、省内(本地)交换中心、汇接端局三级层次结构。

(1)省际交换中心由设置于各省会城市或直辖市的省际交换局组成,这些不同省市的省际交换局互联成网,组成了现代电信网的长途骨干网络,主要负责省际之间的长途信息交换。

(2)省内交换中心由处于同一省(或直辖市)内的各地市交换局组成,这些省内交换局互联成网,组成了现代电信网的省内长途网部分,负责省域内不同地市的信息交换和传输。

(3)汇接端局为现代电信网的末端部分,由位于各县、区的数字或模拟端局构成,随着通信技术数字化的不断发展,现在电信网的端局已经基本以数字端局为主。各县、区内的汇接端局相互连接起来组成了电信网的本地网,主要负责对应覆盖区域内的用户接入和信息汇聚。

2. 移动通信网

由于传统的固定电话网络的电话的地点是固定的,这给人们的通信带来了很大的限制,因此,相关研究人员研究出了移动通信网络,以便满足人们随时随地通信的需要。现代移动通信网络的发展先后经历了第一代、第二代、第三代等不同的发展阶段。

第一代移动通信网络(又称 1G)是指早期的模拟制式的移动通信网络系统,主要应用于 20 世纪 90 年代。第一代移动通信网络系统容量小、终端体积大(即早期的大哥大)、使用价格昂贵,只有少部分人使用,并没有得到大规模的普及应用。

第二代移动通信系统(又称 2G)采用了数字移动通信技术,具有网络系统容量大、终端体积小巧、使用本成低且方便等诸多优点，得到了广泛的普及应用，真正实现了人们随时随地通信的梦想。第二代移动通信系统的典型网络就是人们熟知的GSM全球移动通信系统，其基本网络结构如图1-4所示。

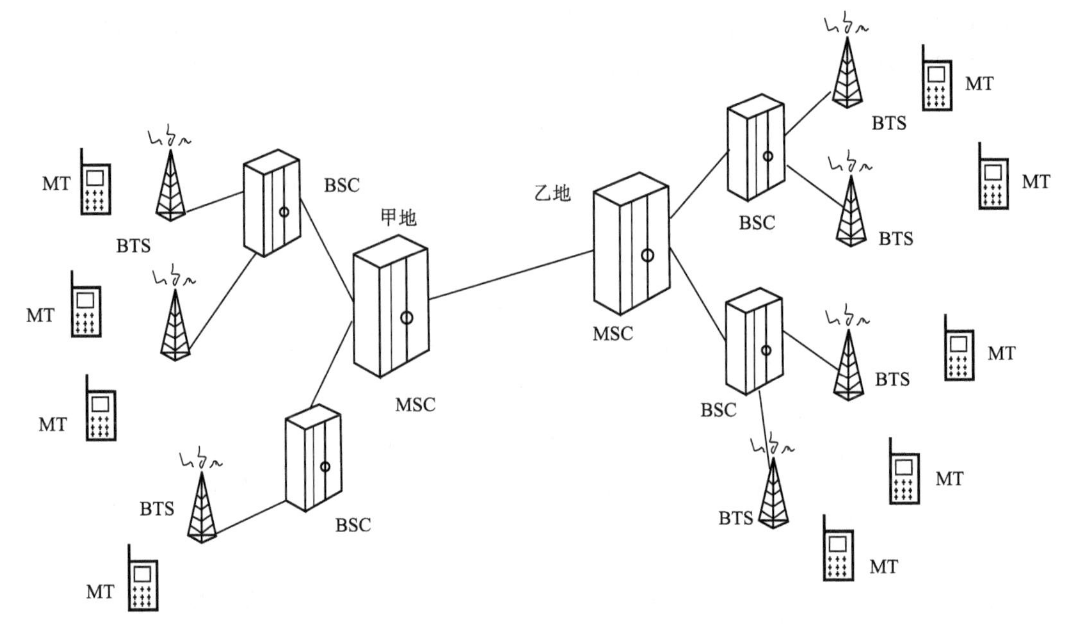

图1-4　第二代移动通信系统（GSM）的基本网络结构示意图

由图1-4可见，第二代移动通信系统物理网络主要由移动交换中心（MSC）、基站控制器（BSC）、基站收发信机（BTS）以及移动终端（MT）等系统设备，以及将这些设备互联成网的通信线路组成。其中基站收发信机（BTS）和移动终端（MT）之间采用无线电波作为通信线路，以满足移动终端移动通信的需要，其他设备之间的互联则多通过光纤/光缆完成。

第三代移动通信网络（又称3G）是为了弥补第二代移动通信网络数据通信功能的不足而开发的新一代移动通信网络系统。第三代移动通信网络主要有三种主流的世界制式标准，即中国主导发展的TD-SCDMA、欧洲提出并主导发展的WCDMA和美国提出的CDMA2000。按照我国政府主管部门的部署，我国的三大电信运营商分别运营着这三种不同制式的3G移动通信网络。其中，中国移动公司运营TD-SCDMA制式的3G网络，中国电信公司运营CDMA2000制式的3G网络，中国联通公司运营WCDMA制式的3G网络。这三种不同制式的移动通信网络都由移动核心网和无线接入网部分组成，且移动核心网部分基本相同，所不同的主要在于无线接入网部分。

为了更好地支持应用日益广泛的数据通信业务，人们在第三代移动通信网络的基础上又研发出了第四代移动通信网络（4G），中国移动公司已经开始第四代移动通信网络的试商用。

（二）广播电视网

广播电视网可分为无线电视网、无线广播网、有线广播电视网（CATV）。下面介绍其中的有线广播电视网。

有线广播电视网是用来传输电视广播信息的公用网络。早期的有线广播电视网只用于城市市区范围内的电视广播信息传输，相对于无线电视广播而言，有线电视传输具有信号质量稳定性高、抗干扰性好等优势，因此得到了迅速普及。传统的有线广播电视网络由节目信号源、前端处理部分、骨干传输部分和用户分配网络等部分组成,如图 1-5 所示。

图 1-5 中的信号源和前端处理设备安装在电视台的设备机房中,传输系统负责将前端设备处理后的信号传输到用户所在地。现在有线电视的传输网络主要由光纤构成,直接将信号传输到用户楼道。用户分配网则负责将电视广播信号传输到用户的电视机,从楼道到用户电视机之间的信息传输一般采用专门的同轴视频电缆。

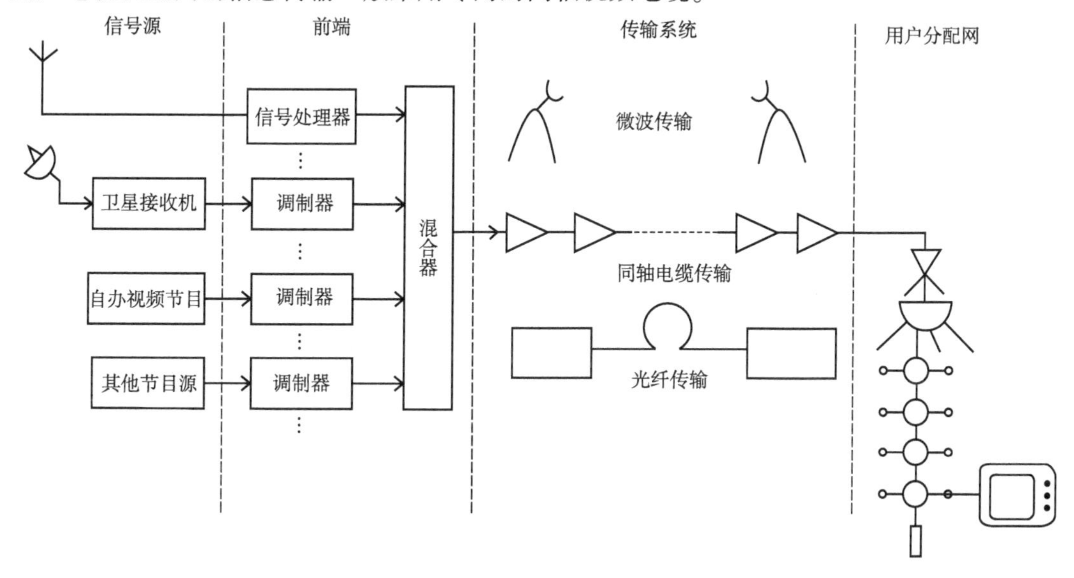

图 1-5 有线广播电视网络组成结构示意图

早期的有线广播电视网络主要限于城市区域,不同城市之间的有线广播电视网络相互独立,而且传统的有线广播电视网络只是负责电视广播信号的传输,因此有线广播电视网络中信号的传输是单向广播式的,即从电视台将信号广播给所有的用户。随着网络融合的不断发展,以及国家相关管制政策的变化,现在的有线广播电视网络不仅从城市区域扩展到广大农村区域,而且通过对传统有线广播电视网络的双向传输改造,有线广播电视网络的功能也在不断增强,不仅传输传统的电视广播信息,而且通过和电信、计算机网络的互通,可以传输视频点播、自助缴费、互动游戏等增值或扩展业务信息。

(三)计算机网

计算机网是人们熟悉的公用通信网络,主要用于计算机数据信息的交换和传输。按照所覆盖区域大小的不同,计算机网一般又分为广域网(Wide Area Network,简称 WAN)、局域网(Local Area Network,简称 LAN)和城域网(Metropolitan Area Network,简称 MAN)。

计算机广域网(WAN)通常跨接很大的物理范围,所覆盖的范围从几十公里到几千公里,它能连接多个城市或国家,甚至横跨几个洲,并能提供远距离通信,形成国际性的远程网络。

计算机局域网(LAN)一般覆盖范围在方圆几公里以内,通常是一幢或几幢大楼、一个校园或一个工厂的厂区等。局域网可以实现文件管理、应用软件共享、打印机共享、工作组内的日程安排、电子邮件和传真通信服务等功能。

计算机城域网(MAN)介于广域网和局域网之间,其覆盖范围通常为一个城市的范围。城域网主要用作城市内的骨干传输网络,将城市范围内的各计算机局域网络相互连接起来,并提供城市骨干网和国家骨干网络的连接。

从结构上来看,计算机网络通常由计算机终端(包括台式PC机、笔记本电脑及其他能够联网的计算机设备)、网络交换机、网络路由器、各种网络服务器等相关网络设备和通信线路组成,如图1-6所示。

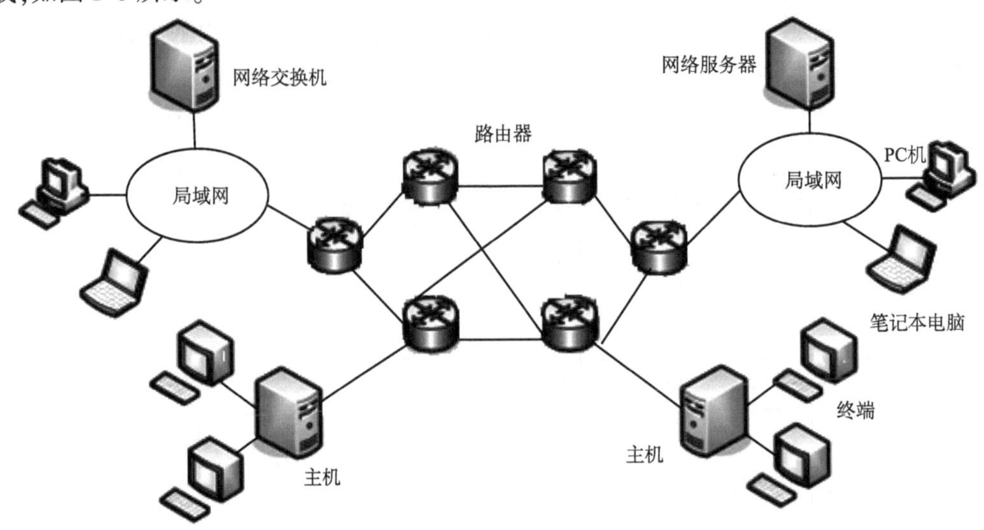

图1-6 计算机网的结构示意图

广域计算机网络一般采用光缆或卫星信道组成通信线路,以提供远距离、大容量的信息传输。城域网的通信线路主要采用光缆光纤构成,提供城市区域内的信息汇聚和传输。局域网的信息骨干传输线路多采用光纤,终端接入部分则多采用五类双绞线(有线局域网)或无线电波(无线局域网)构成信息传输线路。

二、现代通信网的发展趋势

现代通信网的发展方向是数字化、综合化和宽带化,融合与开放是下一代网络的发展趋势。随着技术的发展,三网融合正在进行。不过,三网融合是一种广义的、社会化的说法,在现阶段它并不意味着电信网、广播电视网和互联网三大网络的物理合一,而主要是指高层业务应用的融合,能够提供包括语音、数据、图像等综合多媒体的通信业务。

三、现代通信网中的通信线路

(一)现代通信网的基本组成

随着通信网用户数量的不断增多,现代通信网的规模日益扩大,根据通信网各组成部分在整个通信网络中所处地位和功能的不同,整个通信网络可以看作由交换、传输和接入三大部分组成,如图1-7所示。

1. 交换部分

交换部分也称交换网。顾名思义,交换部分是指通信网络中负责在信息节点之间完成信息交换的网络部分,主要由各种容量规模不等的信息交换设备(交换机)组成。单向信息传输网络不需要进行信息的交换,例如传统的CATV有线电视网络是一张电视信息单向分配网络,不用包含信息的交换。但对于双向信息通信网络来说,为了节省线路的投资,同时也方便对网络信息和用户的管理,都需要包含信息的交换部分。不同用途的通信网络所采用的交换设备也各不相同,例如固定电话网络采用程控交换机完成信息的交换,移动通信网络采用移动交换机完成信息的交换，计算机数据网络则采用网络交换机完成数据网络信息的交换。但是不同类型通信网络的相互融合日益成为通信网络发展的主要趋势，例如我国正在加速推进的“三网融合”战略工程就是希望将现在相互独立的电信络、互联网络和广播电视网络逐步融合为一张通信网络，相应地，不同通信网络的交换技术也需要不断的融合。现在不断发展的软交换技术就是希望能够使用同一套交换设备完成不同类型信息的交换处理，以适应不同类型通信网络的融合发展。

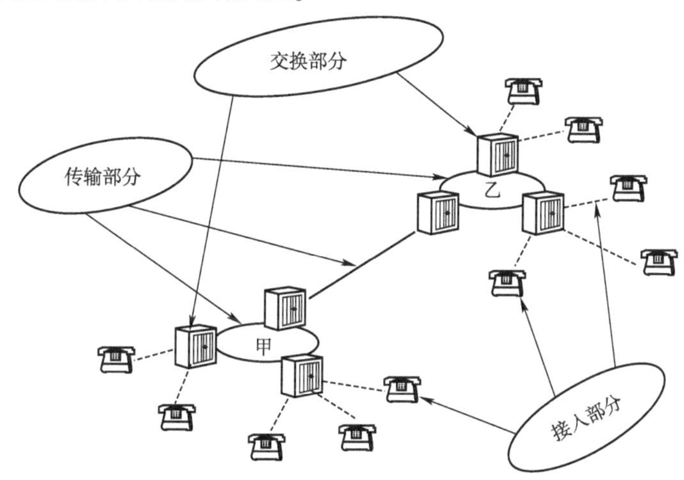

图 1-7　现代通信网络功能结构示意图

交换部分处于整个通信网络的核心，是通信网络中信息汇聚的中心，一旦通信网的交换部分出现故障，将会影响到和该交换部分相联的大片网络区域。我国传统的电信网络一般在各地都设有交换中心局、汇接局和端局等交换规模不等的交换局，并在各交换局中安装相应容量的交换设备，完成对应局域的信息交换。

2. 传输部分

传输部分又称传输网，是通信网中负责连接各交换中心以及交换中心和外围信息节点的网络部分，通常由各种通信线路和相应的信息传输设备组成。其中，传输设备一般安装在各交换局的局端机房中，并通过与传输设备相连接的传输线路将各点的交换设备连接成网，以便完成各交换节点间的信息传输。根据传输部分所传输信息的地域远近，现代电信网的传输部分又可分成长途传输部分和城域内的局间中继传输部分，如图 1-7 中甲、乙两地间的传输就是长途传输，甲地或乙地区域内各交换局之间的传输就是局间的中继传输，长途的信息传输和局间中继传输所采用的传输技术、传输介质、传输设备都是不同的。通信网中的交换网和传输网通常合称为通信网的骨干网。

3. 接入部分

接入部分通常称为接入网，是指骨干网络到用户终端之间的所有线路设施及设备，即为本地交换机与用户之间的连接部分，通常包括用户线传输系统、复用设备、交叉连接设备或用户/网络终端设备，其长度一般为几百米到几公里，因而被形象地称为通信网的“最后一公里”。

(二)现代通信网中的通信线路形式

如前所述，现代通信网根据各部分的主要通信功能又常分为核心交换部分、信息传输部分和接入网部分。其中，核心交换部分由各种交换设备组成，主要完成信息的交换功能；接入部分主要由用户终端设备和复用汇聚设备组成，主要负责用户信息的接入和汇聚；传输部分主要由通信线路和相应的信息传输设备组成，主要功能是将各交换节点设备互联成网，并将接入网和核心交换部分联通。我国现代通信网的传输网组成如图 1-8 所示。

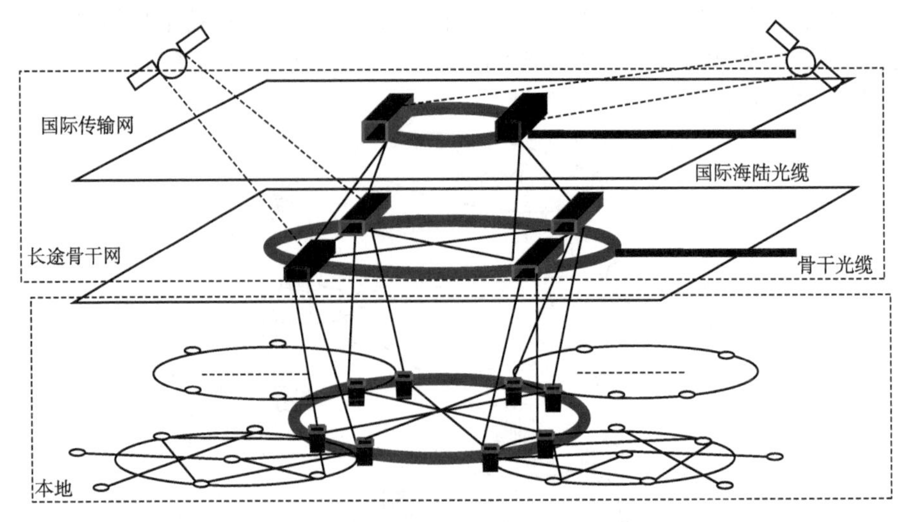

图 1-8　我国现代通信网的传输网组成示意图

由图 1-8 可知，现代国内电信网和其他国家之间的信息传输线路已经建成海底光缆和通信卫星组成的海、空立体化的传输线路，后继工作主要是海底电缆和卫星信道的扩容，包括铺设新的海底光缆和发射新的通信卫星。

国内长途通信的骨干传输采用光缆和光波分复用（WDM）技术实现，目前我国已经建成了如图 1-9 所示的八纵八横结构的长途通信骨干光缆传输网，可以满足国内长途信息传输的需要。

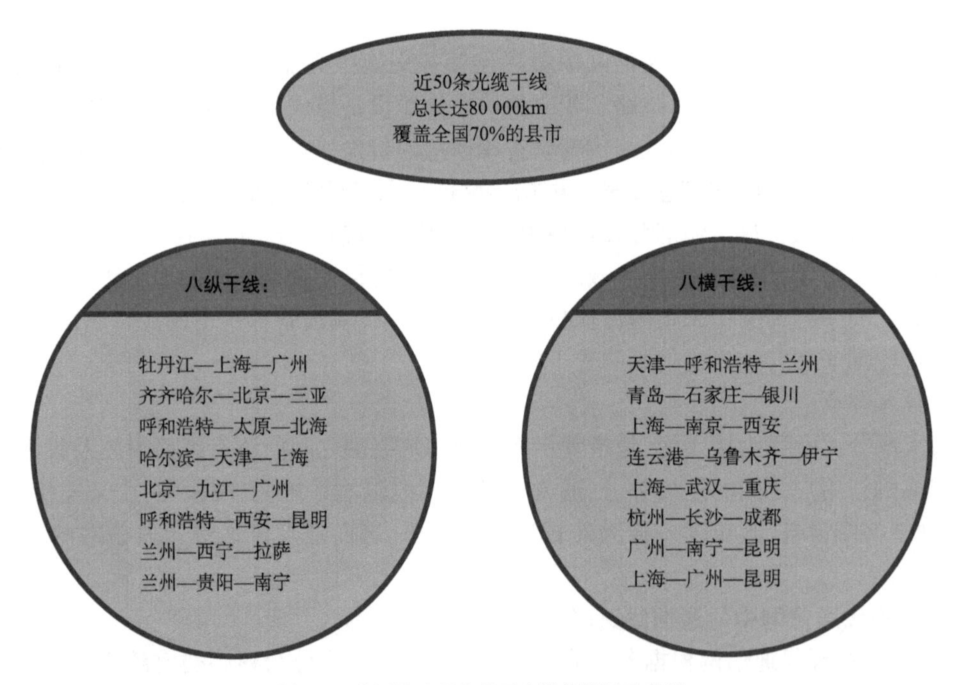

图 1-9　我国长途通信骨干光缆传输网示意图

本地网中的城域传输网现在主要采用光缆和 SDH、MSTP、IMTP 等光纤通信技术，组成相应的光纤自愈环网结构；现代通信网络的接入部分以铜质线缆或无线电波作为信息传输介质，配合相应的接入设备构成，如现在的固定电话网络以常见的铜质电话线为介质构成接入网，移动通信网络则以无线电波为介质构成无线接入网，计算机通信网络则以五类或超五类铜质双绞线为介质构成用户接入部分，而 CATV 有线电视网络则以同轴电缆为介质构成接入部分。

现代通信网络经过数十年的发展，尤其是近年来的快速发展，骨干网络的长途传输和市域内的传输都已经采用光缆基本建成，只有新建的移动通信网络还需要建设市域内的骨干光纤传输网络。而传统通信网络的接入部分由于主要采用铜质电缆作为信息传输介质，传输带宽和传输速率已经不能满足人们的网络接入需求，日益成为整个通信网络的瓶颈所在，因此，今后一段时期内，通信线路建设和施工的重点将主要在于接入网络的建设部分。同时，随着光纤通信技术的不断进步，光纤传输的成本正在不断降低，有鉴于此，近年来国家适时提出了“宽带中国”、“三网融合”等信息战略工程，并要求各电信运营商和相关政府部门制订相应计划加速推进，通信网络的接入部分正在加速“光进铜退”的过程，即用光纤代替传统的铜质导线作为信息接入的传输介质，构建光接入网（OAN），以提高用户接入通信网络的带宽和速率。

所谓光接入网就是以光纤作为信息传输介质、以相应的光纤传输技术实现用户信息接入的接入网。相对于传统的铜质电缆接入网，光接入网具有带宽较宽、可以实现较高的信息传输速率、便于实现多业务融合接入等诸多优势，是实现“三网融合”的物理基础。现在常用的光接入网技术主要有以下两种。

（1）有源光纤接入网：是指局端设备和远端用户设备之间通过有源光纤通信设备相连接，采用的技术主要是传输的 PDH、SDH 技术，以及后来进一步发展而来的多业务传送平台（MSTP）、多业务接入平台（MSAP）技术等。有源光纤接入网的优势在于可以充分利用光纤的宽信息传输带宽，又能提供电路级的信息传输质量，但有源光纤接入网需要对接入线路设备供电，给接入网的维护工作带来了一定的困难。有源光纤接入网主要用于早期的光纤接入网建设过程中，或对信息接入质量要求较高的用户信息接入场合。

（2）无源光纤接入网：是一种无源光网络，所谓无源光网络（Passive Optical Network，简称 PON）是指在局端设备和远端用户设备之间没有需要供电的有源设备，而只有光纤、无源光分路器、光纤连接器等无源设备组成的光纤通信网。相对于有源光网络，无源光纤接入网的主要优势在于：

①中心局和用户所在地之间的距离可达 20km 甚至更长，可有效增加骨干传输带宽的延伸范围。

②无源线路避免了有源设备带来的电磁干扰和雷电影响，减少了线路和线路设备的故障率，提高了系统的可靠性。同时无需考虑线路中间节点的供电问题，节省了网络的运营维护成本。

③业务透明性好，可扩展性强，特别适合多业务融合的信息接入和传输。

正是由于具有上述诸多优势，无源光纤接入网已经成为现在光纤接入网建设的主流技术形式。同时，根据光纤接入网中光纤延伸到达的位置不同，光纤接入网的具体建设形式可分为：光纤到大楼（FTTB）、光纤到路边（FTTC）、光纤到办公室（FTTO）、光纤到户（FTTH）等，这些不同的形式又常统称为 FTTX。现在采用较多的是 FTTH 和 FTTB + LAN 形式。

任务二　了解通信线路工程

在我国的通信建设工程中,通信线路工程占有举足轻重的地位,因此,了解通信线路工程的范畴与建设程序很重要。

一、通信线路工程的范畴

通信工程主要包括通信线路工程和通信设备安装工程两大部分。通信线路工程是通信工程的一个重要组成部分,依据通信施工规程,它与通信设备安装工程的划分:在电信网络中,对于电缆线路是以测量室总配线架(MDF)为分界点,对于光缆线路是以光配线架(ODF)或光纤分配盘(ODP)为分界。光(电)缆配线架外侧的线路为通信线路工程建设范围,即:

(1)由本局 MDF、ODF 或 ODP 架连接器至对方局的 MDF、ODF 或 ODP 之间。

(2)由端局的 MDF、ODF 或 ODP 架至用户终端之间。

(3)如端局与用户之间另有机房,则为端局的 MDF、ODF 或 ODP 架至机房的 MDF、ODF 或 ODP,和机房的 MDF、ODF 或 ODP 与用户终端之间。

图 1-10 和图 1-11 所示,分别为电信网中端局与端局、端局与用户终端之间的通信线路及设备示意图。

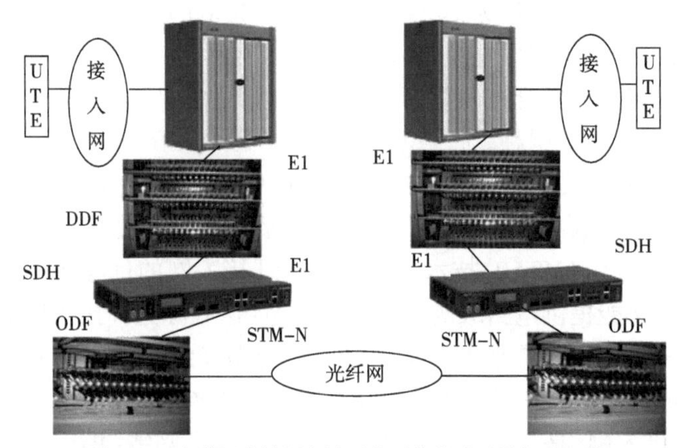

图 1-10　电信网中端局与端局的通信线路及设备示意图

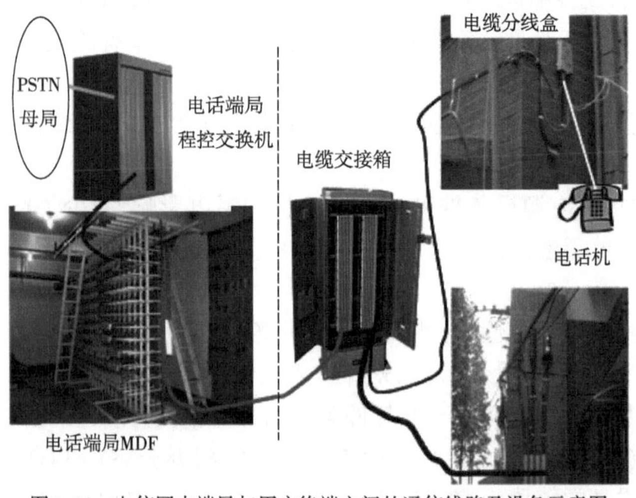

图 1-11　电信网中端局与用户终端之间的通信线路及设备示意图

二、通信线路工程的建设程序

如图 1-12 所示，一般大中型通信线路工程建设程序可分为规划、设计、准备、施工和竣工投产 5 个阶段、10 个步骤，涉及建设单位、设计单位、施工单位和监理单位。建设单位为工程的甲方，例如电信、移动、联通等运营商，设计、施工、监理单位为乙方；建设单位提出工程建设的目标和要求，设计和施工单位根据建设需求，进行相关的设计和施工，监理单位受建设单位委托，对施工过程和质量进行监督。

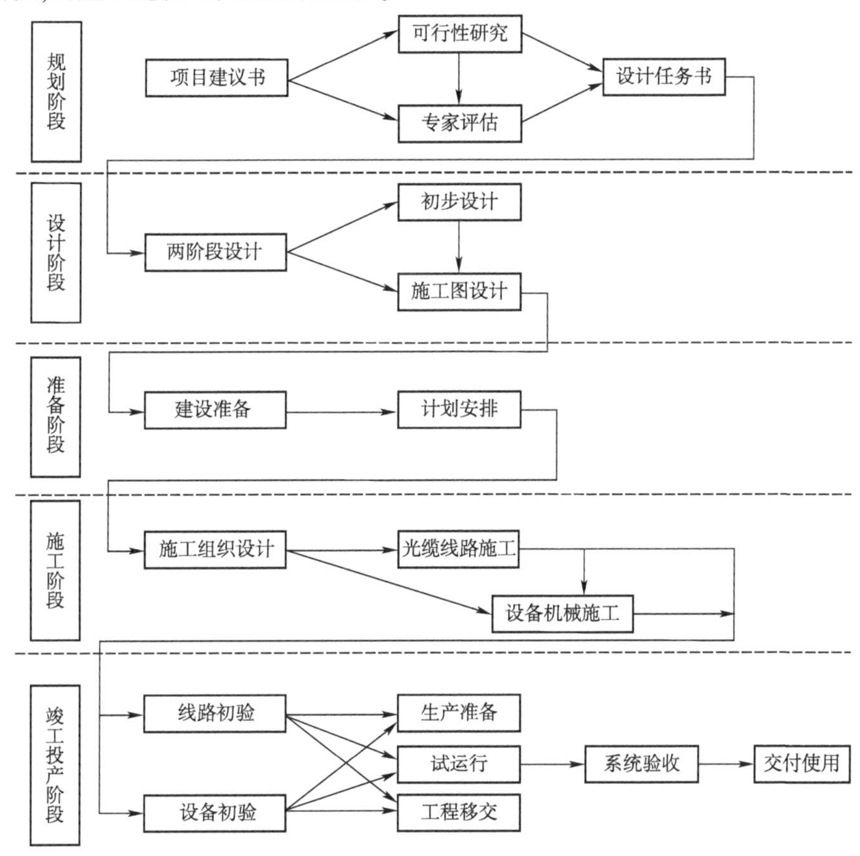

图 1-12 通信线路工程建设程序

(一) 通信线路规划

通信线路规划是光、电缆线路工程设计的第一阶段，它包括项目建议书的拟定，可行性研究和专家评估，以及最后设计任务书的下达。

1. 项目建议书的拟定

通信工程的建设项目，由有关部门结合当时的实际情况提出该项目的轮廓，拟定项目建议书，然后报送相应的主管部门审批。项目建议书的主要内容包括建设项目的大致设想、项目建设的必要性分析、技术上的可行性分析和经济上的效益分析。

2. 可行性研究和专家评估

项目建议书经审批后，可根据审批结果进行可行性研究和组织专家对项目评估。可行性研究是对建设项目在技术上的可行性、投资必要性方面进行分析论证，而专家评估则是对可行性研究的内容进一步作技术、经济等方面的评估。因此，可行性研究也是工程规划阶段重要的组成部分，其主要内容如下：

(1)项目提出的背景，投资的必要性和意义。

(2)可行性研究的依据和范围。

(3)新增通信能力的预测，提出拟建规模和发展规模。

(4)实施方案的比较论证，包括通信线路组织方案、光缆、设备选型方案以及配套设施。

(5)实施条件，对于试点性质工程尤其应阐述其理由。

(6)实施进度建议。

(7)投资预估及资金筹措。

(8)经济及社会效益评价。

国家和各部委、地方对可行性研究都有具体要求和规定：凡是大中型项目、利用外资项目、技术引进项目、主要设备引进项目、国际出口局新建项目、重大技术改造项目都要进行可行性研究。

专家评估是由项目主要负责单位组织部分理论扎实、有实践经验的专家对可行性进行技术、经济等方面的评价，并提出具体的意见和建议。专家评估报告是主管领导的决策依据之一。目前对重点工程、技术引进项目进行专家评估是十分重要的。

3. 设计任务书的下达

设计任务书是确定建设方案的基本文件，是编制设计文件的主要依据。编写设计任务书时应根据可行性研究推荐的最佳方案进行，它包括以下主要内容：

(1)建设目的、依据和规模。

(2)预期增加的通信能力，包括线路和设备的传输容量。

(3)光缆线路的走向，终端局、各中间站配置及其配套情况。

(4)工程与全网的关系。

(5)经济效益预测、投资回收年限估计以及引进项目的用汇额。

(6)财政部门对资金来源等的审查意见。

(二)通信线路设计

通信线路设计阶段的划分是根据项目的规模、性质等不同情况而确定的。一般大中型工程项目设计阶段采用两个阶段进行，即初步设计和施工图设计。技术成熟的小型工程项目可套用标准设计，经主管部门同意可按一个阶段设计，例如初步设计或施工图设计，设计比较成熟的市内光、电缆通信工程项目。

设计内容包括：

(1)光(电)缆线路路由选择及确定。

(2)光(电)缆线路敷设方式的选择。

(3)光(电)缆接续及保护措施。

(4)光(电)缆线路的防护要求。

(5)中继站站址的选择与建筑方式。

(6)光(电)缆施工注意事项。

设计的过程主要包括：工程设计勘察和设计文件的编制。

1. 工程设计勘察

工程设计勘察主要包括初步设计查勘和施工图测量，勘测目的是：

(1)为设计取得基础资料。

(2)为确定具体设计方案提供准确和必要的依据。

(3)进一步验证设计任务书的准确性。

初步设计查勘需要完成以下工作:

(1)选定线路路由。

(2)选定终端站、中继站站址。

(3)拟订敷设方式,确定光缆型号、规格。

(4)拟订线路上需要防护的地段及措施。

(5)拟订维护方式和维护任务的划分,提出维护工具、仪表和车辆的配备。

(6)拟订线路上特殊地段路由走向及敷设措施。

(7)向有关部门调查、了解路由沿线有关资料。

(8)现场查勘。

(9)整理图纸资料。

(10)总结汇报。

施工图测量是进行光缆线路施工安装图纸的具体测绘工作,并对初步设计修改部分的补充勘测。通过施工图测量,使线路敷设的路由位置、安装工艺,以及各项防护、保护措施进一步具体化,为编制工程预算提供准确的资料。在施工图测量阶段,应与建设单位相关人员一起深入现场对有关单位进行更详细的调研,以解决初步设计中所遗留的问题。邀请当地政府有关部门的领导深入现场,介绍并核查有关农田、河流、渠道等设施的整治规划,以便测量时考虑避让或采取相应的保护措施。按有关政策及规定,与有关单位或个人洽谈需要迁移电杆、少量砍伐树木、迁移坟墓、路面破复、青苗损坏等的赔偿问题。

2. 设计文件的编制

设计文件的主要内容有:文件目录、设计说明和预算编制说明、概预算表、设计图纸。下面分别介绍初步设计和施工图设计的内容格式。

(1)初步设计的文件编制

对光缆数字通信工程,初步设计文件是根据批准的可行性研究报告、设计任务书、初步勘测资料及设计规范要求编制,其内容格式如下(以光缆线路工程为例):

一、概述

1. 设计依据

说明设计文件是根据什么文件进行编制的,如批准的可行性研究报告、设计任务书、有关工程设计的会议纪要及其他有关文件、原始资料等,并扼要说明这些文件的重点内容及文号。

2. 城乡建设发展概况及原有线路设备概况

说明工程建设所涉及地区的政治、经济地位和发展情况,原有线路设备程式、容量、使用情况及存在的问题等。

3. 工程概况

简要说明本期工程的性质、规模、主要建筑方式、传输方式、传输媒介、传输速率等内容。

4. 设计范围及分工

说明本工程的设计范围,建设单位及其他设计单位的设计分工。

5. 主要工程量表

列表说明本期工程主要工程量、光缆条公里数、杆路杆公里数、管道管程公里数、管孔公里数、光缆接头数、光缆城端接头芯数、光缆测试段等内容。

6. 技术经济分析

说明本工程总投资及构成的主要费用，如光缆平均每条公里造价、光缆平均每芯公里造价等。

7. 维护体制及人员、车辆的配备

说明维护体制建立的原则和方案，配备的人员、车辆及仪表的管理方案。

二、线路系统设计方案

1. 主要工程量表

说明沿线自然条件、交通状况及穿越障碍情况，各段光缆路由选定的理由，光缆建筑方式选定的理由。

2. 光缆结构和主要技术指标

说明光缆结构选定的理由，光缆芯数取定的原则，单盘光缆的光、电、机械主要参数。

3. 线路衰减的确定

说明根据实际的光缆段长，取定的与光缆衰减有关的参数，如发射机光功率、接收机灵敏度、设备富余度、平均光纤衰减、光缆富余度、光纤固定接头平均衰减等。

4. 建筑方式

说明各路由光缆建筑及安装要求。

5. 光缆的保护要求

说明光缆的机械和电气防护措施及理由。

三、概算说明及表格（略）

四、设计图纸

光缆路由（1:50 000）、线路系统配置图、线路进出各城区路由图、主要局站内光缆路由图、特殊地段线路路由比较图、跨越主要河流平断面图等各类图纸制作。

（2）施工图设计的文件编制

施工设计依据批准后，应编制初步设计文件和勘测资料、主要材料和设备的订货情况。施工图设计内容格式如下（以光缆线路工程为例）：

一、概述

1. 设计依据

说明经审核批准的初步设计文件，有关的协议及会议纪要。

2. 设计范围及分工

说明本工程的设计范围，与相关单位及相关工程的设计分工。

3. 建设规模

说明本期工程的建筑方式及规模。

4. 本设计与初步设计变更的情况

说明根据审批的初步设计要求在施工图设计中修改补充的内容，以及变更理由和投资变动情况。

二、光缆线路敷设安装说明

1. 线路路由

说明沿线自然条件、交通状况及穿越障碍情况。

2. 进局路由

说明光缆在局内各机房屋内的走向、安装方式、固定位置等。

3. 敷设及防护要求

说明光缆建筑安装要求及采取的防护措施。

4. 施工注意事项

说明施工方法、施工措施及应达到的技术要求，以及施工单位必须注意的事项。

三、预算说明及预算表格（略）

四、设计图纸

线路路由图、传输系统配置图、直埋/架空/管道光缆线路（管道）施工图、大地电阻率及排流线布放图、管道光缆路由图、光缆结构断面图、进局光缆安装图、直埋/架空/管道光缆接头盒安装保护图、监测标石加工图、水线标志牌装配图、漫水坡、石护坡（坎）建筑图、直埋光缆敷设方式图、人（手）孔装配图等。

（三）通信线路施工准备

准备阶段的主要任务是做好工程开工前的准备工作，计划安排是要根据已经批准的初步设计和总概算编制年度计划。对资金、材料设备进行合理安排，要求工程建设保持连续性、可行性，以保证工程项目的顺利完成。

工程开工前的准备工作主要有施工的现场准备工作和施工的技术准备工作。现场准备工作主要是为了给施工项目创造有利的施工条件和物资保证；技术准备工作是认真审阅施工图设计，了解设计意图，做好设计交底、技术示范，统一操作要求，使参加施工的每个人都明确施工任务及技术标准，严格按施工图设计施工。

（四）通信线路施工

通信线路施工主要包括施工组织设计和施工两个阶段。

1. 施工组织设计

在进行光（电）缆线路施工时，开工前还必须积极组织设计工作。建设单位在与施工单位签订施工合同后，施工单位应及时编制施工组织设计。施工组织设计的主要内容包括以下7个方面：

（1）工程规模及主要施工项目。

（2）施工现场管理机构。

（3）施工管理，包括工程技术管理及器材、机具、仪表、车辆管理。

（4）主要技术措施。

（5）质量保证和安全保证措施。

（6）经济技术承包责任制。

（7）计划工期和施工进度。

2. 施工

光（电）缆线路施工是按施工图设计规定内容、合同书要求和施工组织设计进行的，应向上级主管部门呈报施工开工报告，经批准后才能正式实施。通信线路施工主要由以下几部分组成。

（1）外线部分

光缆线路外线部分的施工内容主要包括光缆的敷设、光缆敷设后各种保护措施的实施以及光缆的接续。其中，光缆的敷设包括敷设前的全部准备和不同程式光缆不同敷设方式的布放。光缆的接续包括光纤的连接、补强保护和铜导线、加强件、铝箔层、钢带的连接以及光缆接头护套的安装。

(2)无人站部分

无人站部分的施工内容主要包括无人中继器机箱的安装和光缆的引入、光缆成端、光缆内全部光纤与中继器上连接器尾纤的接续以及铜导线和加强芯的连接。

(3)局内部分

局内部分的施工内容主要包括:

①局内光缆的布放。

②光缆全部光纤与终端机房、有人中继站机房内光纤分配架或光纤分配盘或中继器上连接器尾纤的接续、铜导线、加强芯、保护地等终端连接。此外,还包括室内余留光缆的妥善放置和 ODF 或 ODP 或中继器上尾纤的盘绕、落位。

③中继段光电指标的竣工测试。

(五)通信线路竣工投产

通信线路竣工投产阶段的主要内容包括:工程初验,生产准备、工程移交和试运行,竣工验收及交付使用三个方面。

1. 工程初验

施工企业在完成通信工程项目按批准的设计文件的全部内容后,可依据合同向建设单位申请的项目完工验收。由主管部门组织建设单位、档案管理单位、投资建设单位以及设计、施工、维护等单位进行初验,并向上级有关部门递交初验报告。初验后的光缆线路和设备一般由维护单位代为维护。一般情况下,大、中型工程的初验,光缆线路部分和设备部分应分别进行,小的工程可一起进行。

工程项目在初验合格后即可进行移交,开始试运行。

2. 生产准备、工程移交和试运行

生产准备是指工程交付使用前必须进行的生产、技术和生活等方面的必要准备。它包括:

(1)培训生产人员,在施工前配齐人员,并可直接参加工程施工、验收等工作,使他们熟悉工艺过程和方法,为今后独立维护打下基础。

(2)按设计文件配置好工具、器材及备用维护材料。

(3)组建管理机构,制定规章制度,配备办公、生活等设施。

试运行是指工程初验后到正式验收、移交之间的设备运行。一般试运行期为 3 个月,对于大型或引进的重点工程项目,试运行期可适当延长。试运行期间,由维护部门代维护,但施工部门负有协助处理故障、确保正常运行的职责,同时应将工程技术资料、借用器具以及工余料等及时移交维护部门。

试运行期间,应按维护规程要求进行检查,以证明系统已达到设计文件规定的生产能力和传输指标。

3. 竣工验收及交付使用

在试运行期内,电路开放,按地方网管理,即一级干线试运行阶段按二级干线管理使用。在系统试运行结束并具备验收、交付使用的条件后,由相关部门组织对工程进行系统验收,即竣工验收。竣工验收是对整个光缆通信系统进行全面检查和指标抽测。对于中小型工程项目,可视情况适当简化验收程序,将工程初验与竣工验收合并进行。验收合格后签发验收证书,表明工程建设告一段落,可正式投产并交付使用。

任务三　了解通信光缆

目前，通信线路工程的传输介质主要有两种：通信光缆和电缆。与电缆相比，光缆具有容量大、体积小、质量轻、衰减小、抗干扰性好、扩容方便等优点，因此，其使用范围越来越广泛。

一、光缆的基本类型与结构

（一）光纤的结构

光缆的核心是光纤（Optical Fiber），光纤是光通信中的传输介质，它能引导光沿着与轴线平行的方向传输，具有容量大、传输衰耗低、抗电磁干扰、保密性好、节约资源、价格便宜等优点。光纤由两种不同折射率的玻璃材料拉制而成。其基本结构如图 1-13 所示。其内层为纤芯，是一个透明的圆柱形介质，折射率为 n_1，其作用是以极小的能量损耗传输载有信息的光信号。多模光纤纤芯的标称直径为 50μm 或 62.5μm，单模光纤纤芯的标称直径为 9～10μm。包层位于纤芯的周围，折射率为 n_2，其作用是保证光在纤芯内发生全反射，使光信号封闭在纤芯中传输。通信用光纤的包层标称直径为 125μm。为了实现光信号的传输，要求纤芯折射率 n_1 比包层折射率 n_2 稍大些，这是光纤结构的关键，能保证光在纤芯内发生全反射，如图 1-14 所示。另外还有一个涂覆层，其作用是增加光纤的机械强度与可弯曲性。

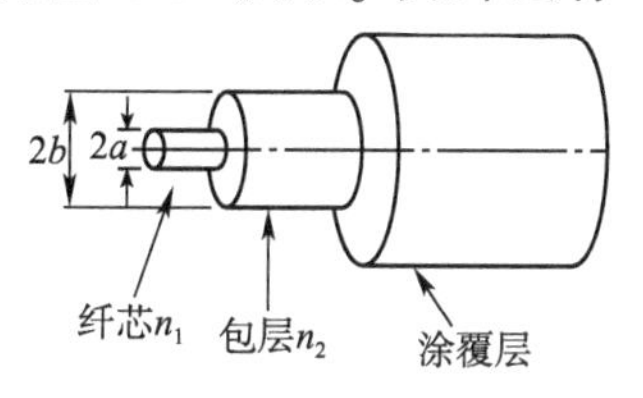

图 1-13　光纤的结构

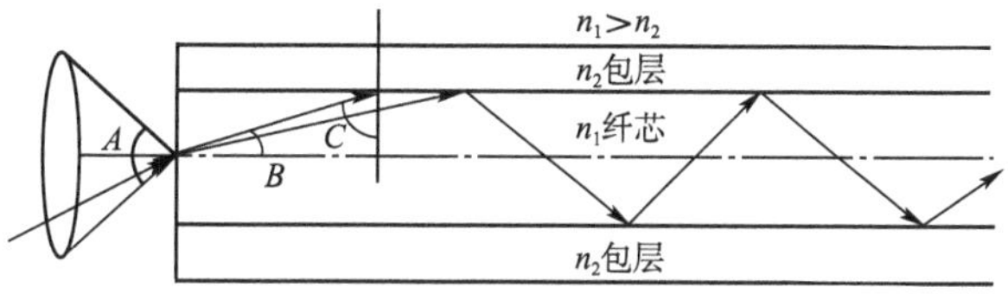

图 1-14　光在光纤中传播

按传播模式分类，光纤可分为多模光纤与单模光纤。

根据波动光学理论和电磁场理论可知，当光纤的几何尺寸（主要是纤芯直径 d_1）远远大于光波波长时（约 1μm），光纤中会存在着几十种乃至几百种传播模式，这样的光纤叫做多模光纤。光的不同传播模式会具有不同的传播速度与相位，因此经过长距离的传输之后会产生时延，导致光脉冲变宽。这种现象叫做光纤的模式色散（又叫模间色散）。模式色散会使多模光纤的带宽变窄，降低了其传输容量，因此多模光纤仅适用于较小容量的光纤通信。

当光纤的几何尺寸（主要是芯径）可以与光波长相比拟时，如芯径 d_1 在 5～10μm 范围时，光纤只允许光的一种模式在其中传播，这样的光纤叫做单模光纤。由于它只允许一种模式在其中传播，从而避免了模式色散的问题，故单模光纤具有极宽的带宽，特别适用于大容量的光纤通信。

（二）光缆结构和类型

光缆一般由加强件、缆芯、填充物和外护套等共同构成，有时在护套外面加有铠装。光缆根据缆芯结构、护套结构、敷设方式等有不同的分类方式，如表 1-1 所示。在此根据光缆的结构分类来介绍光缆。

目前常用的光缆结构有四种形式，即中心束管式、层绞式、骨架式和带状式，如图 1-15 所示若干典型实例。

光缆的种类 表1-1

分类方法	光缆种类
按传输模式分	单模光缆、多模光缆(阶跃型、渐变型)
按缆芯结构分	层绞式光缆、骨架式光缆、大束管式光缆、带式光缆、单元式光缆
按外护套结构分	无铠装光缆、钢丝铠装光缆、钢带铠装光缆
按光缆材料有无金属分	有金属光缆、无金属光缆
按维护方式分	充油光缆、充气光缆
按敷设方式分	直埋光缆、管道光缆、架空光缆、水底光缆
按适用范围分	中继光缆、海底光缆、用户光缆、局内光缆

中心束管式:把一次被覆光纤或光纤束放入大套管中,加强件配置在套管周围而构成。这种结构的加强件同时起着护套的部分作用,有利于减轻光缆的质量。

层绞式:把松套光纤绕在中心加强件周围绞合而构成。这种结构的缆芯制造设备简单,工艺相当成熟,已得到广泛应用。采用松套光纤的缆芯可以增强抗拉强度,改善温度特性。

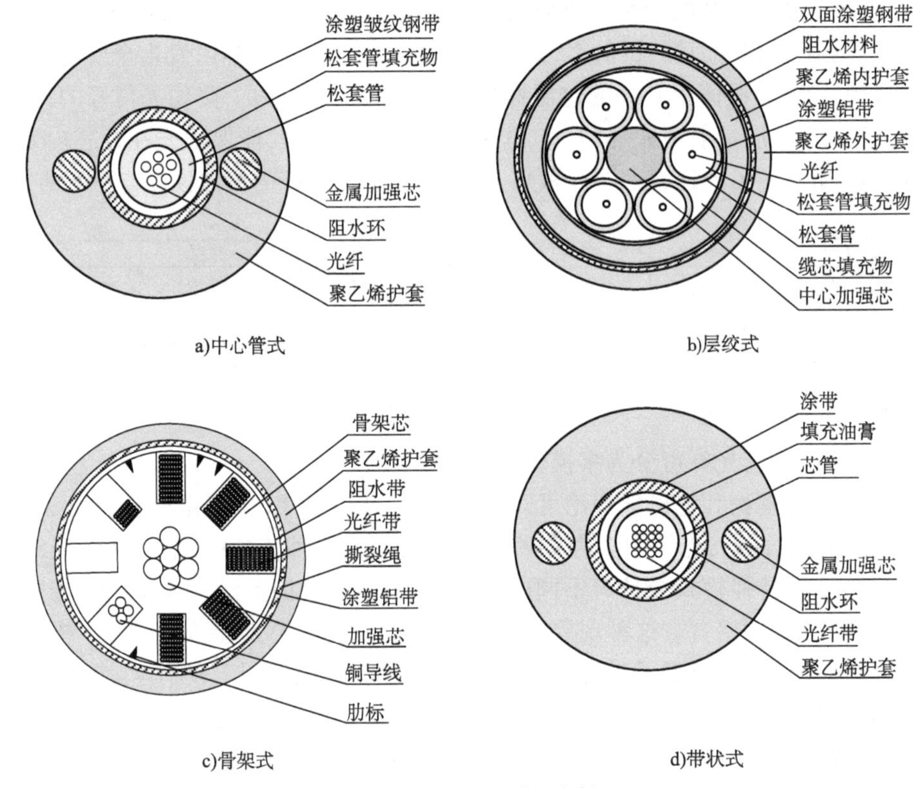

图1-15 光缆结构典型实例

骨架式:把紧套光缆或一次被覆光纤放入中心加强件周围的螺旋形塑料骨架凹槽内而构成。这种结构的缆芯抗侧压力性能好,有利于对光纤的保护。

带状式:把带状光纤单元放入大套管内,形成中心束管式结构,也可以把带状光纤单元放入骨架凹槽内或松套管内,形成骨架式或层绞式结构。带状式缆芯有利于制造容纳几百根光纤的高密度光缆,这种光缆已广泛应用于接入网。

1. 缆芯

为了进一步提高光纤的强度,一般将带有涂覆层的单根或多根光纤合在一起再套上一层塑料管，通常将套塑后光纤称为光缆芯线。将套塑后并满足机械强度要求的单根或多根芯线与不同形式的加强件和填充物组合在一起称为缆芯。

2. 加强件

加强件用于提高光缆施工的抗拉能力。光缆中的加强件一般采用镀锌钢丝、多股钢丝绳、带有紧套聚乙烯垫层的镀锌钢丝、纺纶丝或玻璃增强塑料。

加强件在光缆中的位置有中心式、分布式和铠装式三种。位于光缆中心的，称为中心加强；处于缆芯外面并绕包一层塑料以保证与光纤的接触表面光滑的，称为分布式加强；位于缆芯绕包一周的，称为铠装式加强。

3. 护套

护套起着对缆芯的机械保护和环境保护作用，要求其具有良好的抗侧压力性能及密封防潮和耐腐蚀的能力。护套通常由聚乙烯或聚氯乙烯（PE 或 PVC）和铝带或钢带构成。光缆护套分为外护套和内护套。外护套从结构上看是一层由塑料或金属构成的外壳，位于光缆的最外面，故称之为外护套，起增强光缆保护作用。内护套用来防止金属加强件与缆芯直接接触而造成损伤。

4. 填充物

在光缆缆芯的空隙中注满填充物（如石油膏），其作用是保护光纤免受潮气和减少光纤的相互摩擦。用于填充的复合物应在 60℃下不从光缆中流出，在光缆允许的低温下不使光缆弯曲特性恶化。

二、光缆的端别与纤序

对于通信线路工程测量和接续工作，必须首先注意光缆的端别和了解光纤纤序的排列。

（一）端别

端别的识别方法主要有以下三种：

（1）面对光缆截面，由领示光纤（或导电线或填充线）以顺时针为 A 端，逆时针为 B 端。

（2）看光缆护套上的长度标记，数值小的一端为 A 端，数值大的一端为 B 端。

（3）对于新光缆：红点端为 A 端，绿点端为 B 端；光缆外护套上的长度数字小的一端为 A 端，另一端即为 B 端。

（二）纤序

1. 光纤束管（或单元）色谱

采用全色谱时，面向光缆 A 端，松套管序号沿顺时针方向递增，松套管序号及对应的颜色如表 1-2 所示。

束管序号与色谱的对应关系　　表 1-2

束管序号	1	2	3	4	5	6	7	8	9	10	11	12
束管色谱	蓝	橙	绿	棕	灰	白	红	黑	黄	紫	粉红	青绿

对于只有一根领示色谱红（或蓝）束管，其余皆为白色束管的情况，面向光缆 A 端，以领示色谱为第 1 束管，松套管序号沿顺时针方向递增。若领示色谱为填充管，则以顺时针方向紧挨领示色谱的束管为第 1 束管，然后松套管序号沿顺时针方向递增。

2. 光纤色谱

光纤束管（或单元）色谱确定后，一般情况下，对于某一光缆而言，其中每一束管（或单元）内的光纤数和光纤色谱是一样的，每束管内有 4 或 6 或 8 或 12 根光纤，光纤色谱编号如

表 1-3 所示。

本地网光缆线路的芯线结构比较复杂，工程中不一定完全按照上述色谱顺序给光纤编号，要求竣工文件中必须附有光缆截面结构图，并注明光纤色谱编号。

光纤色谱与光纤编号对应表 表 1-3

光纤编号	1	2	3	4	5	6	7	8	9	10	11	12
4 纤束色谱	蓝	橙	绿	棕								
6 纤束色谱	蓝	橙	绿	棕	灰	白						
8 纤束色谱	蓝	橙	绿	棕	灰	白	红	黑				
12 纤束色谱	蓝	橙	绿	棕	灰	白	红	黑	黄	紫	粉红	青绿

注：各个厂家的产品不完全一致，大多数的光缆生产厂家在其产品说明书中均对光缆端别的判别及纤序的排列作了说明，工程使用中应以此为准。

三、光缆的型号与选用

光缆种类较多，具体型号与规格也较多，根据《光缆型号命名方法》（YD/T 908—2011）的规定，目前光缆型号由光缆型式、规格和特殊性能识别（可缺省）三大部分组成，三者之间应空一个格。如下所示：

型式	规格	特殊性能识别

（一）光缆的型式代号

光缆的型式代号由 5 个部分构成，如下所示：

1	2	3	4	5
分类	加强构件	结构特征	护套	外护层

其中，第三部分的结构特征指缆芯结构和光缆派生结构特征。

各部分均用代号表示，其含义如下所述。

1. 光缆的代号及意义

光缆按适用场合分为室外、室内和室内外等几大类，每一大类下面还细分成若干小类。

(1) 室外型

GY——通信用室(野)外光缆；

GYW——通信用微型室外光缆；

GYC——通信用气吹布放微型室外光缆；

GYL——通信用室外路面微槽敷设光缆；

GYP——通信用室外防鼠啮排水管道光缆。

(2) 室内型

GJ——通信用室(局)内光缆；

GJC——通信用气吹布放微型室内光缆；

GJX——通信用室内蝶形引入光缆。

(3) 室内外型

GJY——通信用室内外光缆；

GJYX——通信用室内外蝶形引入光缆。

(4) 其他类型

GH——通信用海底光缆；

GM——通信用移动式光缆；

GS——通信用设备光缆；

GT——通信用特殊光缆。

2. 加强构件的代号及意义

加强构件指护套以内或嵌入护套中用于增强光缆抗拉力的构件。

加强构件的代号及含义如下：

无符号——金属加强构件；

F——非金属加强构件。

3. 结构特征的代号及意义

当光缆型式有几个结构特征需要注明时，可用组合代号表示，其组合代号按下列相应的各代号以自上而下的顺序排列。

(1)缆芯光纤结构

无符号——分立式光纤结构；

D——光纤带结构。

(2)二次被覆结构

无符号——光纤松套被覆结构或无被覆结构；

J——光纤紧套被覆结构；

S——光纤束结构。

(3)松套管材料

无符号——塑料松套管或无松套管；

M——金属松套管。

(4)缆芯结构

无符号——层绞结构；

G——骨架槽结构；

X——中心管结构。

(5)阻水结构特征

无符号——全干式或半干式；

T——填充式。

(6)承载结构

无符号——非自承式结构；

C——自承式结构。

(7)吊线材料

无符号——金属加强吊线或无吊线；

F——非金属加强吊线。

(8)截面形状

无符号——圆形；

8——“8”字形状；

B——扁平形状；

E——椭圆形状。

4. 护套的代号及意义

护套的代号表示护套的材料和结构，当护套有几个特征需要表明时，可用组合代号表示，其组合代号按下列相应的各代号以自上而下的顺序排列。

(1)护套阻燃代号

无符号——非阻燃材料护套；

Z——阻燃材料护套。

(2)护套材料和结构代号

Y——聚乙烯护套；

V——聚氯乙烯护套；

U——聚氨酶护套；

H——低烟无卤护套；

A——铝—聚乙烯粘接护套(简称 A 护套)；

S——钢—聚乙烯粘接护套(简称 S 护套)；

F——非金属纤维增强—聚乙烯粘接护套(简称 F 护套)；

W——夹带钢丝的钢—聚乙烯粘接护套(简称 W 护套)；

L——铝护套；

G——钢护套。

注：V、U 和 H 护套具有阻燃特性，不必在前面加 Z。

5. 外护层的代号及意义

当有外护层时，它可包括垫层、铠装层和外被层的某些部分和全部，其代号用两组数字表示(垫层不需表示)。第一组表示铠装层，可以是一位或两位数字；第二组表示外被层，应是一位数字。具体表示的含义见表 1-4。

外护层的代码及含义 表 1-4

铠装层代号	铠装层含义	外被层代号	外被层含义
0 或(无符号)*	无铠装层	(无符号)	无外被层
1	钢管	1	纤维外被
2	绕包双钢带	2	聚氯乙烯套
3	单细圆钢丝	3	聚乙烯套
4	单粗圆钢丝	4	聚乙烯套加覆尼龙套
5	皱纹钢带	5	聚乙烯保护管
6	非金属丝	6	阻燃聚乙烯套
7	非金属带	7	尼龙套加覆聚乙烯套
33	双细圆钢丝		
44	双粗圆钢丝		

注：* 当光缆有外被层时，用代号“0”表示“无铠装层”；当光缆无外被层时，用代号“(无符号)”表示“无铠装层”。

(二)光缆的规格代号

光缆的规格由光纤、通信线和馈电线的有关规格组成。光纤、通信线以及馈电线的规格之间用“+”号隔开。通信线和馈电线可以全部或部分缺省。如下所示：

光纤的规格 + 通信线的规格 + 馈电线的规格

1. 光纤规格代号的构成

光纤规格代号由光纤数和光纤类别两部分组成。如果同一根光缆中含有两种或两种以上规格(光纤数和类别)的光纤时,中间应用“+”号连接。

(1)光纤数的代号

光纤数的代号用光缆中同类别光纤的实际有效数目的数字表示。

(2)光纤类别的代号

光纤类别采用光纤产品的分类代号表示,用大写A表示多模光纤,大写B表示单模光纤,再以数字和小写字母表示不同类型光纤,其含义如表1-5和表1-6所示。

多模光纤 表1-5

分类代号	特性	纤芯直径(μm)	包层直径(μm)	材料
A1a	渐变折射率	50	125	二氧化硅
A1b	渐变折射率	62.5	125	二氧化硅
A1d	渐变折射率	100	140	二氧化硅
A2a	突变折射率	100	140	二氧化硅
A3a	突变折射率	200	300	二氧化硅芯塑料包层

单模光纤 表1-6

分类代号	名称	分类代号	名称
B1.1	非色散位移型	B2	色散位移型
B1.2	截止波长位移型	B4	非零色散位移型

注:上述光纤的规格代号是参照国际电工委员会IEC相关标准制定的,与国际电信联盟电信标准化组ITU-T相关标准的命名有所不同,具体对照如表1-7所示。

单模光纤ITU-T与IEC分类代号对应关系 表1-7

名称	ITU-T	IEC
非色散位移单模光纤	G.652A、G.652B	B1.1
波长段扩展的非色散位移单模光纤	G.652C、G.652D	B1.3
色散位移单模光纤	G.653	B2
截止波长位移单模光纤	G.654	B1.2
非零色散位移单模光纤	G.655A	B4a
	G.655B	B4b
	G.655C	B4c
	G.655D	B4d
	G.655E	B4e

2. 通信线的规格

通信线规格的构成应符合《铜芯聚烯烃绝缘铝塑综合护套市内通信电缆》(YD/T 322—2013)中表3的规定。

示例:2×2×0.4,表示两对标称直径为0.4mm的通信线对。

3.馈电线的规格

馈电线规格的构成应符合《通信电源用阻燃耐火软电缆》(YD/T 1173—2010)中表3的规定。

示例:2×1.5,表示两根标称截面积为1.5mm^2的馈电线。

(三)光缆型号实例

例1:光缆的型号为GYFTA53 12B1.3+2×2×0.4+4×1.5

表示:非金属加强构件、松套层绞填充式、铝—聚乙烯粘接护套、皱纹钢带铠装、聚乙烯护套通信用室外光缆,包含12根B1.3类(波长段扩展的非色散位移)单模光纤、2对标称直径为0.4mm的通信线和4根标称截面积为1.5mm^2的馈电线。

例2:光缆型号为GYFDGY63 144B1.3

表示:非金属加强构件、光纤带骨架全干式、聚乙烯护套、非金属丝铠装、聚乙烯套通信用室外光缆,包含144根B1.3类单模光纤。

例3:光缆型号为GYTA 12B1.3+6B4

表示:金属加强构件、松套层绞填充式、铝—聚乙烯粘接护套通信用室外光缆,包含12根B1.3类单模光纤和6根B4类(非零色散位移型)单模光纤。

(四)光缆的选用

通常,中继光缆芯数少,可使用层绞式光缆;在局内使用时,把光纤制成软线,再把光纤软线制成软线型光缆。但应注意的是,带状光缆虽然具有纤芯数量多、排序简单等优点,但接续、维护都很不方便,尤其是日常维护,带状光缆一旦发生部分断纤,就只能进行甩纤处理,这大大降低了光纤的利用率。

随着FTTH的广泛应用,入户蝶形光缆的使用也越来越多。

公用通信网所用光缆的选型如表1-8所示。表1-9列出了国内光缆线路工程中一些常用的光缆类型、敷设方法和用途。

公用通信网所用光缆的选择 表1-8

光缆种类	结构	光纤芯数	需要条件
中继光缆	层绞式	<10	低损耗、宽频带、长盘长
	骨架式	100	
	大束管式	<100	
	单元式	10~200	
	带状	200	
海底光缆	层绞式、骨架式、大束管式、单元式	4~100	低损耗、耐水压、耐张力
用户光缆	单元式	<200	高密度、多芯、低(中)损耗
	带状	>200	
局内光缆	软线、带状、单元式	2~20	质量轻、芯径细、柔软

一些常用光缆主要型式及用途 表1-9

习惯叫法	主要型式	全称	敷设方式及用途
中心管式光缆	GYXTY	室外通信用、金属加强构件、中心管、全填充、夹带加强件聚乙烯护套光缆	架空、农话

续上表

习惯叫法	主要型式	全　　称	敷设方式及用途
中心管式光缆	GYXTS	室外通信用、金属加强构件、中心管、全填充、钢—聚乙烯粘接护套光缆	架空、农话
	GYXTW	室外通信用、金属加强构件、中心管、全填充、夹带平行钢丝的钢—聚乙烯粘接护套光缆	架空、管道、农话
层绞式光缆	GYTA	室外通信用、金属加强构件、松套层绞、全填充、铝—聚乙烯粘接护套光缆	架空、管道
	GYTS	室外通信用、金属加强构件、松套层绞、全填充、钢—聚乙烯粘接护套光缆	架空、管道，也可直埋
	GYTA53	室外通信用、金属加强构件、松套层绞、全填充、铝—聚乙烯粘接护套、皱纹钢带铠装聚乙烯外护层光缆	直埋
	GYTY53	室外通信用、金属加强构件、松套层绞、全填充、聚乙烯护套、皱纹钢带铠装聚乙烯外护层光缆	直埋
	GYTA33	室外通信用、金属加强构件、松套层绞、全填充、铝—聚乙烯粘接护套、单细钢丝铠装聚乙烯外护层光缆	爬坡直埋
	GYTY53 + 33	室外通信用、金属加强构件、松套层绞、全填充、聚乙烯护套、皱纹钢铠装聚乙烯套 + 单细钢丝铠装聚乙烯外护层光缆	直埋、水底
	GYTY53 + 333	室外通信用、金属加强构件、松套层绞、全填充、聚乙烯护套、皱纹钢带铠装聚乙烯套 + 双细钢丝铠装聚乙烯外护层光缆	直埋、水底
带状光缆	GYDXTW	室外通信用、金属加强构件、光纤带、中心管、全填充、夹带平行钢丝的钢—聚乙烯粘接护层光缆	架空、管道、接入网
	GYDTY	室外通信用、金属加强构件、光纤带、松套层绞、全填充聚乙烯护层光缆	架空、管道、接入网
	GYDTY53	室外通信用、金属加强构件、光纤带、松套层绞、全填充、聚乙烯护套、皱纹钢带铠装聚乙烯外护层光缆	直埋、接入网
	GYDGTZY	室外通信用、非金属加强构件、光纤带、骨架、全填充、钢—阻燃聚烯烃粘接护层光缆	架空、管道、接入网
非金属光缆	GYFTY	室外通信用、非金属加强构件、松套层绞、全填充、聚乙烯护层光缆	架空、高压电感应区域
	GYFTY05	室外通信用、非金属加强构件、松套层绞、全填充、聚乙烯护套、无铠装、聚乙烯保护层光缆	架空、槽道、高压感应区域
	GYFTY03	室外通信用、非金属加强构件、松套层绞、全填充、无铠装、聚乙烯套光缆	架空、槽道、高压感应区域
	GYFTCY	室外通信用、非金属加强构件、松套层绞、全填充、自承式聚乙烯护层光缆	自承悬挂于高压电塔上
电力光缆	GYTC8Y	室外通信用、金属加强构件、松套层绞、全填充、聚乙烯套 8 字形自承式光缆	自承悬挂于杆塔上

续上表

习惯叫法	主要型式	全　称	敷设方式及用途
防蚁光缆	GYTA04	室外通信用、金属加强构件、松套层绞、全填充、聚乙烯护套、无铠装、聚乙烯护套加尼龙外护层光缆	管道、防蚁场合
	GYTY54	室外通信用、金属加强构件、松套层绞、全填充、聚乙烯护套、皱纹钢带铠装、聚乙烯套加尼龙外护层光缆	直埋、防蚁场合
室内光缆	GJFJV	室外通信用、非金属加强构件、紧套光纤、聚氯乙烯护层光缆	室内尾纤或跳线
	GJFJZY	室外通信用、非金属加强构件、紧套光纤、阻燃、聚烯烃护层光缆	室内布线或尾缆
	GJFDBZY	室外通信用、非金属加强构件、光纤带、扁平型、阻燃聚烯烃护层光缆	室内尾缆或跳线
入户光缆	GJXV-1B6a	单芯金属室内蝶形光缆	FTTH,家庭入户

任务实施　光缆识别训练

任务描述：

给定三段已开剥的光缆(分别为中心管式、层绞式、带状式),分别编号为1、2、3,请在30min内指出其结构类型、AB端、纤芯序号、适用工程,并填入表1-10中。

光缆识别训练表　　表1-10

光缆编号 / 识别内容	1 中心管式	2 层绞式	3 带状式	分　值	计　分
结构类型				15分(每错一个扣5分)	
AB 端				15分(每错一个扣5分)	
纤芯序号				30分(每错一个扣5分)	
适用工程				30分(每错一个扣5分)	
用时	分值10(每超过1min扣1分,扣完为止)				
总计					

任务总结

通过本任务的实施,使学生能掌握通信光缆的类型和结构以及相关定义标准,能够正确判断通信光缆的类型、端别、纤序和应用场合。

任务四　了解通信电缆

随着光通信技术的高速发展,我国有线通信网的骨干网和局间中继线路已普遍使用光缆,光纤在接入网中也开始使用。但光缆敷设费用较高,接头费用和终端光—电转换费用昂贵,因此,在光纤化普及前的很长一段时间内,接入网的用户线仍将以金属线缆为主。

以金属(如铜)导体作为信息传导材料的线缆称为通信电缆,常用的通信电缆有本地网中使用的市话全塑对称电缆,宽带接入网及计算机网络中使用的数据电缆,以及馈线、2M

线、有线电视系统中使用的同轴电缆三种,下面分别予以介绍。

一、市话全塑对称电缆

全色谱全塑双绞通信电缆是现在本地网中广泛使用的电缆,所谓"全塑"电缆是指电缆的芯线绝缘层、缆芯包带层和护套均采用高分子聚合物——塑料制成。所谓"全色谱",是因为芯线绝缘层的颜色是由规定的十种颜色(白、红、黑、黄、紫、蓝、橙、绿、棕、灰,以不同的颜色来代表芯线的序号)组成的。市话全塑对称电缆主要用于传输音频、150kHz 及以下的模拟信号和 2 048kbit/s 及以下的数字信号。在一定条件下,也可用于传输 2 048kbit/s 以上的数字信号。

(一)全塑对称电缆的种类

市话全塑对称电缆分为普通型和特殊型两大类,而常用的特殊型电缆有填充型、自承式和室内电缆等。

(1)普通型全塑电缆。这是使用最多的一种,广泛用于架空、管道、墙壁及暗管等施工形式,有 HYA、HYFA 和 HYPA 三大类。图 1-16 所示的电缆就是最常用的 HYA 型电缆的结构。

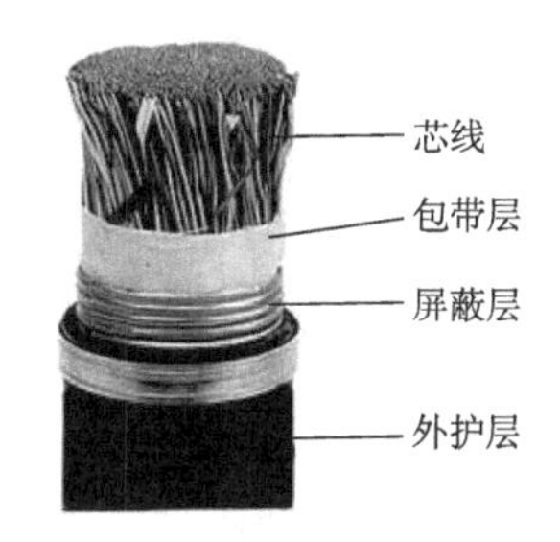

图 1-16　普通全塑电缆(HYA 型)结构

(2)填充型全塑电缆。填充型全塑市内通信电缆通常是利用石油膏填充在缆芯内绝缘芯线之间和缆芯与包带之间的所有空隙,防止护套外面的水沿径向进入缆芯后纵向流动,从而确保通信的可靠性,也便于电缆障碍的修复。填充型电缆主要用于无需进行充气维护或对防水性能要求较高的场合。目前本地网中经常使用的型号有:HYAT、HYFAT、HYPAT、HYAGT、HYAT 铠装、HYFAT 铠装、HYPAT 铠装等。图 1-17 就是一条填充型铠装全塑电缆。

(3)自承式全塑电缆。自承式全塑市内通信电缆是为架空敷设而设计的,其特点是电缆和钢绞线合为一体,架设时不需另装吊线和电缆挂钩,施工和维护都极为方便。钢绞线有塑料护套保护,不易发生锈蚀与电击,可以延长电缆寿命并减少障碍。其型号有 HYAC、HYPAC,结构如图 1-18 所示。

图 1-17　填充型铠装全塑电缆结构

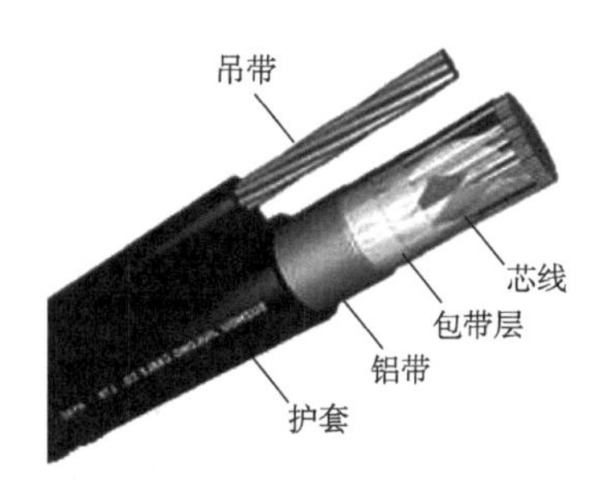

图 1-18　自承式全塑电缆结构

(二)全塑对称电缆的结构

市话全塑电缆由 4 个部分组成:导电芯线(导线)、绝缘层、屏蔽层和外护层。

1. 芯线

目前,最常用的芯线材料是软铜线,线径一般有 0. 32mm、0. 4mm、0. 5mm、0. 6mm、

0.7mm、0.8mm 等主要规格。一般局所服务半径在 4km 以内的可选用线径 0.4mm 的铜线，服务半径在 4～6km 的可选用线径 0.5mm 的铜线，服务半径在 6km 以上的可根据传输衰减计算选用线径为 0.7mm、0.8mm、0.9mm 或以上的铜线，农话电缆选用线径为 1.2mm的铜线。

2. 绝缘层

芯线的绝缘层是为保证芯线之间及芯线与护层之间具有良好的绝缘性能，在每根导线外包裹一层不同颜色的绝缘物，主要有实心聚乙烯、泡沫聚乙烯、泡沫/实心皮聚乙烯塑料等，如图 1-19 所示。

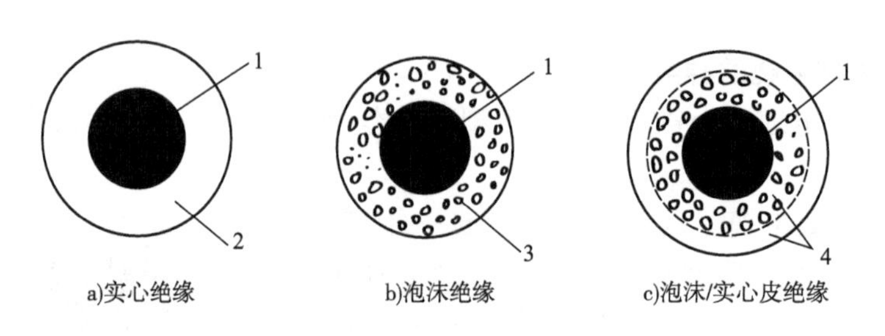

图 1-19　市内通信电缆芯线绝缘层

1-金属导线；2-实心聚烯烃绝缘层；3-泡沫聚烯烃绝缘层；4-泡沫/实心皮聚烯烃绝缘层

3. 屏蔽层

屏蔽层由涂塑铝带重叠纵包而成，涂塑铝带一般有轧纹与不轧纹两种。屏蔽层的功能：减少外界电磁场对电缆芯线的干扰和影响；提供工作地线；增强电缆阻止透水、透潮的功能；另外，对增加电缆的机械强度也有一定的作用。

4. 外护层

电缆的外护层（包括屏蔽层在内）是保持电缆的缆芯不受潮气、水分的浸害，起到密封与机械保护的作用，其材料多为聚乙烯。外护层表面有识别标记，标记内容有：导线直径、线对数量、电缆型号、制造厂厂名代号及制造年份，长度标记以间隔不大于 1m 标记在外表面上。

5. 芯线扭绞

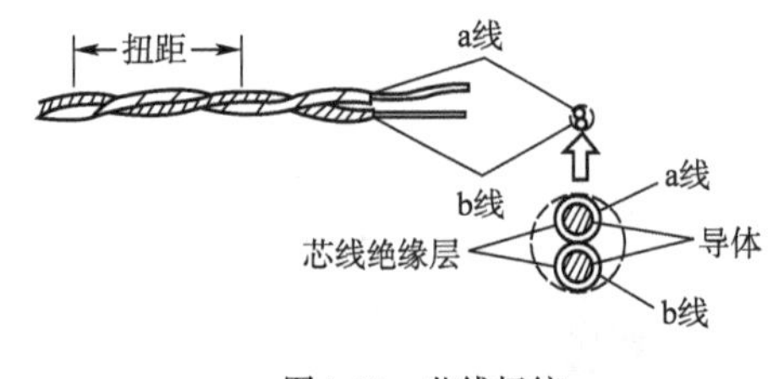

图 1-20　芯线扭绞

市内通信电缆线路为双线回路，因此必须构成线对。为了减少线对之间的串音，提高线对之间的抗干扰能力，便于电缆弯曲和增加电缆结构的稳定性，也有利于辨别线对、查找接续芯线方便，线对应当进行扭绞，如图 1-20 所示。要求对绞式的扭绞节距不超过 155mm，相邻线对的扭绞节距均不相等。

6. 缆芯组成

芯线扭绞成对后，再将若干对按一定规律绞合成为缆芯。单位式缆芯是全塑电缆形成缆芯的主要方式，它主要由基本单位和超单位绞合而成。具体可分为基本单位、子单位、50 对超单位、100 对超单位，每个单位缆芯束外都螺旋疏绕不同颜色的非吸湿性扎带。

（1）基本单位由若干对线组绞合而成，可分为两种：10 对基本单位和 25 对基本单位，由 10 对线对绞合成基本单位式的通常适用于 100 对以下的电缆，由 25 对线对绞合成基本单位式的适用于各种对数的电缆。

（2）子单位：为了形成圆形结构，充分利用缆内有限的空间，可把一个基本单位 25 对分为 12 对和 13 对(12 对 + 13 对 = 25 对),称为 2 个子单位(或半单位)。

(3)50 对超单位:由 2 个基本单位(25 对)组成。

(4)100 对超单位:由 4 个基本单位(25 对)组成。

(三)全塑对称电缆的色谱与端别

为了利于辨别线对、查找接续芯线方便,每个单位缆芯束外扎带以及每对导线均采用不同的颜色以代表不同的线对序号,这就是扎带和线对的色谱。

1. 线对色谱

线对色谱是由白(W)、红(R)、黑(B)、黄(Y)、紫(V)作为领示色(代表 a 线),蓝(Bl)、橙(O)、绿(G)、棕(Br)、灰(S)作为循环色(代表 b 线)。领示色和循环色相组合构成线对的色谱。

(1)10 对基本单位的组成及色谱

10 对基本单位中的线对色谱见表 1-11。

10 对基本单位中的线对色谱 表 1-11

线对组序号	导线颜色		线对组序号	导线颜色	
	a 线	b 线		a 线	b 线
1	白	蓝	6	红	蓝
2	白	橙	7	红	橙
3	白	绿	8	红	绿
4	白	棕	9	红	棕
5	白	灰	10	红	灰

(2)25 对基本单位的组成及色谱

25 对基本单位中的线对色谱见表 1-12。

25 对基本单位中的线对色谱 表 1-12

线对组序号	导线颜色		线对组序号	导线颜色		线对组序号	导线颜色	
	a 线	b 线		a 线	b 线		a 线	b 线
1	白	蓝	10	红	灰	19	黄	棕
2	白	橙	11	黑	蓝	20	黄	灰
3	白	绿	12	黑	橙	21	紫	蓝
4	白	棕	13	黑	绿	22	紫	橙
5	白	灰	14	黑	棕	23	紫	绿
6	红	蓝	15	黑	灰	24	紫	棕
7	红	橙	16	黄	蓝	25	紫	灰
8	红	绿	17	黄	橙			
9	红	棕	18	黄	绿			

2. 扎带色谱与线对序号

25 对基本单位可由 12、13 对两个子单位或其他更少线对数的两个以上的子单位组成。每个基本单位或子单位都用双色扎带缠绕,属于同一基本单位的子单位的扎带颜色相同。扎带颜色应符合表 1-13 的规定。

50 对超单位由 2 个基本单位的 4 个子单位 2 × (12 + 13) 绞合而成。100 对超单位由

4 个基本单位绞合构成。超单位用单色扎带,颜色应符合表 1-13 的规定。

扎带颜色 表 1-13

单位序号	100 对超单位序号	1 ~ 6	7 ~ 12	13 ~ 18	19 ~ 24	25 ~ 30
	50 对超单位序号	1 ~ 12	13 ~ 24	25 ~ 36	37 ~ 48	49 ~ 60
	超单位扎带颜色 / 线对序号 / 基本单位扎带	白	红	黑	黄	紫
1	白—蓝	1 ~ 25	601 ~ 625	1201 ~ 1225	1801 ~ 1825	2401 ~ 2425
2	白—橙	26 ~ 50	626 ~ 650	1226 ~ 1250	1826 ~ 1850	2426 ~ 2450
3	白—绿	51 ~ 75	651 ~ 675	1251 ~ 1275	1851 ~ 1875	2451 ~ 2475
4	白—棕	76 ~ 100	676 ~ 700	1276 ~ 1300	1876 ~ 1900	2476 ~ 2500
5	白—灰	101 ~ 125	701 ~ 725	1301 ~ 1325	1901 ~ 1925	2501 ~ 2525
6	红—蓝	126 ~ 150	726 ~ 750	1326 ~ 1350	1926 ~ 1950	2526 ~ 2550
7	红—橙	151 ~ 175	751 ~ 775	1351 ~ 1375	1951 ~ 1975	2551 ~ 2575
8	红—绿	176 ~ 200	776 ~ 800	1376 ~ 1400	1976 ~ 2000	2576 ~ 2600
9	红—棕	201 ~ 225	801 ~ 825	1401 ~ 1425	2001 ~ 2025	2601 ~ 2625
10	红—灰	226 ~ 250	826 ~ 850	1426 ~ 1450	2026 ~ 2050	2626 ~ 2650
11	黑—蓝	251 ~ 275	851 ~ 875	1451 ~ 1475	2051 ~ 2075	2651 ~ 2675
12	黑—橙	276 ~ 300	876 ~ 900	1476 ~ 1500	2076 ~ 2100	2676 ~ 2700
13	黑—绿	301 ~ 325	901 ~ 925	1501 ~ 1525	2101 ~ 2125	2701 ~ 2725
14	黑—棕	326 ~ 350	926 ~ 950	1526 ~ 1550	2126 ~ 2150	2726 ~ 2750
15	黑—灰	351 ~ 375	951 ~ 975	1551 ~ 1575	2151 ~ 2175	2751 ~ 2775
16	黄—蓝	376 ~ 400	976 ~ 1000	1576 ~ 1600	2176 ~ 2200	2776 ~ 2800
17	黄—橙	401 ~ 425	1001 ~ 1025	1601 ~ 1625	2201 ~ 2225	2801 ~ 2825
18	黄—绿	426 ~ 450	1026 ~ 1050	1626 ~ 1650	2226 ~ 2250	2826 ~ 2850
19	黄—棕	451 ~ 475	1051 ~ 1075	1651 ~ 1675	2251 ~ 2275	2851 ~ 2875
20	黄—灰	476 ~ 500	1076 ~ 1100	1676 ~ 1700	2276 ~ 2300	2876 ~ 2900
21	紫—蓝	501 ~ 525	1101 ~ 1125	1701 ~ 1725	2301 ~ 2325	2901 ~ 2925
22	紫—橙	526 ~ 550	1126 ~ 1150	1726 ~ 1750	2326 ~ 2350	2926 ~ 2950
23	紫—绿	551 ~ 575	1151 ~ 1175	1751 ~ 1775	2351 ~ 2375	2951 ~ 2975
24	紫—棕	576 ~ 600	1176 ~ 1200	1776 ~ 1800	2376 ~ 2400	2976 ~ 3000

注:当电缆内既有 100 对超单位又有 50 对超单位时,若用 100 对超单位序号计数时,2 个 50 对超单位用同一个序号,而用 50 对超单位序号计数时,1 个 100 对超单位用 2 个序号。

3. 预备线对色谱

一般 100 对及 100 对以上电缆要加放预备线对,数量为标准线对数的 1%,但最多不超过 6 对。预备线组应置于缆芯的间隙中,可单独提供,也可绞合在一起构成一个子单位提供。预备线对的色谱见表 1-14。

预备线对的色谱 表 1-14

预备线对序号	导线颜色		预备线对序号	导线颜色	
	a 线	b 线		a 线	b 线
1	白	红	4	白	紫
2	白	黑	5	红	黑
3	白	黄	6	红	黄

4. 端别

为了保证在电缆布放、接续等过程中的质量,全塑全色谱市内通信电缆规定了 A、B 端。通常有以下两种识别方法。

(1)面向电缆端面,若基本单位扎带色谱按白蓝、白橙、白绿、白棕、白灰、红蓝、红橙、红绿、红棕、红灰……顺时针方向排列的为 A 端,反之为 B 端,如图 1-21 所示。

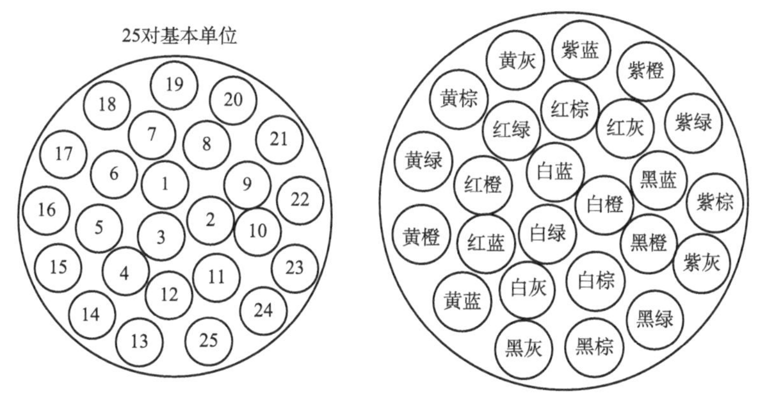

图 1-21 缆芯结构、线序、色谱排列

(2)根据电缆护套的长度标记,数字小的一端为 A 端,另外一端即为 B 端。

全塑市内通信电缆 A 端用红色标记,又叫内端,伸出电缆盘外,常用红色端帽封合或用红色胶带包扎,规定 A 端面向局方。另一端为 B 端,用绿色标记,常用绿色端帽封合或绿色胶带包扎,一般又叫外端,紧固在电缆盘内,绞缆方向为逆时针,规定 B 端面向用户。

(四)全塑对称电缆的型号与选用

1. 全塑电缆的型号

电缆型号通常由型式代号和规格代号两部分组成。

1)型式代号

全塑通信电缆的型式代号一般由 7 个部分组成,如下所示:

1	2	3	4	5	6	7
分类或用途	导体	绝缘	内护层	特征	外护层(数字表示)	派生

(1)分类或用途代号

H——市内通信电缆;

HJ——局用电缆;

HP——配线电缆;

HR——电话软线。

(2)导体代号

T——铜(省略不标记);

G——钢(铁);

GL——铝包钢；
J——钢铜线芯、绞合线芯；
L——铝。
(3)绝缘(导线的绝缘层)代号
Y——聚乙烯；
YF——泡沫聚乙烯；
YP——泡沫/实心皮聚乙烯；
B——聚苯乙烯；
F——聚四氟乙烯；
M——棉纱；
N——尼龙；
V——聚氯乙烯。
(4)内护层代号
A——涂塑铝带粘接屏蔽聚乙烯护层；
AG——铝塑综合层；
BM——棉纱编织；
G——钢管；
GW——皱纹钢管；
L——铝管；
LW——皱纹铝管；
Q——铅包；
S——铝钢双层金属带屏蔽聚乙烯护层；
V——聚氯乙烯护层；
Y——聚乙烯。
(5)特征代号
B——扁、平行；
C——自承式；
G——高频隔离；
L——防雷；
P——屏蔽；
R——软线；
T——填充石油膏；
Z——综合通信电缆兼有高、低频线对。
(6)外护层代号
1——纤维绕包；
2——钢带铠装；
3——单层细圆钢丝铠装；
4——双层细圆钢丝铠装；
5——单层粗圆钢丝铠装；
6——双层粗圆钢丝铠装；

12——钢带铠装一级外护层；
13——单层细圆钢丝铠装一级外护层；
14——双层细圆钢丝铠装一级外护层；
15——单层粗圆钢丝铠装一级外护层；
16——双层粗圆钢丝铠装一级外护层；
20——裸钢带铠装一级外护层；
22——钢带铠装二级外护层；
23——双层防腐钢带绕包铠装聚乙烯外被层；
24——双层细圆钢丝铠装二级外护层；
26——双层粗圆钢丝铠装二级外护层；
33——单层细钢丝铠装聚乙烯外被层；
43——单层粗钢丝铠装聚乙烯外被层；
53——单层钢带皱纹纵包铠装聚乙烯外被层；
120——裸钢带铠装一级外护层；
553——双层钢带皱纹纵包铠装聚乙烯外被层。

(7)派生代号

——1:第1种；
——2:第2种；
——252:252kHz；
——120:120kHz。

2)规格代号

全塑对称电缆规格代号由电缆中线对数及导体标称直径来表示,具体表示如下：

标称线对数 ×2× 导体标称直径

例如:HYA　200×2×0.4　表示铜芯实芯聚乙烯绝缘双面涂塑铝带屏蔽聚乙烯护套市内通信电缆,线径为0.4mm,对数为200。

HYAT　100×2×0.5　表示铜芯实芯聚乙烯绝缘石油膏填充双面涂塑铝带屏蔽聚乙烯护套市内通信电缆,线径为0.5mm,对数为100。

HYAT53　300×2×0.4　表示铜芯实芯聚乙烯绝缘石油膏填充双面涂塑铝带屏蔽单层钢带铠装聚乙烯护套市内通信电缆,线径为0.4mm,对数为300。

HYA22　400×2×0.6　表示铜芯实芯聚乙烯绝缘双面涂塑铝带屏蔽聚乙烯护套钢带铠装市内通信电缆,线径为0.6mm,对数为400。

2. 全塑通信电缆的选用

适用于各种敷设方式的通信主干电缆、配线电缆和成端电缆选型可参阅表1-15。

全塑电缆选型表　　表1-15

电缆类别	主干电缆中继电缆		配线电缆				成端电缆	
敷设方式	管道	直埋	管道	直埋	架空、沿墙	室内、暗管	MDF	交接箱
铜芯线线径(mm)	0.32,0.4,0.5,0.6,0.8	0.32,0.4,0.5,0.6,0.8	0.4,0.5,0.6	0.4,0.5,0.8	0.4,0.5,0.6	0.4,0.5	0.4,0.5,0.6	0.4,0.5,0.6

续上表

电缆类别	主干电缆中继电缆		配线电缆				成端电缆	
敷设方式	管道	直埋	管道	直埋	架空、沿墙	室内、暗管	MDF	交接箱
电缆型号	HYA HYFA HYPA 或 HYAT HYFAT HYPAT	HYAT 铠装 HYFAT 铠装 HYPT 铠装 或 HYA 铠装 HYFA 铠装 HYPA 铠装	HYAT HYPAT 或 HYA HYPA	HYAT 铠装 HYPAT 铠装 或 HYA 铠装 HYPA 铠装	HYA HYPA HYAC HYPAC	宜选用 HPVV	HYVVZ	HYA

二、数据通信用双绞电缆

数据通信中的双绞电缆是目前比较常用的一种宽带接入网的传输媒体，它具有制造成本较低、结构简单、可扩充性好、便于网络升级的优点，主要用于大楼综合布线、小区计算机综合布线等。

(一)双绞电缆的色谱和结构

双绞线(Twisted Pairwire,TP)的结构、色谱等与市话全塑对称电缆类似，它由 4 对彼此绝缘的铜导线对按一定密度逆时针互相扭绞在一起，其外部包裹金属层或塑橡外皮，线序及色谱如表 1-16 所示。铜导线的直径为 0.4 ~ 1mm，扭绞的绞距为 3.81 ~ 14cm，相邻双绞线的扭绞长度差约为 1.27cm。双绞线的缠绕密度、扭绞方向以及绝缘材料直接影响它的特性阻抗、衰减和近端串扰。

双绞电缆的线对序号与色谱 表 1-16

线对序号	1	2	3	4
色　谱	蓝/白—蓝	橙/白—橙	绿/白—绿	棕/白—棕

根据电缆结构的不同，可分为非屏蔽双绞线(Unshielded Twisted Pair,UTP)和屏蔽双绞线(Shielded Twisted Pair,STP)。

1. 非屏蔽双绞电缆

非屏蔽双绞电缆(UTP)是由多对双绞线外包缠一层塑橡护套构成。4 对非屏蔽双绞电缆如图 1-22a)所示。

UTP 因为无屏蔽层，所以容易安装、较细小、节省空间。

2. 屏蔽双绞电缆

屏蔽双绞电缆与非屏蔽双绞电缆一样，芯线为铜双绞线，护套层是塑橡皮，只不过在护套层内增加了金属层。按增加的金属屏蔽层数量和金属屏蔽层绕包方式，又可分为金属箔双绞电缆(FTP)、屏蔽金属箔双绞电缆(SFTP)和屏蔽双绞电缆(STP)三种。

FTP 是在多对双绞外纵包铝箔，4 对双绞电缆结构如图 1-22b)所示。

SFTP 是在多对双绞线外纵包铝箔后，再加金属编织网，4 对双绞电缆结构如图 1-22c)所示。

STP 是在每对双绞线外纵包铝箔后，再将纵包铝箔的多对双绞线加金属编织网，如图 1-22d)所示。

从图1-22中可以看出,非屏蔽双绞电缆和屏蔽双绞电缆都有一根用来撕开电缆保护套的拉绳。屏蔽双绞电缆还有一根漏电线,把它连接到接地装置上,可泄放金属屏蔽的电荷,解除线间的干扰问题。

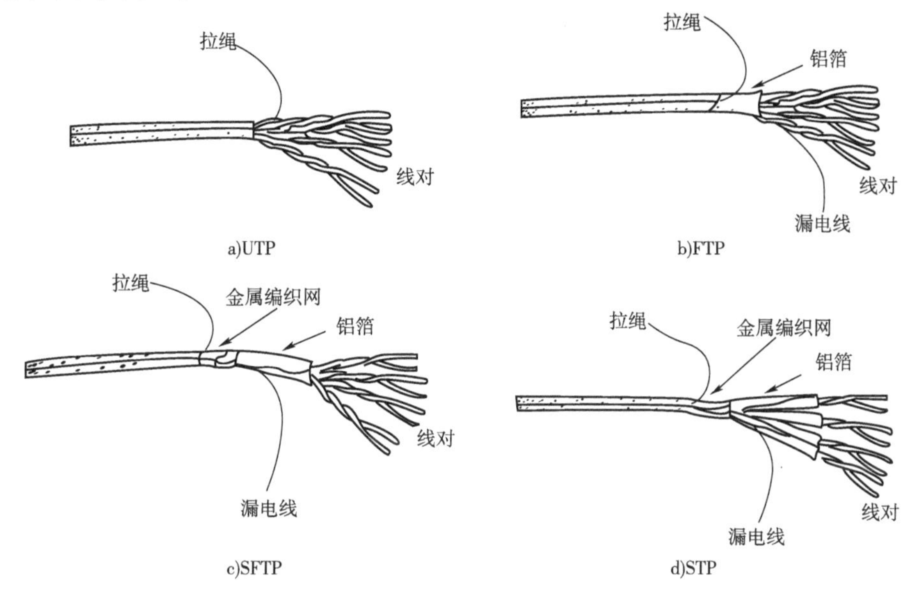

a)UTP　b)FTP　c)SFTP　d)STP

图1-22　双绞电缆的结构

(二)双绞电缆的种类

常用的双绞电缆的特性阻抗有100Ω和150Ω两种。100Ω双绞线又分为3类(CAT3)、4类(CAT4)、5类(CAT5)、超5类(CAT5e)、6类(CAT6)、超6类(CAT6e)、7类(CAT7)等几种;150Ω双绞线不分类,其传输频率为300MHz。

综合布线中最常用的双绞线有以下几种。

1.5类4对非屏蔽双绞线

这种电缆是美国线缆规格为24(直径为0.511mm)的实心裸铜导体,以氟化乙烯作绝缘材料,传输频率达100MHz。电缆的物理结构截面如图1-23所示,电气特性如表1-17所示。

常用双绞电缆电气特性　　表1-17

<table>
<tr><th rowspan="2">频率(Hz)</th><th>特性阻抗(Ω)</th><th colspan="3">最大衰减(dB/100m)</th><th colspan="3">近端串扰衰减(dB)</th><th colspan="3">20°C时直流电阻(Ω)</th></tr>
<tr><th>a、b、c、d</th><th>a、b</th><th>c</th><th>d</th><th>a、b</th><th>c</th><th>d</th><th>a、b</th><th>c</th><th>d</th></tr>
<tr><td>256k</td><td>—</td><td>1.1</td><td>—</td><td>—</td><td>—</td><td>—</td><td>—</td><td rowspan="11">9.38</td><td rowspan="11">14.0</td><td rowspan="11">8.8</td></tr>
<tr><td>512k</td><td>—</td><td>1.5</td><td>—</td><td>—</td><td>—</td><td>—</td><td>—</td></tr>
<tr><td>772k</td><td>—</td><td>1.8</td><td>2.5</td><td>2.0</td><td>66</td><td>66</td><td>66</td></tr>
<tr><td>1M</td><td rowspan="8">85~115</td><td>2.1</td><td>2.8</td><td>2.3</td><td>64</td><td>64</td><td>64</td></tr>
<tr><td>4M</td><td>4.3</td><td>5.6</td><td>5.3</td><td>55</td><td>55</td><td>55</td></tr>
<tr><td>10M</td><td>6.6</td><td>9.2</td><td>8.2</td><td>49</td><td>49</td><td>49</td></tr>
<tr><td>16M</td><td>8.2</td><td>11.5</td><td>10.5</td><td>46</td><td>46</td><td>46</td></tr>
<tr><td>20M</td><td>9.2</td><td>12.5</td><td>11.8</td><td>44</td><td>44</td><td>44</td></tr>
<tr><td>31.25M</td><td>11.8</td><td>15.7</td><td>15.4</td><td>42</td><td>42</td><td>42</td></tr>
<tr><td>62.50M</td><td>17.1</td><td>22.0</td><td>22.3</td><td>37</td><td>37</td><td>37</td></tr>
<tr><td>100M</td><td>22.0</td><td>27.9</td><td>28.9</td><td>34</td><td>34</td><td>34</td></tr>
</table>

注:表中a表示5类4对非屏蔽双绞线;b表示5类4对屏蔽双绞电缆;c表示5类4对屏蔽双绞电缆软线;d表示5类4对非屏蔽双绞电缆软线。

2.5 类 4 对屏蔽双绞电缆

它是美国线缆规格为 24(0.511mm)的裸铜导体,以氟化乙烯为绝缘材料,内有一根 0.511mmTPG 漏电线,传输频率达 100MHz。电缆的物理结构截面如图 1-24 所示,电气特性同 5 类 4 对非屏蔽双绞电缆。

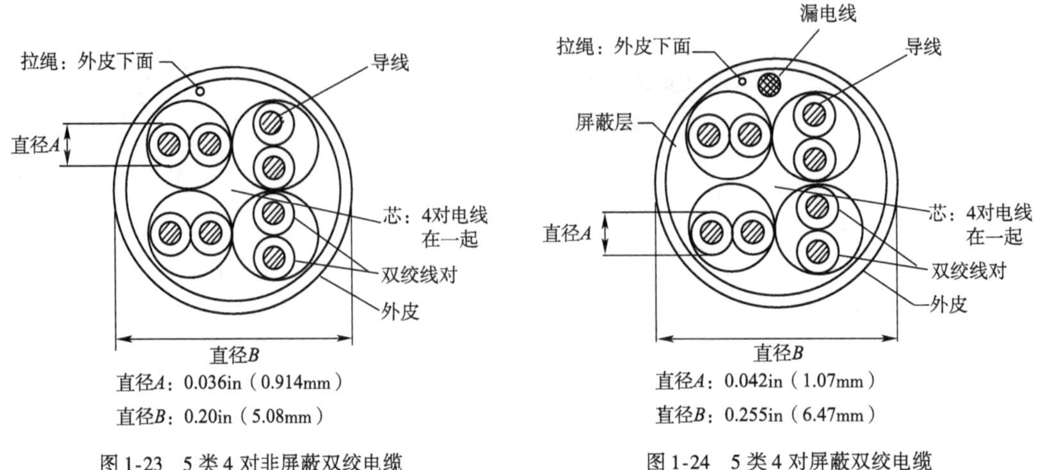

图 1-23　5 类 4 对非屏蔽双绞电缆　　图 1-24　5 类 4 对屏蔽双绞电缆

3.5 类 4 对屏蔽双绞电缆软线

它是由 4 对双绞线和 1 根 0.404mmTPC 漏电线构成,传输频率为 100MHz。电缆的物理结构截面如图 1-25 所示,电气特性如表 1-17 所示。

4.5 类 4 对非屏蔽双绞电缆软线

它是由 4 对双绞线组成,用于高速数据传输,适合于扩展传输距离,应用于互连或跳接线。传输频率为 100MHz。电缆的物理结构截面如图 1-26 所示,电气特性如表 1-17 所示。

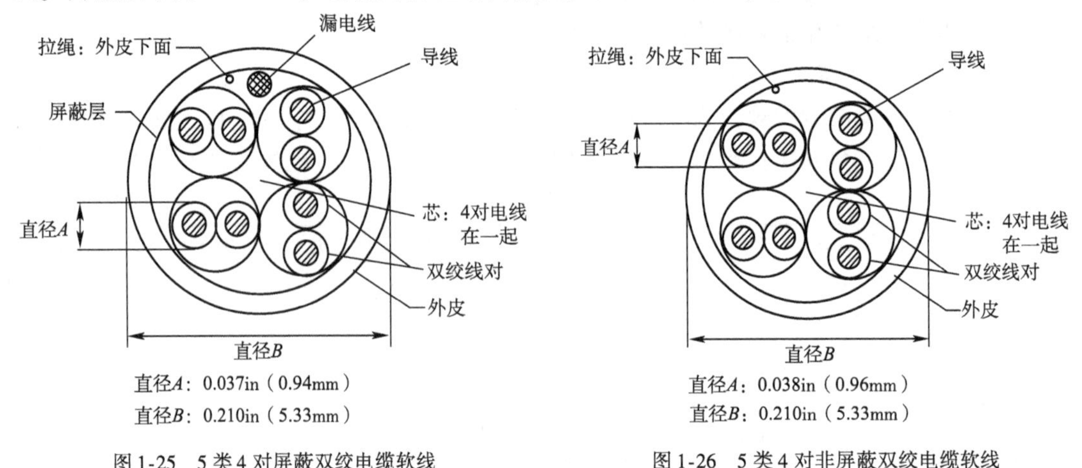

图 1-25　5 类 4 对屏蔽双绞电缆软线　　图 1-26　5 类 4 对非屏蔽双绞电缆软线

5. 超 5 类双绞电缆

超 5 类双绞电缆与普通的 5 类双绞电缆比较,它的近端串扰、综合近端串扰、衰减和结构回波损耗等主要性能指标都有很大的提高。因此,它具有以下优点:

(1)能够满足大多数应用的要求,并且满足低综合近端串扰的要求。

(2)足够的性能余量,给安装与测试带来方便。

比起普通 5 类双绞电缆,超 5 类在 100MHz 的频率下运行时,为应用系统提供 8dB 近端串扰的余量,应用系统的设备受到的干扰只有普通 5 类双绞电缆的 1/4,从而使应用系统具有更强的独立性和可靠性。

6.6类双绞电缆

6类双绞线在外形上和结构上与5类或超5类双绞线都有一定的差别,它在电缆中央增加了绝缘的十字骨架,将双绞线的4对线分别置于十字骨架的4个凹槽内,十字骨架随长度的变化而旋转角度,将4对双绞线卡在骨架的凹槽内,保持4对双绞线的相对位置,提高了电缆的平衡特性和串扰衰减,另外,保证了在安装过程中电缆的平衡结构不遭到破坏。6类非屏蔽双绞线裸铜线径为0.57mm(线规为23AWG),绝缘线径为1.02mm,UTP电缆直径为6.53mm。6类非屏蔽双绞线与超5类布线系统具有非常好的兼容性,且能够非常好地支持1 000Base-T,所以正慢慢成为综合布线的新宠。

(三)双绞电缆的型号与选用

1.双绞电缆的型号

(1)双绞电缆型号由型式代号与规格代号两部分组成。电缆型式代号及含义如下所示。

1	2	3	4	5	6	7
分类	导体	绝缘	内护层	特征	外护层	最高频率

①分类。

HS——数字通信用电缆。

②导体代号。

T——铜(省略不标记)。

③绝缘(导线的绝缘层)代号。

Y——实心聚烯烃;

YF——泡沫聚烯烃;

YP——泡沫/实心皮聚烯烃;

Z——低烟无卤阻燃聚烯烃;

W——聚全氟乙丙烯。

④内护层代号。

A——涂塑铝带粘接屏蔽聚乙烯护层;

V——聚氯乙烯护层;

Z——低烟无卤阻燃聚烯烃护层;

W——含氟聚合物护层。

⑤特征代号。

P——屏蔽;

C——自承式;

T——填充石油膏。

⑥外护层代号。

53——单层钢带皱纹纵包铠装聚乙烯外被层。

⑦最高频率。

—3:3类线,最高频率16MHz,特性阻抗100Ω;

—4:4类线,最高频率20MHz,特性阻抗100Ω;

—5:5类线,最高频率100MHz,特性阻抗100Ω;

—6:6类线,最高频率250MHz,特性阻抗100Ω;

—7:7 类线,最高频率600MHz,特性阻抗100Ω;
—30:30MHz;
—100:100MHz。

对于目前常用的双绞电缆,又有一种较为直接的型号表示法,如:

UTP CAT.3,对应型号为:HSYV—3,表示非屏蔽3类线;
UTP CAT.5,对应型号为:HSYV—5,表示非屏蔽5类线;
UTP CAT.5e,对应型号为:HSYV—5e,表示非屏蔽超5类线;
UTP CAT.6,对应型号为:HSYV—6,表示非屏蔽6类线;
FTP CAT.5,对应型号为:HSYVP—5,表示纵包铝箔的5类线;
SFTP CAT.5e,对应型号为:HSYVP—5e,表示纵包铝箔后再加金属屏蔽网的超5类线;
SFTP CAT.6,对应型号为:HSYVP—6,表示纵包铝箔后再加金属屏蔽网的6类线;
SSTP CAT.7,对应型号为:HSYVP—7,表示每对双绞线外纵包铝箔后,再将纵包铝箔的多对双绞线外加金属编制网7类线。

(2)规格代号为:

[标称线对数] ×2× [导体标称直径]

2.数据电缆的选用

(1)室内应用

室内可采用普通网线,当综合布线所处的区域内存在较强电磁干扰时可选用屏蔽线,否则可选用非屏蔽线;根据信号的不同带宽应选用不同的网线,具体如表1-18所示。

室内数据对绞电缆选用表 表1-18

类别	类型	宽带(MHz)	长度(m)	主要应用
CAT3	UTP	16	100	主要用于电话线,或传输速率10Mbit/s的网络
CAT4	UTP	20	100	比较少见,可用于传输速率10Mbit/s的网络
CAT5	UTP	100	100	主要用于传输速率100Mbit/s的网络
CAT5e	UTP	100	100	主要用于传输速率100Mbit/s的网络
CAT6	UTP	250	100	主要用于传输速率1 000Mbit/s的网络
CAT6e	UTP	250	100	主要用于传输速率1 000Mbit/s的网络
CAT7	SSTP	600	100	主要用于广播站、电台等严重电磁干扰环境,可用于传输速率1 000Mbit/s的网络

(2)室外应用

对于室外应用,适用于各种敷设方式的数据通信对绞电缆选型可参阅表1-19。

数据通信中的室外对绞电缆选用表 表1-19

敷设方式	管道架空	架空	直埋
铜芯线线径(mm)	0.5、0.6、0.9	0.5、0.6、0.9	0.5、0.6、0.9
电缆型号	HSYA-30,HSYA-100,HSYFA-30,HSYFA-100,HSYPA-30,HSYPA-100,HSYAT-30,HSYAT-100,HSYFAT-30,HSYFAT-100,HSYPAT-30,HSYPAT-100	HSYAC-30,HSYAC-100,HSYATC-30,HSYATC-100	HSYAT53-30,HSYAT53-100,HSYPAT53-30,HSYPAT53-10
使用条件	电缆工作环境温度一般为-30~+60℃,敷设温度一般不低于-5℃		

三、同轴电缆

同轴电缆属于非对称电缆,即构成通信回路的两根导体对地分布参数不同的电缆。目前,有两种广泛使用的同轴电缆,一种是 50Ω 电缆,用于数字传输,由于多用于基带传输,也叫基带同轴电缆;另一种是 75Ω 电缆,用于有线电视系统的模拟传输。实际应用中,同轴电缆的可用带宽取决于电缆长度。1km 的电缆最高可以达到 1 ~ 2Gbit/s 的数据传输速率。

(一)同轴电缆的结构

典型的同轴电缆中心有一根单芯铜导线,铜导线外面是绝缘层,绝缘层的外面有一层导电金属层。金属层常用的有两种结构:一种为金属管状,这种结构采用铜或铝带纵包焊接,或者是无缝铜管挤包拉延而成,这种结构形式的屏蔽性能最好,但柔软性差,常用于干线电缆。另一种为编织网与铝塑复合带纵包组合,它具有柔软性好、质量轻和接头可靠等特点,目前这种结构形式被大量使用。金属层用来屏蔽电磁干扰和防止辐射。电缆的最外层又包了一层绝缘护套,结构如图 1-27所示。

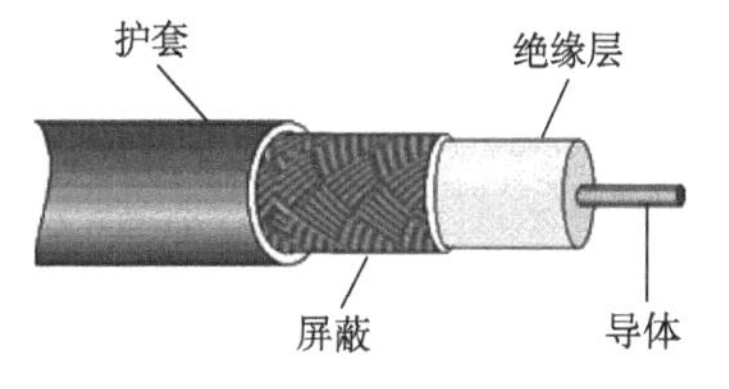

图 1-27　同轴电缆的结构

(二)同轴电缆的型号与应用

1. 同轴电缆的型号

根据我国电缆的统一型号编制方法以及代号含义,同轴电缆的命名通常由 4 部分组成:第一部分用英文字母,分别代表电缆的代号、芯线绝缘材料、护套材料和派生特性,见表 1-20;第二、三、四部分均用数字表示,分别代表电缆的特性阻抗(Ω)、芯线绝缘外径(mm)和结构序号,例如“SYV-75-7-1”的含义是:该电缆为同轴射频电缆,芯线绝缘材料为聚乙烯,护套材料为聚氯乙烯,电缆的特性阻抗为 75Ω,芯线绝缘外径为 7mm,结构序号为 1。

同轴电缆的命名　　表 1-20

分类代号		绝缘材料		护套材料		派生特征	
符号	含义	符号	含义	符号	含义	符号	含义
S	同轴射频电缆	Y	聚乙烯	V	聚氯乙烯	P	屏蔽
SE	对称射频电缆	W	稳定聚乙烯	Y	聚乙烯	Z	综合/组合电缆
SJ	强力射频电缆	F	聚四氟乙烯	F	氟塑料		
SG	高压射频电缆	X	橡皮	D	锡铜		
ST	特种射频电缆	D	聚乙烯空气	W	物理发泡		
SS	电视电缆	U	氟塑料空气				

注:另有一种源自于美国标准的命名法,用 RG 加不同的数字来表示不同结构和性能的射频电缆,RG 系列电缆各性能指标等效于 SYWV(Y)-75 系列。

2. 同轴电缆的应用

同轴电缆以其良好的性能在很多方面得到了应用。

(1)有线电视(CATV)或闭路电视系统的信号线:直接与用户电视机相连的电视电缆多是采用同轴电缆。这种电缆一般既可以用于模拟传输,也可以用于数字传输。可选用 SYV-75、SYWV-75、SYFV-75、RG-59(75Ω)等型号。

(2)射频信号线:同轴电缆也经常在通信设备中被用作传输射频信号线,例如基站设备中功率放大器与天线之间的连接线。可选用 SFF 系列同轴电缆。

(3)接入网:接入网用户端可用 RG6、RG7、RG11 等物理发泡同轴电缆。

任务实施　电缆识别训练

任务描述:

给定三根通信电缆(50 对全塑对称电缆、超 5 类网线、7/8"馈线),分别编号 1、2、3。请写出这三种通信电缆的类型、规格和适用工程;如果是全塑对称电缆,请指出 A、B 端,并找出第 23 号线对;如果是网线,请写出线对序号。以上内容请在 30min 完成,并填入表 1-21。

电缆识别训练表　　表 1-21

电缆编号 识别内容	1	2	3	分　值	计　分
类型				15 分(每错一个扣 5 分)	
规格				15 分(每错一个扣 5 分)	
全塑对称电缆的A、B 端和第 23 号线对				20 分(每错一个扣 5 分)	
网线的线对序号				10 分(每错一个扣 5 分)	
适 用 工 程				30 分(每错一个扣 5 分)	
用时	分值 10(每超过 1min 扣 1 分,扣完为止)				
总计					

任务总结

通过本任务的实施,使学生能掌握通信用全塑对称电缆、数据网线、同轴电缆的类型和结构及相关定义标准,能够正确判断通信电缆的类型、端别、线对序号和应用场合。

习题与思考

一、单选题

1. 所谓本地网就是(　　)。

A. 用户线路网　　B. 局间中继段

C. 地市级电话网　　D. 同一个长途区号内的电信网

2. 下列不属于驻地网业务范围的是(　　)。

A. 工业园区　　B. 商务楼　　C. 居住小岛　　D. 居民住宅小区

3. 建设项目的四个阶段中,第一个阶段是(　　)。

A. 项目的准备阶段　　B. 项目的实施阶段

C. 项目的策划和决策阶段　　D. 项目的建成和总结阶段

4. 目前我国用量最大的光缆类型为(　　)。

A. G. 652　　B. G. 653　　C. G. 654　　D. G. 655

5. (　　)光缆以其施工和维修方便、全色谱等优点在国内使用比较广泛。

A. 松套管层绞式　　B. 中心束管式

C. 骨架式

6. 所谓的单模光纤是指(　　)。

A. 只传输一种电磁场模式的光纤　　B. 仅能传输一个最低模式的光纤

C. 只能传输简单模式的光纤　　D. 只传输高次模式的光纤

二、判断题

1. PON 是有源光网络。　(　　)

2. 本地网的各 MSC 之间一般采用迂回路由连接。　(　　)

3. 一阶段设计时,所编制的施工图预算不计列预备费。　(　　)

4. 入户光缆宜选用符合 ITUG. 657A2 要求的光纤,以适应复杂的敷设条件。　(　　)

5. 与电缆或微波等电通信方式相比,光纤通信传输频带宽、通信容量大,但衰减也大,故传输距离相对较小。　(　　)

6. 双绞线可以替代电话线进行语音信号传输。　(　　)

三、简答与论述

1. 通信系统是由哪几部分组成的？各部分的作用如何？

2. 画出长途模拟网传输衰减分配图,并计算不同省之间的两农村用户之间通话时的线路衰减限值。

3. 请画出有两个汇接局时的本地网传输衰减分配图,并计算两个不同端局间的用户通话时的传输衰减限值。

4. 设 0.4mm 线径全塑电缆的音频衰减为 1.5dB/km,试分别确定用其作模拟网和数字网用户线时的最大长度。

5. 为什么要对本地用户线路的信号电阻加以限制？在本地网的线路设计中,一般将此限值取为多少？(指全塑本地线路网)

6. 我国的通信网的分级结构是什么？画出骨干网到用户驻地网的线路设备结构架构全图。

7. 如何判别光缆的端别和纤序？规定端别的目的是什么？我国通信网中光缆的端别应如何摆放？

四、计算题

1. 12 芯松套管光缆中,第 11 号光纤是什么颜色？

2. 3 000 对电缆中,超单位扎带为红色,基本单位扎带为红绿色,线对为黄棕色,请问这是第几对线？

五、图示题

图 1-28 为一种中心铝管式 OPGW 结构,请在图上标出材料的名称。

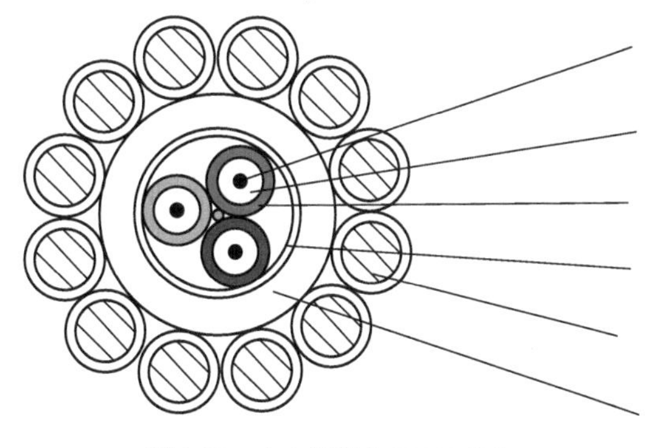

图 1-28　中心铝管式 OPGW 结构

项目二　通信线路的施工准备

技能目标

1. 熟悉和理解各类通信线路工程图,能正确、有效地指导施工准备;
2. 掌握光(电)缆线路的路由复测操作技能;
3. 掌握光(电)缆线路单盘检测和配盘的操作技能。

知识目标

1. 熟悉通信线路施工准备在通信线路工程与施工中的重要意义;
2. 了解各类通信线路工程图,能读懂图纸,了解工程图的特点、各项技术要求等基本知识;
3. 了解线路工程路由复测的基本原理和基本方法;
4. 理解单盘检测和配盘的基本原理和基本方法。

任务一　通信线路工程的施工准备

通过项目一的学习可知,施工准备是通信线路工程建设的第三个阶段,为了确保通信线路施工项目的顺利进行,在正式开展通信线路施工前必须做好施工准备工作,包括技术准备和现场准备两方面。

一、施工的技术准备工作

技术准备的目的是使参加施工的每个人员都明确施工任务及技术标准,以保证施工人员能严格按照施工图进行施工。技术准备主要包括施工图设计审核、制订技术措施、技术交底及新技术培训。

(一)施工图设计审核

施工图设计审核包括施工图的自审和会审,目的是使施工管理及技术人员参与施工图的设计审核,从而熟悉和掌握设计图纸的设计意图、工程特点和技术要求。通过审核,发现施工图中存在的问题和错误,在施工图设计会审会议上提出,为施工项目实施提供一份准确、齐全的施工图纸。

(二)制订技术措施

制订技术措施是为了克服生产中的薄弱环节,挖掘生产潜力,保证完成生产任务,获得良好的经济效果,在提高技术水平方面采取的各种手段或方法。

(三)技术交底

技术交底是工程施工前由主持编制该工程技术文件的人员向实施工程的人员说明工程

在技术上、作业上要注意和明确的问题，目的是为了所有参与施工的操作人员和管理人员了解工程的概况、特点、设计意图、采用的施工方法和技术措施等。对于线路和管道工程来说，技术交底的重点是：光（电）缆的单盘检验；杆洞、拉线坑深；水底光（电）缆布放；直埋光（电）缆、硅芯管道的布放；管道基础；管道的清洗、试通；光（电）缆接续；光（电）缆的割接；沟坎加固；隐蔽工程的施工要点等。

（四）新技术培训

新技术培训是为了适应通信行业新技术、新设备的不断更新的情况，培训通信线路施工项目中含有新技术的工程技术人员，使施工人员具备相应的新技术能力。

二、施工的现场准备工作

通信工程施工的现场准备工作，主要是为了给施工项目创造有利的施工条件和物资保证，不同项目类型的准备工作内容也不尽相同。

（一）线路工程的现场准备

（1）现场考察：熟悉现场情况，考察实施项目所在位置及影响项目实施的环境因素；确定临时设施建立地点，电力、水源给取地，材料、设备临时存储地；了解地理和人文情况对施工的影响因素。

（2）地质条件考察及路由复测：考察线路的地质情况与设计是否相符，确定施工的关键部位（障碍点），制订关键点的施工措施及质量保证措施。对施工路由进行复测，如与原设计不符应提出设计变更请求，对复测结果要作详细的记录备案。

（3）建立临时设施：包括项目经理部办公场地，财务办公场地，材料、设备存放地，宿舍、食堂设施的建立，安全设施，防火、防水设施的设置，保安防护设施的设立。建立临时设施的原则是：距离施工现场就近；运输材料、设备、机具便利；通信、信息传递方便；人身及物资安全。

（4）建立分屯点：在施工前应对主要材料和设备进行分屯，建立分屯点的目的是便于施工和运输，还应建立必要的安全防护设施。

（5）材料与设备进场检测：按照质量标准和设计要求（没有质量标准的按出厂检验标准），对所有进场的材料和设备进行检验。材料与设备进场检验应有业主和监理在场，并由业主和监理确认。将测试记录备案。

（6）安装、调试施工机具：做好施工机具和施工设备的安装、调试工作，避免施工时设备和机具发生故障，造成窝工，影响施工进度。

（二）其他准备工作

（1）做好冬雨期施工准备工作，包括：施工人员的防护措施；施工设备运输及搬运的防护措施；施工机具、仪表安全使用措施。

（2）特殊地区施工准备：高原、高寒、沼泽等地区的特殊准备工作。

任务二　认识通信线路工程图

由任务一可知，施工图是各项施工准备工作的基础，因此，认识通信线路工程图十分必要。

通信工程图纸是按不同专业的要求将图形符号、文字符号等画在一个平面上组成的一张工程图纸。在通信线路建设中，设计图纸是施工的主要依据，专业人员通过图纸了解工程规模、工程内容、统计出工程量、编制工程概预算。读懂图纸，掌握图纸内容，明确工程特点和各项技术要求,理解设计意图,是确保工程质量和工程顺利进行的重要前提。不学透图纸就盲目进行施工,势必会影响工程质量,造成经济损失,因此,从事施工的人员都应重视工程图纸的学习,以便能正确、有效地指导施工。下面先介绍通信线路常用的图形符号,然后以通信线路建设中最常见的管道、架空和直埋图纸为例,来介绍通信线路工程图纸的阅读。

一、常用的通信线路图形符号

通信工程图纸是通过图形符号、文字符号、文字说明及标注表达的,为了读懂图纸就必须了解和掌握图纸中各种图形符号、文字符号等所代表的含义。通信线路工程中常用图形符号如表 2-1 所示,地形图常用符号如表 2-2 所示。

常用的通信线路图形符号 表 2-1

名　称	图　例	名　称	图　例
光缆		带撑杆的电杆	
直埋线路	或	带撑杆拉线的电杆	
架空线路		引上杆	
管道线路	或	通信电杆上装设避雷线	
电杆的一般符号		单方拉线	
直埋线路标石		双方拉线	
埋式光缆电缆穿管保护		有高桩拉线的电杆	
电缆交接间		直通型人孔	
架空交接箱		手孔	
落地交接箱		局前人孔	
分线盒	简化形	墙	
分线箱	简化形	方形孔洞	
接图线		圆形孔洞	

地形图常用符号　　表 2-2

名称	图例	名称	图例
房屋		公路桥	
一般铁路		架空输电线	
地道及天桥		埋式输电线	
一般公路		常年河	
乡村小路		池塘	
涵洞		坎	
铁路桥		稻田	

使用上述统一的图形符号来绘制工程图纸通俗易懂，规范清晰，所以在设计中提倡使用标准图形来绘图，但这并不是表示只能用标准图形来绘图，若采用其他符号绘制，只要在图中加以说明也可以。

二、通信工程制图的统一规定

1. 图幅尺寸

工程设计图纸一般采用 A0、A1、A2、A3、A4 及其加长的图纸幅面。通常根据表述对象的规模大小、复杂程度、所要表达的详细程度、有无图衔及注释的数量来选择较小的合适的图面。如图 2-1 所示。

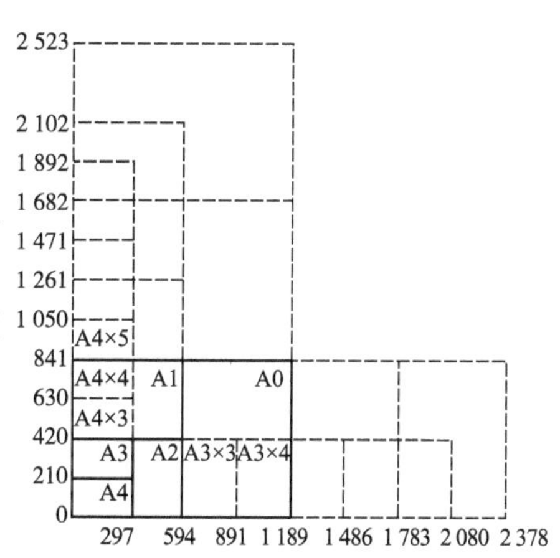

图 2-1　图纸的基本幅面和加长幅面（尺寸单位：mm）

图纸上必须用粗实线绘制图框线。图框格式根据装订边可分为留装订边和不留装订边，根据方向可分为横装和竖装，如图 2-2 所示。表 2-3 中的 B 表示宽度，L 表示长度，e 表示不留装订边时的边宽，c 表示留装订边时的边宽，a 表示装订边宽度。

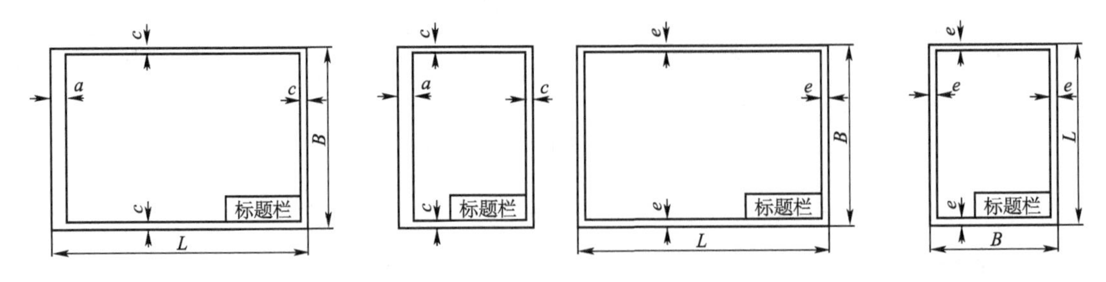

图 2-2　图框格式

基本幅面尺寸及图框尺寸(mm)　　表 2-3

幅面代号	A0	A1	A2	A3	A4
$B \times L$	841 × 1189	594 × 841	420 × 594	297 × 420	210 × 297
e	20		10		
c	10			5	
d	25				

2. 图线形式及其应用

线型分类及其用途一般如表 2-4 所规定。

线型分类及其用途　　表 2-4

图线名称	图线形式	一般用途
实线	————————	基本线条:图纸主要内容用线,可见轮廓线
虚线	- - - - - - - - - - - - -	辅助线条:屏蔽线、机械连接线、不可见轮廓线、计划扩展内容用线
点画线	—·—·—·—·—·—	图框线:表示分界线、结构图框线、功能图框线、分级图框线
双点画线	—··—··—··—	辅助图框线:表示更多的功能组合或从某种图框中区分不属于它的功能部件

图线的宽度一般从以下系列中选用:0.25mm,0.3mm,0.35mm,0.5mm,0.6mm,0.7mm,1.0mm,1.2mm,1.4mm。但通常只选用两种宽度图线,粗线的宽度为细线宽度的 2 倍,主要图线采用粗线,次要图线采用细线。

当需要区分新安装的设备时,则粗线表示新建,细线表示原有设施,虚线表示规划预备部分。

3. 图纸的比例

对于建筑平面图、平面布置图、管道及光(电)缆线路图等图纸,一般按比例绘制;方案示意图、系统图、原理图等可不按比例绘制,但应按工作顺序、线路走向、信息流向排列。

对平面布置图、线路图和区域规划性质的图纸推荐的比例为:1:10、1:20、1:50、1:100、1:200、1:500、1:1 000、1:2 000、1:5 000、1:10 000 和 1:50 000 等。

应根据图纸表达的内容深度和选用的图幅,选择合适的比例。对于通信线路及管道类的图纸,为了更方便地表达周围环境情况,可采用沿线路方向按一种比例,而周围环境的横向距离采用另外的比例或基本按示意性绘制。

4. 图中的尺寸

一个完整的尺寸标注应由尺寸数字、尺寸界线、尺寸线及其终端等组成，如图 2-3 所示。

通信线路设备安装、断面图、人手孔建筑安装图等一般使用毫米(mm)作单位，箭头、尺寸线、尺寸界线都保留，如图 2-4 所示。而在标注室外通信线路的长度时，一般使用米(m)作单位，且常将箭头、尺寸线、尺寸界线都隐藏，只保留标注文字，如图 2-5 所示。

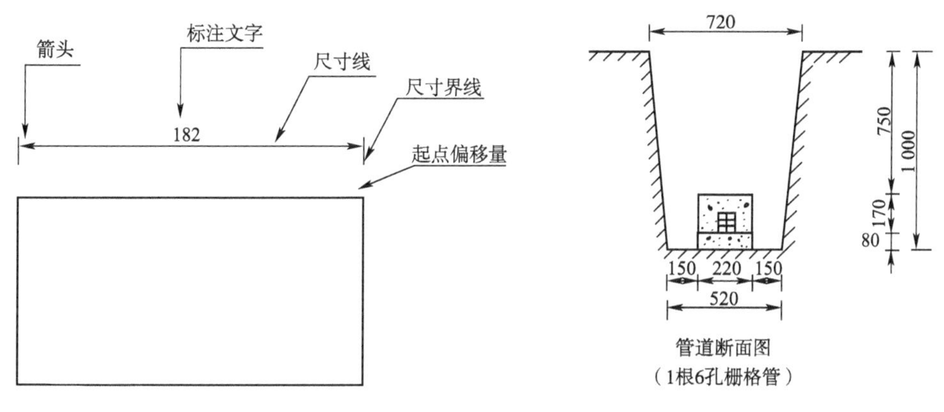

图 2-3　一个尺寸标注样式中的不同组成元素　　　图 2-4　管道断面图标注(尺寸单位:mm)

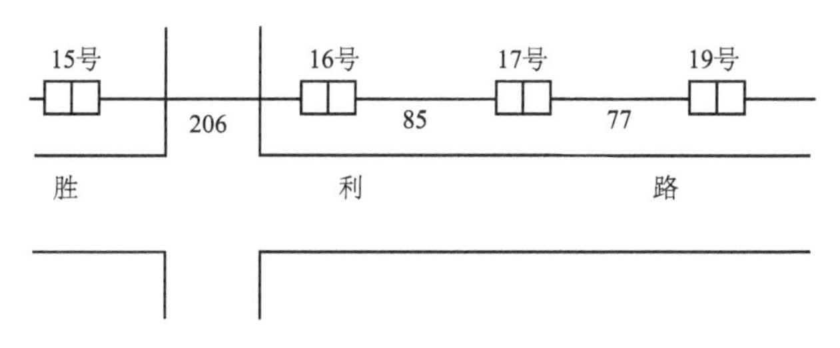

图 2-5　管道路由长度标注(尺寸单位:m)

5. 图衔

通信管道及线路工程图纸应有图衔，若一张图不能完整画出，可分为多张图纸，第一张图纸使用标准图衔，其后序图纸使用简易图衔。

通信工程常用标准图衔的规格要求如图 2-6a)所示，简易图衔规格要求如图 2-6b)所示。

<table>
<tr><td colspan="4">(单位名称)</td><td>工程名称</td><td></td></tr>
<tr><td>审　定</td><td></td><td>设计阶段</td><td>施工图</td><td>图　号</td><td></td></tr>
<tr><td>工程负责人</td><td></td><td>日　期</td><td></td><td colspan="2" rowspan="4">(图　名)</td></tr>
<tr><td>审　核</td><td></td><td>单　位</td><td></td></tr>
<tr><td>校　对</td><td></td><td>比　例</td><td></td></tr>
<tr><td>设　计</td><td></td><td>描　图</td><td></td><td colspan="2">设计员证书号</td></tr>
</table>

a)标准图衔

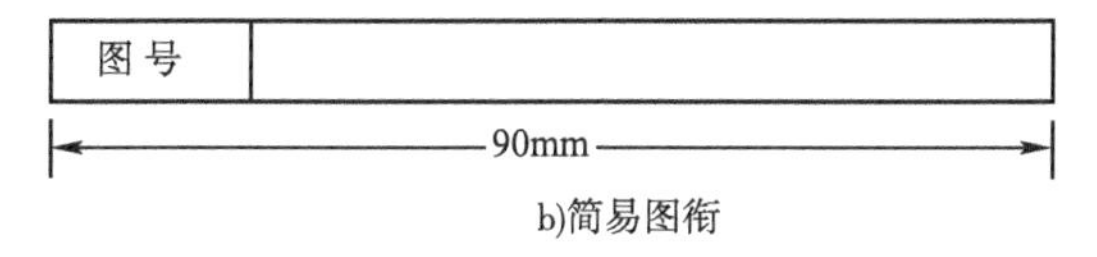

b)简易图衔

图 2-6　图衔的规格要求

6. 图纸编号

设计阶段的通信工程图纸编号的组成可分为4个部分,按以下规则处理:

工程计划号 设计阶段代号—专业代号—图纸编号

对于同计划号、同设计阶段、同专业而多册出版的,为避免编号重复可按以下规则处理:

工程计划号 设计阶段代号(A)—专业代号(B)—图纸编号

工程计划号:可使用上级下达、客户要求或自行编排的计划号。

设计阶段代号:应符合表2-5的规定。

常用专业代号:应符合表2-6的规定。

(A):用于大型工程中分省、分业务区编制时的区分标识,可以是数字1、2、3或拼音首字母等。

(B):用于区分同一单项工程中不同的设计分册(如不同的站册),一般用数字(分册号)、站名拼音首字母或相应汉字表示。

图纸编号:为工程计划号、设计阶段代号、专业代号相同的图纸间的区分号,应采用阿拉伯数字简单地编制(同一图号的系列图纸用括号内加注分号表示)。

设计阶段代号 表2-5

设计阶段	代号	设计阶段	代号	设计阶段	代号
可行性研究	Y	初步设计	C	技术设计	J
规划设计	G	方案设计	F	设计投标书	T
勘察报告	K	初设阶段的技术规范书	CJ	修改设计	原代号后加X
引进工程询价书	YX	施工图设计一阶段设计	S		

常用专业代号表 表2-6

名称	代号	名称	代号
长途明线线路	CXM	海底电缆	HDL
长途电缆线路	CXD	海底光缆	HGL
长途光缆线路	CXG或GL	市话电缆线路	SXD或SX
水底电缆	SDL	市话光缆线路	SXG或GL
水底光缆	SGL	通信线路管道	GD

三、通信线路施工图实例分析

下面通过管道、架空和直埋这3个实际施工图纸的阅读,来进一步熟悉通信线路工程图。

实例一 管道光缆施工图分析

管道实际施工图纸如图2-7所示。

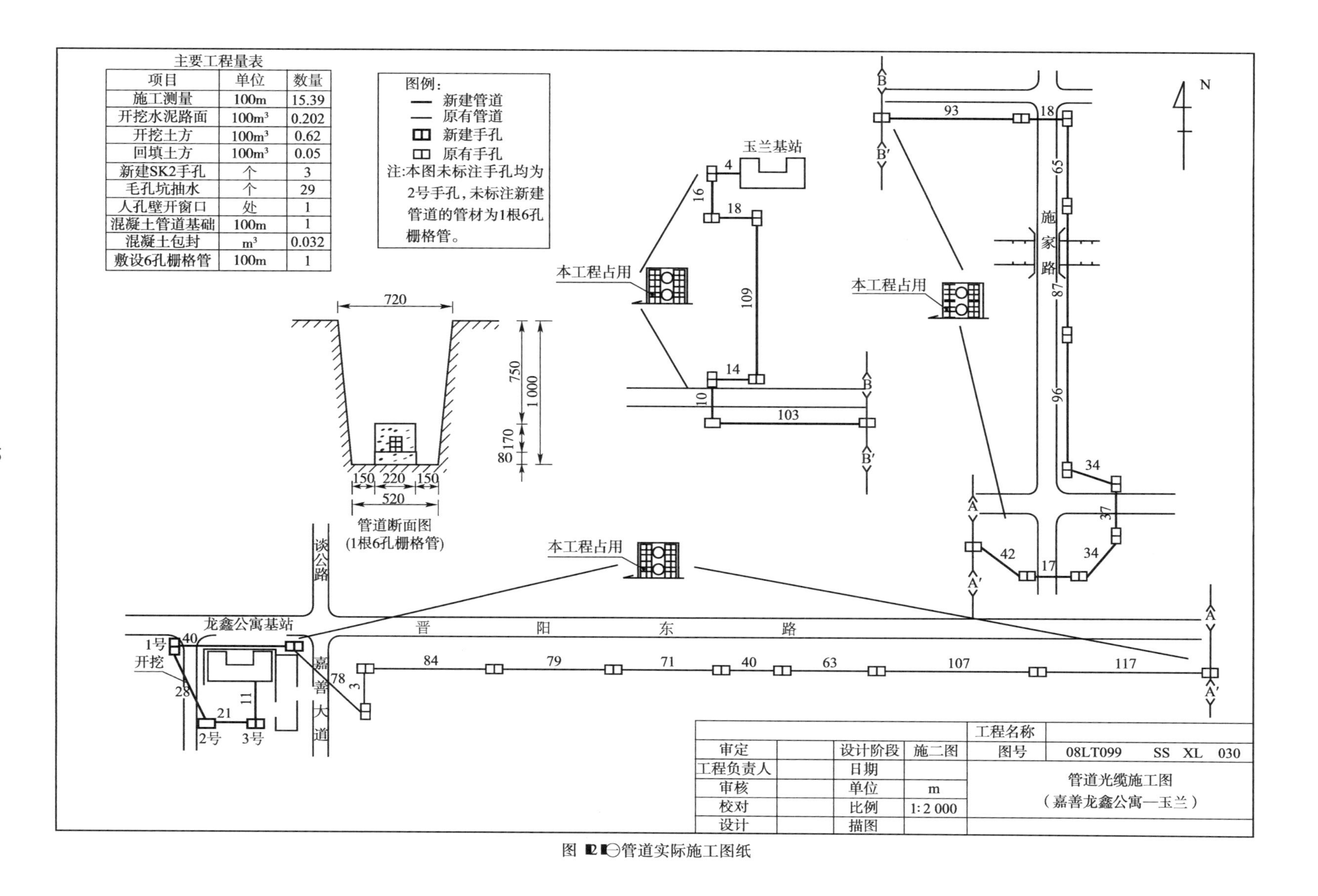

主要工程量表

项目	单位	数量
施工测量	100m	15.39
开挖水泥路面	100m³	0.202
开挖土方	100m³	0.62
回填土方	100m³	0.05
新建SK2手孔	个	3
毛孔坑抽水	个	29
人孔壁开窗口	处	1
混凝土管道基础	100m	1
混凝土包封	m³	0.032
敷设6孔栅格管	100m	1

图例:
新建管道
原有管道
新建手孔
原有手孔
注:本图未标注手孔均为2号手孔,未标注新建管道的管材为1根6孔栅格管。
N
玉兰基站
本工程占用
本工程占用
本工程占用
施家路
晋阳东路
谈公路
嘉善大道
龙鑫公寓基站
1号
开挖
2号
3号
720
750
1 000
170
80
150
220
150
520
管道断面图
(1根6孔栅格管)
93
18
65
87
96
34
37
34
17
42
4
16
18
109
14
10
103
40
28
21
11
78
3
84
79
71
40
63
107
117
A
A′
B
B′

				工程名称	
审定		设计阶段	施二图	图号	08LT099 SS XL 030
工程负责人		日期		管道光缆施工图（嘉善龙鑫公寓—玉兰）	
审核		单位	m		
校对		比例	1:2 000		
设计		描图			

图 [illegible] 管道实际施工图纸

图 2-7 所示为两个通信基站之间的管道光缆施工图，它分为以下几个部分。

(1) 主体部分

①人孔、手孔位置、类型、编号及间距：图中在谈公路、嘉善大道与晋阳东路分支处原设有手孔，然后与新建手孔相接敷设光缆至龙鑫公寓基站，新建手孔为 2 号手孔，编号分别为 1 号、2 号、3 号。然后沿晋阳东路敷设管道光缆至玉兰基站，人、手孔间的数字表示它们之间的隔距(单位为米)。

②新铺光缆在各人、手孔中的具体穿放位置及原有管孔占用情况：图中本次工程占用管孔用黑色实心表示，已占用的管孔未表示。粗线条表示新铺光缆路由；1 ~ 3 号手孔间新铺 1 根 6 孔栅格管。

③主要参照物：道路名称、桥梁等，它们的作用是方便施工人员进行准确的施工。

(2) 辅助部分

① 6 孔栅格管断面图：说明 6 孔栅格管的具体施工、埋设方法及技术要求。这是因为这段管道是新建部分，在路由图上无法清楚表示它的具体技术要求，故在旁边另加说明。

②主要工程量表：为施工图预算提供依据，主要工作量的计算方法请参考《通信工程概预算》(ISBN 978-7-122-12931-4，高华主编)的项目三“工程量的计算和统计”。

③图例及标题栏：便于施工人员看图及了解工程项目名称。

问题：

(1) 请描述本条线路的起止点及路径。

(2) 新建管道的长度是多少？用的是什么管？

(3) 新建人孔、手孔各几个？

(4) 本工程需要敷设光缆的长度是多少？占用哪个管孔？

实例二　架空光缆施工图分析

如图 2-8 所示是一张较简单的架空光缆线路施工图，图中包括以下内容：

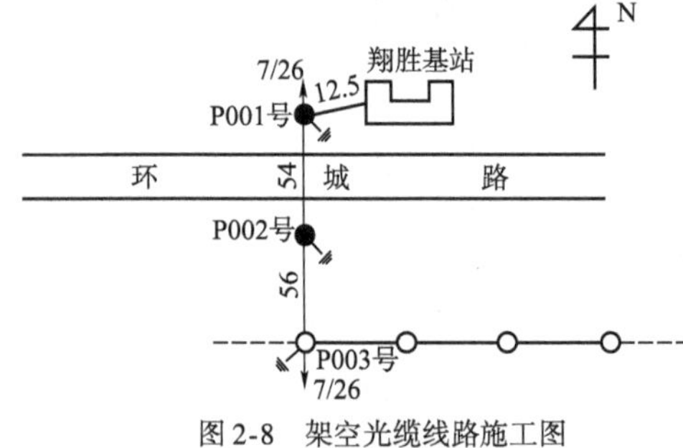

图 2-8　架空光缆线路施工图

(1) 架空杆路和架挂的架空吊线：P001 号，P002 号，P003 号及入局的小段，共计近 122.5m。在跨越道路时，要注意选择合适的杆长，以保证光缆线路的净空高度。在角杆 P001 号处，新设了一根拉线(这是由角杆 P001 号的角深来决定的)。

(2) 原有杆路部分：P003 号电杆为原有电杆，因为新杆路的增加，必须新做一根拉线，以稳固该电杆。

(3) 重要参照物：环城路及原有电杆。

问题：

(1) 哪一段是新建杆路？使用几米电杆？

(2) 新建吊线的规格如何？所用的长度是多少？

(3) 新设的拉线有几个？图 2-8 中是否有拉线画得不合适？

实例三　直埋光缆施工图分析

如图 2-9 为直埋光缆线路施工图。图中包括以下内容：

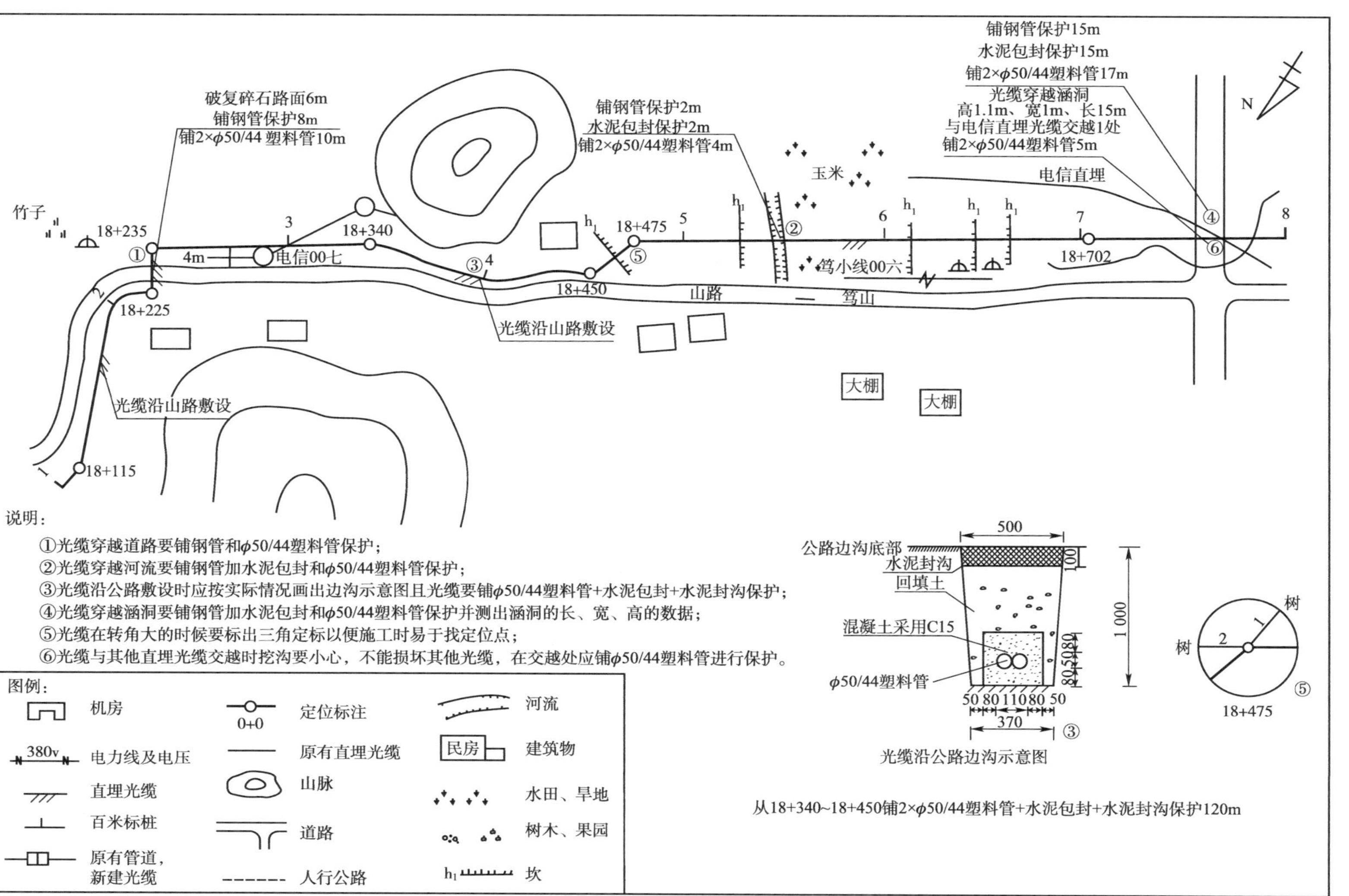

图 2-1 直埋光缆线路施工图

(1)新敷光缆线路路由的具体位置及重要参照物:该直埋光缆线路路由沿山路敷设,途中经过草地、河流、山路、墓地等。

(2)光缆埋设时的技术处理要求:光缆入沟前先填 10cm 细土,放入光缆后,再填入 10cm 细土,然后铺砖保护,最后回填土,并夯实至路平,沟的实际挖深为 1m。

(3)相关部分的技术处理方法:

①光缆穿越道路要铺钢管和 ϕ50/44 塑料管保护;

②光缆穿越河流要铺钢管加水泥包封和 ϕ50/44 塑料管保护;

③光缆沿公路敷设时应按实际情况画出边沟示意图,并且光缆要铺 ϕ50/44 塑料管 + 水泥包封 + 水泥封沟保护;

④光缆穿越涵洞要铺钢管加水泥包封和 ϕ50/44 塑料管保护,并测出涵洞的长、宽、高的数据;

⑤光缆在转角大的时候要标出三角定标,以便施工时易于找定位点;

⑥光缆在与其他直埋光缆交越时挖沟要小心,不能损坏其他光缆,在交越处应铺 ϕ50/44 塑料管进行保护。

问题:

(1)请问有几处穿越道路?采用什么保护?需要材料多少米?

(2)请问有几处穿越河流?采用什么保护?需要材料多少米?

(3)请问有几处穿越涵洞?采用什么保护?需要材料多少米?

(4)有几处与其他光缆交越?采用什么保护?需要材料多少米?

(5)沿公路边沟敷设多少米?采用什么保护?

任务实施　通信线路施工图纸识读

某电信公司为了在某小区安装 FTTH,计划在国际大酒店辅配光交与绿城桂花苑光交之间敷设光缆线路,图 2-10 是该工程项目的施工图纸。在正式施工前,项目管理人员特组织所有参与施工的人员阅读图纸,以统一全体人员思想,熟悉工程内容、特点、施工方法和技术特点,以保证顺利完成项目。通过施工图的详细识读,请完成以下内容。

(1)整体介绍该工程(建设目标和内容等)。

(2)描述该通信线路的路由走向,计算路由长度。

(3)叙述采用的敷设方式、使用的材料类型和数量。

(4)指出需新建哪些设施,哪些可以利旧。

(5)指出施工中需保护及注意事项。

任务总结

通过本任务的训练,使学生能读懂通信线路的施工图纸,了解通信线路项目的规模、建设目标和施工内容,理解设计意图,了解工程特点和主要技术要求,特别是能知道线路的路由走向、长度、敷设方式、材料、工作量、线路保护措施等,同时培养学生质量第一、认真、细致、发现问题、解决问题的职业素养,为后续项目施工打下基础。

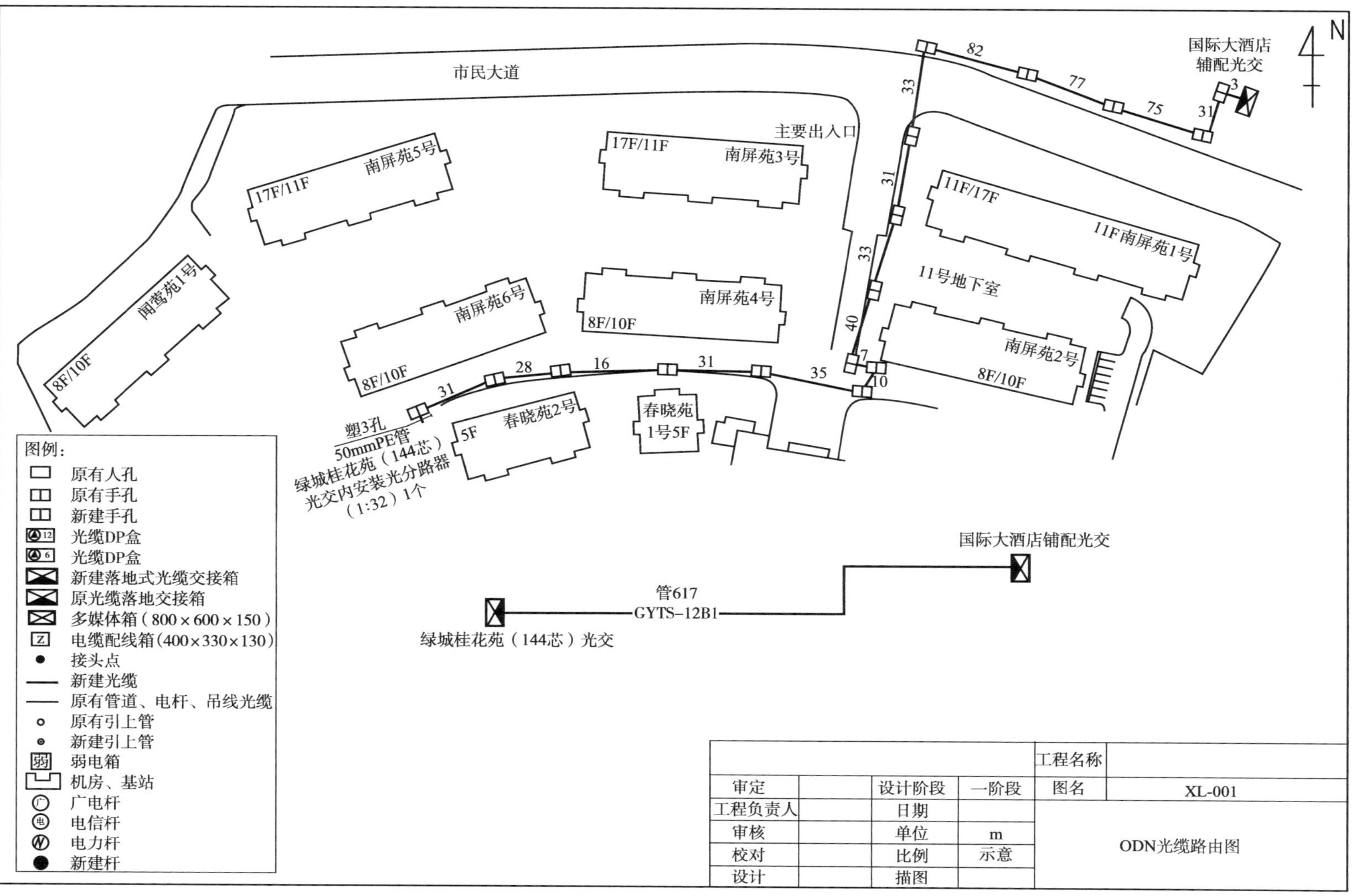

图 [illegible]某 [illegible] 项目的光缆敷设施工图纸

任务三　通信线路的路由复测

一、路由复测的任务和原则

路由复测是通信线路工程项目的现场施工准备的重要内容，下面以光缆线路路由复测为例，介绍路由复测的任务和原则。

（一）路由复测的任务

光缆线路的路由复测，是光缆线路工程正式开工后的首要任务。复测是以工程施工图为依据，它的主要任务是：对沿线路由具体走向、施工图纸、敷设方式、环境条件以及接头的具体位置进行核对，对光缆穿越障碍物时需采用防护措施地段的具体位置和处理措施、地面的正确距离进行核定。路由复测时，应检测光缆与其他设施、树木、建筑物是否符合一定的间距要求，光缆与相关物体的间隔要求标准分别见表2-7～表2-9。路由复测、复核，为光缆配盘、光缆分屯及敷设和保护地段等提供必要的数据资料，对优质、按期完成工程的施工任务起到保证作用。

直埋光缆与其他建筑物最小净距　　表2-7

序　号	建筑设施类型		最小净距(m)	
			平行时	交叉跨越时
1	市话管道边线		0.75	0.25
2	非同沟的直埋通信光(电)缆		0.5	0.5
3	直埋电力电缆	35kV 以下	0.5	0.5
		35kV 及其以上	2.0	0.5
4	给水管	管径≤300mm	0.5	0.5
		300mm≤管径<500mm	1.0	0.5
		管径≥500mm	1.5	0.5
5	高压石油、天然气管		10.0	0.5
6	热力、下水管		1.0	0.5
7	煤气管	压力≤300kPa	1.0	0.5
		300kPa<压力≤800kPa	2.0	0.5
8	排水沟		0.80	0.5
9	房屋建筑红线(或基础)		1.0	
10	市内大树		0.75	
11	市外大树		2.0	
12	积肥池、粪坑、水井、沼气池、坟墓等		3.0	

注：采用钢管保护时，与水管、煤气管、石油管交叉跨越时的最小净距可降为0.15m。

架空光缆与其他建筑物最小净距 表 2-8

序　号	名　称	最小净距(m)		备　注
		平行时	交叉跨越时	
1	街道	4.5	5.5	最低光缆到地面
2	胡同	4.0	5.0	最低光缆到地面
3	铁路	3.0	7.0	最低光缆到铁轨面
4	公路	3.0～4.0	5.5	最低光缆到地面
5	土路	3.0	4.5	最低光缆到地面
6	河流		1.0	最低光缆到最高水面
7	市区树木	1.25	1.5	最低光缆到树枝顶
8	郊区树木	2.0	1.5	最低光缆到树枝顶
9	架空线路	2.0	1.5	一方最低缆线与另一方最高缆线
10	高杆农作物	2.0	1.5	最低光缆到最高农作物顶
11	消火栓	1.0	0.6	
12	地下管线	1.0	1.5	
13	人行道边石	0.5～1.0	—	
14	房屋建筑		2.0	最低光缆到屋顶

架空光缆与其他电气设施交越时最小垂直净距 表 2-9

名　称	最小垂直净距(m)		备　注
	架空电力线路有防雷保护装置	架空电力线路无防雷保护装置(m)	
1kV 以下电力线路	1.25	1.25	最高线条到电力线条
1～10kV 以下电力线路	2.0	4.0	
10～35kV 以下电力线路、35～110kV 以下电力线路	3.0	5.0	
110～154kV 以下电力线路、154～220kV 以下电力线路	4.0	6.0	
供电线接户线	0.6		带绝缘层
有轨电车及无轨电车滑接线	1.25		最高线条到滑接线
霓虹灯及其铁架	1.6		

注:通信线应架设在电力线路的下方位置,应架设在电车滑接线的上方位置。

(二)路由复测的原则

路由的确定应遵循以下原则:

(1)路由复测应以批准的施工图设计为依据进行,遇特殊情况需改变路由时,如果变更较小,可由监理、施工人员提出,经业主同意确定;如果变更较大(如遇有新路由比原路由增加长度超过 100m、连续变更路由超过 2km 或改变水线路由等),设计单位应到现场与施工、监理单位协商确定后报业主批准方可修改。对于设计变更部位应填写“设计变更单”。

(2)市区内光缆埋设路由及在市郊规划线内穿越公路、铁路位置如发生变动时,应报当地相关部门审批后确定。

电缆线路的路由复测与光缆类似,不再赘述。

二、测量方法和工具

路由复测常用的方法有标杆法和仪器测量法。架空线路的测量一般都用标杆法，个别地点用仪器测量；地下管道的测量以仪器为主，但也少不了标杆。因此，标杆法测量是线路测量的基本方法。

路由复测的主要测量工具和仪表有：标杆、地链、皮尺、钢卷尺、激光测距仪、经纬仪、水准仪、指北针、绘图板、绘图尺、铅笔、手锤、钢钎，以及大标旗、手旗、望远镜、红漆、白石灰、倒灰袋、口哨、对讲机、手套、麻绳、木桩、箩筐、扁担、铁锹、水壶、水桶、汽车等辅助工具。此外，根据不同的工程类别，有时还需要砍刀、手锯、雨伞、工具袋等。

其中，标杆通常称花杆，用于标明测点，长度有 2m 和 3m 之分，使用的材料有圆木或均匀而挺直的竹杆，目前最常用的是铝合金材质的，杆身上每 20cm 间隔涂成红、白两色，下端有铁脚，以便插入地中。

地链、皮尺、钢卷尺、激光测距仪都可以用于测量距离，地链通常有 50m 和 100m 两种，皮尺通常选用 30m 和 50m 两种。具体使用时，应根据实际测量环境灵活使用。通常，地链用于郊区、野外等地面环境恶劣的场合，例如野外、山区的杆路测量；皮尺常用于城市区域，例如城市管道线路测量；钢卷尺用于距离不长但对精度要求较高的测量，例如小区机房、入户光缆线路等；激光测距仪用途较广，特别是遇到不方便翻越、穿越的环境时，使用较方便，例如河宽的测量。

三、标杆法测量

路由复测主要涉及直线段的测量，转弯点的测量，河、沟宽的测量，高度和断面的测量等基本的线路测量技术。

（一）直线段的测量

直线段的测量，一般由 3 ~4 人组合，进行插标、看标，然后由拉地链人员测出地面距离、钉标桩等。直线段测量的一般方法为：前边由 2 人插标杆，后边由 1 人看标，看标的人离标杆 30cm 左右，人体重心位于路由直线上，双目平视前方。下面具体介绍直线段的测量方法。

1. 插立大标旗

在进行直线测量时，首先应在前方插立大标旗以指示测量进行方向。大标旗应竖立在线路转角处，如直线太长或有其他障碍物妨碍视线时，可以在中间适当增插一面大标旗。大标旗应尽量竖立在无树林、建筑物等妨碍视线的地方，插牢于土中并用三方拉绳拉紧，保持正直，以免被风吹斜，产生测量误差。沿路由插好 2 ~4 面大标旗后，应等到丈量杆距的人员测到前方第一面大标旗后，才可撤去大标旗，并传送到前方，继续往前插立。大标旗插好后即可进行直线的测量。

2. 直线段线路的测量

直线段线路的测量进行情况如图 2-11 所示。

（1）在起点处立第一标杆，两人拉量地链丈量一个标准杆距，由看后标人在前链到达的地点立第二标杆。

（2）看前标人从第一标杆后面对准前方大标旗，指挥看后标人将第二标杆左右移动，直到三者成一直线时插定。同时，量杆距人员继续丈量第二个杆距。

（3）看前标人仍留在第一标杆处对准大标旗，并指挥看后标人将第三标杆插在直线上。

看后标人自第三标杆向第一标杆看，使一、二、三标杆同在一直线上，以便相互校对，但以看前标人为主（下同）。同时，量杆距人员继续向前丈量第三个杆距。

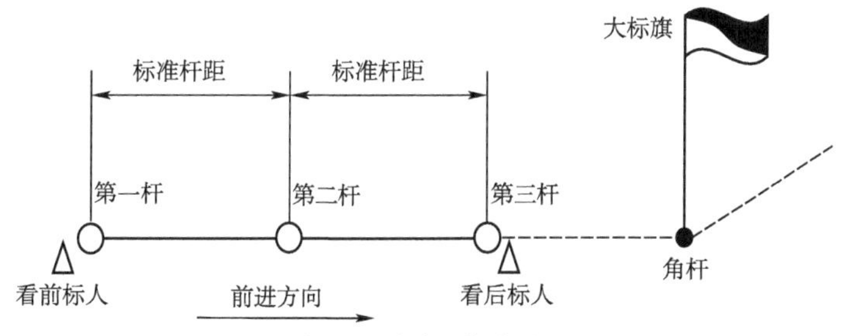

图 2-11　直线段线路测量

（4）看前标人继续指挥插好第四标杆，使其与后面的三根标杆及大标旗成一直线；而看后标人则自第四标杆向一、二、三标杆看直线，以相互校对。当前后标都看在一直线上时，第四标杆的位置即可确定。

（5）看前标人在指挥插好第四标杆后，就可前进到第三标杆处，指挥插好第五标杆。如此反复，继续向前插标。

（6）在插好第五或第六标杆后，打标桩人员就可以将第一标杆拔去，在标杆的原洞处打入标桩，并照此继续进行下去。

直线线路测量中，若遇到障碍物而影响看标视线，如高坡或低洼地形，可通过“插标方法”进行测量。如图 2-12 所示，A、B 杆与引标杆 D、E 成直线，引标杆插定之后，C 杆通过 D、E 杆使之成直线即完成 A、B、C 三主杆的直线测量。低洼地形的测量方法，类似高坡的测量。

测量登记员应随时记录测量登记表，详细填写表格中的各项。

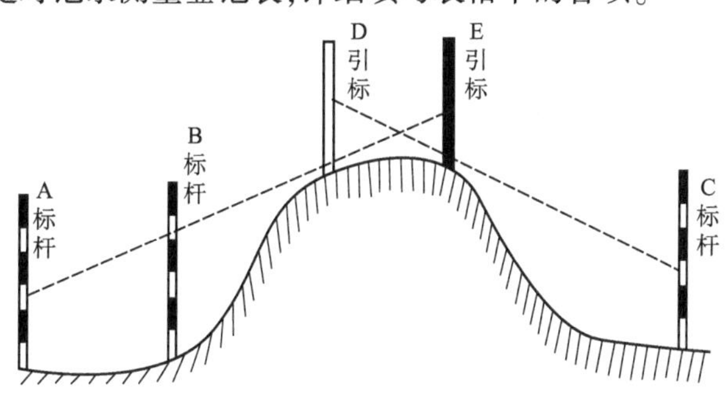

图 2-12　“插标方法”测量示意图

3. 直角测量

通过已知直线上的任一点找出其垂线的做法称为作直角。作直角测量常用等腰三角形法和勾股定理法两种方法。

（1）用等腰三角形作直角的方法如图 2-13a）所示。在 *M* 点作 *AP* 直线的垂直线时，首先在 *M* 点的两侧沿 *AP* 直线各取 3m 处分别插 *E*，*F* 杆（根据经验，3m 为远近适宜的距离，不取 3m 也可，但要使 *ME* = *MF*）。然后，把皮尺的 0 与 10m 处分别固定于 *E*，*F* 点，另一人将皮尺的 5m 处沿地面向外拉紧到 *D* 点，并在 *D* 点处插一标杆，则 *DM* 垂直于 *AP*。

（2）用勾股定理作直角的方法如图 2-13b）所示。利用勾股弦分别为 3、4、5 所构成的三角形为直角三角形的原理来作直角。在 *M* 点作 *AP* 直线的垂直线时，可先在 *AP* 直线上距 *M* 点 3m 处插 *E* 杆，放出 12m 长的皮尺，将皮尺的 0m、3m、12m 三处分别固定于 *M*、*E*、*M* 点，另一人将皮尺的 8m 处向外拉紧得到 *D* 点，并在 *D* 点处插一标杆，则 *DM* 垂直于 *AP*。

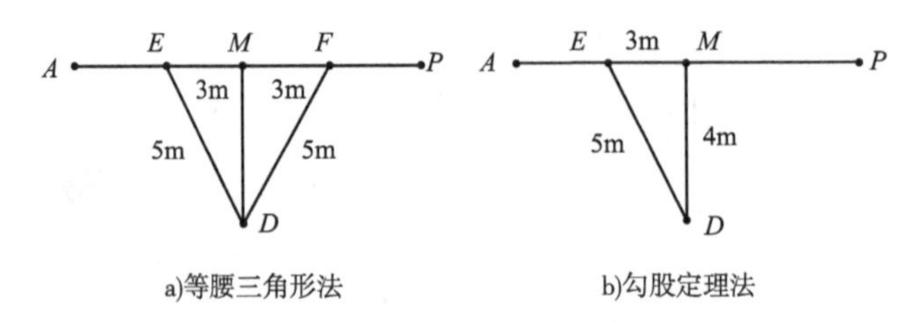

图 2-13　作直角的方法

(二)角杆测量

线路转角点的电杆称为角杆。角杆测量主要涉及角深的测量、角杆位置的测定和双转角的测量等。

1. 角深的测量

角度和角深虽然都能表示转角的大小,但在线路建筑规范中,一般都用角深来表示转角的大小。图 2-14a) 中,转角点为 P 杆,沿路由距 P 点 50m 处设 A、B 两根标杆,A、B 连线的中点 D 与 P 点间的距离定义为转角的角深,通过角深也可换算出转角的角度,即:

$$转角角度 = 2\arccos\frac{角深(m)}{50(m)}$$

用标杆测角深的方法有外角法和内角法两种,分别如图 2-14a) 和图 2-14b) 所示。

图 2-14a) 为角深的内角测量法。图中在 PA、PB 方向上分别测得 E、F 点,使 $PE = PF = 5m$,用皮尺连接 EF 并在 EF 中点 N 插一标杆,则标准角深 M 为:$M = PN \times 10$。

图 2-14b) 为角深的外角测量法。图中 P 为角杆,AP 为转角前的直线方向,BP 为转角后的直线方向。在 AP 的延长线上测得 E 点,使 $PE = 5m$,又在 PB 方向上测得 F 点,使 $PF = 5m$,则标准角深 M 为:$M = EF \times 5$。

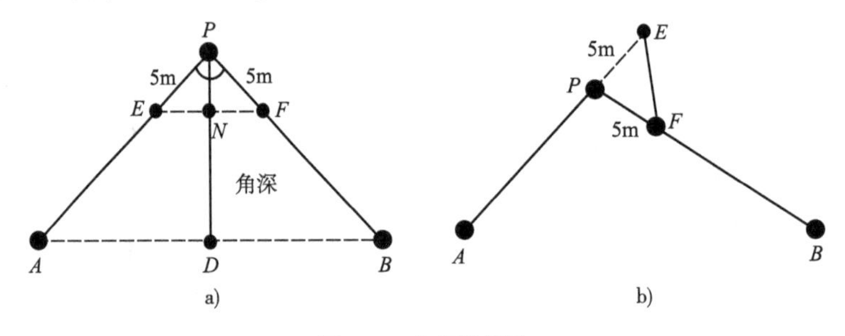

图 2-14　角深的测量

2. 角杆位置的测定

线路测量到转角点时,最后一个杆距不一定恰好等于标准杆距。如果短少或超过的数值不超过标准杆距的 15%,则可以不作考虑,容许有些偏差。如果偏差较大,可按下述方法进行调整。

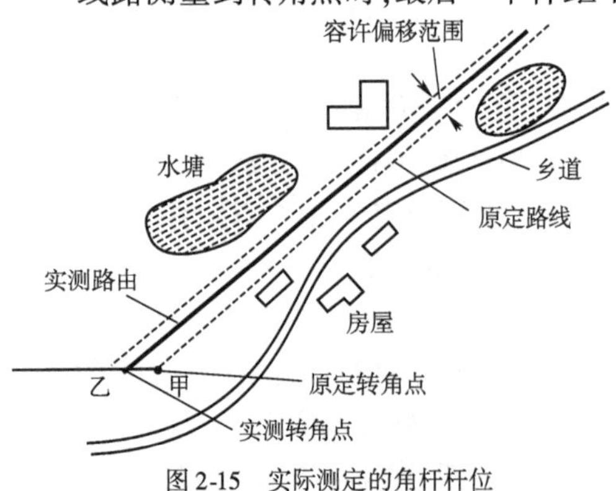

图 2-15　实际测定的角杆杆位

(1) 偏差的数值如在大标旗允许的左右偏移范围内,角杆的位置即用实际测定的杆位,如图 2-15 所示。

(2) 当不容许左右偏移且不能按照实际测量的杆位转弯时,应回到前一转角点重测,将偏差数值均匀分到几个杆档里去,但角杆前后的两个杆距一般不可大于标准杆距,应等于或小于标准杆距。

为了减少角杆的负荷,角杆的角深一般不应超过规定的数值。

3. 双转角的测量

角深大小是有限制的,一般在轻、中负荷区,水泥杆杆路以 7m 为限,如超过上述标准,则在线路上要采用加强装置形成双转角。

线路上连续两个角杆的转弯方向相同、角深大小相等时,称为双转角。双转角的测量方法一般有下述两种。

第一种测量方法如图 2-16 所示。

其测量步骤是:

(1)使 AB 等于标准杆距,在 AB 方向上测得 P 杆,使 BP 等于 AB 长度的一半。

(2)再从 P 杆对准前方的大标旗,测得 C 杆,使 $PC=BP$,然后沿 PC 直线继续看标,测得 D 杆,使 $CD=AB$。

(3)拆除 P 杆,使线路经由 A、B、C、D 等杆行进,则 B、C 角杆为两角深相等的双转角杆。

由于 BP 与 PC 加起来只有一个标准杆距。根据几何学原理可知,BC 必然小于一个标准杆距,这就可能使交叉间隔的偏差超过规定的范围。如果要求 BC 等于一个标准杆距,必须使 BP 和 PC 的长度比半个标准杆距略长一点,放长的距离与顶角的角度大小和标准杆距的大小有关。设放长后的长度为 x ,顶角的角度为 θ ,标准杆距为 l ,如图 2-17 所示。x 与 θ 和 l 的关系可以推求如下:

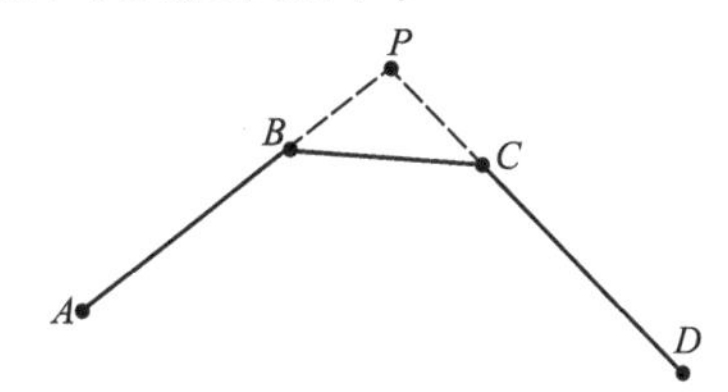

图 2-16　双转角测量法一

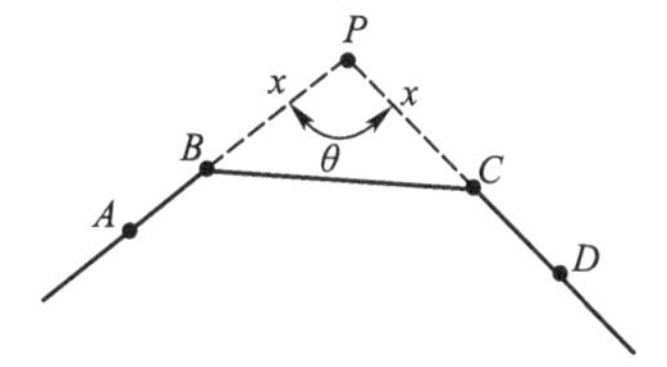

图 2-17　l 等于标准杆距时的测法

因为:$\sin\frac{\theta}{2}=\frac{l}{2x}$,所以:$x=\frac{l}{2\sin\frac{\theta}{2}}$。

式中,θ 角可根据测出的角深 M 求出,即:

因为:$\cos\frac{\theta}{2}=\frac{M}{50}$,所以:$\theta=2\arccos\frac{M}{50}$。

已知角度 θ(或角深 M)及标准杆距为 l,可按上述方法进行计算得到 x 。例如:角深 $M=12\text{m}$,标准杆距为 $l=50\text{m}$,则可算出:

$$\theta=2\arccos\frac{M}{50}=2\arccos\frac{12}{50}\approx 152°$$

$$x=\frac{l}{2\sin\frac{\theta}{2}}=\frac{50}{2\sin76°}=\frac{50}{1.94}\approx25.8(\text{m})$$

第二种测量方法如图 2-18 所示。

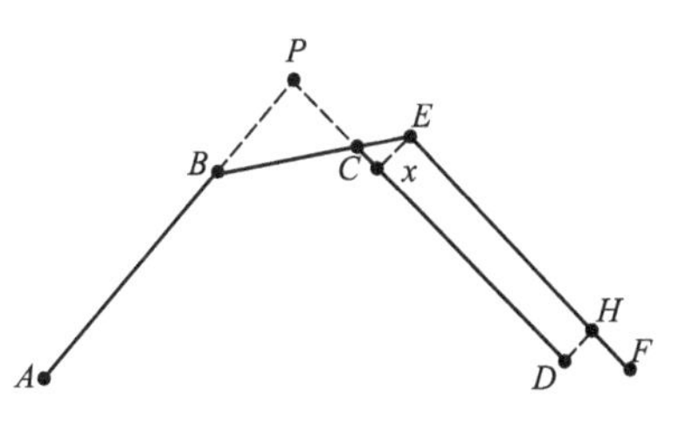

图 2-18　双转角测量法二

先按照前面方法测出 A、B、P、C、D 等杆,并使 $BP=PC=0.5AB$;然后在 BC 的延长线上测得 E 杆,使 $BE=AB$;再量出由 E 杆到 CD 线的垂直距离 x,由 D 点作直角

测得 H 杆,使 $DH = x$,从 EH 直线的延长线上量 $EF = AB$,最后拆除 P、C、D 三标杆,使线路的路由经过 A、B、E、F 杆,则 B、E 杆为两转角角深相等的双转角杆。

(三)拉线的测量

线路中的角杆由于承受不平衡的拉力,所以必须用拉线加固以使电杆受力平衡;另外,直线路由上的电杆也会受到风的侧压或冰雪等负荷,因而须每隔若干电杆用双方、三方或四方拉线予以加固,以防电杆倾倒。拉线的测量包括测定拉线的方向、出土位置和拉线洞的位置。

1. 拉线方向的测定

(1)角杆拉线方向的测定如图 2-19 所示。在 A 杆处,用看标杆的方法在 AC、AB 的直线上分别测得 E、F 点,使 $AE = AF = 3$m,在 E、F 点各插一根标杆,将皮尺的 0m、12m 处分别固定于 E、F 点,另一人捏紧皮尺的 6m 处向转角外侧拉紧而得 D 点,并在该点插一根标杆,则 AD 即为角杆拉线的方向。

(2)双方拉线又称抗风拉线,主要用于抵御来自线路侧面的大风。双方拉线的测量方法如图 2-20 所示。图中 A 杆为需要装设双方拉线的电杆。在 AC、AB 的直线上分别测得 E、F 点,使 $AE = AF = 3$m,在 E、F 点各插一根标杆,将皮尺的 0m、10m 处分别固定于 E、F 点,另一人捏紧皮尺的 5m 处依次向线路两侧拉紧分别得到 D、G 两点,并插上标杆,则 AD 和 AG 便是双方拉线的方向,且 D、A、G 三点应在一直线上。

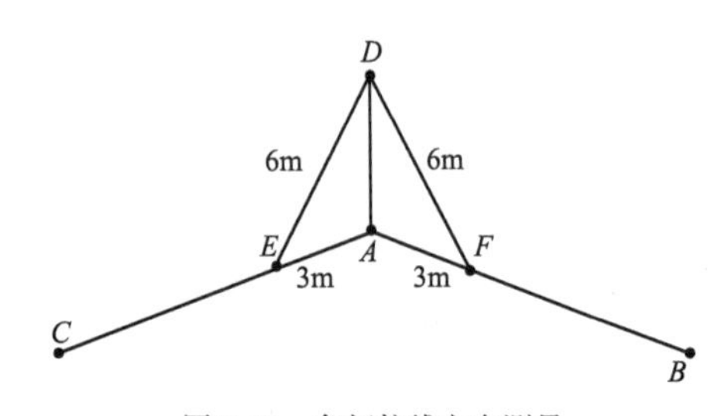

图 2-19 角杆拉线方向测量

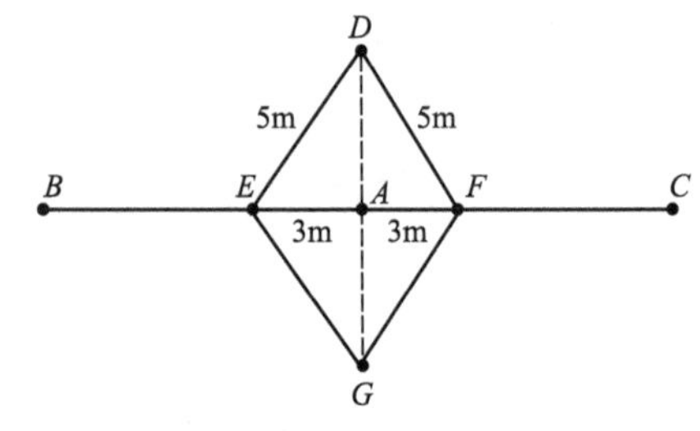

图 2-20 双方拉线方向测量

(3)三方拉线方向的测量。三方拉线主要用于跨越杆(如跨越河流、铁路等),可采用 Y 形或 T 形三方拉线。

Y 形三方拉线方向的测量如图 2-21 所示,A 杆为需要装设三方拉线的电杆。在 AC 直线上测得 G 点,并使 $AG = 3$m;将皮尺的 0m、6m 处分别固定于 A、G 两点,另一人捏紧皮尺的 3m 处依次向线路的左右两侧拉紧分别得到 E、F 两点,并插上标杆;再在 AB 直线上测得 D 标杆,则 AD、AE、AF 便是三方拉线的方向,其中,AE、AF 在跨越侧,AD 在跨越的反侧。AE、AF 垂直于 DAC 直线的为 T 形三方拉线,可用作直角的方法测量。

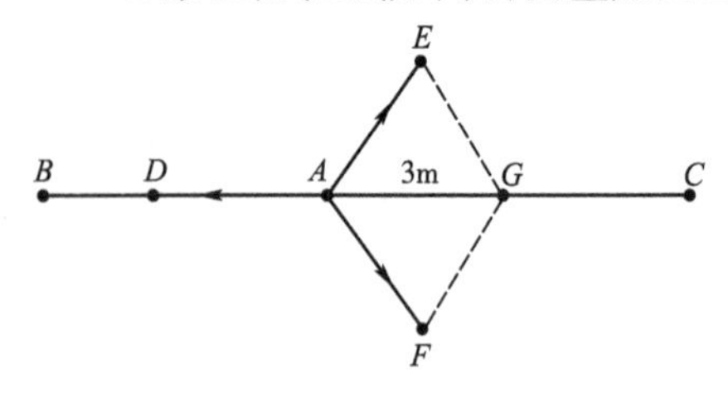

图 2-21 三方拉线方向测量

(4)四方拉线方向的测量。四方拉线也称防凌拉线,由双方拉线和两条顺线拉线组成。双方拉线方向的测法同前;顺线拉线因在线路直线上,可用测直线的方法测出。

2. 拉线出土位置的测定

架空电缆的第一个抱箍离杆顶距离为 50cm,拉高从此点开始算起。拉线出土位置,在较平坦地区可按距离比为 1 确定,即拉距等于拉高;在地形起伏不平的地方,应根据具体地形测定。图 2-22 为各种情况下的拉线出土位置。图 2-22a)为平坦地区的拉线情况,B 为出土位置，拉高 $AP=AB$；图 2-22b）为上坡地段的拉线情况，B 为出土位置，$AP=AD+BD$；图 2-22c）为起伏不平地段的拉线情况，AP 为拉高，先用皮尺沿拉线方向从电杆根部水平拉出杆距并与标杆交于 D 点，此时 $AD=AP$，但此点离地面较高而不能作为拉线出土位置，需从标杆开始再向前丈量，使 $BC=CD$，B 即为出土位置。

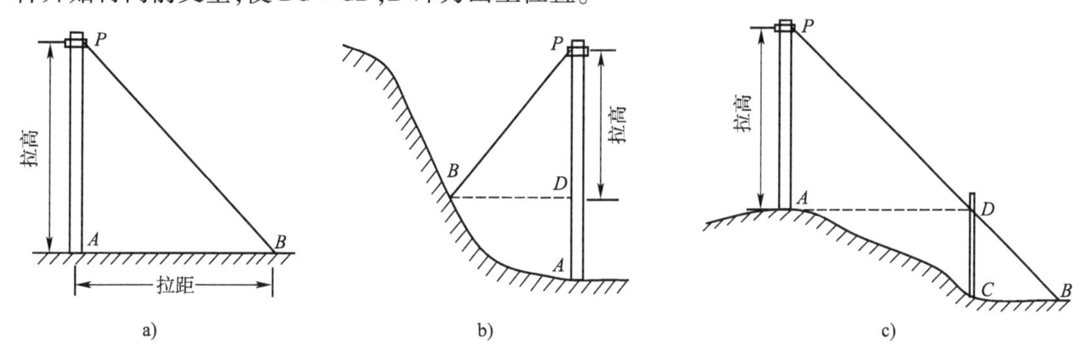

图 2-22　拉线出土位置的测量

3. 拉线洞位置的测定

拉线洞位置的测定与拉线的距高比、拉线的洞深有关。拉线洞位置的测定方法如图 2-23 所示。

根据相似三角形原理，可得拉线出土到拉线洞的距离 DE 为：

$$DE = \text{拉线洞深} \times \text{距高比}$$

所以，电杆到拉线洞的距离为：

$$AE = (\text{拉高} + \text{拉线洞深}) \times \text{距高比}$$

当拉线的距高比等于 1 时，DE 就等于拉线洞深。

（四）河谷宽度的测量

在线路跨越河流或山谷，又不能直接丈量时，就需要采用其他间接方法来测定河谷的宽度，为设计飞线或其他跨越装置提供资料。下面介绍工程中常用的一种用标杆测量河谷宽度的方法。

河宽测量方法如图 2-24 所示。在河的两岸预备立跨越杆的地点 A、B 处各插一根标杆，从 B 杆作直角，使 $BD \perp AB$，并在 BD 的延长线上取 C 点，使 BD 为 CD 的整数倍，插好 D、C 两杆。在 C 杆作直角，使 $CE \perp BC$，最后手执标杆，使其同时分别对准 C、E 两杆和 A、D 两杆，找出 F 点，并插上标杆。量出 CF 的长度，乘以 BD 与 CD 之比值（设为 a），即可得河宽 AB。用公式表示为：

$$AB = CF \times \frac{BD}{CD} = CF \times a$$

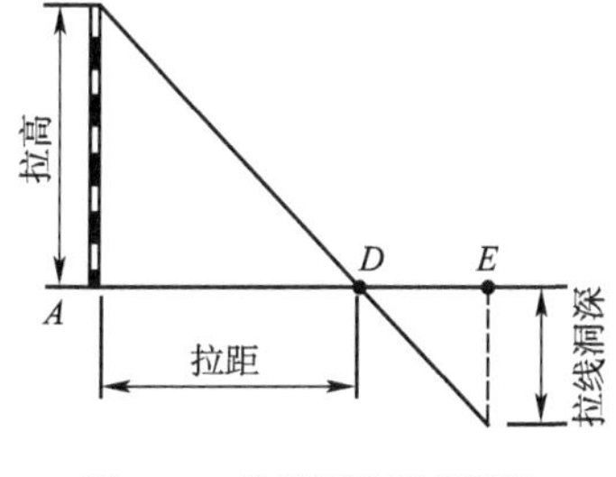

图 2-23　拉线洞位置的测定

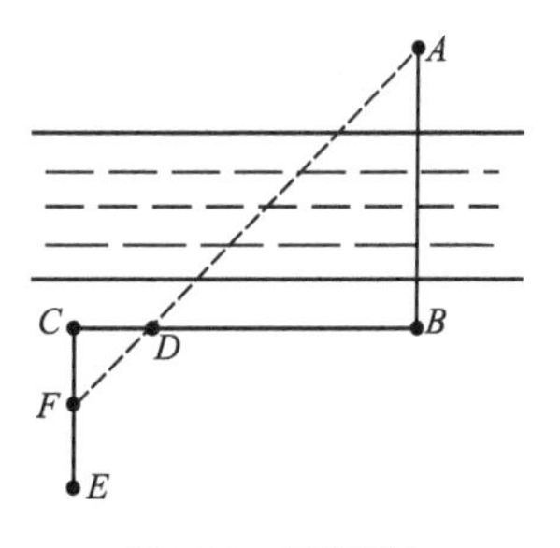

图 2-24　河宽测法

(五)高度的测量

当线路不得不跨越房屋、树木、电力杆线或其他较高障碍物时,为了使架设后的导线与之保持一定的距离,必须测量它们的高度,据以配置跨越杆的长度。用标杆测量高度,可根据被测物的不同情况选用不同的方法,下面介绍工程中常用的一种标杆测高法。

测量方法如图2-25所示,AP为被测物体,取B、C两根标杆,在离A点适当距离分别插立B、C两标杆,并使A、B、C在同一直线上。自B标杆上的D点看测A、P点,视线在C标杆上截取的两点间的距离为L_C,则被测物的高度L_A为:

$$L_A = \frac{BA}{BC} \times L_C$$

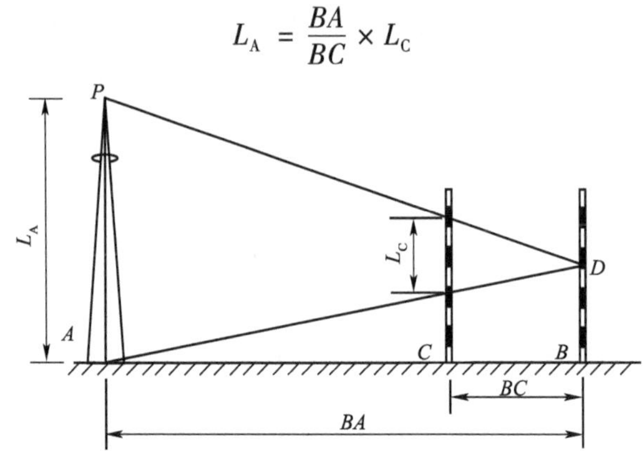

图2-25　标杆测高法

四、路由复测

如前所述,路由复测的主要内容是根据施工图纸,现场核对通信线路的路由走向、距离数据、环境设施等,为配盘做准备。如果有小的变更,可以直接在施工图纸上修改,如果遇到较大的变更,需要按照流程,填写"设计变更单",上报业主批准。

路由复测的具体内容根据项目的不同而异。从大的方向来分,可以分为新建线路和已有线路的路由复测;而在已有线路中,又可以分为无布放光(电)缆和已布放光(电)缆两种。一般来说,新建线路的复测内容较多,要求较高;无布放光(电)缆线路比已布放光(电)缆线路的复测内容多、要求高;已有线路中的电缆和大对数光缆复测要求也较高,而小对数光缆线路的复测要求相对较低。

此外,近年来无源光网络(PON)施工项目不断增加,其所涉及的路由复测内容和要求,与传统的管线工程有所区别,需要进行区分。

1. 新建通信线路的路由复测

所谓新建线路,是指通信线路只是设计了路由走向,还没有进行施工,例如:架空线路还没有立杆,管道线路还没有铺设管道。

新建线路的路由复测方法与工程设计中的路由勘查测量的方法相似。勘查测量是选择路由,路由复测是按设计施工图规定的路由进行复核测量。新建通信线路的路由复测的一般步骤是:

(1)定线:根据设计施工图,在前方三角定位桩或转角桩上竖起大标旗,始标点至大标旗间插入两根以上花杆,始标、花杆和大标旗成一直线,以此画线和丈量距离。

(2)测距:正确测出地面实际距离。测量时一般使用100m地链,地链应每天用皮尺校正,以免由于地链变化而造成测量误差。测距时,拉前后链人员应保持在始标至大标旗的直线上，地链应拉直，平行于地面。穿越较大的障碍物(铁路、河流，以及一、二级公路等)时，如位置变更，应测绘出新的断面图。

(3)打标桩：应在测量路由上打标桩以便画线、挖沟和敷设，具体是每隔100m打一计数桩，在转角点穿越障碍处应打定位桩，应随时与绘图、记录者核对桩号。

(4)画线：用白石灰线连接前后标桩；在前后桩之间把地链拉直，沿地链用白灰画线，沿途预留处应划出，余留长度应记入距离数之内。

(5)绘图：按比例绘制地形地物和主要建筑物图并登记。核实复测的路由与设计施工图有无差异，路由变动部分应按施工图的比例绘出路由位置及路由左右50m以内的地形和主要建筑物。核实施工图上的各种障碍及"防护"段落。提供配盘及光缆运输、施工车辆进入通路的资料(障碍分布及沿途交通情况等)。

2. 已有通信线路的路由复测

已有通信线路由于杆路、管道已经架设或铺设完毕，因此，不需要再对路由走向进行复测，此时的复测重点应是勘查管线可用资源、查看光(电)缆预留点、计算光(电)缆预留长度、测量并统计光(电)缆长度、勘查现场环境是否影响施工等，为配盘和光(电)缆的敷设做好准备。

已有通信线路的距离测量，不需要使用花杆，可以直接使用皮尺、地链、激光测距仪等进行测量。如果已有线路是第一次使用，那么需要使用距离测量工具详细测量，如果已有线路中已经敷设过光(电)缆，为提高测量效率，在实际施工中，往往可以通过读取已敷设光(电)缆上的距离数据来计算长度。

3. 无源光网络的路由复测

近年来，无源光网络(PON)技术由于其具备无源、无供电压力、ODN的环境适应性好、不受电磁干扰、建设和维护成本低等优势，已成为当前光宽带接入的主流技术。目前，国家大力推广光纤到户(FTTH)的宽带接入，而无源光网络技术是FTTH的最具竞争力的解决方案。随着FTTH项目在全国的大量展开，关于无源光网络的线路设计和施工项目也迅速增多。无源光网络的实现技术主要有EPON和GPON两种。本小节将以EPON技术实现FTTH为基础，介绍其路由复测内容。

无源光网络中的光缆线路主要由馈线光缆、配线光缆和入户光缆组成。

馈线光缆部分主要指从中心机房引出至光分配点的光缆，其相关配件组成包括光缆接续盒、光交接箱、光配线箱和光配线架(ODF)等。主要的路由复测内容是：勘测线路路由所涉及的管道、架空等的使用状况和资源，测量线路的长度，查勘光交接箱、光配线箱、ODF的位置、使用情况和可用资源，以及考虑合理的接续点位置。

对于户外的馈线光缆和配线光缆的施工，配线光缆部分主要指光分配点至入户光纤配线点之间的光缆，其相关配件组成包括配线光缆、光缆连接配件、光分路器等部分。路由复测的内容是：配线光缆所需长度，光分路器的安装位置(如已安装，则查勘使用情况和资源)。

此外，由于馈线光缆和配线光缆的施工都在户外，还应勘查施工场地周边的环境情况：施工车辆进出是否方便；对施工过程中的噪声、排污等有无特殊要求；施工点附近有无电力线、煤气管道等危及施工安全的危险因素等。并根据勘查情况制订相应的应对措施。

入户光缆部分主要指入户光纤配线点至光纤端接点之间的光缆，其相关配件组成包括入户光缆、入户光纤配线设施等部分。这是无源光网络的路由复测重点，也是与其他项目的主要区别之处。由于用户的情况相差较大，所以，此部分的线路路由在设计阶段无法统一。

如果是新建小区,情况可能较为一致;如果是改造小区,情况较复杂。一般的路由复测内容是:查勘光分路器与用户之间的室内外环境,并与用户沟通,协商光缆入户方式和入户位置,决定入户光缆类型和路由;查勘用户家庭内部环境,并与用户沟通,协商 ONU 安装位置,决定户内路由和敷设方式;测量并估算所需光缆长度。

任务实施　通信光缆的路由复测

1. 任务描述

浙江交通职业技术学院计划在信息楼一楼机房与 11 号杆路之间敷设一条 8 芯光缆,图 2-26 是该项目的施工图纸。为了确定光缆敷设的具体路由位置、丈量地面的正确距离,为光缆配盘、敷设和保护地段等提供必要的数据,以保证该工程任务顺利完成,需对该线路进行路由复测。请以该施工图设计为依据,仔细核对路由走向、敷设方式、长度、环境条件以及接头、保护的位置,注意图纸与实际是否一致,对于不一致的地方应在图纸上注明,并画出人、手孔展开图。请注意测量方法应规范,并注意测量安全。

2. 工具和器材

施工图纸、皮尺、激光测距仪、标杆、纸、笔、书写夹板。

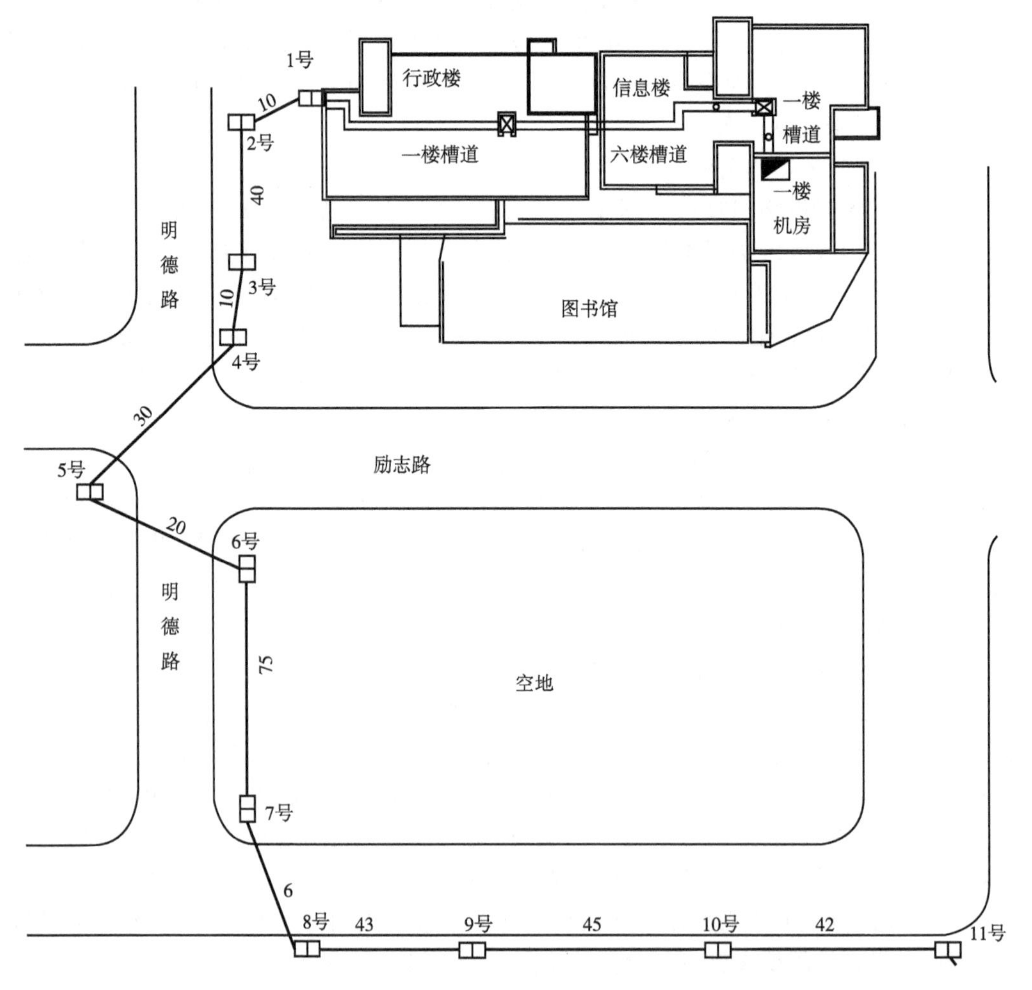

图 2-26　浙江交通职业技术学院通信线路实训基地扩建管道光缆施工图(尺寸单位:m)

3. 主要步骤

3~5 人一组,自选组长。

(1)阅读图纸

①理解设计意图,了解工程内容;

②了解路由走向;

③重点关注需要采取防护措施的施工点。

(2)实地复核线路路由

①核对图纸上的路由与实际是否一致;

②测量、记录路由上各段的实际长度;

③记录各人、手孔的管孔情况;

④核对需要采取防护措施的施工点是否与实际一致。

(3)对于和实际不一致的内容在图上标注

①整理测量的数据,对图纸上和实际不一致的尺寸加以更正;

②对需要采取防护措施的施工点是否与实际一致的需要标注;

③对于路由发生变动等在图纸上标注。

(4)画出各人、手孔的管孔展开图,并标注出已经占用的管孔。

任务总结

通过本任务的实训,使学生能正确理解通信线路施工图纸的设计意图和工程内容,进一步巩固施工图的阅读能力,能正确使用路由复测的常用工具,掌握路由复测步骤和内容、操作规范,并培养团队合作精神。

任务四　光(电)缆的单盘检验与配盘

一、单盘检验和配盘的作用

1. 单盘检验

光(电)缆在运输、存储等出厂后的诸多环节中可能受到各种不可预测的损害或影响,其性能可能发生变化,利旧的光(电)缆在使用过程中性能也会发生改变,都可能使光(电)缆的各项性能指标不符合工程设计的要求,如果使用不良的光(电)缆,特别是大对数光(电)缆施工,会造成巨大的经济损失,并严重影响工程进度。为避免这些情况,在敷设光(电)缆之前,必须进行单盘检验。

所谓单盘检验,就是以单盘光(电)缆为检验对象,对光(电)缆的各项指标——规格、程式、数量、外观、光电主要特性等重新进行现场检测与确认。单盘光(电)缆检验应在光(电)缆运达现场分屯点后进行,这是保证工程质量的一项必不可少的措施,因此,必须按规范要求或合同书规定指标进行严格的检测。即使工期十分紧张,也不能草率进行,而必须以科学的态度、高度的责任心和正确的检验方法进行光(电)缆的单盘检验。

2. 配盘

合理的配盘可以节约光(电)缆资源,提高线路的敷设效率,同时,可以减少光(电)缆接续点数量,便于后期维护。另外,对于光缆线路,接续点的减少可以减少线路损耗,保障传输正确率和可靠性。

二、光缆的单盘检验内容和方法

(一)光缆单盘检验的一般规定

(1)单盘检验应在光缆运达现场分屯点收后进行,检验后不宜长途运输。如图2-27所示。

图2-27 某分屯点的单盘光电缆

(2)单盘检验前的准备工作:

①熟悉施工图技术文件订货合同,了解光缆规格等技术指标、中继段光功率分配等。

②收集、核对各盘光缆的出厂产品合格证书、产品出厂测试记录等。

③光纤、铜导线的测量仪表(经计量或校验)及测试用连接线、电源等测量条件。

④备好必要的测量场地及设施。

⑤备好测试表格、文具等。

⑥对参加测量的人员进行技术交底或短期培训,以统一认识、统一方法。

(3)对经过检验的光缆、器材应作记录,并在缆盘上标明以下信息:盘号、外端端别、长度、程式(指埋式、管道、架空、水下等)以及使用段落(配盘后补上)。

(4)检验合格后,单盘光缆应及时恢复包装,包括密封处理光缆端头、固定光缆端头、重新钉好缆盘护板,并将缆盘置于妥善位置,注意光缆安全。

(5)对经检验发现不符合设计要求的光缆、器材应登记上报,不得随意在工程中使用。

(二)光缆单盘检验内容

光缆的单盘检验主要包含以下三个方面的内容。

1. 外观检查

工程所用光缆的规格、程式、型号及相关指标应符合设计规定。

(1)检查光缆盘有无变形,护板有无损伤,应做好记录,并请供应单位一起开盘检查。

(2)开盘后应先检查光缆外表有无损伤，如有损伤应做好记录，如有出厂的记录或卡片应收好保存。

(3)剥开光缆头。有A、B端要求的要识别端别和光缆种类，并在盘上用红漆标上新编盘号、光缆种类及外端端别。

2. 光性能检验

(1)光缆长度的复测

各个厂家的光缆标称长度与实际长度不完全一致，有的是以纤长按折算系数标出缆长，有的是以缆上长度标记标出缆长，有的是以光纤长度为缆长，然后括号内标上OTDR。有的工厂按设计要求有几米至50m的正偏差，有的可能出现负偏差。

光缆长度复测的方法和要求：

①抽样为100%。

②按厂家标明的光纤折射率系数用光时域反射仪(OTDR)进行测量。

③按厂家标明的光纤与光缆的长度换算系数计算出单盘光缆长度。

④对每盘光缆，只需测准其中1~2根光纤，对其余光纤一般只进行粗测，即看末端反射峰是否在同一点上。由于每条光纤的折射率有一些微小的偏差，所以有时同一缆中的光纤长度有一点区别。但应注意，发现偏差大时，应判断该光纤在末端附近有无断点，其方法是从末端再进行一次测量。

⑤要求厂家出厂长度只允许正偏差，当发现负偏差时应进行重点测量，以得出光缆的实际长度；当发现复测长度较厂家标称长度长时，应郑重核对，为不浪费光缆和避免差错，应进行必要的长度丈量和实际试放。

(2)光缆单盘损耗测量

光纤的光损耗，是指光信号沿光纤波导传输过程中光功率的衰减。不同波长的衰减是不同的。单位长度上的损耗量称损耗常数，单位为dB/km。单盘检验主要是测量出其损耗常数。

一般采用后向散射技术测量光纤损耗，习惯上称后向散射法，简称后向法，又称为OTDR法。这是一种非破坏性且具有单端(单方向)测量特点的方法，非常适合现场测量。

后向法测量单盘损耗，其测量值的精度、可靠性，除受仪表质量影响外，最关键的是耦合方式，光注入条件不同对测量值影响非常大。图2-28所示的测量方法比较规范，一般用OTDR仪测量、检验，将光纤通过裸纤连接器直接与仪表插座耦合，或将光纤通过耦合器与带插头的尾纤耦合，或用熔接机的V形槽作耦合性对接。对于单盘损耗的精确测量，采用辅助光纤，可以获得满意效果。

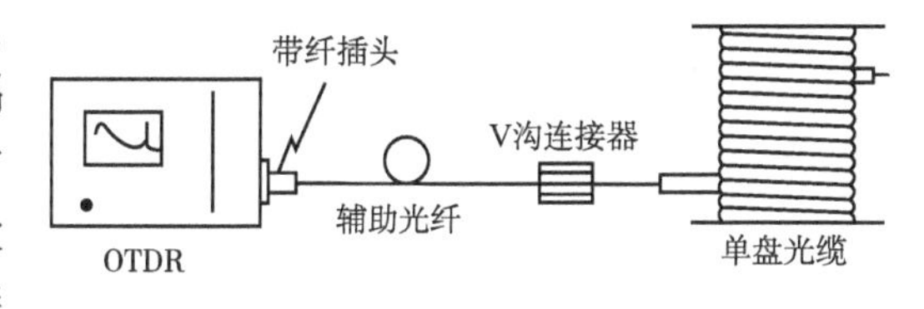

图2-28　单盘光缆后向测量法示意图

由于OTDR测试仪盲区的存在，当被测光纤短于1km时，测量值往往偏大很多。因此，在测量时应选择300~500m的标准光纤作为辅助光纤，用V形槽或毛细管弹性耦合器将被测光纤与辅助光纤相连。目前，性能优良的OTDR，盲区很小，也可以不加辅助光纤。

根据经验，对盘长2km以上的光缆可以不用辅助光纤，但必须注意仪器侧的连接插件耦合要良好。后向法测量光纤损耗的一个较大的特点是有方向性，即从光缆A、B两个方向测量，结果不一定相同。因此，严格地说，用OTDR仪测量光纤的损耗时应进行双向测量，取其平均值。

在单盘光缆检验测量中,由于受时间、条件等影响,如果全部采用双向测量法,则工作量加倍,显然有困难。鉴于单盘检验对损耗系数评价方法的特点,除少量光纤需进行双向测量外,一般进行一端测量就可以了。

(3)光纤后向散射信号曲线观察

对于施工而言,信号曲线观察是最关键的单盘检查项目,因此,对长途通信工程以及其他较重要的工程都应进行本项目的检查。

光纤后向散射信号曲线又称光纤时域回波曲线。用它来观察、检查光纤沿长度的损耗分布是否均匀,是否有缺陷,以及光纤是否存在轻微裂伤等。

3. 电性能检查

(1)光缆护层的绝缘检查。光缆护层的绝缘,是指通过对光缆金属护层如铝纵包层(LAP)和钢带或钢丝铠装层的对地绝缘的测量来检查光缆外护层(PE)是否完好。光缆护层的绝缘检查除特殊施工现场一般不进行测量。但对缆盘的包装,对光缆的外护层要进行目视检查。

(2)有铜芯线的光缆应对铜芯线进行电性能测试。测试内容包括:导线电阻、线间及对金属护套、加强芯的绝缘电阻以及介质耐压强度。

(三)OTDR 的使用方法

目前的 OTDR 设备还可以作为光功率计和光源使用,此处只介绍其 OTDR 模块功能。

1. OTDR 专业术语

(1)背向散射(后向散射)

光信号沿着光纤产生无规律的散射,散射到不同的方向上,称为瑞利散射。向光源方向散射回来的部分叫做背向散射。由于散射损耗的原因,这一部分光脉冲强度会变得很弱。

(2)反射事件

光纤链路中,活动连接器、机械接头和光纤中的断裂点(较规则的断裂)都会引起损耗和反射,我们把这种反射幅度较大的事件称之为反射事件。这类反射回来的光较强,可达入射光强度的 4%,称为菲涅耳反射。图 2-29 中间的尖峰就是此类事件对应的波形。

如果光纤的末端是平整的或在末端接有活动连接器(平整、抛光),在光纤的末端就会存在反射事件,如图 2-30 所示。如果光纤的末端是破裂的端面,由于末端端面的不规则性会使光线漫射而不引起反射,如图 2-31 所示。

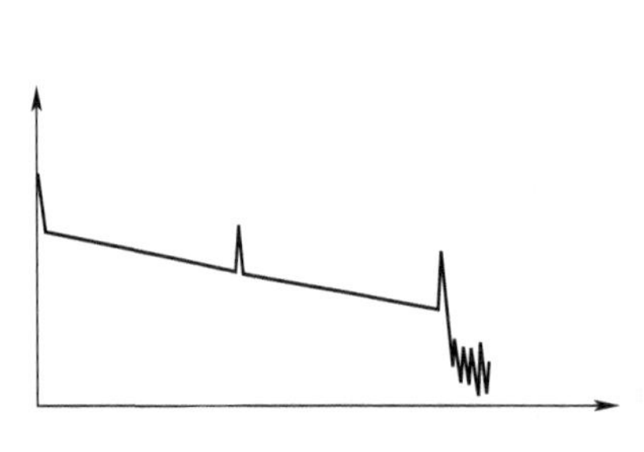

图 2-29 反射事件 OTDR 曲线

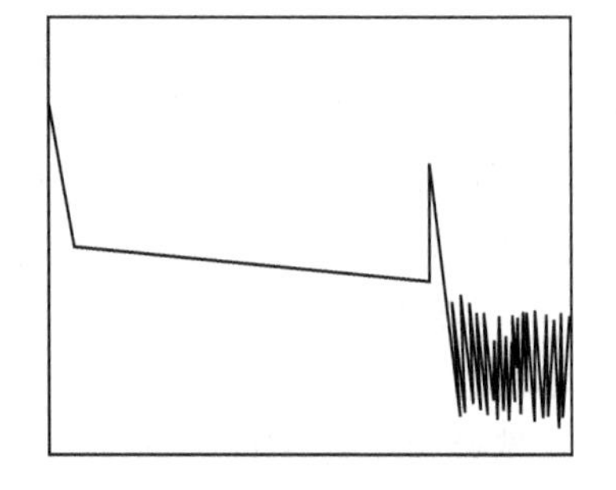

图 2-30 光纤平整末端 OTDR 曲线

(3)非反射事件

光纤中的熔接头和微弯都会带来损耗,但不会引起反射。由于反射较小,我们称之为非反射事件。图 2-32 的台阶状部分就是此类事件对应的波形。

(4)盲区

我们将由活动连接器和机械接头等特点产生反射(菲涅尔反射)引起 OTDR 接收端饱和而带来的一系列"盲点"称为盲区,如图 2-29 ~ 图 2-32 的开始区域都有一个盲区。

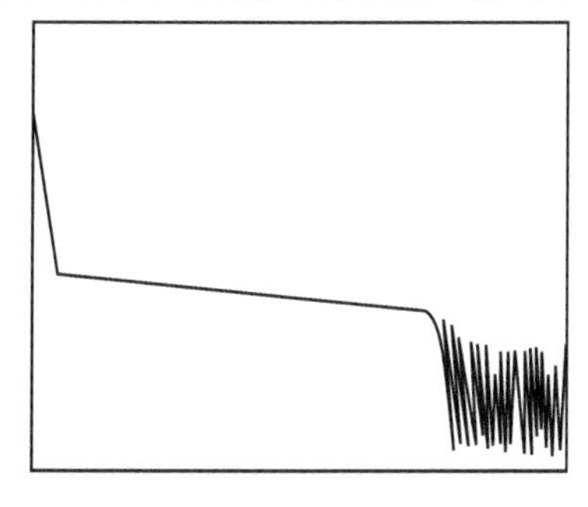

图 2-31　光纤不规则末端 OTDR 曲线

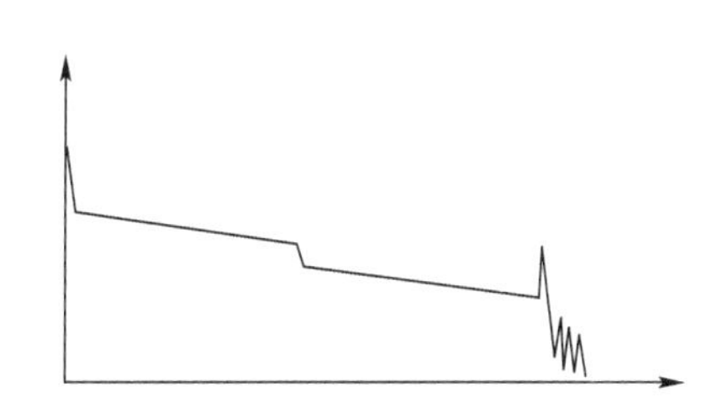

图 2-32　非反射事件 OTDR 曲线

2. 测试参数

使用 OTDR 测试光纤时,有一些重要参数需要设置。下面介绍参数的含义和设置依据。

(1)波长选择

因不同的波长对应不同的光线特性(包括衰减、微弯等),如果被测光纤里没有通信光,大部分的仪器模块使用与通信相同的波长进行测量,测试波长一般遵循与系统传输通信波长相对应的原则,即系统开放 1 550 波长,则测试波长为 1 550nm;系统开放 1 310 波长,则测试波长为 1 310nm。

如果被测光纤里有通信光,会对通信本身造成影响,应准备充分以避免通信中断。仪器的测量可能不正确,因此必须谨慎观察测量环境(存在的或缺少的通信光等)。此时,使用一个与通信光不同的波长(例如:1 625/1 650nm)进行测量。如果连接在被测系统上的仪器未安装 1 625nm 或 1 650nm 截止滤波片,或者基于仪器的耐光额定功率或截止滤波片的特性(如衰减),最坏的情况是仪器的脉冲光输出会损坏仪器。检查是否安装了合适的截止滤波片,仪器的功率工作是否正常,然后谨慎使用。

单盘检验时,一般对 1 310nm 与 1 550nm 的波长都要测试。

(2)脉宽

脉宽越长,动态测量范围越大,测量距离越长,但在 OTDR 曲线波形中将产生更大盲区;短脉冲注入光平低,但可减小盲区。脉宽周期通常以 ns 来表示。一般 10km 以下选用 100ns、300ns,10km 以上选用 300ns、1μs。

(3)测量范围

OTDR 测量范围是指 OTDR 获取数据取样的最大距离,此参数的选择决定了取样分辨率的大小。最佳测量范围为待测光纤长度 1.5 倍距离之间。

(4)平均时间

由于后向散射光信号极其微弱,一般采用统计平均的方法来提高信噪比,平均时间越长,信噪比越高。例如,3min 的获取将比 1min 的获取提高 0.8dB 的动态。但超过 10min 的获取时间对信噪比的改善并不大。一般平均时间不超过 3min,以 20s 为宜。

(5)光纤参数

光纤参数的设置包括折射率 n 和后向散射系数 η 的设置。折射率参数与距离测量有关,后向散射系数则影响反射与回波损耗的测量结果。这两个参数通常由光纤生产厂家给出。

(6)测试模式

通常选择平均化模式。

3. 测量方法

(1)仪器介绍

以横河公司的 AQ7260 OTDR 为例进行以下介绍。

①打开电源。其正面按钮图如图2-33 所示。通过 AC 变压器,连接 OTDR 顶部的 DC 电源接口,打开顶部的电源开关,如图 2-34 所示。如果没有交流电源,也可以直接打开电源开关,使用 OTDR 自带电池供电。

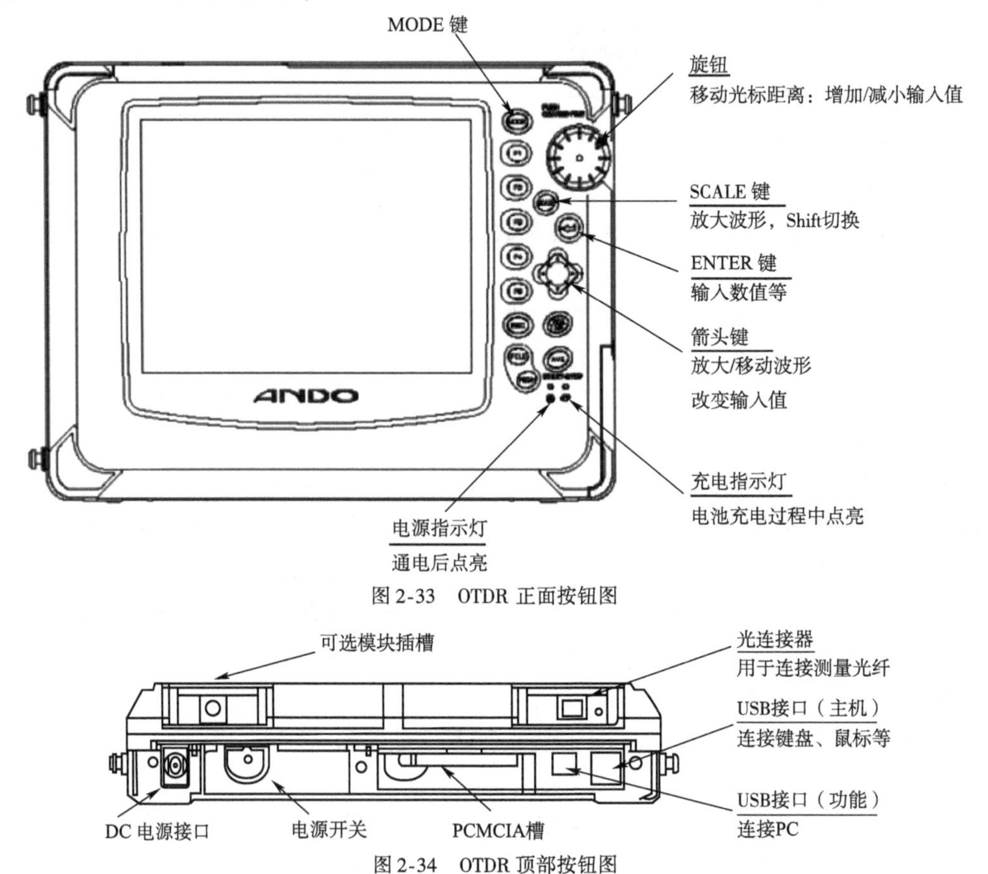

图 2-33　OTDR 正面按钮图

图 2-34　OTDR 顶部按钮图

②连接测试光纤。清洁连接光纤端面,通过光纤适配器连接 OTDR 顶部的光纤连接器。如图 2-35 所示。

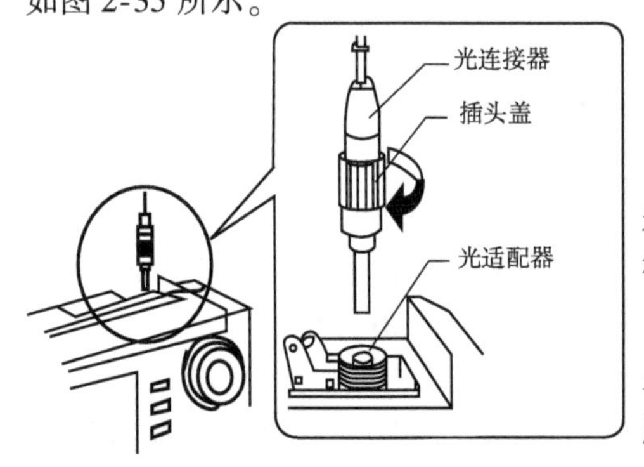

图 2-35　测试光纤与 OTDR 连接图

③测量。

a. 自动测量。

a)开始测量。按“AVE”键自动设置测量条件并开始测量。如果不能自动设定测量条件,应进行初始化操作[见“d)”操作]。

b)自动测量完成后,会停止测量,在 OTDR 的显示画面上同时显示曲线和事件列表,如图 2-36 所示。

c)改变测试参数重新测量。在上一页按 F1

键(屏幕),选择“列表”,并按 ENTER 键,显示测量参数。此外,通过按 F1 键、旋钮键、箭头键的配合,可以改变测试参数。按“AVE”键可根据新的参数重新开始测量。

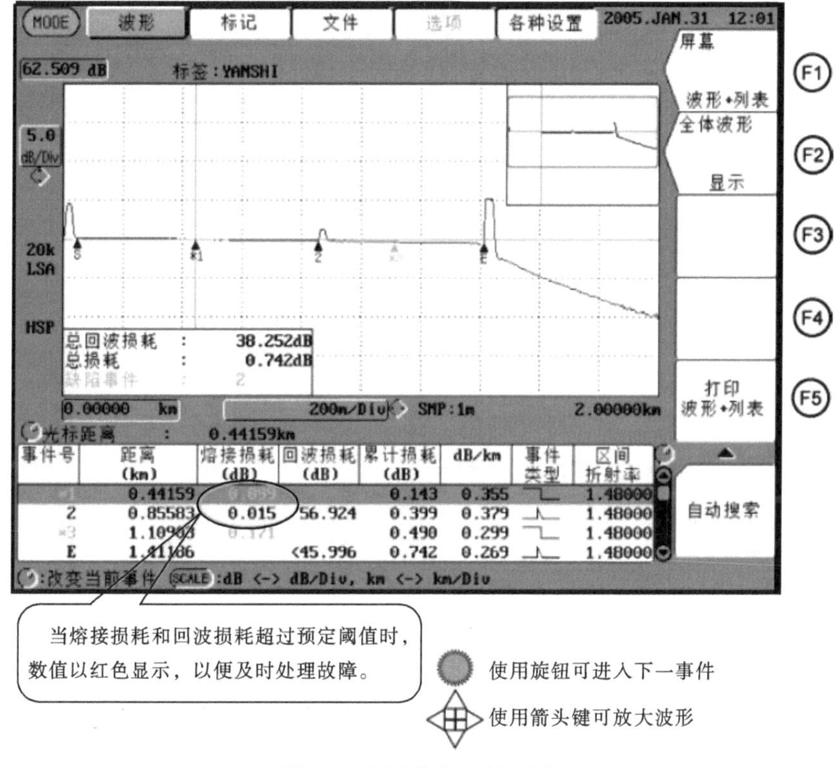

图 2-36 测量曲线和时间列表

d)发生故障时,可尝试将测量参数初始化,再进行测量。初始化测量参数的方法为:按下最终画面上的“ESC”键并按 F1 键(测量条件)便可查看测量条件。按 F5 键(测量条件列表)、F1 键(初始化)、F5 键(YES)确认初始化。

b. 手动测试。

a)设置测试参数。选中“波形”菜单,显示测量参数设置画面。按 F1 键(测量条件),再按 F5 键(测量参数列表),测量自动化是将自动设置设为“OFF”,将事件搜索设定为手动。根据需要,设置相关测试参数,修改完成后,按 F4 键确认。如图 2-37 所示。

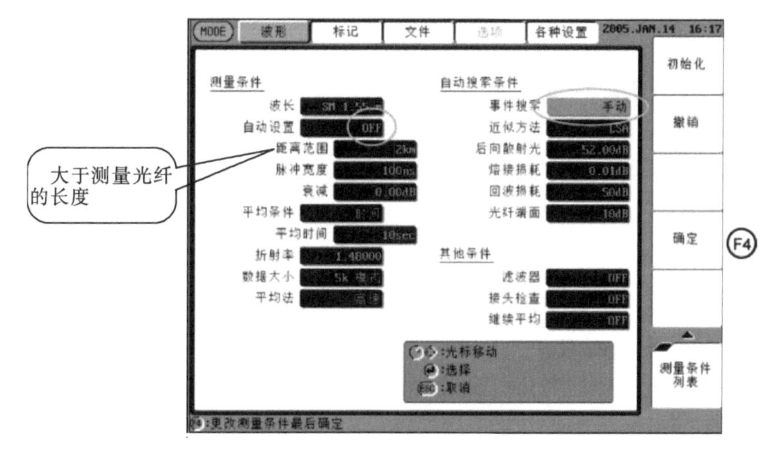

图 2-37 手动模式设置测量参数

b)实时测量。按 REAL TIME 键显示预览画面,再次按 REAL TIME 键停止预览。可以实时显示波形,了解被测光纤的状态变化及设定是否正确,还可以在实时观测波形的同时修改测量参数。如图 2-38 所示。

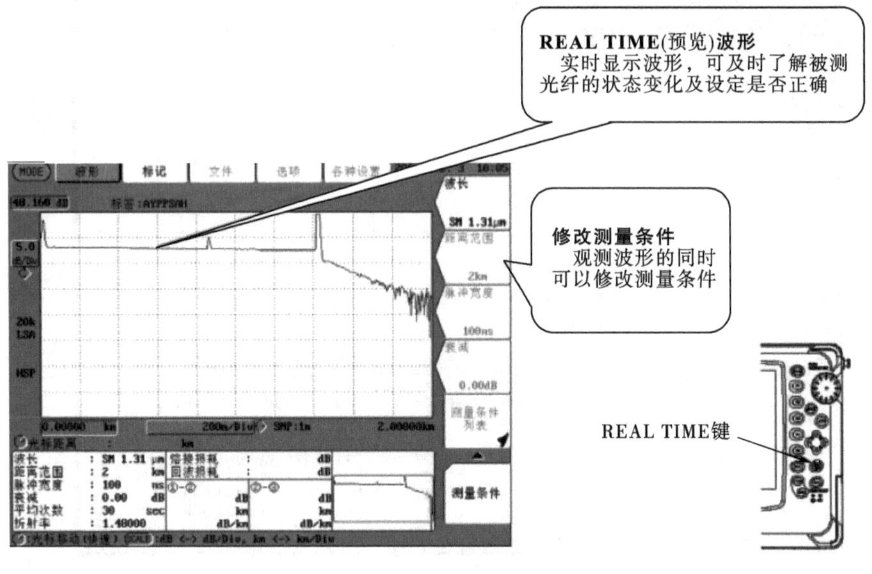

图 2-38　实时测量

c)平均化操作。按 AVE 键执行平均化操作,平均化操作执行中(不到 100% 时)再次按下该键,则停止操作。

d)放大、缩小和移动波形。停止测量后,可以根据需要,通过 4 个方向键和 Scale 键的配合使用,对所测波形进行移动、放大、缩小操作。

e)距离测量。OTDR 可以测量光纤开始点到连接点或故障点的距离(盲区除外),也可以测量光纤某段区域的距离。

f)损耗测量。包括连接损耗与回波损耗。

c. 自动搜索。

除了手工计算外,OTDR 提供的自动搜索功能,可以自动显示各个事件的距离及其连接损耗。方法是:在平均化完成后(自动或手动 AVE 操作后),显示画面,然后按 F3 键(自动搜索)。如图 2-39 所示。

(2)单盘光缆 OTDR 测试波形

下面以单盘光缆 OTDR 测试波形为例,说明光缆长度和损耗的测量方法。

①打开 OTDR,选择 OTDR 测试模块,通过适配器将光纤与 OTDR 相连。

②设置手动测试,并根据所测光缆类型和大致长度,设置波长、脉宽、测量范围等参数。

③按 REAL TIME 键,如果波形不正常,再调整参数;如果波形正常,按 AVE 键执行平均化操作,产生图 2-40 所示的波形。

④计算长度和损耗。观察测试曲线可以知道,起始处有一个小的盲区,B 点处是光缆的末端。测试曲线为倾斜的,随着距离的增长,总损耗越来越大。盲区结束点到 B 点的横轴表示光缆的长度,可以读出 13.1279km;纵轴表示光缆的损耗,盲区结束点纵轴值减去 B 点纵轴值就是光纤总损耗,通过放大图形可以读出高精度的损耗值,总损耗为 −7.9dB − (−11dB) = 2.9dB。总损耗(dB)除以总距离(km)就是该段纤芯的平均损耗(dB/km),为 0.2209dB/km。

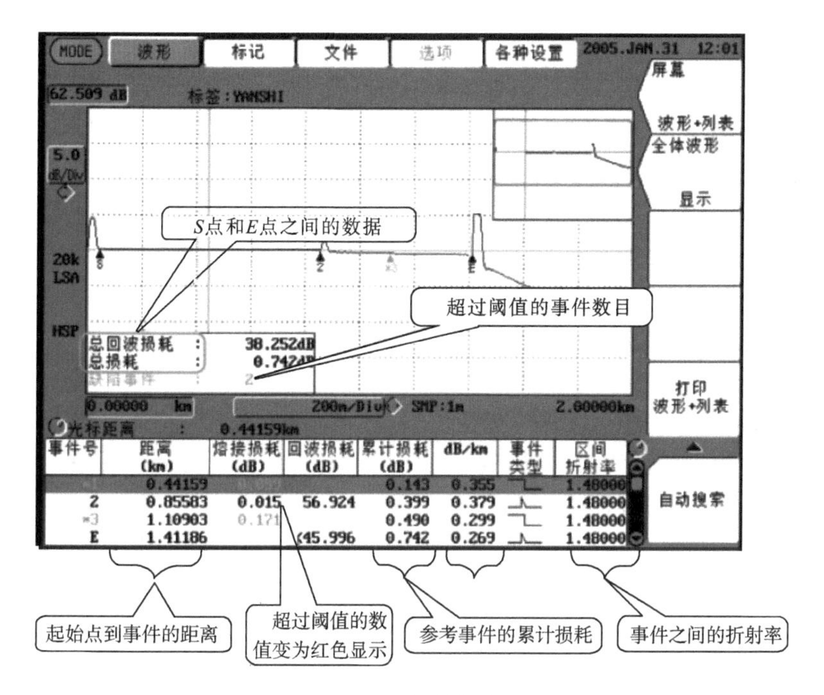

图 2-39　自动搜索画面

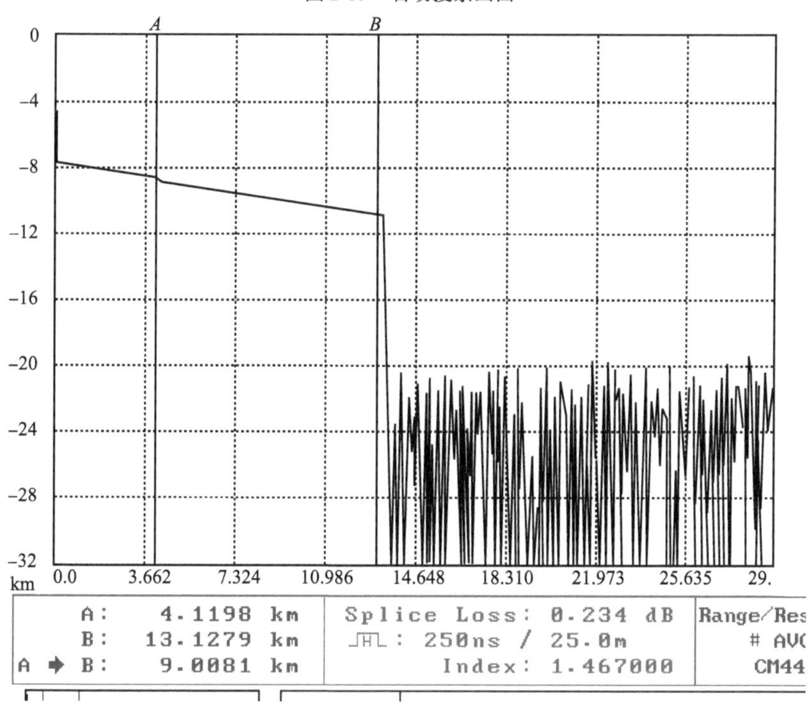

图 2-40　单盘光缆测试波形

如果盲区终点位置不准确,平均损耗还有另一种计算方法,即将区域光纤总损耗除以区域距离。如,计算图 2-40 中的 *AB* 之间的长度和损耗,将光标移动到 *B* 点,*AB* 之间的长度为 9.0081km,损耗为 -9dB-(-11dB)=2dB,则平均损耗为 2dB/9.0081km,约为 0.222dB/km。

⑤也可以通过自动搜索的功能计算光缆长度和损耗。

三、电缆的单盘检验内容和方法

为了保证工程质量，对利旧的电缆必须在敷设前进行单盘检验；对于信誉好、产品质量稳定的生产厂家的新电缆产品，可查阅电缆出厂检验记录，在工程上可不再做单盘检验或只进行抽检。

（一）电缆的单盘检验内容

电缆单盘检验的主要项目有：

（1）不良线对检验。

（2）电缆气闭性检验（对于需要充气维护的电缆）。

（3）绝缘电阻检验。

（4）全塑电缆传输端别（A、B 端）标记检验。

其中，电缆中常见不良线对有以下 6 种情况：

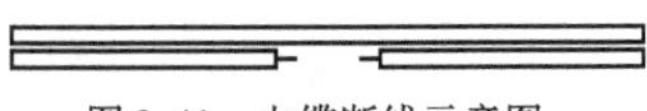

图 2-41　电缆断线示意图

①断线：电缆芯线断开（图 2-41）。

②混线：芯线相碰触（又叫短路）。本对线间芯线相碰为自混；不同线对间芯线相碰为他混，如图 2-42 所示。

③地气：芯线与金属屏蔽层（地）相碰，又称接地，如图 2-43 所示。

④反接：本对芯线的 a、b 线在电缆中间或接头中间错接，如图 2-44 所示。

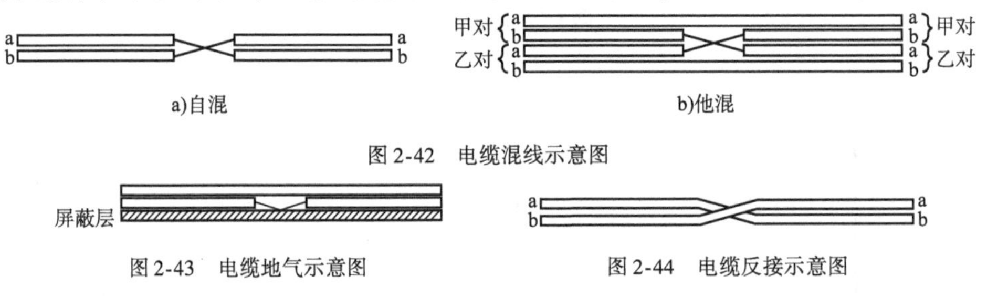

a)自混　b)他混

图 2-42　电缆混线示意图

图 2-43　电缆地气示意图　图 2-44　电缆反接示意图

⑤差接：本对芯线的 a（或 b）线错与另一对芯线的 b（或 a）线相接，又称鸳鸯对，如图 2-45 所示。

⑥交接：本对线在电缆中间或接头中间错接到另一对芯线，产生错号，又称跳对，如图 2-46 所示。

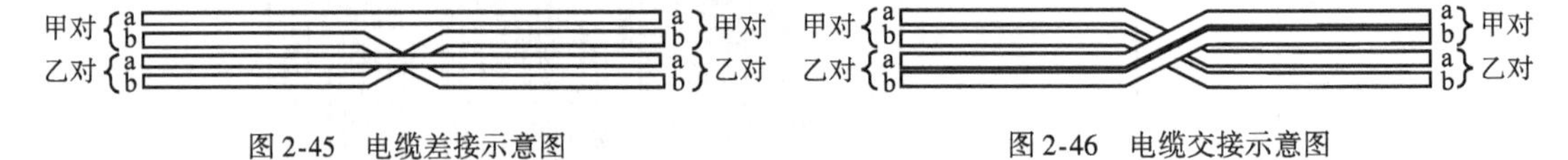

图 2-45　电缆差接示意图　图 2-46　电缆交接示意图

单盘检验时，对于“不良对检验”一般只作断线、混线和地气检验。全塑电缆一般可利用模块型接线子卡破绝缘，通过试线孔和试线塞子进行检验。由于不良线对检验手续繁杂，费工费时，对于有信誉的厂商，可查阅电缆出厂检验记录，一般在工程上可不再进行，否则一定要进行不良线对检验。

（二）电缆的单盘检验方法

1. 不良线对检验方法

（1）断线检验

断线检验，如图 2-47 所示。通过模块型接线子将一端短路，另一端用模块开路，在调试端接出一根引线与耳机及干电池（3 ~ 6V）串联后再接出一根摸线连测试塞子，通过模块型接线子的测试孔与芯线接触，如从耳机内听到“咯”声，说明是好线，如无声是断线。

(2)混线检验

混线检验,如图2-48所示,测试端的接法与断线检验相同,另一端全部芯线腾空,当摸线通过试线塞子及测试孔与被测芯钱接触时,从耳机内听到“咯”声,即表明有混线。

前面已说明混线分为自混、他混,由于他混测量数据太多,可以先只测自混。

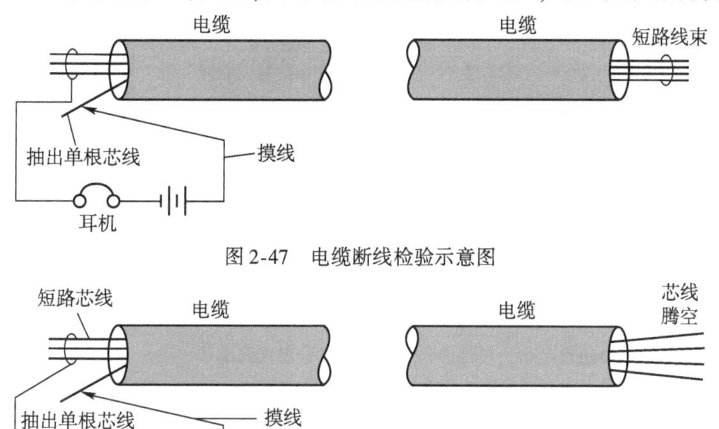

图2-47 电缆断线检验示意图

图2-48 电缆混线检验示意图

(3)地气检验

地气检验,如图4-49所示。电缆的另一端芯线全部腾空,测试端的耳机一端与金属屏蔽层连接,摸线通过试线塞子及模块型接线子的测试孔与芯线逐一碰触,当听到“咯”声时,即表示有地气。

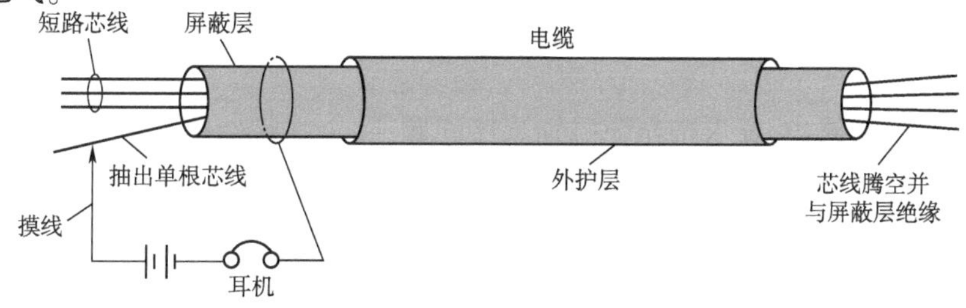

图2-49 电缆地气检验示意图

2. 电缆气闭性检验

首先在全塑电缆的一端封上带气门的端帽,另一端封上不带气门的热缩端帽,以便充入气体和测量气压。充气时,在电缆气门嘴处通过皮管连接一个0~0.25MPa的气压表,用来指示气压,充气设备本身及输气管等不得漏气。充气设备可用人工打气筒或移动式充气机,充入电缆内的空气要经过干燥和过滤,滤气罐一般用有机玻璃制成,内装干燥剂。使用时,一般应串接两个滤气罐,如图2-50所示。

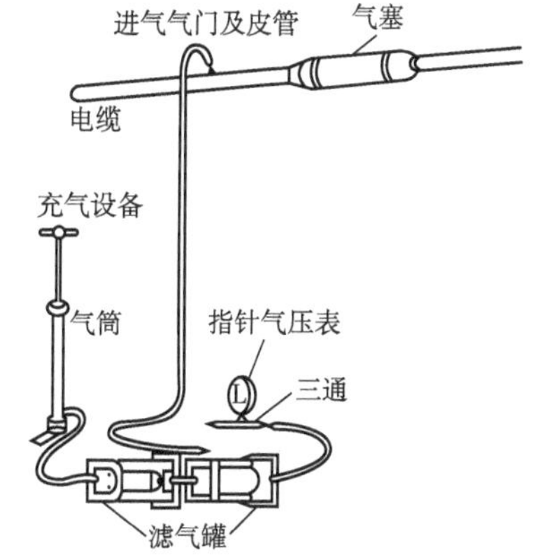

图2-50 电缆气闭性检验示意图

3. 绝缘电阻检验

绝缘电阻检验包括测量线间和单线对地(金属屏蔽层)的绝缘电阻。在温度为20℃,相对湿度为80%时,全塑市内通信电缆绝缘电阻一般填充型每公里不小于

3 000MΩ；非填充型每公里不小于 10 000MΩ(500V 高阻计)；聚氯乙烯绝缘电缆每公里不小于 200MΩ。测试电缆芯线绝缘电阻，一般使用 500V 高阻计，如图 2-51 所示；也可用兆欧表，如图 2-52、图 2-53 所示。测试时，首先将电缆两端护套各剥开 10～20cm，然后用高阻计或兆欧表测试。

图 2-51　高阻计　　图 2-52　手摇式兆欧表　　图 2-53　数字兆欧表

四、光缆的配盘要求与配盘方法

(一)光缆配盘的要求

1. 一般要求

配盘应根据光缆盘长和路由情况考虑，应尽量做到不浪费光缆和减少接头；靠设备侧的第 1、2 段光缆的长度应尽量大于 1km；光缆应尽量做到整盘敷设，并应尽量避免短段光缆，短段光缆长度一般不小于 500m；应选择几何尺寸、数值孔径等参数偏差小、一致性好的光缆；应尽量按出厂盘号顺序排列，以减少光纤参数差别所产生的接头本征损耗；光缆接头位置应确保安全和便于施工、维护等要求。

2. 端别要求

为了便于连接、维护，要求按光缆端别顺序配置，除个别特殊情况，一般端别不得倒置。对长途光缆线路，应以局(站)所处地理位置规定：北(东)为 A 端，南(西)为 B 端；对市话局间光缆线路，在采用汇接中继方式的城市，以汇接局为 A 端，分局为 B 端；两个汇接局间以局号小的局为 A 端，局号大的局为 B 端；没有汇接局的城市，以容量较大的中心局(领导局)为 A 端，对方局(分局)为 B 端。

(二)光缆配盘的方法

根据光缆的用途不同，配盘的方法也有所区别，大致可以分为主干光缆的配盘和配线光缆的配盘两种。前者针对的是具有长距离、大对数、多敷设类型的光缆线路，主要用于长途、中继、主干、干线线路；而后者针对的是短距离、小对数、单敷设类型的光缆线路，主要用于市区光缆线路。

1. 长距离主干光缆配盘方法

光缆配盘以一个中继段为单元，分 5 步进行。

(1)列出光缆路由长度总表

根据复测资料，列出各中继段地面长度，包括直埋、管道、架空、水底或爬坡等布放的总长度以及局内长度(局前人孔至机房光纤分配架)。光缆路由长度总表见表 2-10。

(2)列出光缆总表

将单盘检测合格的不同光缆列入总表，见表 2-11。

光缆路由长度总表 表 2-10

中继段名称				
设计总长度(km)				
复测地面长度(km)	直埋			
	管道			
	架空			
	水底			
	爬坡			
	局内			
	合计			

光 缆 总 表 表 2-11

序　　号	盘　　号	规格、型号	盘　　长	备　　注

(3)初配

初配,即列出中继段光缆分配表。根据光缆路由长度总表中的不同敷设方式路由地面长度,加余量 10% 计算出各个中继段的光缆总长度。列出初配结果,即中继段光缆分配表。各个中继段的光缆分配表见表 2-12。

各中继段的光缆分配表 表 2-12

中继段名称	光　　缆	数　　量		出 厂 盘 号	备　　注
	类别、规格、型号	计划量	实配量		

(4)各中继段的配盘(正式配盘)

先计算出各中继段内光缆布放长度(即敷设长度)L,再进行各中继段的配盘。一般工程由 A 端局站向 B 端局站配置,然后按表 2-10 将光缆分配给各中继段。

按如下公式计算出中继段光缆敷设总长度 L:

$$L = L_{埋} + L_{管} + L_{架} + L_{水} + L_{坡} \tag{2-1}$$

式中:$L_{埋}$——直埋光缆敷设长度,

$$L_{埋} = L_{埋(丈)} + L_{埋(预)} \tag{2-2}$$

$L_{埋(丈)}$——直埋路由的地面丈量长度;

$L_{埋(预)}$——直埋布放的余留长度和各种预留长度;

$L_{管}$——管道光缆敷设长度。

$$L_{管} = L_{管(丈)} + L_{管(预)} \tag{2-3}$$

$L_{管(丈)}$——管道路由的地面丈量长度;

$L_{管(预)}$——管道布放的余留长度和各种预留长度;

$L_{架}$——架空光缆敷设长度,

$$L_{架} = L_{架(丈)} + L_{架(预)} \tag{2-4}$$

$L_{架(丈)}$——架空路由的地面丈量长度;

$L_{架(预)}$——架空布放的余留长度和各种预留长度；

$L_水$——水底光缆敷设长度。

$$L_水 = (L_1 + L_2 + L_3 + L_4 + L_5) \times (1 + \alpha) \quad (2\text{-}5)$$

L_1——水底光缆两端站间的丈量长度；

L_2——终端固定、过堤"S"形敷设等各种预留长度；

L_3——水域布放平面弧度增加的长度；

L_4——水中立面弧度增加的长度；

L_5——施工余量；

α——水底光缆自然弯曲增长率。

陆地光缆布放时的预留长度如表 2-13 所示。

各中继段的光缆分配表 表 2-13

<table>
<tr><th>敷设方式</th><th>自然弯曲增加长度(m/km)</th><th>人孔内增加长度(m/孔)</th><th>杆上伸缩弯长度(m/杆)</th><th>接头预留长度(m/侧)</th><th>局内预留(m)</th><th>备 注</th></tr>
<tr><td>直埋</td><td>7</td><td></td><td></td><td rowspan="4">一般为 8 ~ 10</td><td rowspan="4">一般为 15 ~ 25</td><td rowspan="4">接头的安装长度为 6 ~ 8m,局内余留长度为 10 ~ 20m</td></tr>
<tr><td>爬坡(埋)</td><td>10</td><td></td><td></td></tr>
<tr><td>管道</td><td>5</td><td>0.5 ~ 1</td><td></td></tr>
<tr><td>架空</td><td>5</td><td></td><td>0.2</td></tr>
</table>

(5)编制中继段的光缆配盘图

光缆配置结束后,应对照实物清点光缆、核对长度、端别分配段落,并在缆盘标示清楚,最后将光缆配盘结果填入"中继段光缆配盘图",格式如图 2-54 所示。同时,应按配盘图在选用的光缆盘上标明该盘光缆所在的中继段段别及配盘编号。

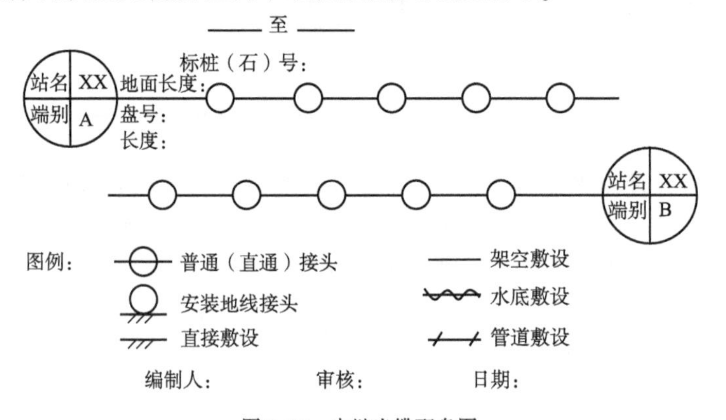

图 2-54 中继光缆配盘图

注:1. 在接头圆圈内标注接头类型和接头序号。

2. 在横线上标注光缆敷设方式。

3. 标明地面长度,并标明标桩或标石号。配盘时为标桩号,竣工时为标石号。

4. 在横线上标明光缆长度。配盘时为配盘长度,竣工时为最终实际敷设长度。

2. 短距离配线光缆配盘方法

该类光缆线路主要在市区,具有敷设方式单一和距离短的特点。目前,城市线路的主要敷设方式为管道,还存在部分杆路,因此,与长途干线相比,配盘时对敷设方式的考虑较少,相对简单。此外,市区线路往往距离较短,经常会出现小于单盘光缆长度的情况,而接续点又相对较多,因此,配盘时要合理利用已有光缆,尽量减少接头数量。

任务实施　通信光(电)缆的单盘检验

任务1　单盘电缆检验

1. 任务描述

某电信端局在城郊的一电缆交接箱需要增加配线线路,按计划敷设一路架空50对配线电缆到郊外的用户驻地,所用全塑电缆型号为HYA-50×2×0.4,电缆已经采购完毕并放置在公司仓库。为保证电缆质量,以确保该项目能顺利完成,要求对此次采购的电缆进行单盘检验,测试内容包括:断线、混线、地气和绝缘电阻。记录检验结果,并根据检验数据,对所检验的单盘电缆给出检验评价。

2. 主要工具和器材

单盘电缆及出厂合格证书、兆欧表(或万用表)、高阻计、剥线钳、电缆单盘检验记录表、笔。

3. 测试、记录及评价(表2-14)

电缆单盘检验记录表　　表2-14

测试工具:________　环境温度:________

电缆自编号:________　型号:________　规格:________　长度:________

序号	线对	断线	混线	地气	绝缘电阻(MΩ/km)		环路电阻(Ω/km)
					对地	线对间	
1	a						
	b						
2	a						
	b						
3	a						
	b						
4	a						
	b						
5	a						
	b						
6	a						
	b						
7	a						
	b						
8	a						
	b						
9	a						
	b						
10	a						
	b						

测试人:__________　记录人:__________　测试日期:______年______月______日

任务2　单盘光缆检验

1. 任务描述

市区某电信端局到某新建小区之间需敷设一条24芯的GYTA光缆，光缆已经采购完毕并放置在公司仓库，为保证光缆质量，以确保该项目能顺利完成，在正式敷设光缆前需对此次采购的光缆进行单盘检验，记录检验结果，并根据检验数据，对所检验的单盘光缆给出检验评价。

2. 主要工具和器材

单盘光缆及出厂合格证书、OTDR、辅助光纤、光缆开剥工具、光缆单盘检验记录表、笔。

3. 测试、记录及评价(表2-15)

光缆单盘检验记录表　　　　表2-15

光缆型号________　　出厂盘号________

配盘编号________　　制造长度________

测试端别____端____　　实测长度________

测试仪表________　　型　　号________

脉　　宽________　　折 射 率________

光纤序号	色　谱	衰减(dB/km)		光纤序号	色　谱	衰减(dB/km)	
		1 310nm	1 550nm			1 310nm	1 550nm
1				13			
2				14			
3				15			
4				16			
5				17			
6				18			
7				19			
8				20			
9				21			
10				22			
11				23			
12				24			
结论							

测试人：________　记录人：________　测试日期：____年____月____日

任务总结

通过本任务的训练，使学生能正确使用工具开剥光(电)缆，并巩固光(电)缆纤序、线对序的判断方法，能正确使用兆欧表(或万用表)、高阻计等仪表检验单盘电缆的断线、混线、地气和绝缘电阻，能正确使用OTDR检验单盘光缆的长度和损耗，并能判断单盘光(电)缆的质量，并培养学生的团队协作能力。

习题与思考

一、填空题

1. 通信工程图纸是通过(　　　　)、(　　　　)等按不同专业的要求将它们画在一个平面上组成的一张工程图纸。

2. 在通信线路建设中，设计图纸是施工的主要依据，专业人员通过图纸了解(　　　　)、(　　　　)、(　　　　)、(　　　　)。

3. 测量中常用的方法有(　　　　)法和(　　　　)法，通常使用的仪器有(　　　　)、(　　　　)和(　　　　)等；架空线路的测量，一般都用(　　　　)法，个别地点用仪器测量；地下管道的测量以仪器为主，但也少不了标杆，因此，(　　　　)法测量是线路测量的基本方法。

二、单选题

1. 架空电缆在跨越铁路时，电缆的最低点距轨面距离应不小于(　　)m。

A. 7.5　　　　B. 4.5

C. 5　　　　D. 5.5

2. 一个中继段的光纤传输长度是指(　　)。

A. 路由的丈量长度　　　　B. 光缆的配盘长度

C. 光缆的测试长度　　　　D. 光缆的皮长

3. 馈线光缆纤芯数量不得低于一级光分路器上行端口的数量，且应留有冗余(　　)。

A. 10%　　　　B. 20%

C. 25%　　　　D. 30%

三、判断题

1. 光缆线路遇到水库时，不应走水库的上游通过，只能绕道而行或走水库的下游通过。(　　)

2. 局、站址可以选在城市广场、闹市地带、影剧院附近。(　　)

3. 光缆线路应考虑强电影响，不宜选择在易遭受雷击、腐蚀和机械损伤的地段。(　　)

四、图示题

写出表2-16中图形符号的名称。

图形符号　　　　表2-16

图形符号	名　称	图形符号	名　称
BS			

续上表

图形符号	名　　称	图形符号	名　　称

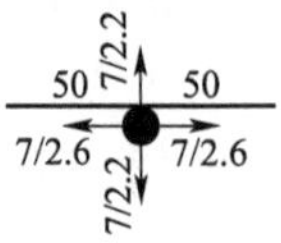 7/2.2 50 50 7/2.6 7/2.6 7/2.2		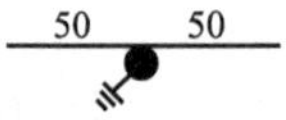 50 50	
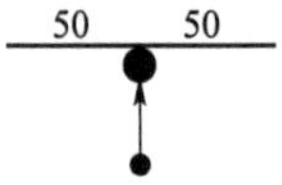 50 50		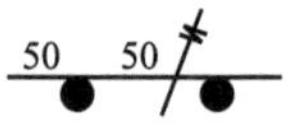 50 50	

五、应用题

1. 架空杆路中某一角杆的转角角度为120°,则其角深为多少?

2. 简述路由复测的主要任务及其注意事项。

项目三　通信线路敷设

技能目标

1. 能根据通信线路管道施工图纸,按照施工规范要求,完成管道光(电)缆的敷设;

2. 能根据通信线路架空施工图纸,按照施工规范要求,完成架空光(电)缆的敷设;

3. 能根据 FTTH 施工单,按照施工规范要求,完成 FTTH 的光缆敷设。

知识目标

1. 了解光(电)缆敷设的一般规定和要求;

2. 理解管道的组成和功能,熟悉管道敷设的准备工作,熟悉管道敷设工具,理解管道光(电)缆的敷设方法;

3. 了解杆路材料、组成和立杆方式,熟悉光(电)缆架空敷设工具,理解吊挂式架空光(电)缆的敷设方式;

4. 了解室内光(电)缆的敷设类型和敷设方法,熟悉 FTTH 的敷设工具,理解 FTTH 的敷设方式。

任务一　了解通信光(电)缆敷设的一般规定及各种敷设方法

一、光(电)缆的敷设的定义

狭义的光(电)缆敷设就是根据拟定的敷设方式放置光(电)缆,如将单盘光(电)缆布放到管道内,或架挂到杆路上,或放入光(电)缆沟中等。

广义的光(电)缆敷设还包括敷设前的路由准备工作,即按照施工图的要求完成路由准备工作,为敷设光缆提供有利条件。采用不同敷设方式应有不同的路由准备工作。如采用管道敷设方式,路由准备工作有管道建设、管道清理、预放铁丝或塑料导管等;采用架空敷设方式,路由准备工作有杆路建筑、光缆的支承方式选择等;采用直埋敷设方式,准备工作有光缆沟的开挖,埋设光缆穿越铁道、公路的顶管,预埋过河、渠、塘的塑料管,跨过河堤以及一般公路的预埋钢管等。

从敷设的工程施工技术来看,光缆与电缆工程并没有根本区别,只是光缆在张力、抗侧压方面不如电缆。另外,电缆需要充气,例如:架空电缆一般应每间隔 400m 左右设气门一处,地下电缆(含管道电缆及埋式电缆)每间隔 800m 左右应设气门一处。目前,光缆是通信线缆敷设的主体,所以,本项目的任务实施技能训练以光缆敷设为例。

二、常见敷设方式和适用环境

光(电)缆敷设方式,常采用管道、架空、直埋方式。管道敷设方式安全可靠性高,光缆进城区一般采用该方式。架空敷设方式建设速度快、造价低,适用于山区、水域和自然条件复杂、具有临时性的场合,本地网光缆在郊外常采用该方式。直埋敷设方式隐蔽性好、安全性高、稳定可靠,是干线光缆常采用的敷设方式。

根据特殊环境确定,还有顶管、进局、墙壁、桥上、水底、海底等敷设方式。

此外,随着硅芯塑料管的大量国产化,干线光缆越来越常使用吹缆的敷设方式;随着FTTH项目的增加,入户光缆的敷设方式也越来越常见。

敷设方式应根据实际环境确定,表3-1为各种敷设方式的适用环境。

不同地段的敷设方式 表3-1

敷设方式	适　用　地　段
直埋	通信线路在郊外一般采用直埋敷设方式,只有在现场环境条件不能采用直埋方式,或影响线路安全、施工费用过高和维护条件差等情况下,可以采用其他敷设方式; 国外在敷设郊外光缆时,多采用硬塑料管管道敷设
管道	通信线路进入市区,应采用管道敷设方式,并利用市话管道;目前无市话管道资源可利用的,可根据长途、市话光(电)缆发展情况,考虑合建电信管道
架空	通信线路遇到有下列情况,可采取架空架设方式: 1. 市区无法直埋又无市话管道,而且暂时无条件建设管道时,以架空架设作为短期过渡; 2. 山区个别地段地形特别复杂,大片石质,埋设十分困难的地段; 3. 水网地区路由无法避让,直埋敷设十分困难的地段; 4. 过河沟、峡谷,埋设特别困难地段; 5. 省内二级光缆线路路由上已有杆路可资利用架挂地段。 超重负荷区及最低气温低于 -30°C 地区,不宜采用架空方式
桥上	通信线路跨越河流的固定桥梁和道路的立交桥等,桥的结构中已预留有电信管道、沟槽或允许架挂时,可在桥上的管道、沟槽或支架上敷设光(电)缆
水底	通信线路穿越江河、湖泊、海峡等,无桥梁、隧道可资利用时
进局	需要进入通信局、机房
入户	光纤到户项目,需要进入用户家中

三、敷设的基本要求

1. 敷设长度

通信线路的敷设长度不是指通信线路的施工丈量长度,而是应包含丈量长度、自然弯曲、预留等,一般:

$$\text{敷设长度} = \text{施工丈量长度} \times (1 + K‰) + \text{预留长度}$$

其中,K为自然弯曲系数。埋式光电缆$K=7$;管道和架空光电缆$K=5$。

通常,光缆预留长度为:每个人(手)孔内拐弯留0.5~1m,接头重叠处每侧留8~10m,进局预留15~20m。

另外,光缆的长度计量方式一般有两种,一个是皮长(公里),另一个是芯长(公里)。通常,芯长大于皮长,敷设长度指皮长。某些光缆类型,由于其结构特点,皮长和芯长是一致的，例如带状光缆、蝶形光缆。

很多类型的光缆外护层上每隔1m会标识皮长的长度，但是在施工过程中，不要简单地相信外护层上的皮长刻度值，有时候皮长刻度会出现漏标、少标的情况。因此，实际使用光缆时，最好使用OTDR测试光纤长度，通过成绞系数计算得出皮长长度，再与刻度值相对照，以确保长度准确。

在敷设线缆前，按光缆配盘图进行敷设，应在现场对设计文件和施工图纸进行核对。尤其是对主干路由中使用的缆线型号"规格"、"程式"、"数量"起始段落以及安装位置，要重点核查。如有疑问，应及时协商解决，以免影响施工进度。

(1)中继段光缆配盘图或按此图制订的敷设作业计划表是光缆敷设的主要依据，一般不得任意变动，避免盲目进行敷设作业。

(2)敷设路由必须按路由复测画线进行，若遇特殊情况必须改动时，一般以不增加敷设长度为原则，并需预先征得主管部门同意。

2.敷设的端别要求

敷设前，要注意光(电)缆的A、B端。A、B端的判断方式已经在项目二中介绍。A、B端判断正确后，如果设计图纸中有特殊要求，按照设计要求敷设A、B端，如果无特殊要求，则应该按照以下方式确定敷设的A端。

(1)汇接局—分局：以汇接局为A端。

(2)分局—支局：以分局为A端。

(3)局—交接：局侧为A端。

(4)局—用户：以局侧为A端。

(5)交接箱—用户：以交接箱为A端。

(6)在汇接局、分局、交接箱之间布放时，其端别可按下列原则由各省市自行确定，力求做到局内统一：

①以一个交换区域的中心为A端。

②以局号大小划分A、B端。

③以区域交换的汇接局、分(支)局、交接箱为A端。

3.敷设的牵引张力和弯曲半径

(1)布防过程中，要减小缆线承受的拉力，布放缆线的牵引力不能大于该缆线允许张力的80%，瞬时最大牵引力不得大于线缆允许张力的100%(牵引力一般不大于1 200kN)。

(2)敷设时，线缆布放应平直，不得扭绞交叉，光缆的曲率半径应大于光缆外径的20倍；电缆的曲率半径应大于电缆外径的15倍。由于客观原因，达不到要求的，例如光缆在人(手)孔中，则固定后的曲率半径必须大于光缆直径的10倍。

(3)为避免牵引过程中光(电)缆受力和扭曲，光(电)缆牵引时，应制作合格的线缆牵引端头。

4.布放方式和速度

通信线缆的牵引速度要均匀，做到"稳起稳停、动作协调"，尽可能避免间断顿挫，防止发生事故。特别是牵引光缆时，要注意以下两点：

(1)机械牵引光缆时，应根据地形、布放长度等因素选择集中牵引、中间辅助牵引或分散牵引等方式，牵引机速度一般以5～10m/min为宜。

(2)人工牵引光缆时，可采取地滑轮人工牵引方式或人工抬放方式，拖放速度应控制在

10m/min 左右为宜。一次布放长度不要太长(一般 2km),布线时可从中间开始向两边牵引。牵引应均匀,避免“浪涌”、扭转、打小圈等情况。

5. 布放的质量要求

(1)布放过程中以及安装、回填中均应注意线缆安全,防止缆线受“拖”、“蹭”、“刮”、“磨”等损伤,发现护层损伤应及时修复。

(2)布放完毕,发现可疑时,应及时测量,确认光(电)缆是否良好。光(电)缆端头必须做严格的密封防潮处理,不得浸水。

(3)未放完的光(电)缆不得在野外过夜放置(无人值守的情况下),埋式光(电)缆布放后应及时回土(土厚不小于 30cm)。

6. 人员安全

(1)在河流、深沟、陡坡地段布放吊线、光(电)缆、排流线时应采取措施,防止作业人员因线缆张力兜拉坠落。

(2)开挖坑、洞作业。

①在挖杆坑洞、光(电)缆沟、接头坑、人孔坑时,应调查地下原有电力线、光(电)缆、煤气管、输水管、供热管、排污管等设施与开挖地段的间距并注意安全。如遇有地下不明物品或文物,应立即停止挖掘,保护现场,并向有关部门报告。

②在松软土质或流沙地质上打长方形或 H 杆洞有坍塌危险时,应采取支撑等防护措施。

③管道开挖现场,在非施工时段,应加盖铁板保护,以防止途经行人、车辆跌落。

(3)布放线缆时,施工人员必须按照规定戴安全帽、手套,穿工作服、绝缘鞋。

(4)布放线缆时,必须严密组织并有专人指挥。布放过程中应有良好的联络手段。禁止未经训练的人员上岗和在无联络工具的情况下作业。

(5)布放架空线路时,必须有登高证,穿好登高装备,防止摔伤。

(6)在管道内作业时,管道内应先排气通风,防止人孔内中毒。

(7)在交通线路上施工时,必须按照要求放置警示标志,作业人员应穿反光服,防止交通事故。

任务二　管道光(电)缆的敷设

管道敷设是指在城市光(电)缆环路、人口稠密场所和横穿道路时,光(电)缆穿入用于保护的管道内的一种敷设方式,图 3-1 所示的是聚乙烯光缆管道施工图。光缆布放的出入孔有人孔和手孔,图 3-2 是人孔内部图。管道和人孔、手孔在图纸上的表示方式在项目二中已有介绍。

图 3-1　光缆管道施工图

图 3-2　光缆人孔内部图

与其他敷设方式相比,管道具有以下优势:

(1)容量大,可以在管道中穿放多条大对数光(电)缆。

(2)占用地下断面较小,有利于市政建设统筹安排其他各种地下管线;同时,由于架空电缆的减少,有利于美化城市。

(3)便于施工和维护,因为光(电)缆可以在管道中随时穿放、随时抽换,当线路发生障碍时也便于测试和检修。

(4)管道可以减少线缆直接受到外力破坏,能保证通信安全。

(5)即使是已建设多年的管道,也可以根据图纸、资料查找管道平面位置和埋深,便于技术管理和查询。

随着城市化和信息化建设的深入,目前,除主干光(电)缆线路上建筑主干管道外,分支配线光(电)缆也应采用配线管道,把光(电)缆从管道人(手)孔中直接引入用户建筑物内,实现城区通信线路的全地下化。

一、管道的组成

管道由管孔、人孔和手孔组成,是线缆通过的通道,起到保护线缆的作用。

(一)管道的坡度

为便于排水和敷设,管道要保持一定的坡度。常见的有人字坡、一字坡和斜度坡,如图3-3所示。

(1)坡度一般为3‰~4‰,最小不宜小于2.5‰。

(2)一字坡:相邻两人孔间管道按一定坡度成直线敷设,坡度方向相反。

(3)人字坡:以相邻两人孔间的管道适当地点作为顶点,以一定坡度分别向两边敷设,每个管子接口处张口宽度应不大于0.5cm。

(4)斜度坡:斜度坡管道是随着路面的坡度而铺设的,一般在道路本身有3‰以上的坡度情况下采用。为了减少土方量将管道坡度向一方倾斜。

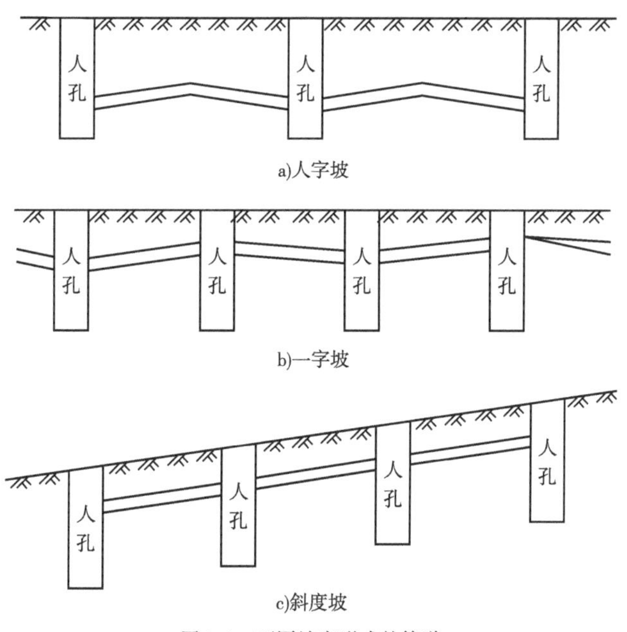

图3-3 不同坡度形式的管道

(二)人(手)孔的类型和功能

1. 人(手)孔结构

(1)人孔的一般结构

人孔的一般结构如图 3-4 所示。

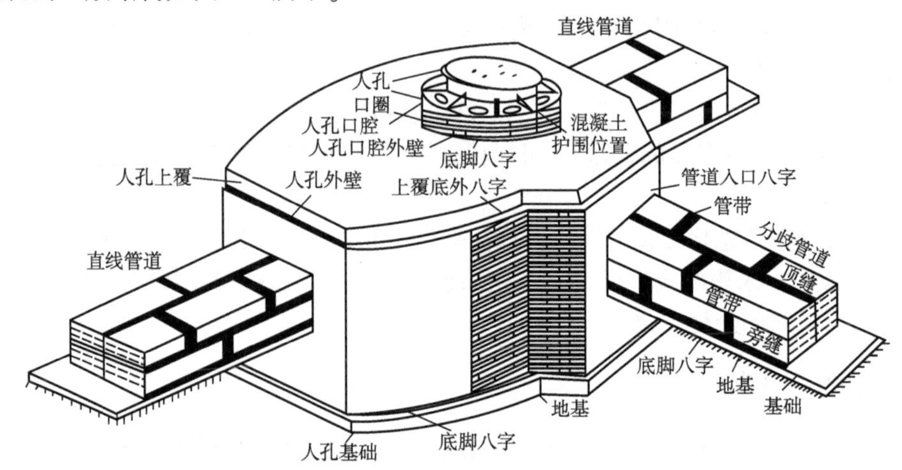

图 3-4　人孔的一般结构

(2)人孔的内部结构及基本形状

通信人孔分为直通、拐弯、分支、扇形、特殊和局前等几种,每一种又因尺寸的不同而分成多个小类;通信手孔分为小手孔(SSK)及一、二、三、四号手孔(SK1、SK2、SK3、SK4)等几种。常用人孔和手孔的类型如图 3-5 所示。

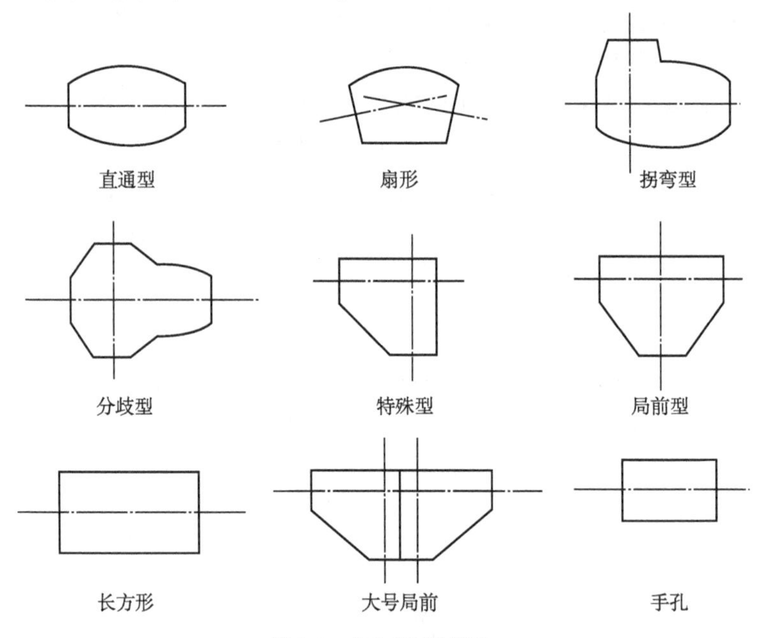

图 3-5　人孔和手孔类型

2. 人(手)孔的功能

除了通过线缆外,人(手)孔还具有如下功能:

(1)管道光缆敷设时,穿行和牵引的出入口。

(2)光(电)缆的进行接续操作的空间。

(3)利用管道的坡度,积聚管道内的地下水,防止管道内的线缆浸泡在水中。

3. 人(手)孔的使用场合

人(手)孔的使用场合,一方面要依据管孔容量大小,另一方面要根据管道中所穿放的缆线种类。大对数电缆的接头在人孔内需要足够的空间,而小对数电缆以及光缆的接头对操作空间要求不高,只要有空间和位置能放置接头盒即可,通常人(手)孔的选用如表3-2所示。

人(手)孔的选用　　表3-2

类　别	管群容量(孔)	人孔形式
手孔	1~4	手孔
人孔	4~12	小号人孔
	13~24	中号人孔
	24及以上	大号人孔
局前人孔	24及以下	小号局前
	25~48	大号局前

(三)管孔材料的分类及选用

管孔的材料主要有:水泥管、塑料管及钢管。

1. 水泥管

20世纪90年代中期以前,通信管道主要为水泥管。水泥管用水泥浇筑而成,每节长度为60cm,现在有多管孔组合(如12孔、24孔)和长度为2m的大型管筒块。常用管筒断面有3孔、4孔和6孔等。

水泥管的重量大小是衡量管子质量的一个重要指标。在同样的原材料条件下,水泥管越重则表示管身的密实程度越高。因此,现行质量标准要求水泥管的重量不能低于用当地材料制成的标准成品重量的95%。

2. 塑料管

塑料管由树脂、稳定剂、润滑剂及添加剂配制挤塑成型。通常主要有两种:聚氯乙烯(PVC-U)和高密度聚乙烯(HDPE)管。常采用PVC管,在高寒地区的特殊环境宜采用HDPE管。图3-6和图3-7是常见的塑料管类型。

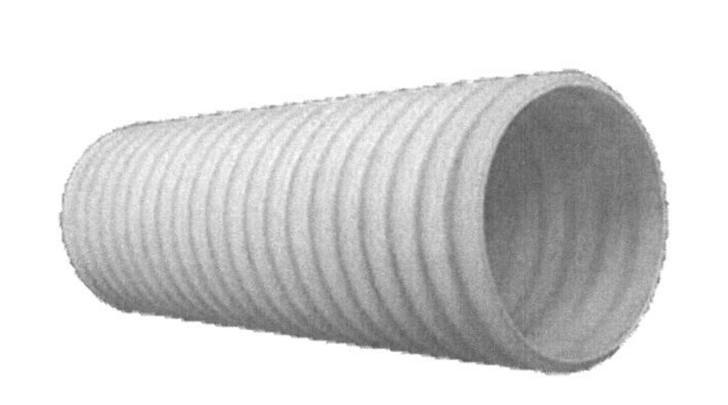

图3-6　波纹管和硅芯管

3. 钢管

钢管可分为无缝钢管和焊接钢管,一般使用焊接钢管;在跨距较长的桥上管道或有特殊要求的地段(如顶管或微控定向钻孔敷管)时,无缝钢管也有采用。

图 3-7　4 孔、6 孔、9 孔栅格管和蜂窝管

4. 管材的选用

(1)通信管道对管材的要求

①足够的机械强度。

②管孔内壁光滑,以减少对光(电)缆外护套的损害。

③无腐蚀性,不能与光(电)缆外护套起化学反应,对护套造成腐蚀。

④良好的密封性。不透气、不进水,便于气吹方式敷设光缆。

⑤使用的耐久性。一般管道至少要使用 30 年。

⑥易于施工。易于接续、弯曲、不错位等。

⑦经济性。制造管材的材源要充裕,且制造简单、造价低廉,能够大量使用。

(2)各种管材的对比与选用,如表 3-3 所示。

各种管材的对比与选用　　表 3-3

管材名称	优　点	缺　点	使用场合
混凝土管	1. 价格低廉; 2. 制造简单,可就地取材; 3. 料源较充裕	1. 要求有良好的基础才能保证管道质量; 2. 密闭性差,防水性低,有渗漏现象; 3. 管子较重,长度较短,接续多,运输和施工不便,增加施工时间和造价; 4. 管材有碱性,对电缆护层有腐蚀作用; 5. 管孔内壁不光滑对抽放电缆不利	我国以前的本地网线路中使用较多,现在使用较少
塑料管(硬聚氯乙烯管)	1. 管子重量轻,接头数量少; 2. 对基础的要求比混凝土管低; 3. 密闭性、防水性好; 4. 管孔内壁光滑,无碱性; 5. 化学性能稳定,耐腐蚀	1. 有老化问题,但埋在地下则能延长使用年限; 2. 耐热性差; 3. 耐冲击强度较低; 4. 线膨胀系数较大	已广泛使用于各种场合
钢管	1. 机械强度大,抗压、抗冲击、耐振动; 2. 水密性好,接续方便; 3. 管壁光滑; 4. 可顶管施工	1. 重量重; 2. 价格高; 3. 运输不方便	穿越铁路、公路、桥梁或管顶距车行路面较近;引上保护

二、管道敷设的准备

1. 工具、设备、人员准备

市区的管道敷设一般需要 5 人左右的施工人员,敷设前施工人员需要预先阅读施工图纸,了解施工内容,配好所需的光(电)缆。此外,还需准备牵引头、穿孔器(环氧树脂通棒)、老虎钳、工具包、钢丝、牵引设备(也可用人力牵引)、安全帽、安全警示、车辆等设备和工具。

2. 管孔的选用

合理选用管孔有利于穿放线缆和维护工作。选用管孔的原则一般是:

(1)选用管孔时总的原则是按先下后上、先两侧后中央。大芯数光缆、大对数电缆和长途光电缆一般应敷设在靠下和靠侧壁的管孔。

(2)管孔必须对应使用。同一条电缆所占管孔的位置在各个人孔内应尽量保持不变,以避免发生电缆交错现象。

(3)一个管孔内一般只穿放一条线缆。如果想在一个管孔中布放多条光缆,必须在母管孔中预放多个塑料子管,并且每个子管中只能布放一条光缆。此外,如果电缆截面面积较小,允许在同一管孔内穿放多条电缆,但必须防止电缆穿放时因摩擦而损伤护套。

(4)管孔内不应穿放铠装光(电)缆或油麻光(电)缆。

3. 清刷管道和人(手)孔

由于管道和人(手)孔中的杂物或管壁会对穿放过程中的光(电)缆造成损伤。例如,新水泥管的水泥残余、对缝钢管的接缝处,很容易划破光(电)缆;管孔中的石子、硬块等杂物会划伤光(电)缆;旧管道内的淤泥、杂物也会增加穿放的难度。因此,无论新建管道或利用旧管道,在敷设光(电)缆之前,均应对管孔和人(手)孔进行清刷,以便保护光(电)缆安全,顺利穿放光(电)缆。对管孔材料为水泥管的管道必须进行清刷,对管孔为PVC材质的管道可视情况清刷。常用的清刷管道的方法有以下几种。

(1)用竹片或硬质塑料管穿通

清刷管道时,应先用竹片或塑料管穿通。竹片之间用1.5mm直径的铁线逐段扎接,竹片青面朝下,后一片叠加在前一片的上面,这样可以减少穿通时的阻力。

在有积水的管道,应将积水抽出后再穿入竹片。由于管道内长期积水,经常维护时也未能按规定进行清刷,使管内积存淤泥或其他杂物,从一端穿入竹片或塑料管不能顺利通过时,可采用两端同时穿入的方法,但事先应在两端加装十字环和四爪钩,待两端在管孔中相碰时能勾连起来,然后从一端将竹片或塑料管拖出。如图3-8所示。

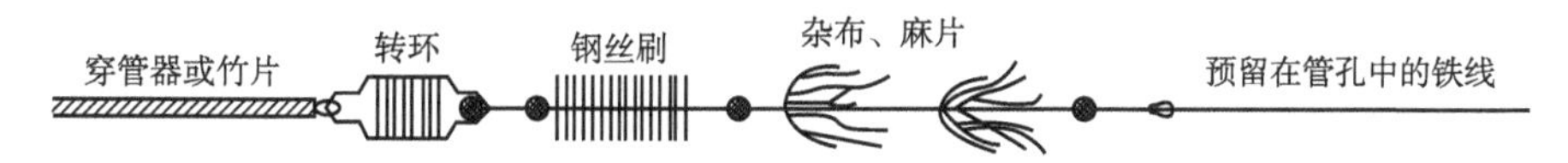

图3-8 管孔清洗工具示意图

目前使用最多的塑料穿孔器是玻璃钢穿孔器,如图3-9所示。

(2)压缩空气清洗法

压缩空气清洗法广泛用于密闭性能良好的塑料管道。先将管道两端用塞子堵住,通过气门向管内充气,当管内气压达到一定值时,突然将对端塞子拔掉,利用强气流的冲击力将管内污物带出。这种方法的设备包括液压机、气压机、储气罐和减压阀等。

4. 人孔的通风

人孔内可能会聚集有害气体,为保障施工人员的安全,敷设前需做通风处理。

(1)自然通风(图3-10)

(2)强制通风

使用鼓风机把新鲜空气吹入人孔内,以驱出有害气体,鼓风机管口应靠近人孔底部,同时将相邻人孔盖打开,一起进行通风。此法适用于有害气体较浓的情况。

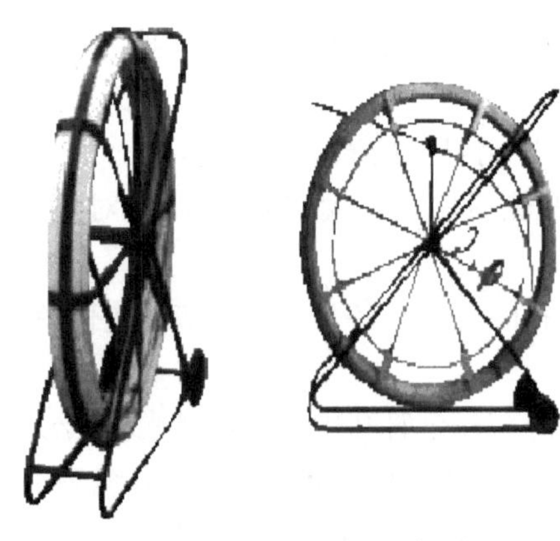

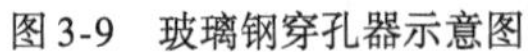
图 3-9　玻璃钢穿孔器示意图

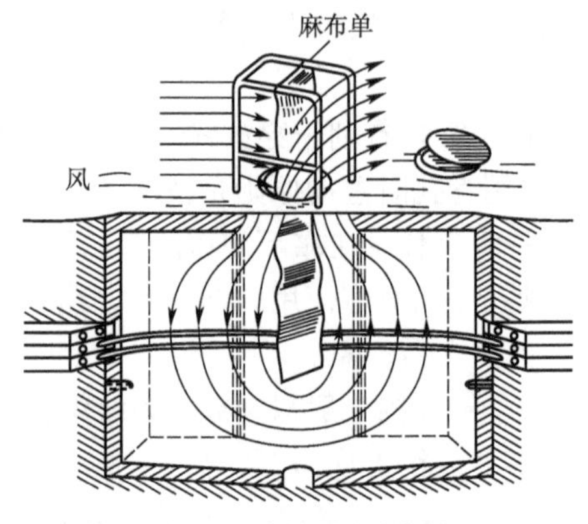

图 3-10　自然通风示意图

5. 抽水

如果人孔内有积水，在敷设前，应抽干后再作业。使用电力潜水泵抽水时，应检查确保绝缘性能良好。排出的水必须使用引水管引导，不能直接排到地面上。图 3-11 为未使用引水管的不规范操作，图 3-12 为使用引水管的规范抽水操作。

图 3-11　未使用引水管的不规范抽水操作

图 3-12　使用引水管的规范抽水操作

6. 安全

敷设时，施工人员必须戴安全帽，并穿上反光服。如果人(手)孔的井盖已打开，或在有碍行人或车辆通行处，或在街巷拐角、道路转弯处、交叉路口，或在跨越十字路口和在直行道路中央施工区域两侧，或在跨越道路架线、放缆需要车辆临时限行处，则应根据有关规定设立明显的安全警示标志、防护围栏等安全设施，并设置警戒人员，必要时应搭设临时便桥等设施，并设专人负责疏导车辆、行人或请交通管理部门协助管理。图 3-13 为在直行道路中央施工区域及井盖已打开的人孔处放置防护围栏。

图 3-13　放置防护围栏

三、管道光(电)缆的敷设方法和要求

(一)敷设区分

敷设管道光(电)缆时,第一,要注意光缆与电缆的区分,虽然光缆与电缆的敷设方法大致相同,但也有区别,主要的区别是:

(1)牵引的着力点不同,电缆的着力点可以在整个电缆和外护层上,光缆只能在加强芯和外护层上,不能将力量加在光纤上。

(2)光缆在准备布放前,需要盘"∞"字准备,电缆无此要求。

(3)两者在余长、断头处理上也有不同。

(4)此外,两者的布放速度和缆线的转弯角度也有区别,光缆的布放速度要小于电缆,转弯角度要大于电缆。

第二,要注意大对数光(电)缆和小对数光(电)缆敷设方式的区分,主要的区别是:

(1)通常,大对数光(电)缆采用机械牵引法,使用车辆作为牵引工具;小对数光(电)缆采用人工牵引法,依靠人力牵引。

(2)大对数光(电)缆采用钢丝或铁线牵引,通棒对清洗管孔时起牵引作用,为钢丝提供穿引力,在敷设过程中,使用钢丝作为牵引索;而小对数光(电)缆由于质量轻,直接使用通棒作为牵引索,可以在清洗或直接敷设时,直接牵引小对数光(电)缆。

下面详细介绍管道光缆的敷设方式。

(二)管道光缆敷设

敷设通信管道光缆的工序包括估算牵引张力、制订敷设计划、管孔内拉入钢丝绳(小对数光缆可以直接用通棒作为牵引索)、牵引设备安装和牵引光缆四个步骤。下面主要就牵引光缆的方法和人(手)孔内光缆的安装作简单介绍。

1. 光缆牵引头

光缆牵引端头一般应符合下列要求。其示意图见图3-14。

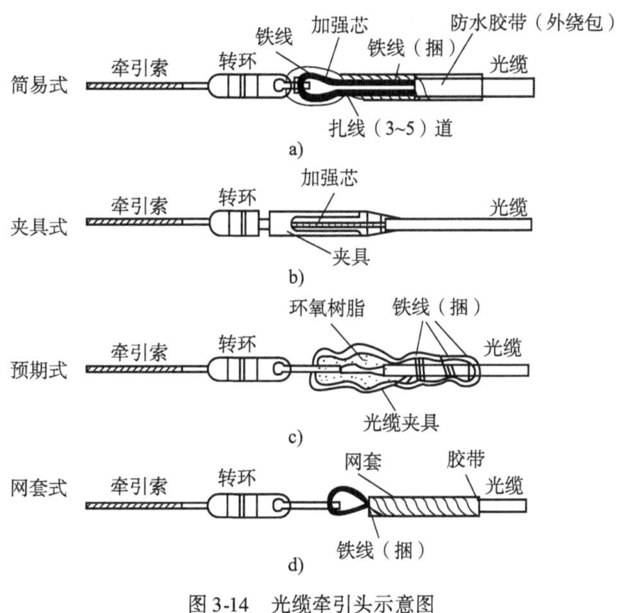

图3-14 光缆牵引头示意图

(1)牵引张力应主要加在光缆的加强件(芯)上(75% ~80%),其余加到外护层上(20% ~25%)。

(2)缆内光纤不应承受张力。

(3)牵引端头应具有一般的防水性能,避免光缆端头浸水。

(4)牵引端头可以是一次性的,也可以在现场制作。

(5)牵引端头体积(主要是直径)要小,尤其塑料子管内敷设光缆时必须考虑这一点。

2. 机械牵引法

(1)集中牵引法

集中牵引法即端头牵引法。牵引钢丝通过牵引端头与光缆端头连好(牵引力只能加在光缆加强芯上),用终端牵引机将整条光缆牵引至预定敷设地点,如图3-15所示。

(2)中间辅助牵引法

中间辅助牵引法是一种较好的敷设方法,如图3-16所示。它既采用终端牵引机,又使用辅助牵引机。一般以终端牵引机通过光缆牵引端头牵引光缆,辅助牵引机在中间给予辅助,使一次牵引长度得到增加。

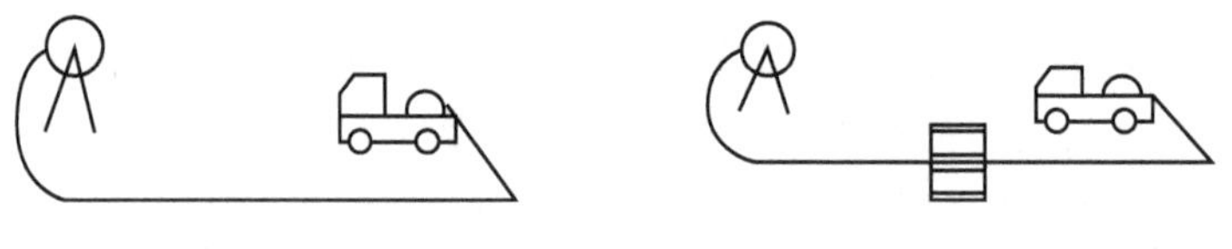

图3-15 集中牵引法示意图　　图3-16 中间辅助牵引法示意图

3. 人工牵引法

由于光缆具有轻、细、软等特点,故在没有牵引机的情况下,可采用人工牵引方法来完成光缆的敷设。

人工牵引方法的重点是在良好的指挥下尽量同步牵引。牵引时,一般为集中牵引与分散牵引相结合,即有一部分人在前边拉牵引索(尼龙绳或铁线),每个人孔中有1 ~2个人辅助牵拉。前边集中拉的人员应考虑牵引力的允许值,尤其在光缆引出口处,应考虑光缆牵引力和侧压力,一般一个人用手拉拽时的牵引力为300kN左右。

人工牵引布放长度不宜过长,常用的办法是采用“蛙跳”式敷设法,即牵引几个人孔段后,将光缆引出盘后摆成“∞”形(地形、环境有限时用简易“∞”架),然后再向前敷设,如距离长,还可继续将光缆引出盘成“∞”形,直至整盘光缆布放完毕为止。人工牵引导引装置,不像机械牵引要求那么严格,但在拐弯和引出口处还是应安装导引管。

4. 机械与人工相结合的敷设方法

(1)中间人工辅助牵引方式

终端用终端牵引机作主牵引,中间在适当位置的人孔内由人工帮助牵引,若再用上一部辅助牵引机,更可延长一次牵引的长度。

端头牵引的缺点是,它必须先把牵引钢丝放到始端,然后再进行牵引。解决这一问题的方法:假设牵引1km光缆,前400m可以由人工牵引,与此同时,终端牵引机可向中间放牵引钢丝,这样当两边合拢后,再采用端头牵引与人工辅助牵引相结合的方式,既加快了敷设速度,又充分利用了现场人力,提高了劳动效率。

(2)终端人工辅助牵引方式

这种方式是中间采用辅助牵引机,开始时用人工将光缆牵引至辅助牵引机,然后这些人员再改在辅助牵引机后边帮助牵引,由于辅助牵引机有最大 2 000kN 的牵引力,因此大大减轻了劳动量,同时延长了一次牵引的长度,减少了人工牵引方法时的“蛙跳”次数,提高了敷设速度。

5. 人孔内光缆的安装

(1)直通人孔内光缆的固定和保护

光缆牵引完毕后,由人工将每个人孔中的余缆沿人孔壁放至规定的托架上,一般尽量置于上层。为了光缆今后的安全,一般采用蛇皮软管或 PE 软管保护,并用扎线绑扎使之固定。其固定和保护如图 3-17 和图 3-18 所示。

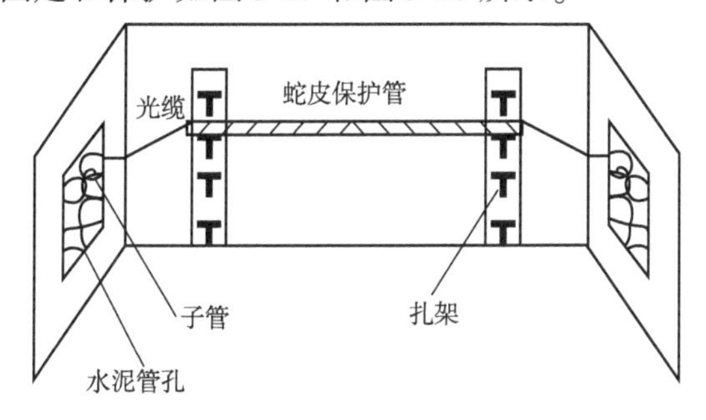

图 3-17　人孔内光缆的固定与保护示意图

图 3-18　手孔内光(电)缆固定保护现场图

(2)接续用余留光缆在人孔中的固定

人孔内供接续用光缆余留长度一般不小于 8m。由于接续工作往往要过几天或更长的时间才能进行,因此余留光缆应妥善地盘留于人孔内。具体要求如下:

①做好光缆端头密封处理。为防止光缆端头进水,应采用端头热可缩帽做热缩处理。

②余缆盘留固定。余留光缆应按弯曲曲率的要求,盘圈后挂在人孔壁上或系在人孔内盖上,注意端头不要浸泡于水中。

(三)管道电缆敷设

敷设电缆前,应根据电缆配盘要求、电缆长度、电缆对数及电缆程式等,将电缆盘放在准备穿入电缆的电缆管道的同侧,并使电缆能从盘的上方放出,然后把电缆盘平稳地支架在电缆千斤顶上,顶起不要过高,一般使电缆盘下部离地面 5 ~ 10cm(缆盘能自由转动)即可,由电缆盘至管口的一段电缆应成均匀的弧形,如图 3-19 所示。

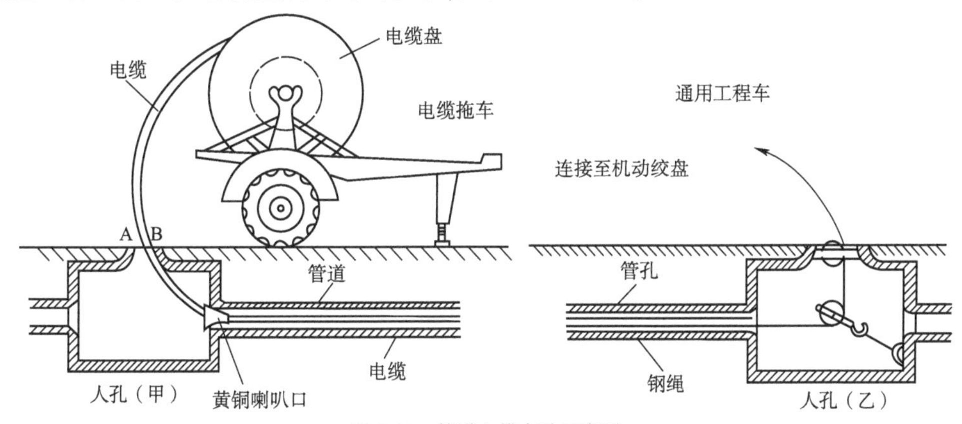

图 3-19　管道电缆布放示意图

当两人(手)孔间为直管道时,电缆应从坡度较高处往低处穿放;若为弯管道时,应从离弯处较远的一端穿入;引上电缆应从地下往引上管中穿放。在人孔口边缘顺电缆放入的地方应垫以草包或草垫，管道入口处应放置黄铜喇叭口，以免磨损电缆护套。

牵引电缆网套套在电缆端部（电缆端部要密封，不能进水），并用铁线扎紧。电缆网套会越拉越紧。牵引用的钢丝绳与电缆网套的连接处应加接一个铁转环，防止钢丝绳扭转时电缆也随着横向扭转而损坏。电缆网套与转环装置如图 3-20 所示。

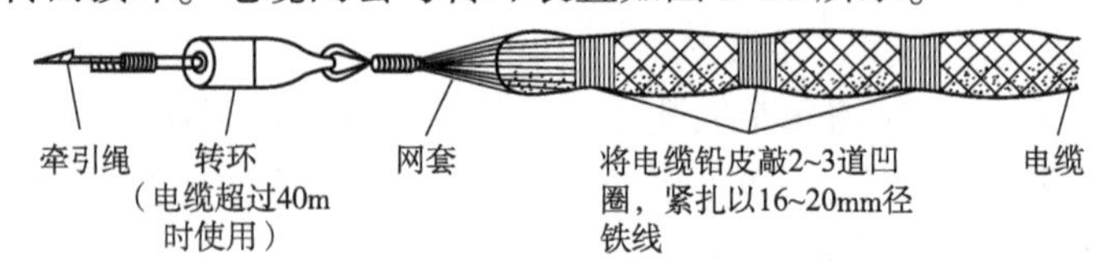

图 3-20　电缆牵引头示意图

牵引电缆过程中，要求牵引速度均匀，一般每分钟不超过 10m，并尽可能避免间断顿挫。牵引绳的另一端通过对方人孔中的滑轮以变更牵引方向，并引出人孔口，然后绕在绞线盘上。若人孔壁上有事先安装好的 U 形拉环，牵引绳通过滑轮即可进行牵引，如图 3-21 所示。

人孔内如没有 U 形拉环，可以立一根木杆，牵引绳通过滑轮进行牵引，如图 3-22 所示。牵引的动力可采用绞盘、卷扬机或汽车，应根据实际情况来确定。牵引时，工作人员不得靠近钢丝绳，以防钢丝绳突然断裂而发生意外。

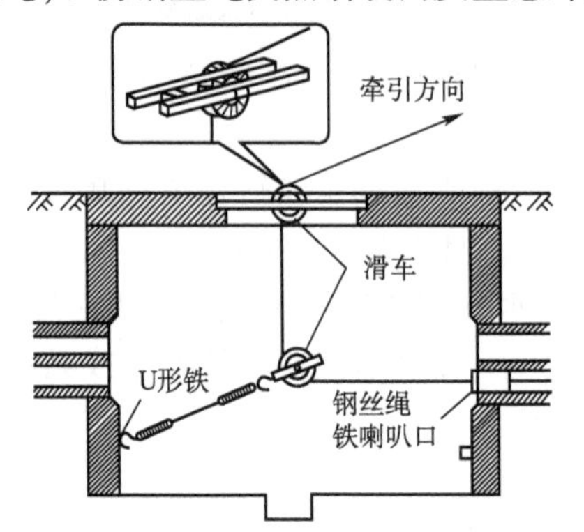

图 3-21　含 U 形拉环的电缆牵引示意图

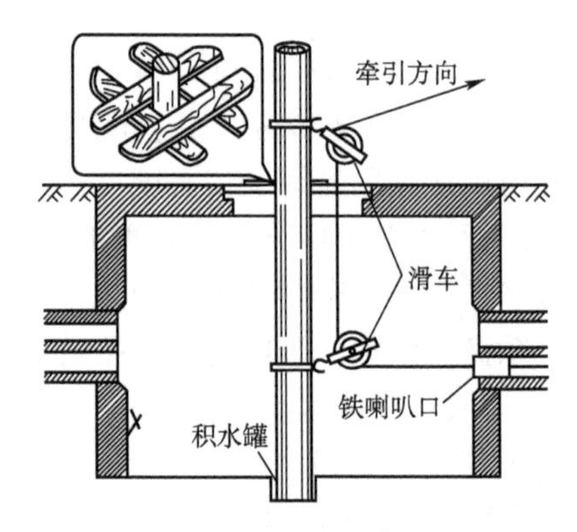

图 3-22　不含 U 形拉环的电缆牵引示意图

通信电缆管道均按远期需要建设，容量较大，穿放电缆条数也较多，这就要求电缆及接头在人孔内的排列、走向应有一定的顺序，电缆接头必须交错放置。为了避免电缆及电缆接头在人孔内发生重叠、挤压、交叉等现象，根据规定：管道容量为 12 孔以下者，电缆及接头在人孔内的放置采用单线式或双线式电缆托板；13 ~ 24 孔者，采用双线式或三线式电缆托板；24 孔以上者，采用三线式电缆托板；5 000 门以上局所的地下进线室，应一律采用三线式电缆托板。

（四）安全措施

1. 人孔、地下室内作业

（1）应遵守建设单位、维护部门地下室进出、人孔开启封闭的规定。

（2）进入地下室、管道人孔前，必须进行气体检查和监测，确认无易燃、有毒、有害气体并通风后方可进入。作业时，地下室、人孔应保持自然和强制通风，尤其在“高井脖”人孔内施工，必须保证人孔通风效果。

（3）在地下室、人孔内作业期间，作业人员若感觉呼吸困难或身体不适，应立即呼救，并迅速离开地下室或人孔，待查明原因并处理后方可恢复作业。

（4）作业时若发现易燃、易爆或有毒、有害气体，人员必须迅速撤离，严禁开关电器、动用明火，并立即采取有效措施，排除隐患。

(5)严禁将易燃、易爆物品带入地下室或人孔。严禁在地下室吸烟和生火取暖。地下室、人孔照明应采用防爆灯具。

(6)严禁在地下室、人孔内点燃喷灯。使用喷灯时应保持通风良好。

(7)在地下室、人孔内作业时,地下室或人孔上面必须有专人监护。上下人孔的梯子不得撤走。

(8)地下室、人孔内有积水时,应先抽干后再作业。遇有长流水的地下室或人孔,应定时抽水,并做到以下几点:

①使用电力潜水泵抽水时,应检查确保绝缘性能良好,严禁边抽水、边下地下室或入内作业。

②在人孔抽水使用发电机时,排气管不得靠近人孔口,应放在人孔下风方向。

③冬季在人孔内抽水排放,应防止路面结冰。

④作业人员应穿胶靴或防水裤防潮。

2. 开启人孔盖及作业

(1)启闭人孔盖应使用专用钥匙。

(2)上下人孔时必须使用梯子,并将其放置牢固。不得把梯子搭在人孔内的线缆上,严禁作业人员蹬踏线缆或线缆托架。

(3)在有行人、行车的地段开启孔盖施工前,在人孔周围应设置安全警示标志和围栏。夜间作业必须设置警示灯,作业完毕后,确认孔盖盖好再拆除。

(4)雨、雪天作业时,在人孔口上方应设置防雨棚,人孔周围可用砂土或草包铺垫。

3. 敷设管道光(电)缆

(1)清刷管道时,穿管器前进方向的人孔应安排作业人员提前到位,以便使穿管器顺利进入设计规定占位的管眼,不得因无人操作而使穿管器在人孔内盘团伤及人孔内原有光(电)缆。

(2)人孔内作业人员应站在管孔的侧旁,不得面对或背对正在清刷的管孔。严禁用眼看、手伸进管孔内摸或耳听判断穿管器到来的距离。

(3)机械牵引管道电缆应使用专用牵引车或绞盘车,严禁使用汽车或拖拉机直接牵引。对机械牵引电缆使用的油丝绳,应定期保养、定期更换。

(4)机械牵引前,应检验井底预埋的U形拉环的抗拉强度。

(5)井底滑轮的抗拉强度和拴套绳索应符合要求,安放位置应控制在牵引时滑轮水平切线与管眼在同一水平线的位置。

(6)井口滑轮及安放框架强度必须符合要求,纵向尺寸应与井口尺寸匹配。

(7)牵引时,引入缆端作业人员的手臂必须远离管孔。引出端作业人员应避开井口滑轮、井底滑轮以及牵引绳。

(8)牵引绳与电缆端头之间必须使用活动"转环"。

(9)敷设管道电缆必须有统一作业方案并设置专人指挥。

(五)小对数光缆敷设步骤实例

小对数光(电)缆在日常敷设中比较常见,下面以12芯光缆为例介绍其敷设步骤。

现有12芯光缆需要敷设,敷设路由如图3-23所示,则完成从1号~6号的主要敷设步骤和内容介绍如下。

1. 布放前准备

(1)准备好光缆、通棒、牵引头、安全帽、反光服、警示标志等设备和工具,并安排5人左右的施工小组,熟悉施工图纸,统一思想,做好任务分配。

(2)戴上安全帽,穿上反光服,如人、手孔位于路上,须放置安全警示标志。

(3)打开人、手孔盖板后须通风,如有积水,要抽干积水。

(4)核对管孔,选择穿放用的管孔,清理管道。

(5)估算所需光缆的长度,注意此处是敷设长度,在丈量长度的基础上,还要给出自然弯曲预留、3号手孔的转弯预留、其他余留,做好配盘准备。

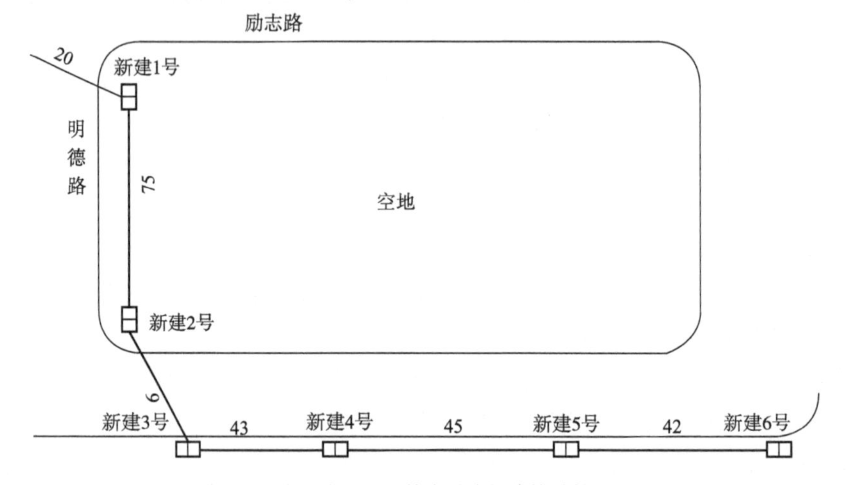

图3-23 浙江交通职业技术学院新建管道敷设图纸

2. 穿放光缆

(1)如果光缆从1号手孔向2号手孔方向穿行,则通棒应该从2号手孔穿入,由1号手孔穿出。

(2)制作牵引头,将通棒、牵引头和光缆依次连接起来(由于是小对数光缆,可以不穿放钢丝,直接使用通棒作为牵引索)。

(3)从1号手孔向2号手孔方向回拉通棒,牵引光缆至2号手孔,并将光缆完全牵引出2号手孔。

(4)解开牵引头与光缆的连接,将牵引出2号手孔的光缆按"∞"形摆放。

3. 继续穿放

(1)按照步骤2的操作方法,将光缆从2号手孔向3号手孔穿放。

(2)重复前述步骤,完成整条光缆的布放。

4. 光缆的固定和保护

(1)将人(手)孔内的光缆安装、固定和保护。

(2)在光缆上挂上标牌,在标牌上记录路由走向、芯数(对数)等,以便以后的使用和维护。

任务实施 管道光缆的敷设

任务描述:

现有新建光缆敷设图纸(图3-24)及与图纸对应的通信管道,光缆(6芯)、光缆牵引头、通棒、老虎钳、工具包、安全帽、反光服、警示标志等设备和工具,5人一组,自选组长,用所给的光缆和施工器具,根据相应技术要求,以及施工图要求,在3课时内完成管道光缆敷设。

需严格遵循管道线缆布放规范，注意人身安全。

任务总结

通过本任务实施的训练，使学生熟悉管道光缆的敷设步骤和规范，掌握管道敷设工具的使用和管道光缆敷设的方法，能正确穿戴安全帽、反光服和放置安全标志，并培养学生吃苦耐劳的精神、团队协作的能力、安全施工的意识等职业素养。另外，需注意转弯处的敷设以及管道光缆的各种预留长度。

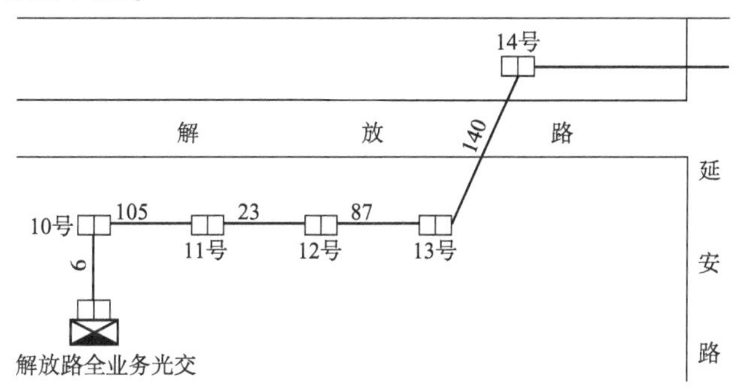

图 3-24　光缆管路图纸（尺寸单位：m）

任务三　架空光（电）缆的敷设

架空光（电）缆是将线缆架挂在距地面有一定高度电杆上的一种光（电）缆建筑方式，与地下光（电）缆相比，虽然不够安全，也不美观，但架设简便，建设费用低，所以在离局较远，用户数较少而变动较大，敷设地下光（电）缆有困难的地方仍被广泛应用。

架空光（电）缆的线缆支承方式主要有吊线挂钩式、吊线缠绕式和自承式。

（1）吊线挂钩式：采用挂钩将光（电）缆挂在钢绞线材质的吊线上。

（2）吊线缠绕式：使用镀锌细钢丝通过缠绕机具，将光（电）缆缠绕在钢绞线材质的吊线上。

（3）自承式：自承式光（电）缆在制造时将一条钢绞线与光（电）缆平行制作在一起，架空敷设时，直接将这条钢绞线紧固到电杆上，无需其他支承物。

在我国，吊线挂钩式使用最为广泛；吊线缠绕式由于抗雪灾、冰灾效果明显，北方地区使用较多。

架空光缆长期暴露在自然界，易受环境温度影响，特别是低温在 -30℃以下地区，不宜采用架空敷设方式。

一、架空线路的组成

一个完整的架空线路是由电杆、拉线、吊线、挂钩、杆路附件，以及挂在其上的光（电）缆组成，如图 3-25 所示。

图 3-25　架空线路图

1. 电杆

（1）分类

按照材质，电杆可以分为水泥杆和木杆。

就使用年限而言，木杆最容易受到腐蚀，使用年限较短，一般使用寿命是 5～10 年，经过良好防腐处理的木杆使用寿命可达 20 年左右。水泥杆的使用寿命在 30 年左右。

木杆具有质量轻、运输方便、绝缘性能好等优点；其缺点是易于腐朽，自然寿命短，维护工作量大，维护费用高。水泥杆具有使用寿命长的优点，采用水泥杆可以减轻维护工作量。

目前，大部分使用的是水泥杆。

根据不同的需要，水泥杆的梢径一般有 13m、15m、17cm 几种；壁厚有 3.8cm、4.0cm、4.2cm 几种；杆长有 6.0m、6.5m、7.0m、7.5m、8.0m、9.0m、10.0m、11.0m、12.0m 几种。有的电杆上预留穿钉孔，以便于装设线担、撑脚等。

水泥杆的规格型号按"邮电杆长—梢径—容许弯矩"顺序组成，例如："YD8.0—15—1.27"表示邮电用，杆长 8m，梢径 15cm，容许弯矩 1.27t · m。

(2) 水泥杆专用铁件

水泥杆专用铁件有担夹、U 形抱箍、穿钉、钢担等。如图 3-26 所示。

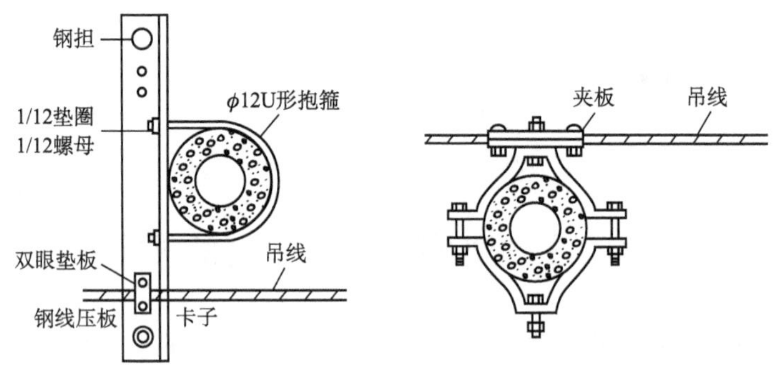

图 3-26　水泥杆部分专用铁件示意图

2. 拉线

如果由于吊线或光(电)缆产生不平衡张力而引起额外负荷(如角杆、终端杆、跨越杆等)，通常采取固根、拉线、撑杆等装置给以反作用力来达到力的平衡。

其中，拉线的材料是镀锌钢绞线，根据粗细不同，可以分为 7/2.2、7/2.6 和 7/3.0 三种程式。在施工中，拉线程式的选择需要根据杆距、功能、安装位置等具体情况决定。钢绞线特性见表 3-4。

钢绞线特性表　　表 3-4

钢绞线程式股数/线径	外径(mm)	单位强度(kg/mm^2)	截面面积(mm^2)	总拉断力(kg)	线重(kg/km)
7/2.2	6.6	120	26.6	2 930	218
7/2.6	7.8	120	37.2	4 100	318
7/3.0	9.0	120	49.5	5 450	424

拉线按功能来分可分为：侧面拉线、顺向拉线、角杆拉线、跨越杆拉线。终端杆拉线应属于顺向拉线。

按建筑方式(装设方式)来分可分为：落地拉线、高桩拉线、吊板拉线和墙拉等。图 3-27 和图 3-28 分别表示高桩拉线和吊板拉线。

3. 吊线

吊线是用来挂放光(电)缆的，与拉线一样，吊线程式一般为 7/2.2、7/2.6 和 7/3.0 的镀锌钢绞线，选用吊线程式应根据所挂光(电)缆质量、杆档距离、所在地区的气象负荷及其发展情况等因素决定。一般情况下，一条吊线架挂一条电缆，如遇条件限制，在不超出范围的情况下，可在同一吊线上架挂两条较小对数的电缆，其总质量应不超出规范中悬挂电缆质量的标准。光缆相对电缆更轻，相同条件下，可以加挂更多光缆。

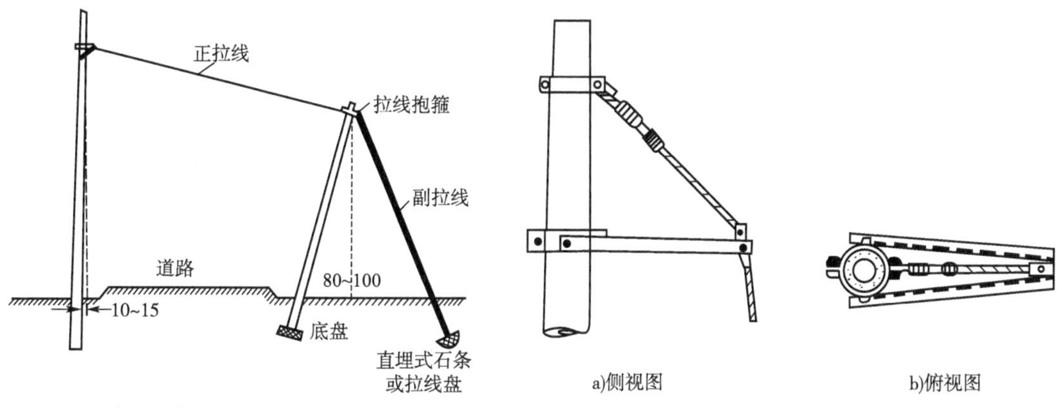

图 3-27　水泥杆高桩拉线示意图（尺寸单位：cm）

图 3-28　水泥杆吊板拉线示意图

4. 其他辅助部件

电杆的辅助部件主要有挂钩（用于承托光、电缆）、拉线零件等。拉线零件包括地锚、夹板、衬环、拉线螺旋等。此外，还有撑杆、抱箍、线担、护杆板等辅助部件。如图 3-29 所示。

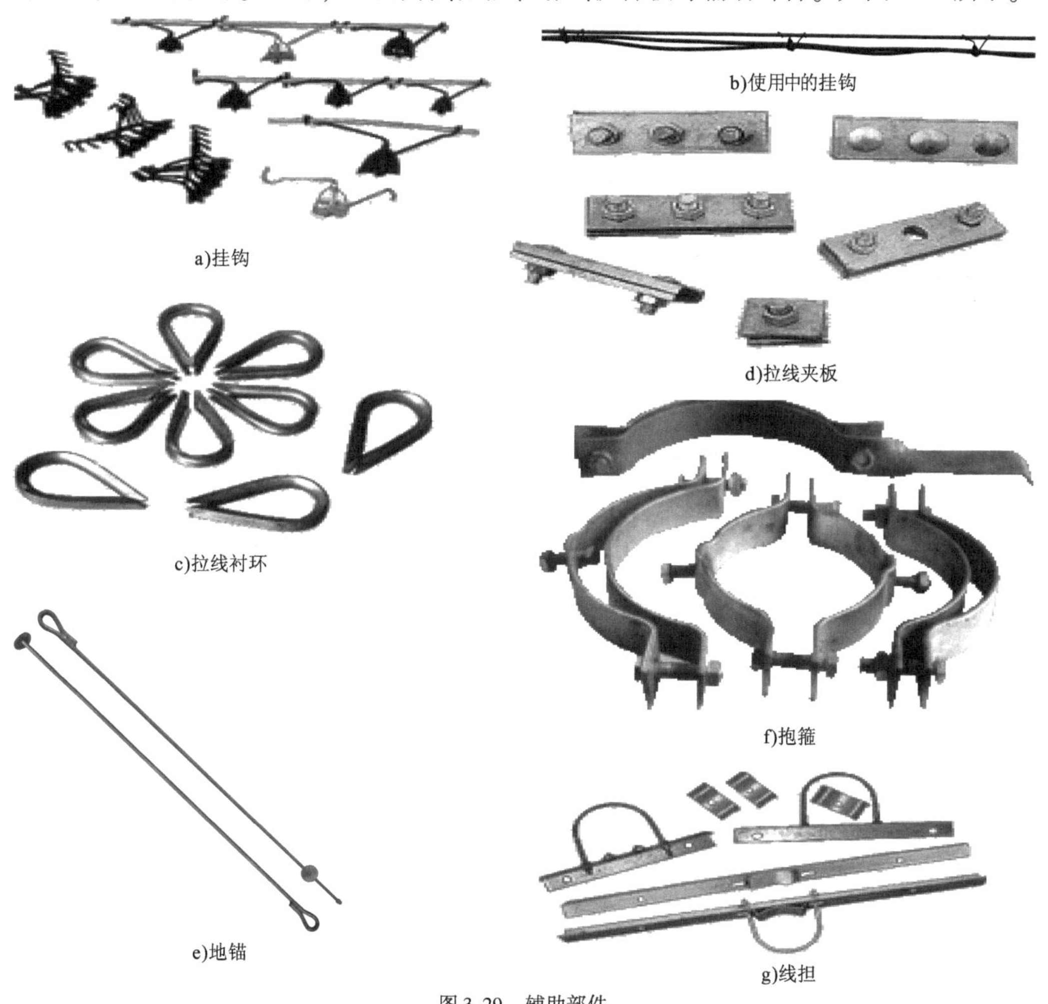

图 3-29　辅助部件

二、立杆

经过前期设计和现场勘察,确定杆路位置后,施工的第一步是立杆。

立杆包括挖电杆洞(水泥杆、木杆)、挖地锚坑、立杆、号杆四个步骤。

(一)挖电杆洞

1. 电杆洞埋深

电杆洞的直径要比电杆的根部大一些,洞壁应该垂直,上下要一样大,洞底要平,洞深根据电杆的长度和土质的不同而不同,要符合表3-5的规定,施工时洞深偏差为±50mm。

中、轻负荷区新建通信线路的电杆洞洞深标准(平地)　　表3-5

电杆类别	分类 / 洞深(m) / 杆长(m)	普通土	硬土	水田、湿地	石质
水泥电杆	6.0	1.2	1.0	1.3	0.8
	6.5	1.2	1.0	1.3	0.8
	7.0	1.3	1.2	1.4	1.0
	7.5	1.3	1.2	1.4	1.0
	8.0	1.5	1.4	1.6	1.2
	9.0	1.6	1.5	1.7	1.4
	10.0	1.7	1.6	1.7	1.6
	11.0	1.8	1.8	1.9	1.8
	12.0	2.1	2.0	2.2	2.0

注:1. 如果是重负荷区,应按表中的规定值增加100~200mm。

2. 坡上的洞深应符合图3-30的要求。

3. 杆洞深度应以永久性地面为计算起点。

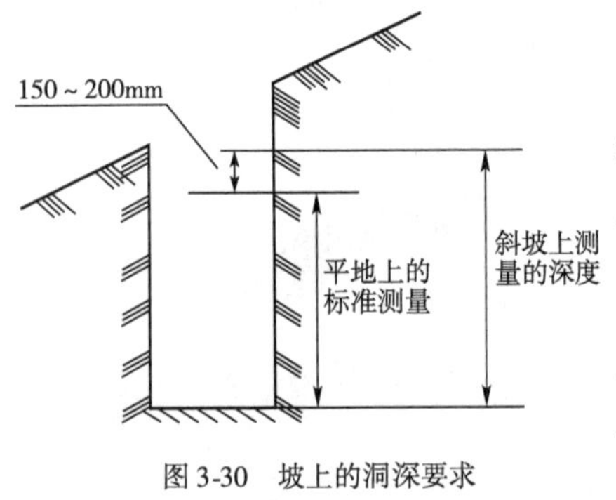

图3-30　坡上的洞深要求

2. 电杆间距

一般情况下,市区杆距为35~45m,郊区杆距为50~55m。杆距在轻、中、重负荷区分别超过60m、55m及50m时,应按长杆档或飞线建筑标准架设。

3. 安全与注意事项

(1)在市区打洞时,应先了解打洞地区是否有煤气管、自来水管或电力电缆等地下设备。如有上述地下设备,应在挖到40cm深后改用铁铲往下掘,切勿使用钢钎或铁镐硬凿。

(2)靠近墙根打洞时,应注意是否会使墙壁倒塌,如有危险,应采取安全加固措施。

(3)在土质松软或流沙地区,打长方形或H杆洞有坍塌危险,洞深在1m以上时,必须加护土板支撑。

(4)打石洞需用火药爆破时,必须要由有爆破经验的人员执行任务。在市区或居民区及行人、车辆繁忙地带,绝对不能使用爆破方法。在建筑物、电力线、通信线及其他设施附近,一般不使用爆破法。

(二)挖地锚坑

地锚坑的深度根据土质和所使用的拉线的粗细不同而不同,具体见表3-6。但是,挖地锚坑的时候,要注意拉线出土位置和地锚坑位置的区别。

拉线地锚坑深 表3-6

坑深(m) 分类 / 拉线程式(mm)	普通土	硬土	水田、湿地	石质
7/2.2	1.3	1.2	1.4	1.0
7/2.6	1.4	1.3	1.5	1.1
7/3.0	1.5	1.4	1.6	1.2
2×7/2.2	1.6	1.5	1.7	1.3
2×7/2.6	1.8	1.7	1.9	1.4
2×7/3.0	1.9	1.8	2.0	1.5
V形 上2 下1 ×7/3.0	2.1	2.0	2.3	1.7

(三)立杆

1. 立杆的主要方法

(1)人力叉杆法起立电杆。

(2)单抱杆起吊法组立电杆。

(3)脱落式人字抱杆组立电杆。

(4)吊车起立电杆。

2. 立杆的基本工艺流程

(1)场地选择及布置。

(2)电杆的起立。

(3)基坑回填。

3. 脱落式人字抱杆立杆法

方法:用两根抱杆形成人字支撑,利用两抱杆组成的平面,以抱杆根部为支点旋转,并通过旋转带动杆塔旋转,从而达到将其地面杆塔立起的目的。

特点:起重力大,稳定性好;对场地要求高;对技术要求较高(适用于12m及以上杆塔)。

施工工器具配置:

(1)总牵引机具一套(人力或机动),包括吊点绳器具。

(2)电杆尾控机具(绳)一套。

(3)自动脱落式人字抱杆一套。

(4)临时控制绳四根。

(5)地锚或角铁数套(根)。

(6)抱杆控制绳一根。

(7)回填器具若干。

(8)垫木两根。

场地布置及工作原理:

(1)根据现场环境,确定电杆起立的方向。

(2)尽可能地少占或不占农田。

(3)划定安全范围,确保电杆起立安全以及设施的安全。

脱落式人字抱杆立杆法的工作原理如图 3-31 所示。

立杆过程分解示意如图 3-32 所示。

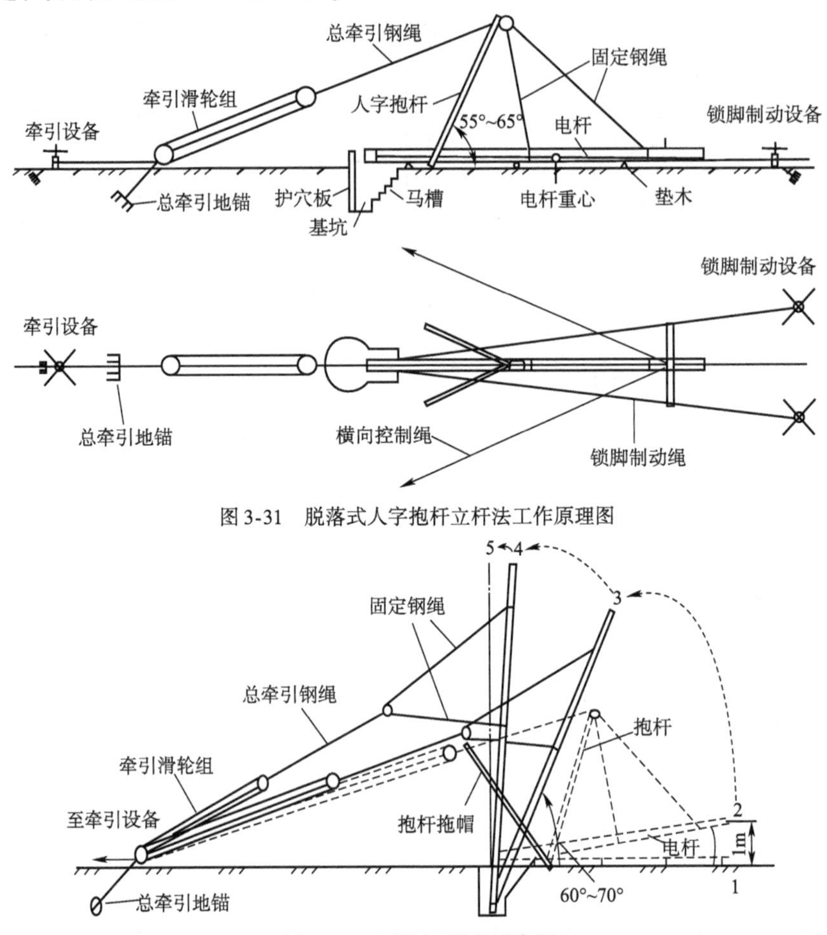

图 3-31 脱落式人字抱杆立杆法工作原理图

图 3-32 立杆过程分解示意图

脱落式人字抱杆组立电杆的安全注意事项：

(1)施工现场必须有人统一指挥并有专职安全员进行现场监督。

(2)抱杆的有效高度在 0.8 ~1.1 倍的杆塔重心高。

(3)抱杆的初始角应控制在 55° ~65°的范围内。

(4)四周操作控制点距杆中心的距离应大于 1.2 倍的杆高。

(5)整个起立过程中,应始终保持“四点在同一垂面上”。

(6)起立要平稳、匀速,避免不必要的冲击。

(7)脱帽角应控制在 60° ~70°,电杆起立到 80° ~85°时,应停止牵引,用控制绳进行正位调整。

(8)在完成杆塔校正、拉线制作且电杆定位稳定后方可上杆作业。

(9)立杆过程中,除指挥人及指定人员外,其他人员必须在杆高的 1.2 倍以外的距离。

(10)电杆直立后,未完成回填土(或大型电杆的拉线制作未完成),杆根未固定牢固时,不允许上杆作业。

4. 立杆后基坑回填的基本要求

(1)当电杆立起并调正后,应立即回填土并分层夯实。

(2)杆坑、地锚坑的回填土,应每填入300mm夯实一次。

(3)基坑填满后,地面上还要培起高出地面0.3m的防沉土台。

(4)待杆基回填土完全牢固后,才可进行登杆工作。

(5)在拉线和电杆易受洪水冲刷的地方,应设保护桩或采取其他加固措施。

5. 立杆安全事项

(1)行人较多时,应划定安全区进行围拦,严禁非作业人员进入立杆和布放钢绞线、缆线场所及现场围观。

(2)立杆前,应认真观察地形及周围环境。根据所立电杆的材料、规格和质量合理配备作业人员,明确分工,由专人指挥。

(3)立杆用具必须齐全且牢固、可靠,作业人员应正确使用。

(4)人工运杆作业。

①电杆分屯堆放点应设在不妨碍行人、行车的位置,电杆堆放不宜过高。

②电杆应按顺序从堆放点高层向低层搬运。撬移电杆时,下落方向禁止站人。从高处向低处移杆时,用力不宜过猛,防止失控。

③使用“抱杆车”运杆,电杆重心应适中,不得向一头倾斜。推拉速度应均匀,转弯和下坡前应提前控制速度。

④在往水田、山坡搬运电杆时,应提前勘选路由。根据电杆质量和路险情况,备足搬运用具和配备充足人员,并有专人指挥。

⑤在无路可抬运的山坡地段采用人工沿坡面牵引时,绳索强度应足够牢靠,同时应避免牵引绳索在山石上摩擦。电杆后方严禁站人。

(5)杆洞、斜槽必须符合规范标准。电杆立起时,杆梢的上方应避开障碍物。

(6)人立杆应遵守以下规定:

①立杆前,应在杆梢下方的适当位置系好定位绳索。如作业区周边有砖头、石块等,应预先清理。

②在杆根下落的坑洞内竖起挡杆板,使挡杆板挡住杆根,并由专人负责压拉杆根。

③作业人员竖杆时应步调一致,人力肩扛时必须用同侧肩膀。

④杆立起至30°角时应使用杆叉(夹杠)、牵引绳等助力。拉动牵引绳应用力均匀,面对电杆操作,保持平稳,严禁作业人员背向电杆拉牵引绳。杆叉操作者用力要均衡,配合发挥杆叉支撑、夹拉作用。电杆不得左右摇摆,应保持平稳。

⑤电杆立起后应按要求校正杆挂、杆梢位置,并及时回填土、夯实。夯实后方能撤除杆叉及登杆,摘除牵引绳。

(7)使用吊车立杆时,钢丝吊绳应牢固地拴在电杆上方的适当位置,使电杆的重心位置在下。起吊时,吊车臂下及杆下严禁站人。

(8)严禁在电力线路正下方(尤其是高压线路下)立杆作业。当架空的通信线路穿过输电线时,经测量、计算,吊线与高压输电线达不到安全净距时,则必须修改通信线路设计。必要时可改为由地下通过。

(9)在民房附近进行立杆作业时,不得触碰屋檐。

(四)号杆

立杆完成后,为了便于后期使用和维护,需要对杆进行编号,并采用规范字体使用油漆写在杆上。通常,编号的内容包括:杆年份—路线—第几路—几号杆—支线。

三、拉线安装

1. 拉线的结构

拉线由上部拉线和拉线地锚组成。其中,上部拉线包括拉线上把和拉线中把;拉线地锚包括拉线下把(地锚把)、地锚底把和地锚横木。

地锚分钢地锚、铁地锚两种。钢地锚用在岩石地带,下端用水泥浇灌在岩石洞内,上端与拉线连接;铁地锚装在拉线横木或拉线盘上埋入地中,以便与拉线上部连接。拉线夹板用于固定钢绞线拉线,一般为三眼双槽式。拉线衬环用于拉线中部,它将上部拉线与拉线地锚连接起来,一般 7/2.2 的拉线用 16mm 沟宽的拉线衬环,7/2.6 以上的拉线用 21mm 的拉线衬环。拉线螺旋装在中部(把)上,用以调整拉线的松紧程度,一般用在飞线杆的双方拉线和四方拉线上。拉线钢箍装在电杆上用以连接拉线上部。如图 3-33 ~ 图 3-35 所示。

图 3-33　通过夹板、抱箍和线担,拉线上把与电杆相连

图 3-34　通过夹板和衬环,拉线中把与拉线地锚相连

2. 拉线的扎固方法

拉线的扎固方法主要有另缠法、夹板法和卡固法。对于上把和中把,可根据需要,分别使用此三种方法(中把没有卡固法),图 3-36 ~ 图 3-38 为拉线上把的三种扎固方式示意图。

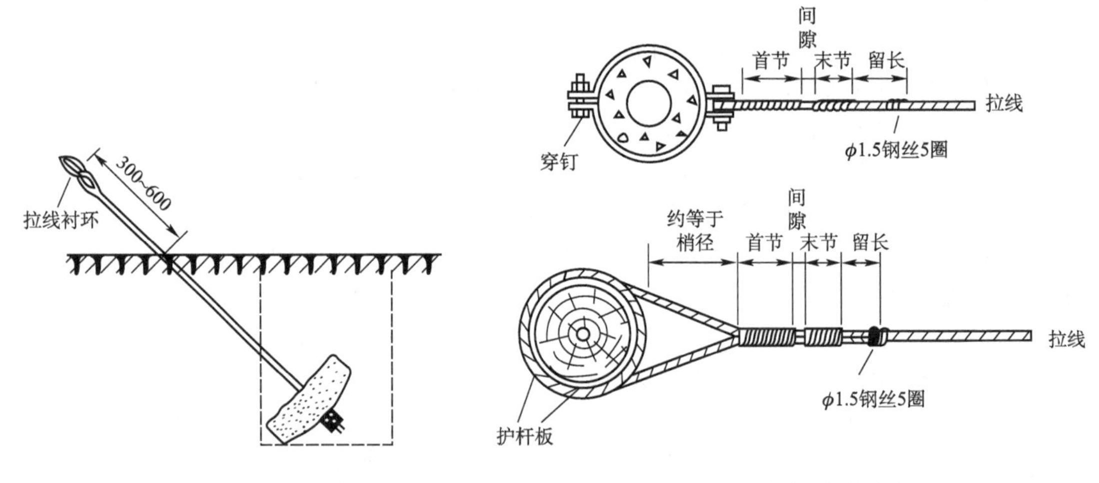

图 3-35　拉线地锚示意图(尺寸单位:mm)

图 3-36　拉线上把另缠法

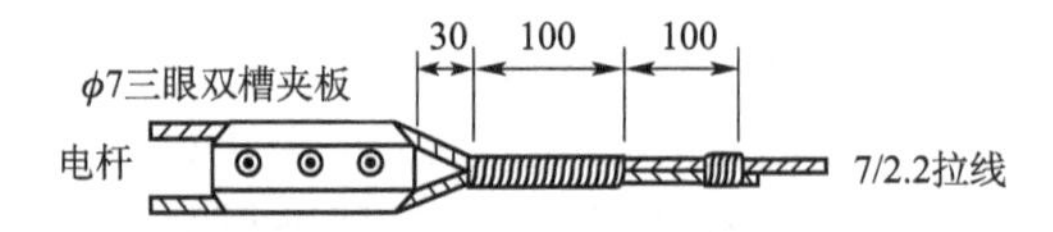

图 3-37　拉线上把夹板法(尺寸单位:mm)

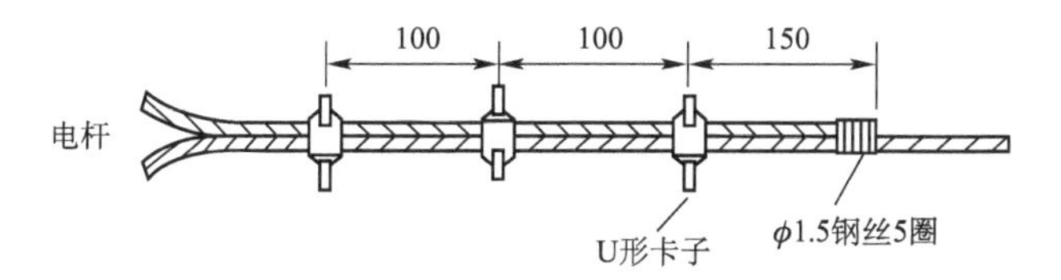

图 3-38　拉线上把卡固法(尺寸单位:mm)

3. 拉线作业安全

(1)新装拉线必须在布放吊线之前进行。拆除拉线前必须首先检查旧杆的安全情况,按顺序拆除杆上原有的光(电)缆、吊线后进行。

(2)终端拉线用的钢绞线必须比吊线高一级,并保证拉距,地锚与地锚杆应与钢绞线配套。地锚埋深和地锚杆出土尺寸应符合设计规范要求。严禁使用非配套的小于规定要求的地锚或地锚杆,严禁拉线坑深度不够或者将地锚杆锯短或弯盘。

(3)更换拉线时,应将新拉线安装完毕,并在新装拉线的拉力已将旧拉线张力松弛后再拆除旧拉线。

(4)在原拉线位置或拉线位置附近安装新拉线时,应先制作临时拉线,防止挖新拉线坑时将原有拉线地锚挖出而导致抗拉力不足,使地锚移动,发生倒杆事故。

(5)安装拉线应尽量避开有碍行人、行车的地方,并安装拉线警示护套。

(6)拉线安装完毕后,拉线坑在回填土时必须夯实。

四、吊线的安装

布放吊线前,应该检查吊线程式是否符合设计要求。吊线程式一般为 7/2.2、7/2.6 和 7/3.0 的镀锌钢绞线,选用吊线程式应根据所挂线缆质量、杆档距离、所在地区的气象负荷及其发展情况等因素决定。表 3-7 为轻负荷区的吊线原始垂度标准。

轻负荷区吊线原始垂度标准　　表 3-7

吊线程式	7/2.2							7/2.6							7/3.0						
悬挂电缆质量 W(kg/m)	W≤2.11					W≤1.46		W≤3.02					2.182		W≤4.15					W≤3.02	
杆距(m) / 垂度(mm) / 气温(℃)	25	30	35	40	45	50	55	25	30	35	40	45	50	55	25	30	35	40	45	50	55
-20	24	36	53	75	106	108	133	24	37	54	78	111	115	150	24	38	57	81	116	118	155
-15	25	36	56	80	114	114	141	25	39	57	83	119	122	159	25	40	59	85	124	125	164
-10	26	40	59	85	121	121	149	27	41	61	88	127	129	169	27	42	62	91	133	133	175
-5	27	42	62	90	129	128	159	28	43	65	94	137	137	180	28	44	66	97	143	141	187
0	29	45	66	96	140	136	169	30	46	69	101	148	146	193	30	47	71	105	155	151	200
5	31	47	71	104	151	146	182	32	49	73	109	160	156	207	32	50	76	113	169	162	216
10	33	50	76	112	165	156	195	34	52	79	118	175	168	224	34	53	81	122	185	174	233
15	35	54	82	122	180	168	211	26	56	87	128	192	182	243	36	57	83	134	203	188	253
20	37	58	89	133	200	182	229	38	60	93	140	212	197	264	39	62	96	147	225	205	276
25	40	63	97	147	219	197	249	41	66	101	155	235	214	288	42	67	104	162	250	223	302
30	43	69	106	162	243	215	272	45	71	111	171	260	234	315	45	73	115	180	277	245	331

续上表

吊线程式	7/2.2							7/2.6							7/3.0						
悬挂电缆质量 W(kg/m)	$W \leqslant 2.11$					$W \leqslant 1.46$		$W \leqslant 3.02$					2.182		$W \leqslant 4.15$					$W \leqslant 3.02$	
杆距(m) / 垂度(mm) / 气温(℃)	25	30	35	40	45	50	55	25	30	35	40	45	50	55	25	30	35	40	45	50	55
35	47	75	118	180	270	235	298	49	78	123	191	289	257	345	50	81	128	201	305	270	362
40	52	83	131	202	300	258	327	53	87	137	213	321	283	370	54	89	143	225	341	297	398

1. 吊线的布放

吊线一般采用吊线夹板固定在电杆上,夹板在电杆上的位置,应能使所挂光(电)缆符合与其他物体最小垂直距离的要求。吊线夹板至杆梢的最小距离一般不小于50cm,如因特殊情况可略微缩短,但不得小于25cm。各电杆上吊线夹板的装设位置宜与地面等距,如遇上下坡或有障碍物时,可以适当调整,所挂吊线坡度变化一般不宜超过杆距的2.5%,在地形受限制时,也不得超过杆距的5%。在同一电杆上装设两层吊线时,两吊线间距离为40cm。电杆上只放设一条吊线时,除特殊情况外,吊线夹板应装在人行道一侧。

布放吊线时,应尽可能使用整条较长的钢绞线,减少中间接头。一般要求,在一个杆档内吊线的接续不得超过一处。布放吊线可采用以下方法:

(1)把吊线放在吊线夹板的线槽里,并把外面的螺母稍旋紧,以不使吊线脱出线槽为度,然后即可用人工牵引。

(2)将吊线放在电杆和夹板间的螺母上牵引。但在直线线路上,每隔6根电杆或在转弯线路上的所有角杆(即外角杆)上,仍须把吊线放在夹板的线槽里。

(3)先把吊线放开在地上,然后用吊线钳衔住吊线,把吊线同时搬到电杆与夹板间的螺母上进行收紧。但采用此法必须以不使吊线受损、不妨碍交通、不使吊线无法引上电杆为原则。

在布放吊线时,如遇到树木阻碍,应该先用麻绳穿过树木,然后牵引吊线穿过。电缆变更对数或线径时,所布放吊线的程式原则上可不改变。这样可以避免施工的麻烦和日后小对数改为大对数电缆时,更换吊线程式的浪费(但设计中另有规定者除外)。

布放吊线过程中应特别注意以下事项:

(1)避免与电力线、电灯接户线、电车滑接线等相碰触。如吊线从电力线下面通过,应当用1cm直径的麻绳把吊线往下拉紧,以防止钢绞线弹蹦。

(2)布放跨越铁路的钢线应事先与铁路有关人员联系,选择适当的时间抓紧进行;当火车驶过时,在铁路两侧的施工人员应停止使用红旗信号施工旗,以免火车司机误会。

(3)布放穿越公路的钢线时,应将线条平放在地上,车辆驶来时路两旁要两个人踏住,以免被车辆带走。

(4)暂时不收紧或收紧时,用挂钩或铁线暂时高挂在旧钢线上,如无旧钢线时,现场要有专人照料。

2. 吊线的接续

吊线接续通常可分为另缠法、夹板法和"U"形钢线卡固法。

(1)另缠法

此法使用3.0cm镀锌钢线进行另缠,要求缠扎均匀紧密,缠线不得有伤痕或锈蚀,缠线分为两节,通常各节长度为 10 ~ 15cm,钢绞线尾端均用 1.6mm 钢线缠扎 5 圈。如图 3-39 所示。

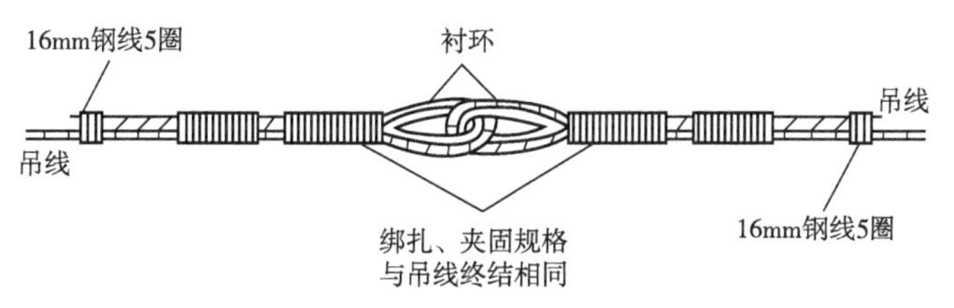

图 3-39　吊线接续另缠法

(2)夹板法

此法采用三眼双槽夹板接续吊线,如图 3-40 所示。夹板程式应与吊线相适应,7/2.6 及以下的吊线用一副三眼双槽夹板,其夹板线槽的直径应为 7mm;7/3.0 吊线应采用两副三眼双槽夹板,夹板线槽的直径为 9mm。夹板的螺母必须拧紧,无滑丝(滑扣)现象。

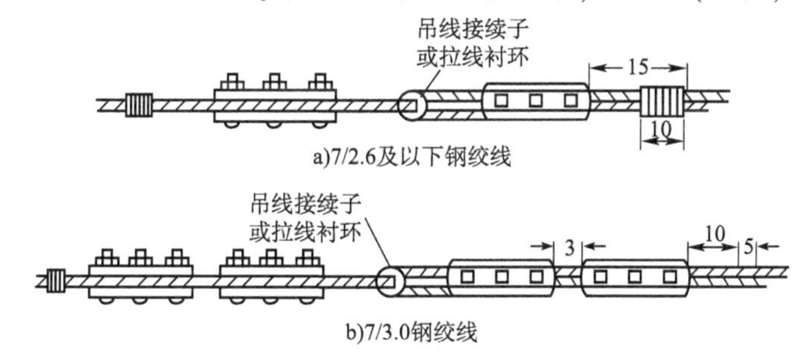

图 3-40　吊线接续夹板法(尺寸单位:cm)

(3)"U"形钢线卡固法

此法采用 10cm 的"U"形钢线卡(必须附弹簧垫圈)代替三眼双槽夹板,将钢绞线夹住,如图 3-41 所示。

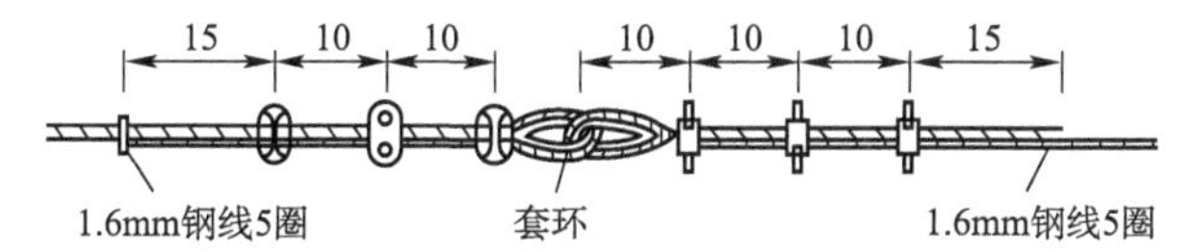

图 3-41　吊线接续"U"形钢线卡固法(尺寸单位:cm)

3. 收紧吊线

吊线布放后,即可在线路的一端做好终结,在另一端收紧。收紧吊线的方法可根据吊线张力、工作地点和工具配备等情况而定。一般可采用紧线钳、手拉葫芦或手搬葫芦等来收紧。具体方法是:先将吊线夹板全部螺母松开,吊线一律放在吊线夹板线槽内,然后用紧线钳将吊线初步收紧,再用手拉葫芦或手搬葫芦收至规定垂度后,将全部吊线夹板螺母收紧。如果布放的吊线距离不长,可直接用紧线钳将吊线收紧到规定垂度。

收紧吊线时,一般要求每段不超过 20 杆档,如杆路上角杆较多或吊线夹板高低变更较大时,应适当减少紧线档数。在收紧吊线的过程中,应检查终端杆、角杆拉线的收紧情况,以免电杆弯曲,以保证施工安全。还要防止吊线收紧过程中碰到电力线或其他建筑物,各档吊线垂度应一致。

各个杆档的钢线垂度要均匀,注意由于季节的不同要求松紧垂度也要不同。一般冬季要收得紧些,夏天要收松些。测试收紧垂度,原则上要使用垂度轨,习惯上是用 8 寸钳试效弹性,或在中间杆档的钢线中间吊一根绳子,用一个人试吊一下钢线垂度,以不下垂太大为宜。

4. 安全事项

(1)布放无盘钢绞线时,必须使用放线盘。

(2)人工布放钢绞线时,在牵引前端必须使用干燥的麻绳(将麻绳与钢绞线连接牢固)牵引。

(3)布放钢绞线前,应对沿途跨越的供电线路、公路、铁路、街道、河流、树木等进行调查统计。在布放时,必须采取有效措施,使之安全通过。

①在树枝间穿越时,不得使树枝挡压或撑托钢绞线,保证吊线高度。

②通过供电线路、公路、铁路、街道时,应计算并保证设计高度,确定钢绞线在杆的固定位置。牵引钢绞线通过前必须进行警示、警戒。

③在跨越铁路地点作业前,必须调查该地点火车通过的时间及间隔,以确定安全作业时间,并请相关部门协助和配合。

④布放跨越道路钢绞线的安全措施:在有旧吊线的条件下,利用旧吊线挂吊线滑轮的办法升高跨越公路、铁路、街道的钢绞线,以防止下垂拦挡行人及车辆;在新建杆路上跨越铁路、公路、街道时,采用单档临时辅助吊线以挂高吊线,防止下垂拦挡行人及车辆;在吊线紧好后,拆除吊线滑轮和临时辅助吊线,同时注意警戒,保证安全。

⑤如钢绞线在低压电力线之上,必须设专人用绝缘棒托住钢绞线,不得搁在电力线上拖拉。

⑥防止钢绞线在行进过程中兜磨建筑物,必要时采取支撑垫物等措施。

⑦在牵引全程钢绞线余量时,用力应均匀,应采取措施防止钢绞线因张力反弹在杆间跳弹而触及电力线。

⑧剪断钢绞线前,对剪点两端应先进行人工固定,剪断后缓松,防止钢绞线反弹。

⑨在收紧拉线或吊线时,扳动紧线器,以二人为限,操作时作业人员必须在紧线器后的左右侧。

五、架空光(电)缆的敷设

(一)敷设方法

架空光(电)缆的布放方式主要有预挂挂钩牵引法、动滑轮边放边挂法、定滑轮牵引法和机动车牵引动滑轮托挂法等。

1. 预挂挂钩法

此法适用于架设距离在200m左右并有障碍物的地方,如图3-42所示。

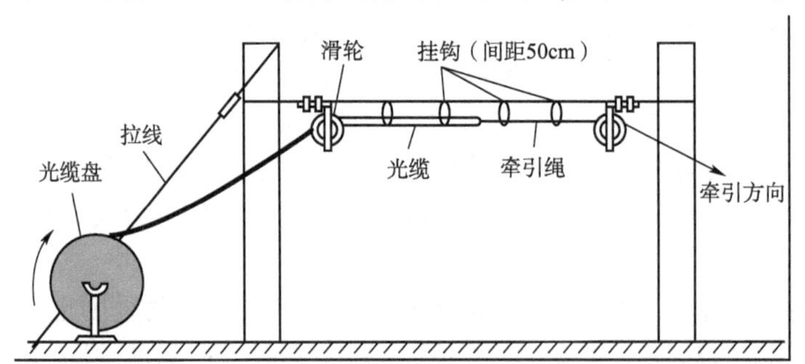

图3-42 预挂挂钩托挂法

首先在架设段落的两端各装设一个滑轮，然后在吊线上每隔 50m 预挂一只挂钩，电杆两侧的第一个挂钩距杆上的固定点边缘为 25cm 左右，挂钩的死钩应逆向牵引方向，以免线缆牵引时挂钩被拉跑或脱落。线路转弯时，应在角杆上装设滑轮并在杆上有人用手带动线缆，以免线缆损伤。在挂挂钩的同时，应将一根细绳或铁线穿过所有的挂钩和角杆滑轮，细绳或铁线的末端绑扎一根抗张力大于 1 400kN 的棕绳，利用细绳或铁线把棕绳带进挂钩里，在棕绳的末端用网套与线缆相连接，连接处绑扎必须牢靠和平滑，以免经过挂钩时发生阻滞。

光（电）缆盘一端用支架托起，并用人力转动。另一端用人力或机械牵引棕绳，引导棕绳穿过所有挂钩，将电缆布放在吊线上，布放后应作沿线检查，补挂或更换部分挂钩。

2. 动滑轮边放边挂法

此法适用于杆下无障碍物，虽不能通行汽车，但可以把电缆放在地面上，且架设的电缆距离又较短的情况，如图 3-43 所示。

首先在吊线上挂好一只动滑轮，在动滑轮上拴好拉绳，在确保安全的条件下，将吊椅（坐板）与滑轮连接上，把电缆放入滑轮槽内，电缆的一端扎牢在电杆上。然后，一人坐在吊椅上挂挂钩，两人徐徐拉绳，另一人往上托送电缆，使电缆不出急弯，四人互相密切配合，随走随拉绳，随往上送电缆，按规定距离挂好挂钩。电缆放完，挂钩也随即挂好。

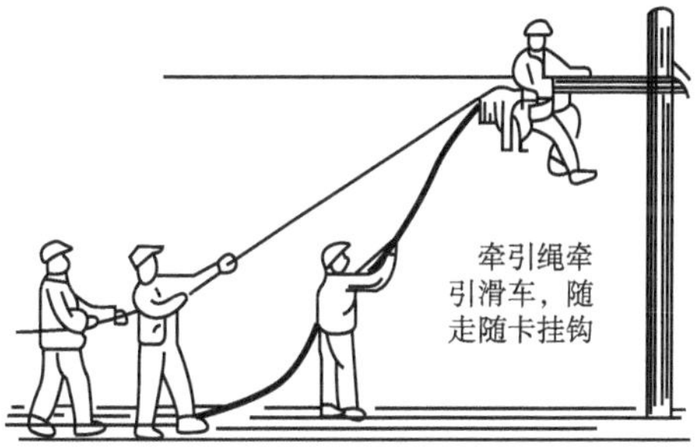

图 3-43 动滑轮边放边挂法

3. 定滑轮牵引法

此法适用于杆下有障碍物不能通行汽车的情况，如图 3-44 所示。

首先将电缆盘架好，把电缆放出端与牵引绳系紧。然后在吊线上每隔 5 ~ 8m 挂一只定滑轮，在转角及必要处加挂滑轮，以免磨损电缆。定滑轮的滑槽要与电缆直径相适应，将牵引绳穿过所有定滑轮，牵引绳末端连接电缆网套，另一端用人力或机械牵引。牵引速度要均匀，稳起稳停，动作协调，防止发生事故。放好电缆后应及时挂好挂钩，同时取下滑轮。

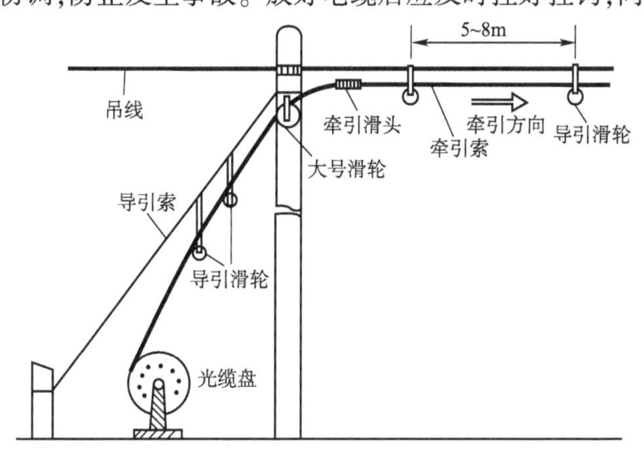

图 3-44 定滑轮牵引法

4. 机动车牵引动滑轮托挂法

此法适用于杆下无障碍物而又能通行汽车，架设距离较大，电缆对数较大的情况，如图 3-45 所示。

架设时，先在汽车上把电缆盘用支架（俗称千斤）托起，使之能自由转动，并将电缆盘大轴固定在汽车上。然后将电缆放出适当长度，将其始端穿过吊线上的一个动滑轮，并引至始端的电杆上扎牢。再将牵引绳一端与动滑轮连接,另一端固定在汽车上,在确保安全的条件下,把吊椅与动滑轮用牵引绳连接起来。一切准备工作就绪后,汽车徐徐向前开动,人力转动电缆盘,放出电缆,吊椅上的线务员一边随牵引绳滑动,一边每隔 50cm 挂一只电缆挂钩,直到电缆放完、挂钩挂完为止。

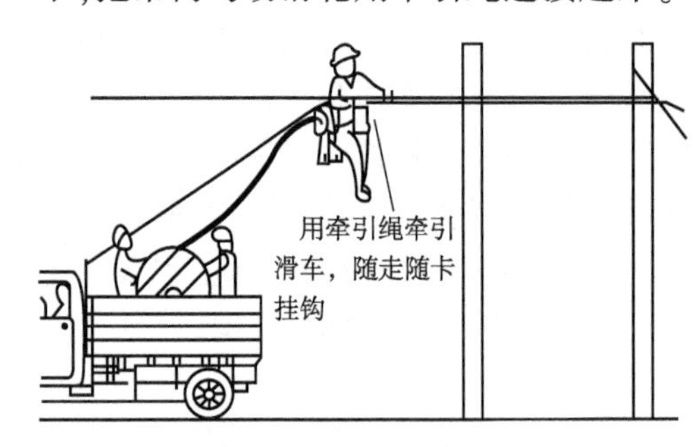

图 3-45 机动车牵引动滑轮托挂法

5. 缠绕机敷设法

缠绕机敷设法是采用不锈钢捆扎线把光缆和吊线捆扎在一起。这种方式具有省时省力、不易损伤护层、可减轻风的冲击振动、维护方便等优点,但需要的设备较多,包括专用的缠绕机,其敷设方式有人工牵引和机械牵引架设两种。

(二)架空敷设安全事项

1. 登(上)杆作业安全

(1)登杆前必须认真检查电杆有无折断的危险。如发现电杆有腐烂现象,在未加固前,不得攀登。

(2)登杆时应注意观察及避开杆顶周围的障碍物。

(3)登杆到达杆上的作业位置后,安全带应兜挂在距杆梢 50cm 以下的位置。

(4)利用上杆钉登杆时,必须检查上杆钉安装是否牢固。如有断裂、脱出危险则不准蹬踩。

(5)利用上杆钉或脚扣下杆时不准二人以上同时上下杆。

(6)使用脚扣登杆作业时,应注意:

①使用前应检查脚扣是否完好,当出现橡胶套管(橡胶板)破损、离股、老化或螺栓脱落和弯钩、脚蹬板扭曲、变形或脚扣带腐蚀、开焊、裂痕等情形之一者,严禁使用。不得用电话线或其他绳索替代脚扣带。

②检查脚扣的安全性时,应把脚扣卡在离地面 30cm 的电杆上,一脚悬起,另一脚套在脚扣上用力踏踩,没有任何受损变形迹象,方可使用。

③使用脚扣时,不得以大代小或以小代大。使用木杆脚扣不得攀登水泥杆,使用圆形水泥杆脚扣不得攀登方形水泥杆。各种活动式脚扣的使用功能不得互相替代。

④使用脚扣上杆时不得穿硬底鞋、拖鞋。

(7)登杆时,除个人配备的工具外,不准携带笨重工具。材料、工具应用工具袋传递。在电杆上作业前,必须系好安全带,并扣好安全带保险环后方可作业。

(8)杆上作业,所用材料应放置稳妥,所用工具应随手装入工具袋内,不得向下抛扔工具和材料。

(9)在杆下用紧线器拉紧全程吊线时,杆上不准有人。待拉紧后再登杆拧紧夹板作终结等。

(10)升高或降低吊线时,必须使用紧线器,尤其在吊档、顶档杆操作必须稳妥牢靠,不许肩扛推拉。

(11)电杆上有人作业时,杆下周围必须有人监护(监护人不得靠近杆根),在交通路口等地段,必须在电杆周围设置护栏。

2. 布放架空光(电)缆作业安全

(1)布放架空光(电)缆在通过电力线、铁路、公路、街道、树木等特殊地段时,安全措施参照布放吊线的相关内容要求进行。

(2)在吊线上布放光(电)缆作业前,必须检查吊线强度,确保在作业时吊线不致断裂,电杆不斜、不倒及吊线卡担不致松脱。

(3)在跨越电力线、铁路、公路杆档安装光(电)缆挂钩和拆除吊线滑轮时,严禁使用吊板。

(4)光(电)缆在吊线挂钩前,一端应固定,另一端应将余量拽回,剪断缆线前应先固定。

3. 吊板挂放光(电)缆作业安全

(1)坐板及坐板架应固定牢固,滑轮活动自如,坐板无劈裂、腐朽。如吊板上的挂钩已磨损 1/4 时,不得再使用。

(2)坐吊板时,必须辅扎安全带,并将安全带挂在吊线上。

(3)不得有两人以上同时在一档内坐吊板工作。

(4)在 2.0/7 以下的吊线上作业时不得使用吊板。

(5)在电杆与墙壁之间或墙壁与墙壁之间的吊线上,不得使用吊板。

(6)坐吊板过吊线接头时,必须使用梯子。经过电杆时,必须使用脚扣或梯子,严禁爬抱而过。

(7)坐吊板,如人体上身超过原吊线高度或下垂时人体下身低于原吊线高度,必须注意与电力线尤其是高压线的安全距离,防止碰触上层或下层的电力线等障碍物,不可避免时改用梯子等其他方式。

(8)在吊线周围 70cm 以内有电力线(非高压线路)或用户照明线时,不得使用吊板作业。

(9)坐吊板作业时,地面应有专人进行滑动牵引或控制保护。

(三)小对数光缆敷设实例

小对数光(电)缆的架空敷设在通信线路建设中比较常见,下面以 12 芯光缆架空敷设为例介绍其敷设步骤。图 3-46 为新建杆路,目前立杆、拉线和吊线安装已经完成,但挂钩未挂,请从杆 1 到杆 5 敷设 12 芯的单根光缆。

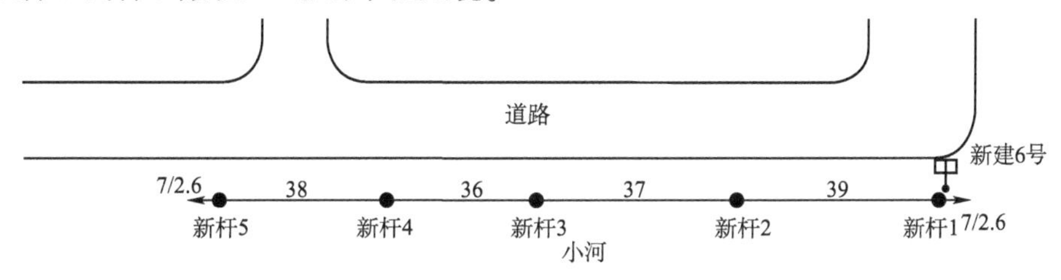

图 3-46 浙江交通职业技术学院通信线路实训基地杆路图

由于是小对数光缆,可不依靠机械,采用人工牵引法完成敷设任务,具体步骤如下。

(1)敷设前的准备

①准备脚扣、坐板、挂钩、油绳、马桶袋、安全帽、保安带、电笔、工具包、绳子等设备和工具,并安排 5 人左右的施工小组,熟悉施工图纸,统一思想,做好任务分配。

②根据图纸要求,准备该规格的光缆,注意光缆长度是敷设长度,比图纸的丈量长度增加自然弯曲预留、引上预留以及其他必要的预留长度,做好配盘准备。

(2)上杆前检查

①观察电杆是否有断裂危险,周边有无电力线和其他障碍物。

②检查脚扣和保安带是否牢固,工具、器材是否齐全。

(3)脚扣登高

①保安带系在作业人员腰下臀部位置,穿上脚扣。

②脚尖向上,脚扣套入电杆,脚向下蹬,交替向上。

③到达操作位置时,将保安带绕过电杆并锁好保安带的保险环。

④用试电笔检测杆上金属是否带电,如不带电,则可进行杆上操作。

(4)敷设光缆

①将坐板挂到吊线上,将保安带扣到吊线上。

②作业人员坐到坐板上,卸下脚扣,将脚扣挂好。

③杆上的人边挂光缆边用挂钩固定,杆下的人慢慢传递光缆,挂钩间距50cm,如果是距离电杆的第一个挂钩,则挂钩距离电杆25cm。

④杆上的人需要使用其他工具或设备(如挂钩用完),可以通过携带的绳子将工具袋放下,由杆下的人员配合,以减少上下杆次数。

(5)下电杆

①穿好脚扣,脚扣套入电杆,从吊线上卸下保安带和坐板。

②带好坐板,沿电杆交替向下直到地面。

任务实施　架空光缆的敷设

任务描述:

图3-47为某楼至延安路光交的杆路图,管道内光缆已敷设完成,杆路的电杆、吊线、拉线已经完成,先提供6芯光缆、脚扣、坐板、挂钩、油绳、马桶袋、安全帽、保安带、电笔等设备。5人一组,自选组长,根据相应技术要求以及施工图要求,在3课时内完成杆1到杆5的光缆敷设任务。需严格遵循架空线缆布放规范,注意人身安全。

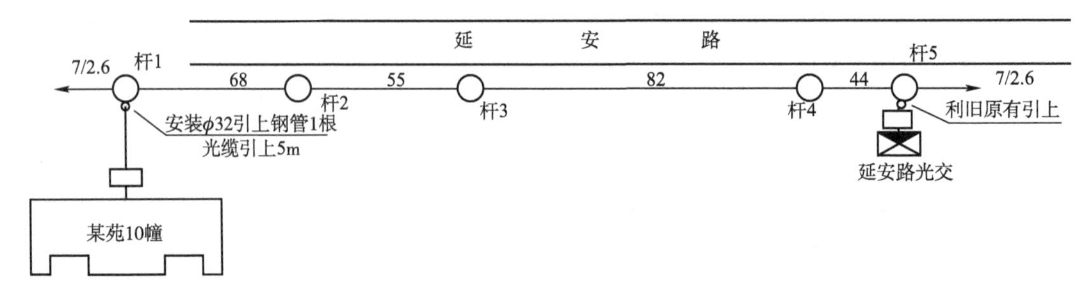

图3-47　某楼至延安路光交的杆路图

任务总结

通过本任务实施的训练,使学生熟悉架空光缆的敷设步骤和规范,掌握架空敷设工具的使用,掌握架空光缆敷设的方法,并培养安全意识,能正确穿戴安全帽,掌握登高要领和安全措施,并培养吃苦耐劳的精神、团队协作的能力、安全施工的意识等职业素养。另外,需注意登高安全和杆上杆下的配合;需注意架空光缆敷设的各种预留长度,如杆1处要考虑引上的预留,杆5由于是利旧,不用预留引上光缆。

任务四　室内光(电)缆的敷设

一、室内光(电)缆敷设形式

室内光(电)缆主要有进局、墙壁、入户等几种敷设方式。

(一)进局

其中,进局光(电)缆通常都是大对数的,一般从局前人孔经地下进线室再引至 ODF 或 MDF,光(电)缆上应按相关规定制作并绑扎标识牌,并做出必要的长度预留;引入局站后应使用阻燃黏胶封堵管孔,不得渗水、漏水;如果是电缆,还要配备充气设备,如图 3-48、图 3-49 所示。有时,光缆也可以采用馈线窗方式进局,馈线窗须使用阻燃黏胶严密封堵,不得渗水、漏水,光缆在馈线窗外须预留回水弯(弯曲度要求:不小于光缆外径的 20 倍。角度要求:光缆与馈线窗平面角度为 45°)。

图 3-48　进局电缆图

图 3-49　进局光缆图

(二)室内墙壁

墙壁线路利用墙壁敷设光缆或电缆。一般沿室外墙壁敷设常采用自承式或吊线式,沿室内墙壁敷设时常采用卡钩式(钉固式)、槽道、槽板、桥架、暗管、埋式与顶棚等形式。

1. 卡钩式

卡钩式墙壁光(电)缆敷设是用卡钩直接将光(电)缆固定在墙面上的敷设方式。卡钩(卡子)一般有金属和塑料两种。卡钩的固定方法很多,有扩张螺钉、木塞木螺钉、水泥钢钉、射钉(即用射钉枪射入墙体的钢钉)等。具体采用哪种方法,可依具体情况而定。

沿墙架设卡钩式光(电)缆,由于卡钩的形状不同,因此钉固方式不同。钉固单卡钩的螺钉应置于线缆下方;用挂带式卡钩卡挂沿墙线缆,钉固挂带的螺钉应置于线缆上方;采用 U 形卡钩(俗称骑马钉),线缆上、下应各钉一颗螺钉。但无论采用哪种方法卡挂线缆,钉固螺钉均应在线缆的一方或两方。

卡钩的间隔距离要均匀,水平方向为 50cm,垂直方向为 100cm。如遇转弯或其他特殊情况,可适当缩短或延长,垂直方向的单卡钩眼应在线缆右侧。线缆转弯时,两边 10 ~ 25cm 处应用卡钩或挂带固定。卡钩式墙壁线缆的敷设如图 3-50 所示。

2. 线槽式

该敷设方式是指沿墙预先建设好槽道、槽板,敷设时,光(电)缆在线槽中穿过。一般平层之间主要有图 3-51 的几种线槽类型。

直线槽可按照房屋轮廓水平方向沿踢脚线布放,转弯处使用阳角、阴角或弯角。跨越障碍物时使用线槽软管。

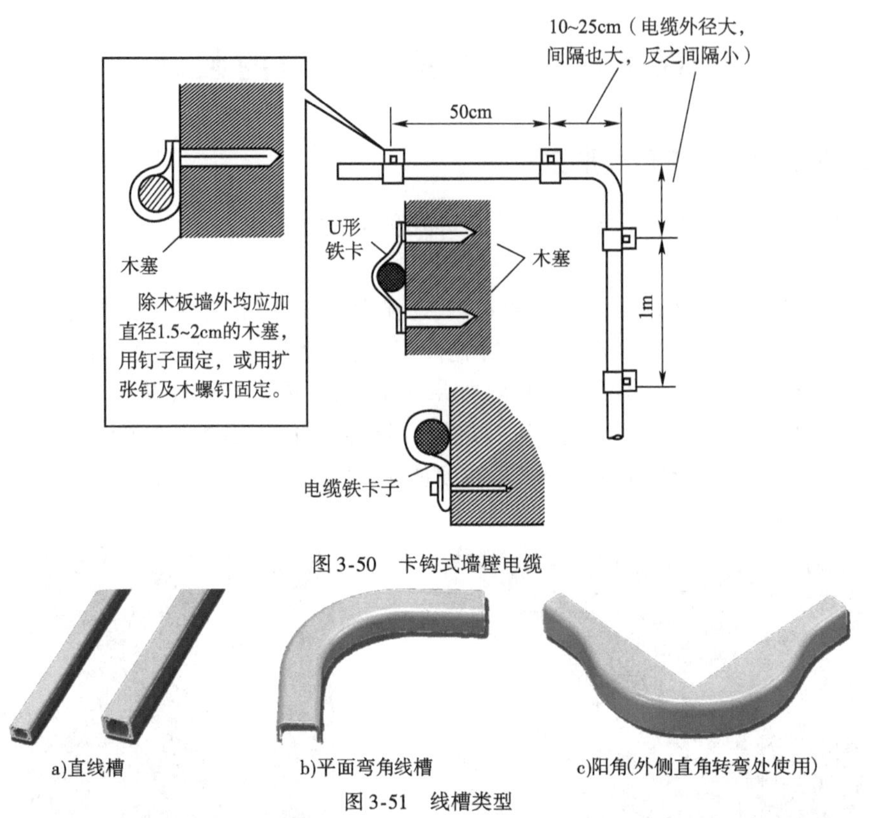

图 3-50　卡钩式墙壁电缆

a)直线槽　　b)平面弯角线槽　　c)阳角(外侧直角转弯处使用)

图 3-51　线槽类型

楼层之间采用垂直线槽，高层住宅楼有弱电竖井，预先安装有金属线槽，则光(电)缆沿着弱电井内敷设好的垂直金属线槽敷设；如果没有弱电井，光(电)缆则沿着在楼道内敷设好的垂直金属线槽敷设。如图 3-52、图 3-53 所示。

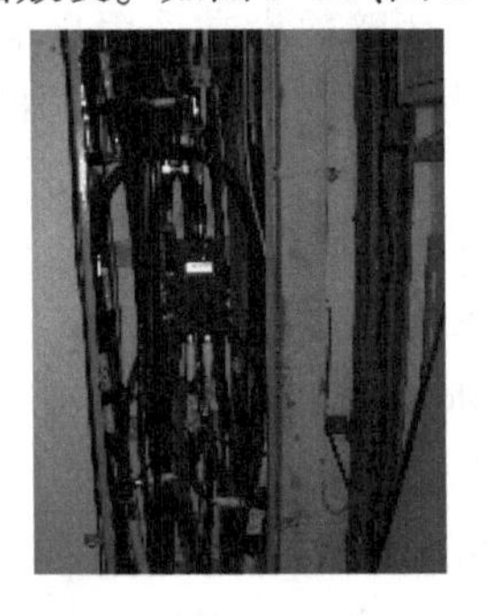

图 3-52　弱电井中金属线槽及槽中的线缆

图 3-53　线槽接口处用防火泥封堵

3. 其他

机房内、楼宇的地下层、地下停车场常采用桥架的敷设方式，从天花板下挂桥架，线缆从桥架中穿放。暗管是指预先在墙壁内埋入管子，敷设线缆时需借助专用穿孔器(比管道用穿孔器更细更柔韧)从管子中穿放。如图 3-54 所示。

(三)入户

入户的敷设方式主要指光缆的敷设。2012 年年底，工业和信息化部发布了《住宅区和住宅建筑内光纤到户通信设施工程设计规范》和《住宅区和住宅建筑内光纤到户通信设施工程施工及验收规范》，并于 2013 年 4 月 1 日开始实施，这两个规范加快了光纤入户进程，让用户有了自己的选择权，用户今后希望享用哪家的业务，随时可以跳线接入到其选择的网络公司。这两个规范为住宅区和住宅建筑光纤到户工程提供了技术基础和建设依据,也为入户光缆的敷设提供了标准和依据。下面详细介绍光纤到户(FTTH)的入户光缆敷设内容和方法。

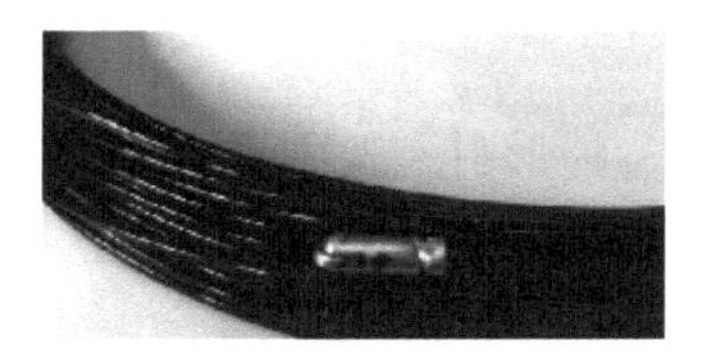

图 3-54 室内墙壁暗管用穿孔器整体图、端头部分图

二、FTTH 的入户光缆敷设

(一)敷设方法与光缆类型选择

由项目二内容可知,FTTH 的光缆线路主要由馈线光缆、配线光缆和入户光缆组成。馈线光缆一般由端局至住宅区内的光交接箱,配线光缆一般由光交接箱至楼道分线箱(大型建筑在光交接箱至楼道分线箱之间还包括住宅建筑内电信配线设备,此处略),入户光缆一般指由楼道分线箱至住户室内。

其中,馈线光缆和配线光缆一般采用管道敷设方式,如果条件不允许,也可采用直埋、架空、墙壁等其他敷设方式,使用普通的室外通信光缆。

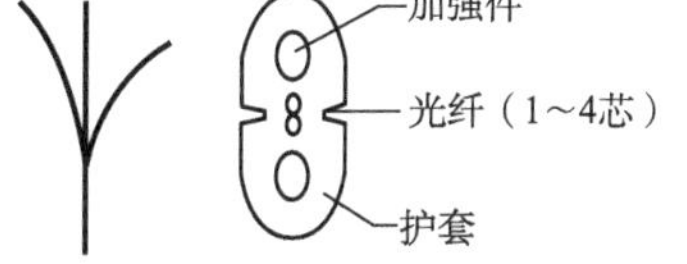

图 3-55 蝶形引入光缆外观及结构图

入户光缆分为两种敷设情况,第一种情况敷设路由都在室内环境下,通过垂直竖井、楼内暗管、室内明管、线槽或室内钉固等方式敷设光缆,建议采用白色护套的蝶形引入光缆(图3-55),以达到美观的效果,提高用户对施工的满意度;第二种情况敷设路由有室外部分,通过架空、沿建筑物外墙、室外钉固等方式敷设光缆,建议采用黑色护套的自承式蝶形引入光缆(图 3-56),以满足抗紫外线和增加光缆机械强度的要求。

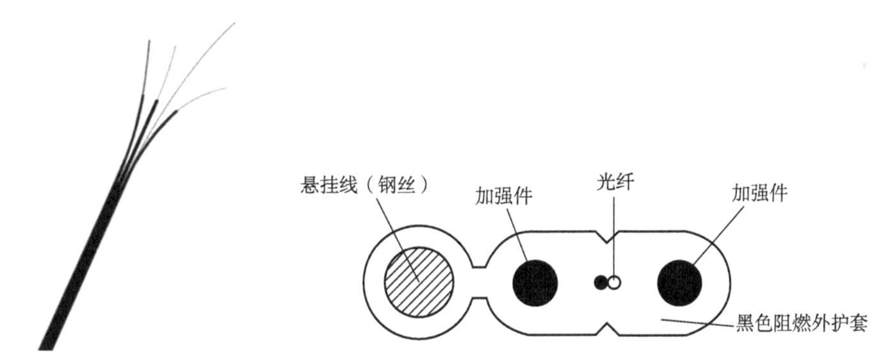

图 3-56 自承式蝶形引入光缆外观及结构图

(二)入户光缆敷设规定与步骤

1. 入户光缆敷设一般规定

(1)入户光缆敷设前应考虑用户住宅建筑物的类型、环境条件和已有线缆的敷设路由,同时需要对施工的经济性、安全性以及将来维护的便捷性和用户满意度进行综合判断。

(2)应尽量利用已有的入户暗管敷设入户光缆,对无暗管入户或入户暗管不可利用的住宅楼宜通过在楼内布放波纹管方式敷设蝶形引入光缆。

(3)对于建有垂直布线桥架的住宅楼,宜在桥架内安装波纹管和楼层过路盒,用于穿放蝶形引入光缆。如桥架内无空间安装波纹管,则应采用缠绕管对敷设在内的蝶形引入光缆进行包扎,以起到对光缆的保护作用。

(4)由于蝶形引入光缆不能长期浸泡在水中,因此一般不适宜直接在地下管道中敷设。

(5)敷设蝶形引入光缆的最小弯曲半径应符合:敷设过程中不应小于30mm;固定后不应小于15mm。

(6)一般情况下,蝶形引入光缆敷设时的牵引力不宜超过光缆允许张力的80%;瞬间最大牵引力不得超过光缆允许张力的100%,且主要牵引力应加在光缆的加强构件上。

(7)应使用光缆盘携带蝶形引入光缆,并在敷设光缆时使用放缆托架,使光缆盘能自动转动,以防止光缆被缠绕。

(8)在光缆敷设过程中,应严格注意光纤的拉伸强度、弯曲半径,避免光纤被缠绕、扭转、损伤和踩踏。

(9)在入户光缆敷设过程中,如发现可疑情况,应及时对光缆进行检测,确认光纤是否良好。

(10)蝶形引入光缆敷设入户后,为制作光纤机械接续连接插头预留的长度宜为:光缆分纤箱或光分路箱一侧预留1.0m,住户家庭信息配线箱或光纤面板插座一侧预留0.5m。

(11)应尽量在干净的环境中制作光纤机械接续连接插头,并保持手指的清洁。

(12)入户光缆敷设完毕后应使用光源、光功率计对其进行测试,入户光缆段在1 310nm、1 490nm 波长的光衰减值均应小于1.5dB,如入户光缆段光衰减值大于1.5dB,应对其进行修补,修补后还未得到改善的,需重新制作光纤机械接续连接插头或者重新敷设光缆。

(13)入户光缆施工结束后,需用户签署完工确认单,并在确认单上记录入户光缆段的光衰减测定值,供日后维护参考。

2. 入户场景和施工方法选择

目前,采用蝶形引入光缆作为FTTH用户引入段光缆敷设入户的建筑物形态主要有公寓式住宅、市区旧区平房和农村地区住宅。

根据建筑物实际情况,入户光缆的敷设又分为以建筑物为界的室内布线和室外布线,以用户住宅单元为界的户内水平布线和户外水平布线。其中,市区旧区平房和农村地区住宅主要涉及室外布线和户内水平布线;公寓式住宅建筑不仅有户内水平布线,还涉及户外水平布线和室内布线。FTTH用户引入段光缆的敷设需要根据不同的室内外和户内外场景条件,采用不同的光缆入户敷设方式,各种场景下光缆入户方式如表3-8所示。

入户类型和敷设方法 表3-8

<table>
<tr><th>住宅建筑类型</th><th colspan="2">光缆入户方式</th><th>光缆敷设方式</th></tr>
<tr><td rowspan="2">市区旧区平房和农村地区住宅</td><td colspan="2">架空</td><td>支撑件</td></tr>
<tr><td colspan="2">沿墙</td><td>支撑件、波纹管、钉固件</td></tr>
<tr><td rowspan="3">公寓式住宅</td><td colspan="2">有暗管</td><td>穿管</td></tr>
<tr><td rowspan="2">无暗管</td><td>户外</td><td>波纹管、线槽、钉固件</td></tr>
<tr><td>户内</td><td>线槽、钉固件</td></tr>
</table>

注:1. 支撑件用于室外架空、沿墙敷设自承式蝶形引入光缆。

2. 波纹管适用于室内外沿墙布放蝶形引入光缆。

3. 线槽主要用于室内、户内水平布放蝶形引入光缆。

4. 钉固件主要用于户内水平敷设蝶形引入光缆和室外沿墙敷设自承式蝶形引入光缆。

3. 敷设流程

入户光缆敷设流程图如图3-57所示。流程图中的接续与测试属于项目四和五的施工内容,在后面会有介绍。

流程三中光缆入户终结点位置(即ONU位置)的确定,由于家庭住宅结构类型较多,用户家庭装修和家庭布线要求以及其使用习惯也有较大差异,因此在FTTH接入终端位置选择时根据用户住宅结构,结合用户开通的业务(如语音、宽带、IPTV等),便于ONU的安装和维护,因地制宜地进行ONU位置选择。通常,入户光缆要敷设至家庭布线的线缆汇聚点(如家庭信息箱内),并且在该线缆汇聚点处能满足ONU设备的放置和提供220V市电电源,且该线缆汇聚点放置的无线AP覆盖效果能满足用户业务使用的需求。

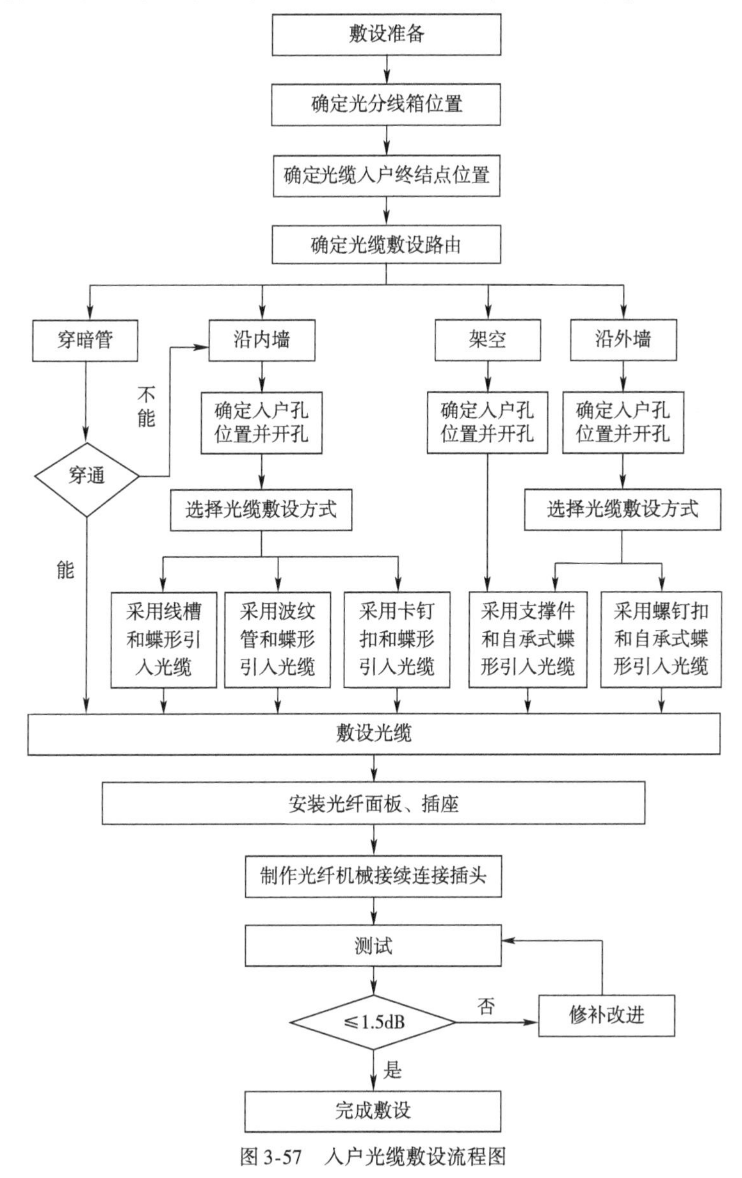

图3-57 入户光缆敷设流程图

4. 具体敷设方法

(1)暗管穿缆

①根据设备(光分路器、ONU)的安装位置,以及入户暗管和户内管的实际布放情况,查

找、确定入户管孔的具体位置。

②先尝试把蝶形引入光缆直接穿放入暗管，如能穿通，即穿缆工作结束，至步骤⑧。

③无法直接穿缆时，应使用穿管器。如穿管器在穿放过程中阻力较大，可在管孔内倒入适量的润滑剂或者在穿管器上直接涂上润滑剂，再次尝试把穿管器穿入管孔内，如能穿通，至步骤⑥。

④如遇某一端使用穿管器不能穿通的情况，可从另一端再次进行穿放，如还不能成功，应在穿管器上做好标记，将牵引线抽出，确认堵塞位置，向用户报告情况，然后重新确定穿缆方式。

⑤当穿管器顺利穿通管孔后，把穿线器的一端与蝶形引入光缆连接起来，制作合格的光缆牵引端头（穿管器牵引线的端部和光缆端部相互缠绕20cm，并用绝缘胶带包扎，但不要包得太厚），如在同一管孔中敷设有其他线缆，宜使用润滑剂，以防止损伤其他线缆。

⑥将蝶形引入光缆牵引入管时应由两人进行作业，两人的配合是很重要的，双方必须相互沟通，例如牵引开始的信号、牵引时的相互间口令、牵引的速度以及光缆的状态等。由于牵引端的作业人员看不到放缆端的作业人员，所以不能勉强硬拉光缆。

⑦将蝶形引入光缆牵引出管孔后，应分别用手和眼睛确认光缆引出段上是否有凹陷或损伤，如果有损伤，则放弃穿管的施工方式。

⑧确认光缆引出的长度，剪断光缆。注意千万不能剪得过短，必须预留用于制作光纤机械接续连接插头的长度。

（2）线槽布缆

①选择线槽布放路由。为了不影响美观，应尽量沿踢脚线、门框等布放线槽，并选择弯角较少，且墙壁平整、光滑的路由（能够使用双面胶固定线槽）。

②选择线槽安装方式（双面胶粘贴方式或螺钉固定方式，如图3-58、图3-59所示）。

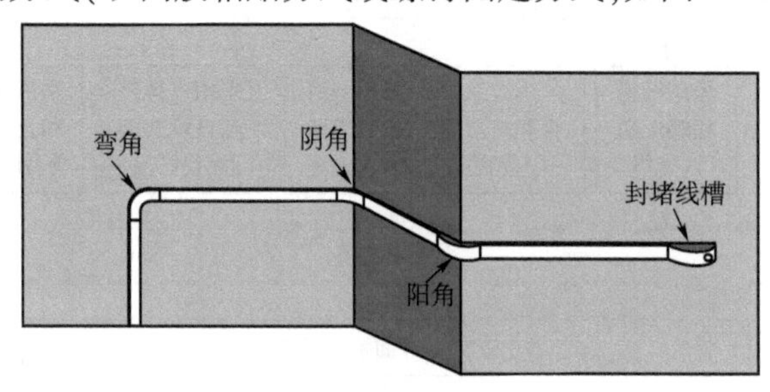

图3-58　双面胶粘贴方式装置规格

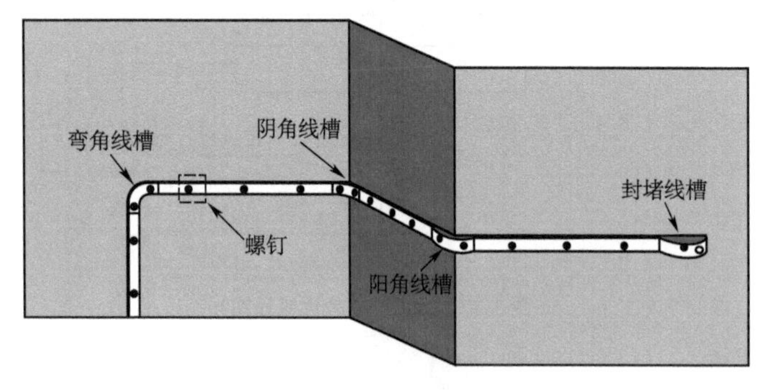

图3-59　螺钉固定方式装置规格

③在采用双面胶粘贴方式时，应用布擦拭线槽布放路由上的墙面，使墙面上没有灰尘和

垃圾,然后将双面胶贴在线槽及其配件上,并粘贴固定在墙面上。

④在采用螺钉固定方式时,应根据线槽及其配件上标注的螺钉固定位置,将线槽及其配件固定在墙面上,一般 1m 直线槽需用 3 个螺钉进行固定。

⑤根据现场的实际情况对线槽及其配件进行组合,在切割直线槽时,由于线槽盖和底槽是配对的,一般不宜分别处理线槽盖和底槽。

⑥把蝶形引入光缆布放入线槽,关闭线槽盖时应注意不要把光缆夹在底槽上。

⑦确认线槽盖严实后,用布擦去作业时留下的污垢。

(3)波纹管布缆

①选择波纹管布放路由,波纹管应尽量安装在人手无法触及的地方,且不要设置在有损美观的位置,一般宜采用外径不小于 25mm 的波纹管。

②确定过路盒的安装位置,在住宅单元的入户口处以及水平、垂直管的交叉处设置过路盒;当水平波纹管直线段长超过 30m 或段长超过 15m 并且有两个以上的 90°弯角时,应设置过路盒。

③安装管卡并固定波纹管,在路由的拐角或建筑物的凹凸处,波纹管需保持一定的弧度后安装固定,以确保蝶形引入光缆的弯曲半径和便于光缆的穿放。

④在波纹管内穿放蝶形引入光缆(在距离较长的波纹管内穿放光缆时可使用穿管器)。

⑤连续穿越两个直线路过路盒或通过过路盒转弯以及在入户点牵引蝶形引入光缆时,应把光缆抽出过路盒后再进行穿放。

⑥过路盒内的蝶形引入光缆不需留余长,只要满足光缆的弯曲半径要求即可。光缆穿通后,应确认过路盒内的光缆没有被挤压,特别要注意通过过路盒转弯处的光缆。

⑦关闭各个过路盒的盖子。

波纹管固定装置规格如图 3-60 所示。

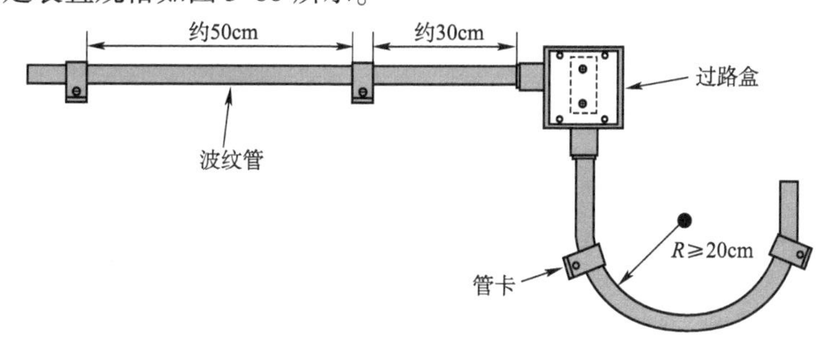

图 3-60　波纹管固定装置规格

(4)钉固件布缆

对于美观性要求不太高的场合,入户光缆可以采取直接钉固在墙面的方式进行敷设。

钉固方式敷设需要的主要材料有:

卡钉扣:主要用于室内环境下入户光缆直接敲击钉固方式,如图 3-61a)所示。

螺钉扣:主要用于室外环境下入户光缆的螺栓钉固方式,如图 3-61b)所示。

①选择光缆钉固路由,一般光缆宜钉固在隐蔽且人手较难触及的墙面上。

②室内钉固蝶形引入光缆应采用卡钉扣;室外钉固自承式蝶形引入光缆应采用螺钉扣,如图 3-62、图 3-63 所示。

③在安装钉固件的同时可将光缆固定在钉固件内,由于卡钉扣和螺钉扣都是通过夹住光缆外护套进行固定的,因此在施工中应注意一边目视检查,一边进行光缆的固定,必须确

保光缆无扭曲，且钉固件无挤压在光缆上的现象发生。

④在墙角的弯角处，光缆需留有一定的弧度，从而保证光缆的弯曲半径，并用套管进行保护。严禁将光缆贴住墙面沿直角转弯。

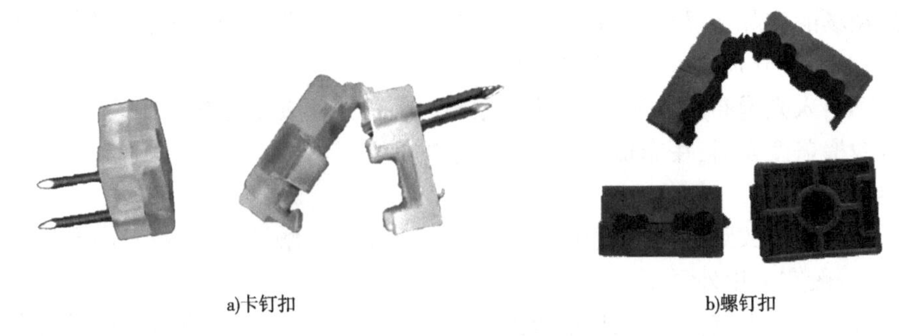

a)卡钉扣　　b)螺钉扣

图 3-61　钉固件

⑤采用钉固布缆方法布放光缆时，需特别注意光缆的弯曲、绞结、扭曲、损伤等现象。

⑥光缆布放完毕后，需全程目视检查光缆，确保光缆上没有外力的产生。

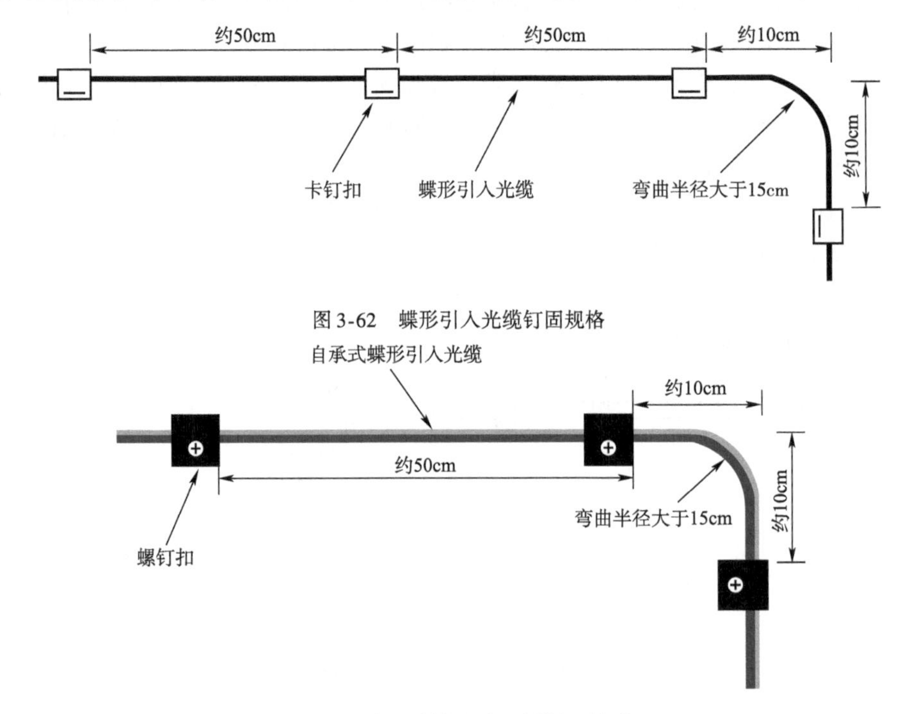

图 3-62　蝶形引入光缆钉固规格

图 3-63　自承式蝶形引入光缆钉固规格

(5)支撑件布缆

①确定光缆的敷设路由，并勘查路由上是否存在可利用的用于已敷设自承式蝶形引入光缆的支撑件，一般每个支撑件可固定 8 根自承式蝶形引入光缆。

②根据装置牢固、间隔均匀、有利于维修的原则选择支撑件及其安装位置。

③采用紧箍钢带与紧箍夹将紧箍拉钩固定在电杆上；采用膨胀螺栓与螺钉将 C 形拉钩固定在外墙面上，对于木质外墙可直接将环形拉钩固定在上面。

④分离自承式蝶形引入光缆的吊线，并将吊线扎缚在 S 形固定件上，然后拉挂在支撑件上，当需敷设的光缆长度超过 100m 时，宜选择从中间点位置开始布放。如图 3-64 所示。

⑤用纵包管包扎自承式蝶形引入光缆吊线与S固定件扎缚处的余长光缆。

⑥自承式蝶形引入光缆与其他线缆交叉处应使用缠绕管进行包扎保护。

⑦在整个布缆过程中，应严禁踩踏或卡住光缆，如发现自承式蝶形引入光缆有损伤，需考虑重新敷设。

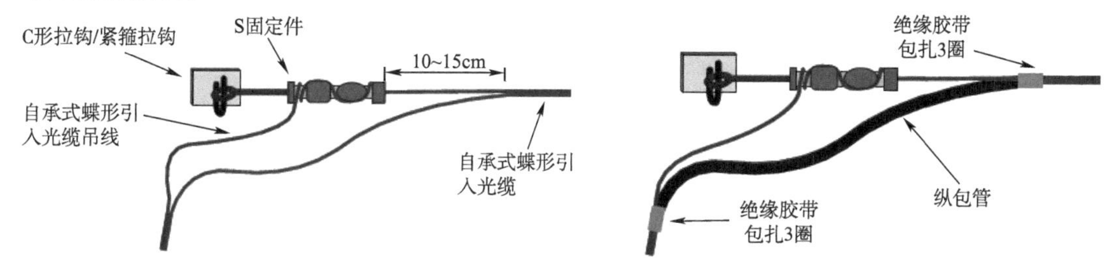

图3-64　自承式蝶形引入光缆吊线扎缚在S固定件上的规格

(6)开孔及光缆穿孔保护

①根据入户光缆的敷设路由确定其穿越墙体的位置，一般宜选用已有的弱电墙孔穿放光缆，对于没有现成墙孔的建筑物应尽量选择在隐蔽且无障碍物的位置开启过墙孔。

②判断需穿放蝶形引入光缆的数量(根据住户数)，选择墙体开孔的尺寸，一般直径为10mm的孔可穿放两条蝶形引入光缆。

③根据墙体开孔处的材质与开孔尺寸选取开孔工具(电钻或冲击钻)以及钻头的规格。

④为防止雨水的灌入，应从内墙面向外墙面并倾斜10°进行钻孔，如图3-65所示。

⑤墙体开孔后，为了确保钻孔处的美观，内墙面应在墙孔内套入过墙套管或在墙孔口处安装墙面装饰盖板。

⑥如所开的墙孔比预计的要大，可用水泥进行修复，并应尽量做到洞口处的美观。

⑦将蝶形引入光缆放过孔，并用缠绕管包扎穿越墙孔处的光缆，以防止光缆裂化。

⑧光缆穿越墙孔后，应采用封堵泥、硅胶等填充物封堵外墙面，以防雨水渗入或虫类爬入。

⑨蝶形引入光缆穿越墙体的两端应留有一定的弧度，以保证光缆的弯曲半径。

蝶形引入光缆穿墙保护方式如图3-66所示。

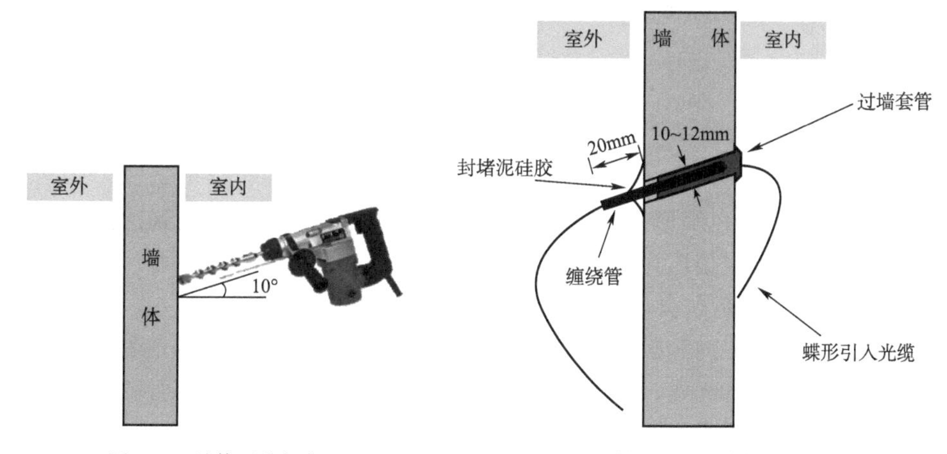

图3-65　墙体开孔方式

图3-66　蝶形引入光缆穿墙保护方式

5. 注意事项

(1)FTTH用户引入段光缆施工前应与用户确定施工日期，并严格遵守时间，到达用户处后,先与用户打招呼,注意礼仪规范。

(2)为把握整体的施工内容,在光缆敷设前需先确认光缆分纤箱或光分路箱以及光缆入户后终结点的位置,并根据其位置选择合适的施工方法。住宅单元内的光缆布放方法需经用户确认后方可施工。

(3)当需开孔将光缆引入住宅单元内或进行户内光缆布放,需要开墙孔时,应征得用户的同意,并确保墙孔两端的安全和美观。

(4)当入户光缆段测试衰减值大于规定值(1.5dB)时,应先清洁光纤机械接续连接插头端面和检查光缆,并进行二次测试。如果第二次测试值没有得到改善,则需重新制作光纤机械接续连接插头或者重新敷设光缆。

任务实施　FTTH 入户光缆敷设

任务描述:

接到电信公司的工作任务单(图3-67),内容为某住宅小区用户开通 FTTH 上网方式。要求3~5人一组,自选组长,完成其中的 FTTH 光缆敷设。主要材料和工具有:蝶形光缆、梯子、斜口钳、尖嘴钳、一字螺丝起子、十字螺丝起子、电工刀、美工刀、钢锯、奶头锤、保安带、电钻、冲击钻、光缆托盘架、穿孔器、电筒、安全帽、硅胶枪、电源插座拖线盘、光纤涂层剥离钳、光纤切割刀、红光光源、光功率计。

局内资源
新:　局号:3637　号码携带标志:0　MDU设备名称:PD/ZTE-ONT004411　MDU设备端口编号:PD/ZTE-ONT004411/0/2/1(POTS)　上联OLT设备名称:川沙T1/ZTEC220-OLT03　上联光分设备端口编号:007　是否软交换局号(逻辑号):否　密码:986854　SN编号:0020828592　VOIP VLAN:2037
原:
局外资源
新:　MDF直列:01　MDF横列:&-&-&
原:
服务资源
新:　公免标志:N　查号方式:114不查,不登号簿　地区:市区　电话用途:无　备注:|证件已核已收|
原:
产品:　新:　区内通话(装)　;　区间通话(装)　;　上网信息(装)　;　来电显示-051(装)　;　国内长途通话(装)
CRM备注:
预约时间:2010-05-28 08:00:00-12:00:00 定单来源:　合作营业厅_齐高
营销领料:

图3-67　入户光缆敷设工作单

敷设主要任务步骤:

(1)根据任务单上的用户联系方式,与用户约定上门时间。

(2)准备好白色、黑色蝶形光缆,及必要的仪器和设备,按约定时间,到达施工地点。

(3)根据任务单确定楼道光分线箱位置。

(4)根据家庭实际情况,并与用户沟通后,确定 ONU 安装位置。

(5)确定光缆路由走向和敷设方式,并由此选择蝶形光缆类型,计算光缆敷设长度。

(6)截取所需长度的光缆,确定光缆入户位置并开孔(暗管方式确定管孔)。

(7)根据所选定的敷设方法敷设光缆。

(8)制作光缆接头,并测试所敷设光缆的损耗。

(9)如损耗小于1.5dB,则敷设结束;如损耗大于1.5dB,则应检查原因并改进,或重新敷设。

任务总结

通过本任务实施，熟悉 FTTH 入户光缆敷设类型和方法，能合理选择入户光缆的起始点位置，设计合理的路由走向和敷设方式，能计算敷设长度，按照不同的敷设方法，进行规范的敷设施工。

知识拓展

拓展一　直埋

直埋敷设是指光(电)缆线路经过市郊或农村时，直接埋入规定深度和宽度的缆沟的光缆敷设。图 3-68 所示是直埋敷设光缆沟(没填回土)。

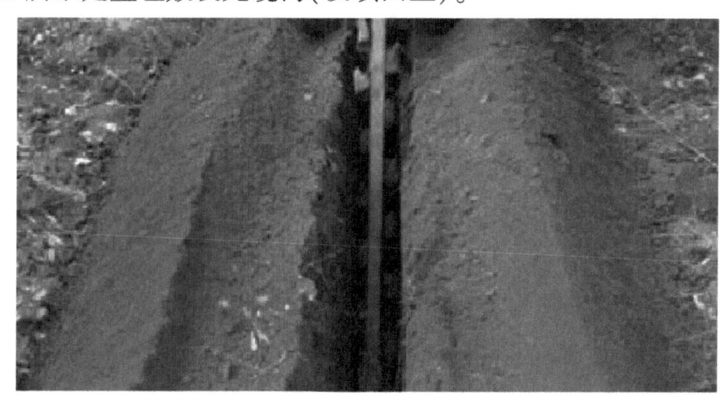

图 3-68　直埋光缆沟

直埋线路与管道线路相比，具有建筑费用低、施工简便等优点。但由于埋入地下，经常维修和查修障碍较为困难，只有在下列情况下才考虑直埋敷设：

(1)远离城市中心与局所地区，且沿途用户或房屋较少。

(2)目前该地区用户较少，而近期又无多大发展。

(3)杆路架设有困难的地区。

(4)长途。

直埋敷设主要包括挖光(电)缆沟、挖接头坑、布放、回填土、放置标石、保护等环节。

1. 光(电)缆沟

(1)光缆沟

光缆直埋敷设时，可能会受到诸多因素的影响，如耕地、排水沟和其他地面设施、鼠害、冻土层深度等。因此，直埋光缆一般要比管道光缆埋得深。只有达到足够的深度后，才能防止各种机械损伤。而且达到一定深度后，地温较稳定，减少了温度变化对光纤传输特性的影响，从而提高了光缆的安全性和通信传输质量。

光缆沟的深度和宽度，对于一般土质地段，深度为 1.2m，上宽为 60cm，底宽为 30cm，光缆沟的断面如图 3-69 所示。当同一沟内敷设两条光缆时，应保持 5cm 的间距，故宽度一般为 35cm。对于同沟敷设的光缆沟以及土质松散或水位较低地段，沟宽以 80cm 为宜。对于特殊地段，如山区石质地带，用爆破方法开沟，沟的宽度视情况而定，一般不应小于 20cm(沟底垫 10cm 细土或沙土)。

(2)电缆沟

电缆埋深主要根据当地冻土层的深度、电缆所受压力及地下各种设备的情况，电缆埋深必须大于当地冻土层的深度,一般情况下市区埋深为0.7~0.8m,郊区埋深为1.0~1.2m,上宽50~60cm,底宽25~30cm,其截面如图3-70所示。直埋电缆穿越电车轨道或铁路轨道时,应装设保护管、钢管或水泥管,埋深不宜小于管道的埋设深度。

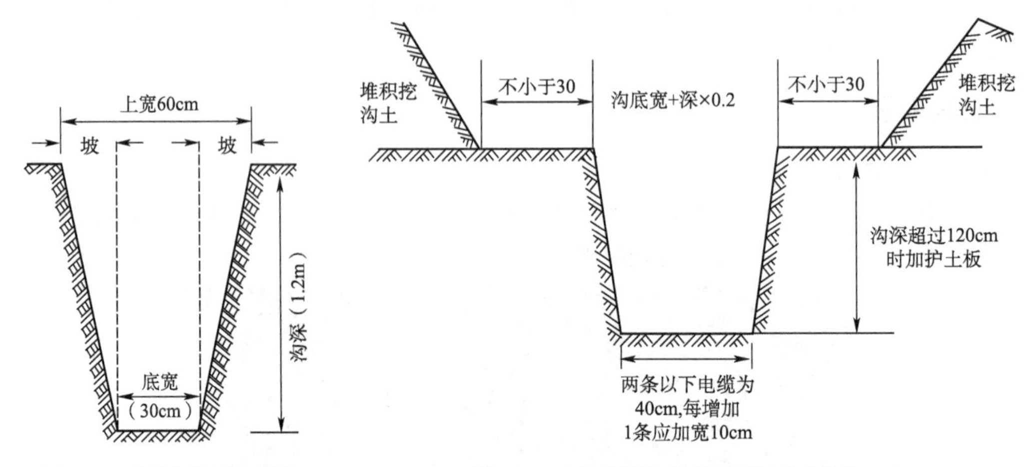

图3-69　光缆沟截面示意图

图3-70　电缆沟标准截面示意图(尺寸单位:cm)

2.接头坑的要求

挖接头坑时,深度以光缆沟深度为准,有负荷箱时,应适当增加深度。各接头坑均应在光缆线路前进方向的同一侧或靠道路的外侧,如图3-71所示。接头坑宽度不应小于120cm,如图3-72所示。

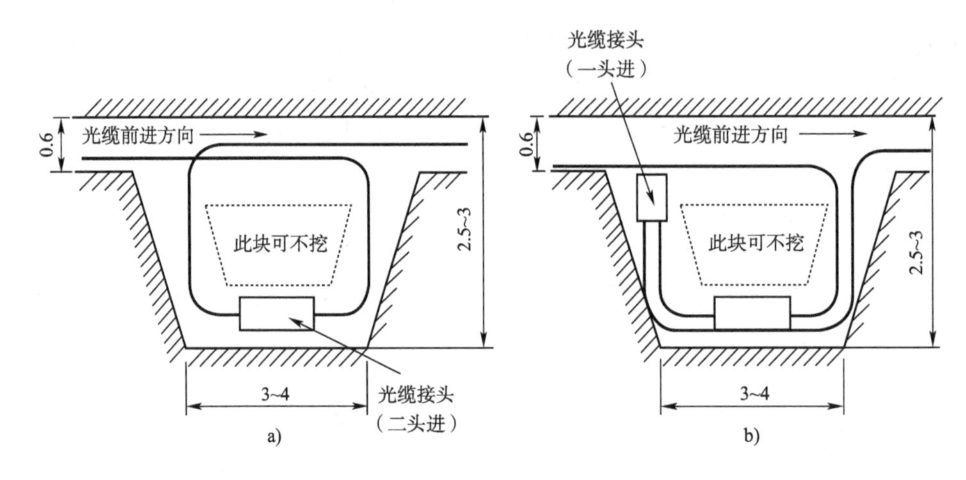

图3-71　直埋光缆接头坑俯视示意图(尺寸单位:m)

3.布放要求

(1)机械牵引时,应采用地滑轮。

(2)人工抬放时,光缆不应出现小于规定曲率半径的弯曲以及拖地、牵引过紧现象。

(3)光缆必须平放于沟底,不得腾空和拱起。

(4)光缆敷设在坡度大于20°、坡长大于30m的斜坡上时,宜采用“S”形敷设或按设计要求的措施处理。

(5)布放过程中或布放后,应及时检查光缆外皮,如有破损应立即修复;直埋光缆敷设后应检查光缆护层对地绝缘电阻。

4. 回填土

(1)光缆沟回填土要求

先回填15cm厚的碎土或细土,严禁将石块、砖石、冻土等推入沟内,并应人工踏平;回填土应高出地面10cm。

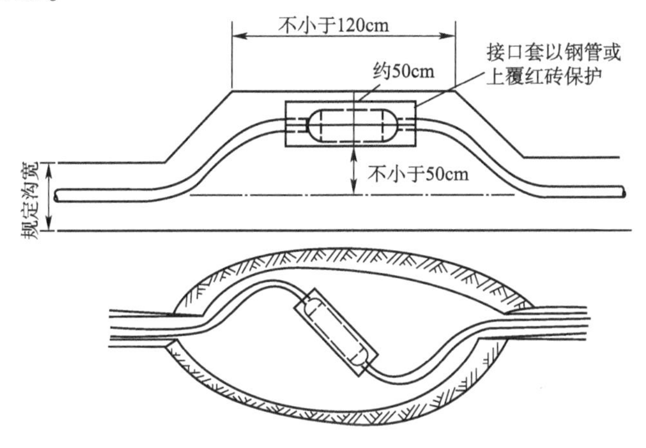

图3-72　直埋电缆接头坑示意图

(2)电缆回填土要求

①敷设完毕后,应将直埋电缆与其他地下管线与建筑物的净距离详细记录,然后回填细砂或细土20cm加以覆盖,待气压稳定后再回土夯实。

②回土时严禁将砖头、瓦块抛入沟内。

③回土夯实时,不得损伤电缆,在市区内应分层夯实,每30cm夯实一次,最后夯实的土面在高级道路上应与路面平齐,在土路上应高出路面5~10cm,在郊区土地上应高出路面5~20cm放置标石。

5. 放置标石

标石一般用竖石或钢筋混凝土制作,规格有两种:一般地区使用短标石,规格应为100cm×14cm×14cm;土质松软及斜坡地区用长标石,规格为150cm×14cm×14cm。标石编号为白底红(或黑)漆正楷字,字体端正,表面整洁。编号应根据传输方向,自A端至B端方向编排。一般以一个中继段为独立编号单位。

下列地点需设置直埋标志牌:

(1)光(电)缆接头处。

(2)光(电)缆转弯处。

(3)暗式人孔处。

(4)规划余留处。

(5)直线路每隔250m处。

6. 保护

(1)光缆的防护措施

①光缆线路穿越铁道以及不开挖路面的公路时,采取顶管方式。顶管应保持平直,钢管规格及位置应符合设计要求,在允许破土的位置可以采取埋管保护。采用顶管法时,可用专门的顶管机,也可用千斤顶,在钢管顶端口装上顶管帽,将钢管从跨越物的一端挤至另一端,然后以此钢管作为光缆的通道。顶管或埋保护管时,管口应用油麻或其他材料堵塞,如图3-73所示。

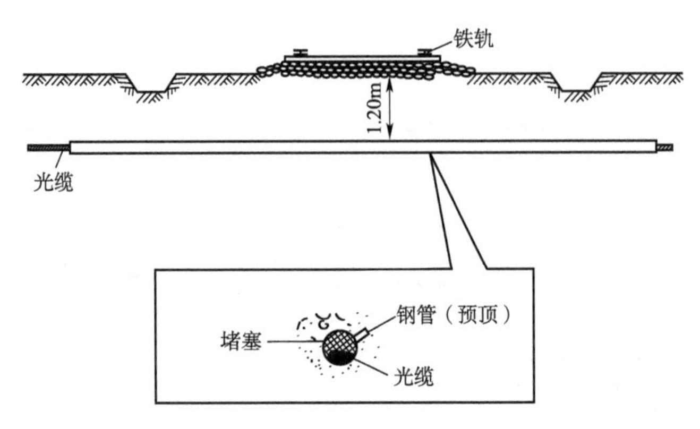

图 3-73　光缆穿越铁路的保护

②光缆线路穿越机耕路、农村大道以及市区、居民区或易动土地段时，应按设计要求的保护方法施工。在光缆上方铺红砖时，应先覆盖20cm厚碎土再竖铺红砖，同沟敷设两条光缆应横铺红砖，如图3-74所示。

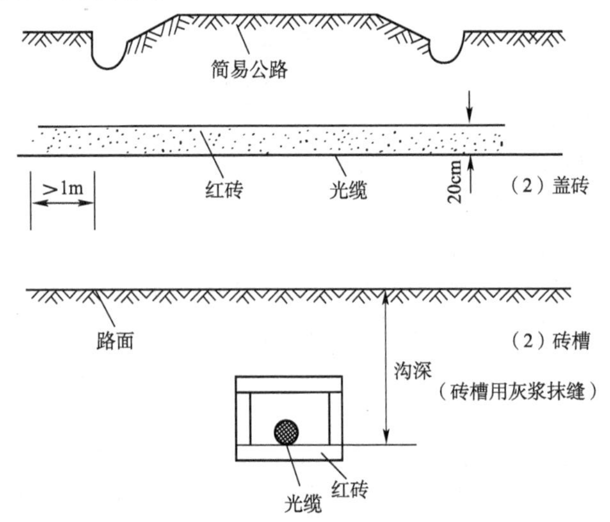

图 3-74　光缆穿越简易公路的盖砖及砖槽保护示意图

③光缆穿越河流、湖泊时，光缆敷设后至预放好的过河管道处采取布放市区管道光缆的方式穿越光缆，穿越后两侧塑料管口用油麻等堵塞，岸滩位置应按设计规定作"S"形余留后进入埋式地段。

④光缆穿越桥梁时，一般用钢管和钢丝吊挂的方式，光缆穿越钢管后在管口应用油麻等堵塞。

⑤光缆穿越涵洞、隧道时，应采用钢管或半硬塑料管保护，并在出口处作封固和损坏部分的修复。但要注意，涵洞主要用于铁路或公路下边作排水，应尽量避免穿越，只有在旁边不能顶管、开挖的情况下，并经工程主管部门、铁路或公路部门同意，在确保涵洞、隧道的使用、安全情况下方可穿越。

⑥光缆线路穿越白蚁活动区域时，应按规定作防蚁处理。

⑦光缆线路的防雷措施，必须按设计规定处理。采用防雷排流线时，应在光缆上方30cm处敷设单根或双根排流线，如图3-75所示；当回填土后因故又挖出光缆重新敷设时，必须严格检查排流线是否位于光缆上方，严禁出现颠倒现象。

（2）电缆的防护措施

直埋式电缆的防护与光缆类似。如敷设在市区、居民区或将来有可能被挖开地区的直埋式电缆，均应在电缆上面覆细土（或沙）20cm，铺以红砖保护，如图3-76所示。

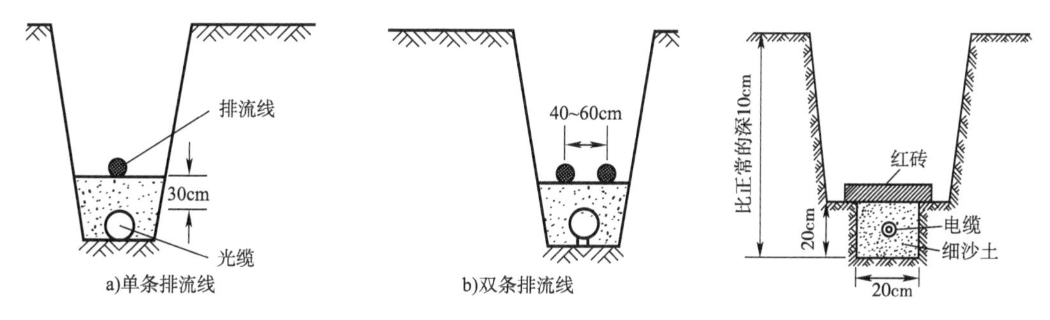

图3-75　光缆防雷措施

图3-76　直埋电缆的防护

拓展二　吹缆

吹缆是光缆气吹敷设法的简称，即采用高压气流吹送的方式将光缆吹放到预先埋设的硅芯管（图3-77）中。吹缆机将高压、高速的压缩空气吹入硅芯管，高压气流推动气封活塞，这样连接在光缆端部的气封活塞对光缆形成一个可设定的均匀的拉力，与此同时，吹缆机液压履带输送机构夹持着光缆向前输送形成一个输送力，拉力与输送力的组合，使穿入的光缆随高速气流一道以悬浮状态在管道内快速穿行。

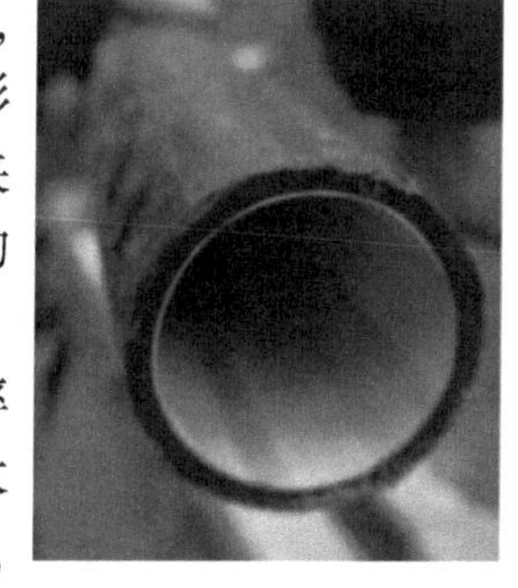

图3-77　硅芯管的光滑内壁

与水泥、PVC等管材相比，硅芯管对地形要求底，而且具有曲率半径小、内壁永久润滑等优点，管道线路上人孔、手孔数量可以大大减少，所以管道建设更容易；与直埋相比，光缆在硅芯管中得到保护，具有抗冲击强度大、抗拉、抗压、抗腐蚀等优势。

此外，与其他的光缆敷设方法相比，光缆在吹缆敷设过程中所受的张力比较均匀而且小得多；而且敷设过程简化，敷设光缆速度快；可采用较长的光缆，减少接头数，降低了衰耗。

因此，吹缆施工在通信干线光缆的敷设中越来越常采用。

气吹法布放通信光缆的基本流程：

气吹法的基本原理是由气吹机把空压机产生的高速高压气流和线缆一起送入管道。由于管壁内极低的摩擦系数和高压气体的流动使光缆在管道内呈悬浮状态，从而减小了线缆在管道中的阻力。正因为高速流动的气体所产生的是均匀附着在线缆外皮的推力而不是牵引力，才使该线缆不会受到任何机械摩擦和侧压损伤，同时也大大提高了穿放线缆的速度和每次气吹敷缆的长度。

一台气吹机一般一次可气吹1 000～2 000m的长度。制约因素主要有：地形、管道内径与光缆外径之比、光缆的单位长度质量、材料（一般采用外皮为中密度PE的光缆气吹效果较好、较经济）和施工时的环境温度及湿度等。

若采用多台气吹机接力气吹，光缆的盘长可选择4km或6km。在高速公路上，一般每1km设置一个手孔，作为气吹点和应急电话、监控等分支处理点，在有光缆接头处（每2km或4km）设置一个人井。

对于在野外易开挖地段敷设根数较少的硅管时，如通信干线工程，只要在有光缆接头处加上密封接口，就可作为气吹点或接力气吹点，穿缆之后拧紧接口，管道依然保持封闭一体的状态。图3-78为气吹机接力敷设长距离光缆示意图。

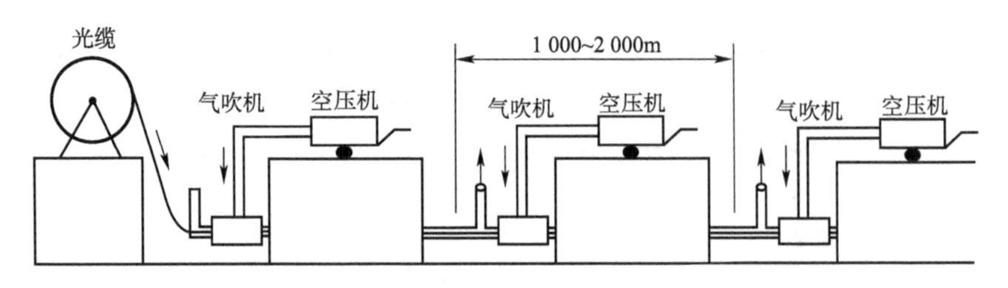

图 3-78　气吹机接力敷设长距离光缆示意图

拓展三　室外墙壁

前面已介绍室内的墙壁线缆敷设方式。对于沿室外墙壁敷设线缆时宜采用自承式或吊线式，下面以电缆为例进行介绍。

1. 自承式

自承式墙壁电缆的安装技术要求：

(1)各终端、中间支持物应安装牢靠，整齐水平。

(2)中间支持物间距应在 10m 以下，且间距均匀。

(3)终端、转角支持物应使用终端转角墙担；中间支持物应使用角钢墙担。

(4)墙壁自承式电缆与钢线在吊线分离处应用尼龙扎带绑扎牢固。

(5)转角处余留为 20 ~ 30cm。

自承式电缆沿墙直线架设可采用角钢墙担。单条电缆直线架设安装方法如图 3-79 所示。沿墙直线架设两条自承式电缆时，安装方法如图 3-80 所示。

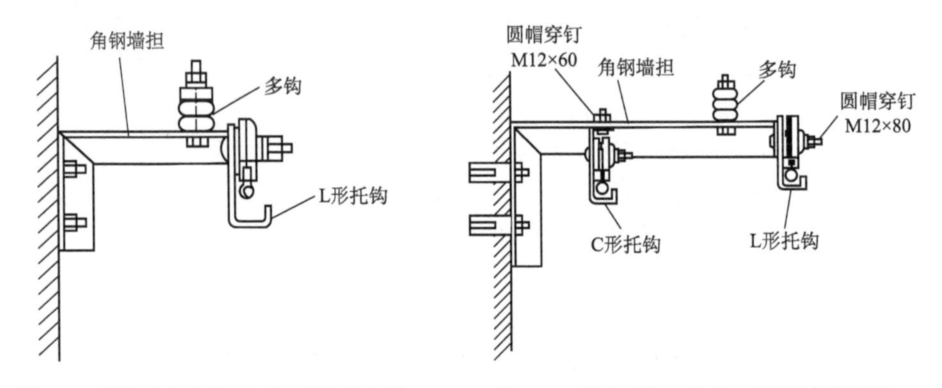

图 3-79　沿墙单条自承式电缆直线架设安装　　图 3-80　沿墙两条自承式电缆直线架设安装

沿墙自承式电缆作终端时，应使用终端转角墙担，转角墙担应水平放置，平面朝上，如图 3-81 所示。自承式墙壁电缆的转角架设如图 3-82 所示。

2. 吊线式

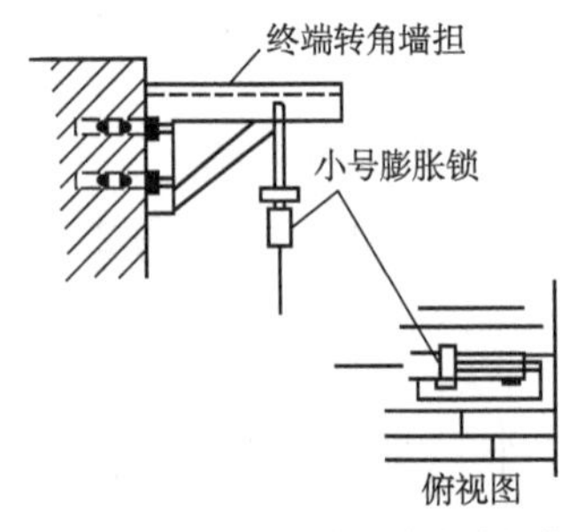

图 3-81　沿墙自承式电缆终端安装

吊线式墙壁电缆与吊挂式架空电缆相似，只是吊线的支撑物有所改变，它是利用墙上的支撑物与终端的固定物代替电杆架挂电缆的一种建筑方式。

吊线式墙壁电缆，在墙壁上的敷设形式有水平敷设与垂直敷设。当吊线水平敷设时，其终端可用有眼拉攀，中间的支持物用吊线支架装设。终端装置和中间支持物均用金属膨胀螺栓固定在墙壁上，如图 3-83 所示。当电缆吊线遇到墙壁上凸出部分时，可采用凸出支架装置，如图 3-84 所示。

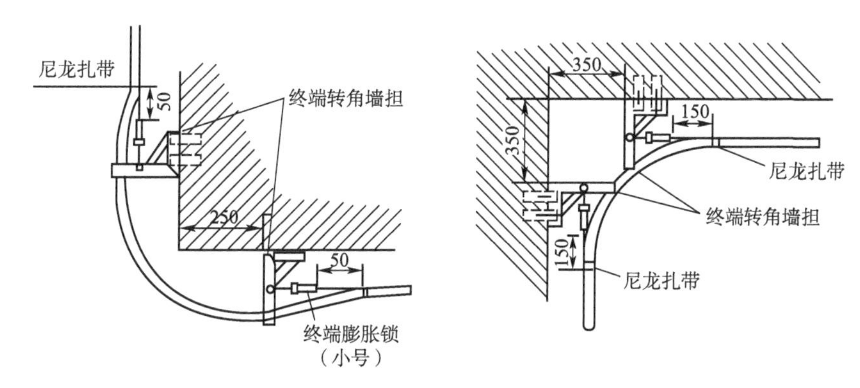

图 3-82　沿墙自承式电缆转角架设安装(尺寸单位:mm)

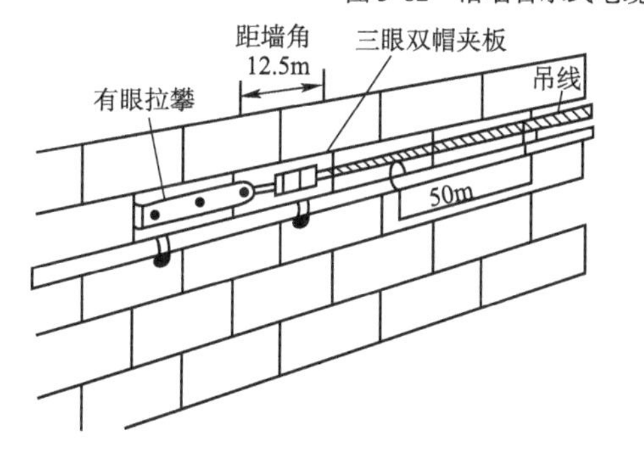

图 3-83　吊线式墙壁电缆的固定

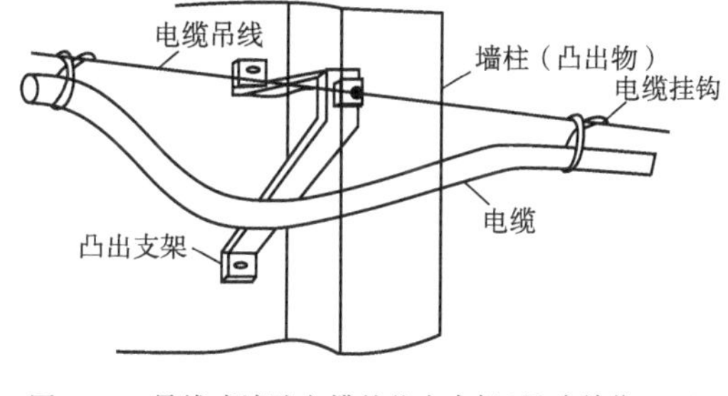

图 3-84　吊线式墙壁电缆的凸出支架(尺寸单位:mm)

吊线水平敷设时也可用J形卡担或单、双墙担架设,如图 3-85 所示。

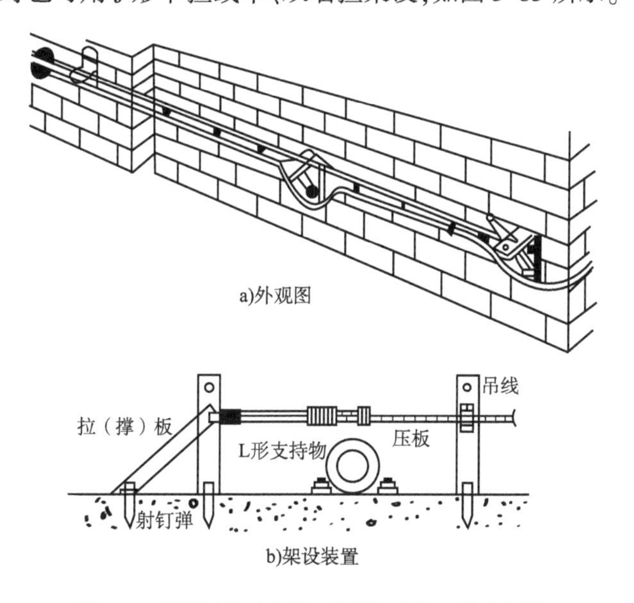

图 3-85　吊线式墙壁电缆J形卡担或单、双墙担架设

吊线垂直固定在墙壁上,两支持物间最大跨距应小于 20m,其终端固定物可采用终端拉攀装置、有眼拉攀装置或双插墙担装置,分别如图 3-86 所示。

吊线式墙壁电缆的吊线终端一般使用 U 形钢卡,其制作方法如图 3-87 所示。吊线式墙壁电缆各种终端、中间支持物,应装设牢固、横平竖直、整齐美观,各支撑点应尽量水平。墙壁电缆的挂钩程式和卡挂规格与架空电缆相同。

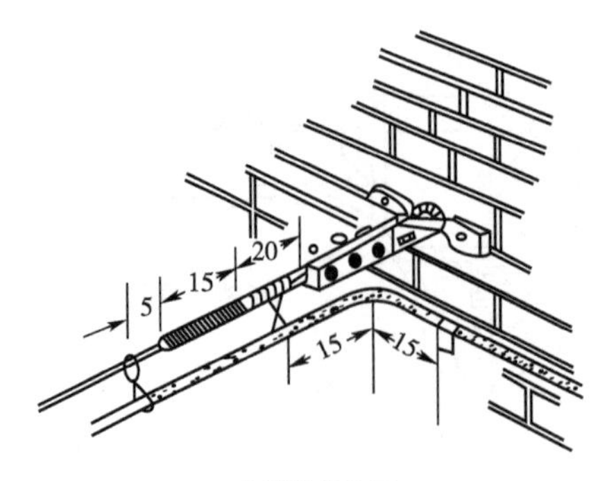

a)终端拉攀装置

b)有眼拉攀装置

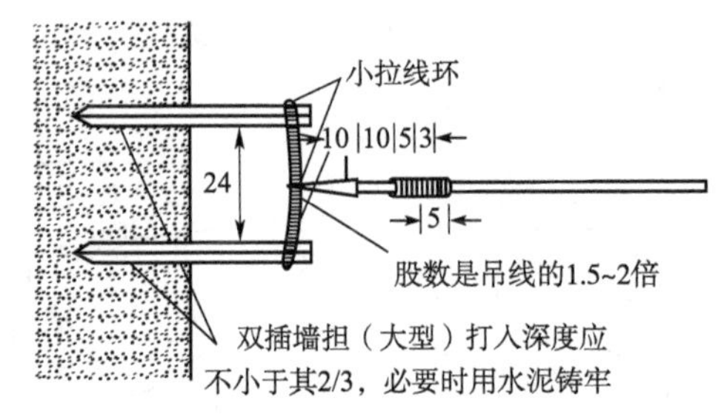

c)双插墙担装置

图 3-86 终端固定装置(尺寸单位:cm)

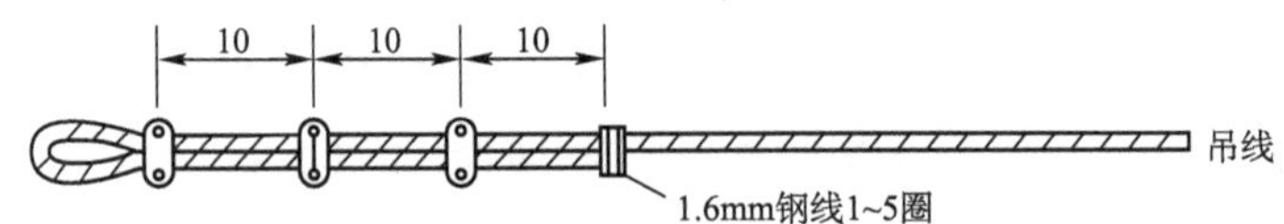

图 3-87 吊线式墙壁电缆的吊线终端 U 形钢卡(尺寸单位:cm)

习题与思考

一、单选题

1. 光缆在地形起伏比较大的地段(如台地、梯田、干沟等处)敷设时,一般高差在(　　)m及以上时,应加护坎或护坡保护。

A. 0.5　　B. 0.8　　C. 1.0　　D. 1.5

2. 光缆短期允许拉伸力(最小值)应是(　　)。

A. 1 200N　　B. 1 300N　　C. 1 400N　　D. 1 500N

3. 光缆在下列哪些地方不需要进行蛇皮软管保护(　　)。

A. 管道光缆通过人孔时　　B. 架空光缆经过电杆时

C. 管道光缆引上时　　D. 架空光缆与供电下户线路交越时

4. 两条光缆同挂时选用(　　)mm 以上的光缆挂钩。

A. 25　　B. 35　　C. 55　　D. 45

5. 架空光缆在轻、中负荷区(杆距为 50m,且吊线条数小于等于 2)双方拉线(防风拉)的设置:在直线杆路每隔(　　)做一双方拉线。

A. 4 档　　B. 6 档　　C. 8 档　　D. 12 档

6. 8m 水泥杆在普通土中埋深(　　)。

A. 1.4m　　B. 1.5m　　C. 1.6m　　D. 1.7m

7. 在人(手)孔内,塑料管道距人(手)孔侧壁的水平距离不小于(　　),距上覆和底部的距离不小于(　　)。

A. 200mm、300mm　　B. 300mm、200mm

C. 200mm、350mm　　D. 300mm、250mm

8. 管道光缆占用的管孔位置应按靠近管群两侧并(　　)。

A. 由下至上进行选用　　B. 由下至上进行选用

C. 随意

9. 在管道光缆铺设中,直径较小的光缆应采用(　　)道敷设。

A. 塑料子管　　B. PVC 塑料管　　C. 钢管

10. 新建管道时,管道坡度最小不得小于(　　)。

A. 2.0‰　　B. 2.5‰　　C. 3.0‰　　D. 3.5‰

11. 入户光缆在室内(建筑物以内)环境下,宜选用(　　)光缆。

A. 普通蝶形引入光缆　　B. 管道蝶形引入光缆

C. 自承式蝶形引入光缆　　D. 以上均可以

12. 在高层楼内垂直方向,用户引入光缆在弱电竖井内宜沿桥架敷设,每隔(　　)应进行绑扎固定,蝶形光缆宜用 PVC 软管保护。

A. 0.5m　　B. 1m　　C. 1.5m　　D. 2m

13. 蝶形光缆在入户型综合信息箱内部绕线时,需保证弯曲半径不小于(　　),多圈缠绕时需用绑扎线进行绑扎。

A. 5mm　　B. 10mm　　C. 15mm　　D. 20mm

14. 蝶形光缆必须采用人工方式布放,在暗管、槽道内布放时,应分段布放,一次性牵引的长度不宜超过(　　)。

A. 5m　　B. 10m　　C. 15m　　D. 20m

二、判断题

1. 光缆敷设在坡度大于 20°,坡长大于 30m 的斜坡上时,应采用“S”形敷设。　(　　)

2. 通信管道建设宜与相关的市政建设统一规划,分步进行。　(　　)

3. 路面程式通常有混凝土路面、柏油路面、砂石路面、混凝土砌块路面、水泥砖铺路面、条石路面等。　(　　)

4. 终端杆拉线应选择比吊线大一级的程式。　(　　)

5. 吊线夹板一般应装置于距杆顶 50cm 处为宜,特殊情况下可以升高或降低,但距杆梢不得小于 20cm。　(　　)

6. 架空光缆线路一般不允许跨越电气化铁路。　(　　)

7. 新建管道时,管道坡度通常的设置方法为一字坡和人字坡。　(　　)

8. 管道光缆穿放时,一般应从靠侧壁和靠下的位置穿入。　(　　)

9. 敷设管道光缆时,对于孔径大于等于 90mm 的水泥管道或塑料管道,应一次敷设三根或三根以上的子管,一般多根子管的总等效外径宜不大于管孔的 85%。　(　　)

10. 自承式蝶形引入光缆适用于短档距的架空敷设,不得在室外通信管道内穿放,不得将自承式蝶形引入光缆作为其他线缆的吊线使用。　(　　)

11. 在楼内水平方向,用户引入光缆宜布放在独立暗管、桥架(弱电专用)或线槽内。

(　　)

12. 进局管道应根据终局需要量一次建设。管孔大于 48 孔时可做通道,由地下室接出。
( )

三、填空题

1. 光(电)缆敷设就是根据拟定的敷设方式,将单盘光(电)缆拉放到管道内,或架挂到杆路上,或放入光(电)缆沟中等。光(电)缆敷设常采用( )、( )、( )等方式。从工程施工技术来看,光缆与电缆工程并没有根本区别。

2. 敷设时,线缆布放应平直,不得扭绞交叉,光缆的曲率半径应大于光缆外径的( )倍;电缆的曲率半径应大于电缆外径的( )倍。

四、简答和论述题

1. 光缆敷设过程中,为什么要"∞"摆放?
2. 施工人员在架挂线缆时,使用哪些措施来保证高空作业安全?
3. 架挂线缆时,在杆上留下一定的弯度的作用是什么?
4. 当经过电力电缆时,通信架空电缆应该与电力电缆保持平行还是垂直? 为什么?
5. 为什么选用管孔时,需要按照先下后上、先两侧后中央的顺序使用?
6. 为什么管孔内不应穿放铠装光(电)缆?
7. 牵引端头上加转环的作用是什么?
8. 墙壁电缆转弯时,要注意什么?
9. 光缆进局时,采用哪些防火防水措施?
10. 简述 FTTH 项目中入户光纤的敷设步骤和方法。
11. 简述哪些措施可以保护光(电)缆在地下的安全。
12. 直埋光(电)缆时,采用人工或者机械的方式各自有什么优缺点?
13. 标石上要写上哪些内容,作用是什么?

项目四　通信线路接续与成端

技能目标

1. 熟悉光(电)缆的各种接续方法；
2. 能按照光纤序号排列正确完成光缆的接续和成端；
3. 能按照电缆线序编号要求正确完成电缆接续和成端；
4. 掌握光(电)缆的跳线操作技能。

知识目标

1. 了解光(电)缆接续、成端的施工规范和标准,掌握其基本要求；
2. 掌握光纤熔接机的基本原理和使用方法；
3. 掌握光缆的芯线编号及接续、成端方法；
4. 掌握电缆芯线的线序编号及接续、成端方法。

任务一　电 缆 接 续

一、芯线接续的种类与方法

我国全塑电缆芯线接续主要采用扣式接线子接续法和模块式接线子接续法。

(一)扣式接线子接续法

扣式接线子接续法是广泛采用的小对数全塑全色谱电缆芯线接续方式,一般适用于300对以下电缆,或在大对数电缆中接续分歧电缆。目前,市话全塑电缆的接线子品种较多,按其接续方式、器件外形和内部结构及特点,可分为套管型、纽扣型、槽型、销钉型、齿型和模块型等多种。国产扣式接线子的程式及适用范围如表4-1所示。

国产扣式接线子的程式及适用范围　　表4-1

规格型号	接线形式	连接片形式	适用范围	
			聚烯烃塑料绝缘	
			绝缘层最大外径(mm)	填充或非填充聚烯烃塑料绝缘电缆(mm)
HJK1	二线接续	单式	1.52	—
HJKT1				0.4~0.5
HJK2	二线接续	双式	1.80	—
HJKT2				0.4~0.9

续上表

规格型号	接线形式	连接片形式	适用范围	
			聚烯烃塑料绝缘	
			绝缘层最大外径(mm)	填充或非填充聚烯烃塑料绝缘电缆(mm)
HJK3	二线或二线接续	双式	1.67	—
HJKT3				0.4~0.5
HJK4	不中断线路复接	单式	1.27	—
HJKT4				0.4~0.9
HJKT5	不中断线路复接	双式	1.67	0.4~0.9

常见的扣式接线子外形和结构如图4-1和图4-2所示,它由扣身、扣帽、U形卡接片三部分组成。

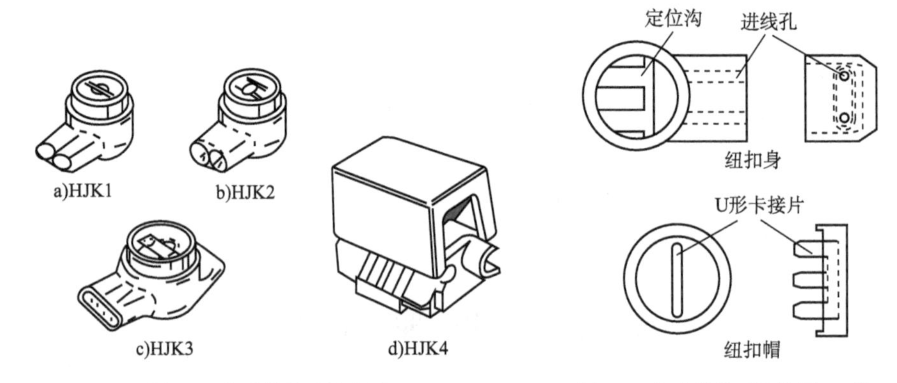

图4-1　扣式接线子外形图

图4-2　扣式接线子结构图(二线)

塑料盖内镶嵌镀锡铜合金U形卡接片,在接续时,将待接芯线放入沟槽内,用专用手压钳将塑料盖压入塑料座内,芯线被压入U形卡接槽内,如图4-3所示。由于芯线可压入槽内比线径稍窄处,刀口可卡破芯线绝缘及氧化层,卡接片能与铜线本体接触,能够保持一定的接续压力,形成无空隙接续;同时,充有硅脂的接线子,具有防潮、防氧化性能。

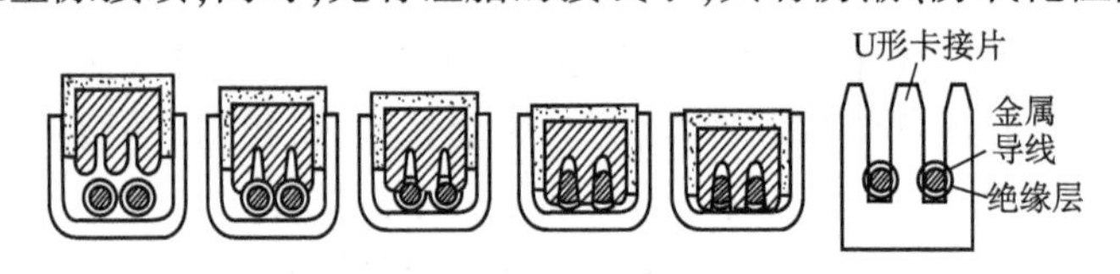

图4-3　扣式接线子U形卡接片卡接示意图

(二)模块式接线子接续法

模块式接线子也称为模块型卡接排,简称模块或卡接排。其具有接续整齐、均匀,性能稳定,操作方便和接续速度快等优点。模块式接线子一次接续25对芯线。

利用模块式接线子可进行直接、桥接和搭接,常用于大对数电缆。

模块式接线子由底板、主板和盖板三部分组成。主板由基板、U形卡接片、刀片组成。基板由塑料制成,上、下两种颜色,靠近底板一侧与底板颜色相同,一般为金黄色,靠近盖板一侧与盖板颜色一致,一般为乳白色。一般用底板与主板压接局方芯线,主板与盖板压接用户芯线。模块式接线子的结构如图4-4所示。

目前,常用的模块式接线子有国产和进口(主要3M公司)两大类。3M公司的卡接排型号及选用如表4-2所示。

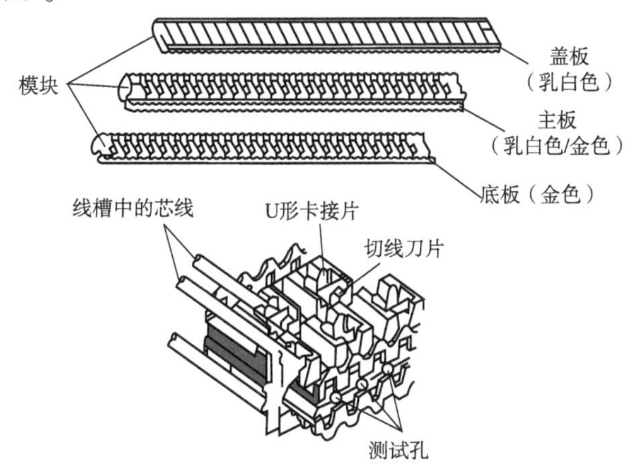

图4-4 模块式接线子的结构

卡接排型号及选用

表4-2

用途	型号	类别		有无硅脂保护	适用电缆线径(mm)		备注
		标准型	超小型		线径	最大绝缘外径	
一字形接续 直接	4000-B	√			0.32~0.7	1.17	
	4000-D		√		0.32~0.8	1.65	
	4000-DWP		√	√	0.32~0.8	1.65	
	4000-UWP		√	√	0.4~0.8	1.65	4000D防潮盒
Y字形接续 桥接	4002-B	√			0.32~0.7	1.17	
	4005-D		√		0.32~0.8	1.65	
T字形接续 搭接	4008-B	√			0.32~0.7	1.17	
	4008-D		√		0.32~0.8	1.65	

二、电缆接续的方法

(一)电缆接续的基本要求

(1)电性能要求:接头完成后,接续电阻。绝缘电阻等均应符合规定要求。

(2)机械性能要求:芯线接续后应具有一定的抗张强度和抗扭强度,当芯线承受一定程度的拉力时,接头不发生折裂和松动。

(3)接续质量要求:芯线接续应无断线、碰地、混线、绝缘不良等现象。

(4)应严格按照色带、色谱规定进行接续。

(5)严禁以绕接的方法接续全塑电缆芯线。

(6)严禁以三线接线子进行二线或四线接线。

(二)扣式接线子接续的方法

1.扣式接线子压接钳

3M公司各种型号的压接钳如图4-5所示。

E-9Y压接钳:带有剪线钳口,在架空作业及修理时使用,是最轻便的一种压接钳。

E-9E压接钳:在压紧时,钳口动作平行度好。其使用功能与E-9Y相同,但无剪线钳口。

E-9B/E-9BM 压接钳：用途最广的接线钳，可适用于各种接线子，其压接钳口间距可用调节螺钉调节。

E-9C 压接钳：用来压接链带式的接线子，每个链带上装有接线子 10 只，可在一定程度上提高接续效率。

E-9CH 高容量压接钳：为了进一步提高接续效率，对于 50 对以上电缆的接续，可采用这种压接钳，钳下有一个铁架，用于存放链带接线子，可以连续接续。

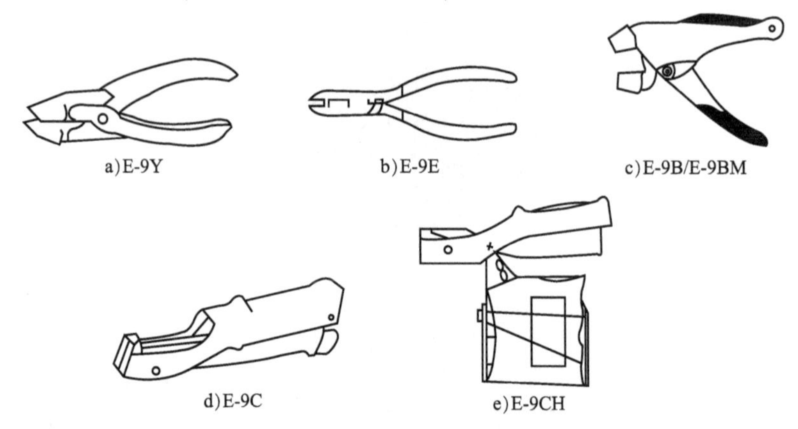

a)E-9Y　b)E-9E　c)E-9B/E-9BM

d)E-9C　e)E-9CH

图 4-5　扣式接线子压接钳

扣式接线子压接时，为了保证接续良好，要求将待接续的接线子完全放入钳口内，钳口要平行夹住接线子扣盖和扣身上下两个平面，钳口张合时应完全平行，不可偏斜。

2. 扣式接线子接续规定

(1)按设计要求的型号选用扣式接线子。

(2)接续长度为 50mm，并扭绞 3 ~4 花。

(3)接线子排列整齐、均匀，每 5 对(同一领示色)为一组，分别倒向两侧的电缆切口。

(4)无接续差错，芯线绝缘电阻合格。

3. 扣式接线子接续操作方法和步骤

全塑电缆接续长度及扣式接线子的排数应根据电缆对数、电缆直径及封合套管的规格等来确定。

(1)排数及接续长度

扣式接线子的排数及接续长度如表 4-3 和图 4-6 所示。

扣式接线子排数及接续长度　　表 4-3

电缆对数(对)	接线子排数	接续长度(mm)
25	5	130
50	8	175
100	12	250
200	16	325
300	20	400

(2)芯线接续步骤

①电缆护套开剥。一般来讲，电缆接头开剥护套最小长度为：1.5 × 接续长度。

②剥开电缆护套后，按照扎带颜色分开各单位束，并临时用包带捆扎，以便操作。

③按色谱挑出第一个单位线束，将其他单位线束折回电缆两侧，将第一个单位线束编好

线序。

④按编号和色谱顺序,挑出第一对线(白蓝),芯线在接续扭线点疏扭 3 ~4 花,留长 50mm,对齐剪去多余部分,要求 4 根导线平直、无钩弯,如图 4-7a)所示。A 线与 A 线压接,B 线与 B 线压接。

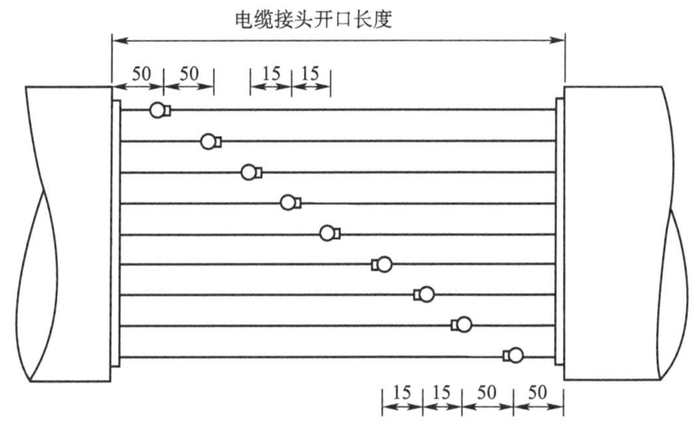

图 4-6 扣式接线子排列示意图(尺寸单位:mm)

⑤将两根 A 线插入接线子进线孔内,并一直插到底部,然后将接线子放置在压接钳钳口中,可先用压接钳压一下扣帽,观察接线子扣帽是否平行压入扣身并与壳体齐平,然后再一次压接到底。压接时当听到响声时即表示压接到位,不能再强压,以免损坏接线子。用力要均匀,扣帽要压实压平,如有异常,可重新压接。B 线也同样操作。

⑥压接后用手轻拉一下芯线,防止压接时芯线跑出没有压牢。

⑦每 5 对(同一领示色)为一组,每一组与切口、组与组之间的距离参见图 4-6。

⑧重复上述步骤,完成其他线对的连接,接线子排列应整齐、均匀,如图 4-7b)所示。

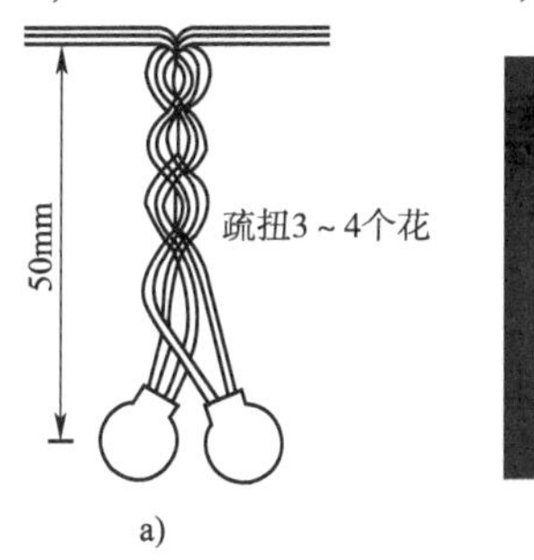

a)

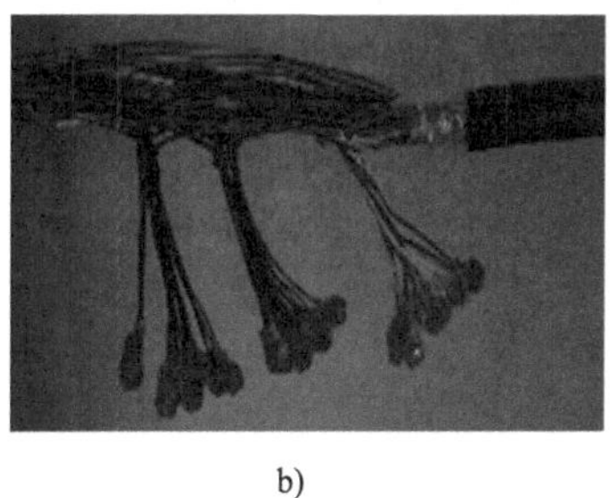

b)

图 4-7 扣式接线子接续示意图

(三)模块式接线子接续的方法

1.模块式接线子接续工具

用模块式接线子接续时,要用专用的压接工具,实物如图 4-8 所示。

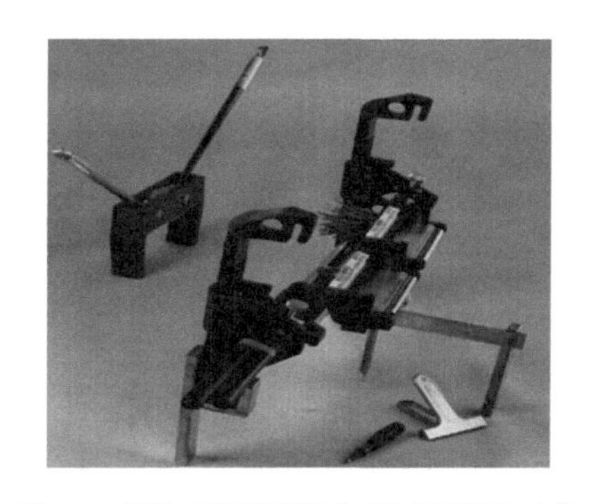

图 4-8 模块式接线子接续工具(接线架)实体

压接工具主要由接线架和压接器两部分组成。接线架包括接线机头 1 ~2 个、支架管(电缆固定架)、接线机头支架、电缆扣带 2 个、检线梳及试线塞子等。专用的压接工具结构如图 4-9 所示。

(1)接续机头

接续机头是安装模块式接线子及进行接续的部

件。它由两边的金属挡板、带色谱的进线板、蓝色分线齿和两排导线固定弹簧组成。

(2)电缆固定架

电缆固定架用来安放两侧(局方和用户方)已剖开护套的电缆,两侧各由一组皮带和皮带钩组成。

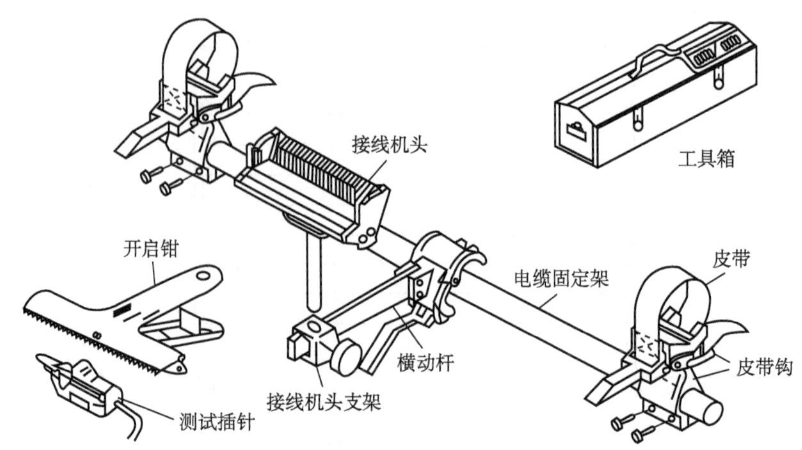

图 4-9 模块式接线子接续工具(接线架)

(3)接续机头支架

接续机头支架由接续机头固定夹及横动杆组成。

电缆、支架及接续机头的装置如图 4-10 所示。

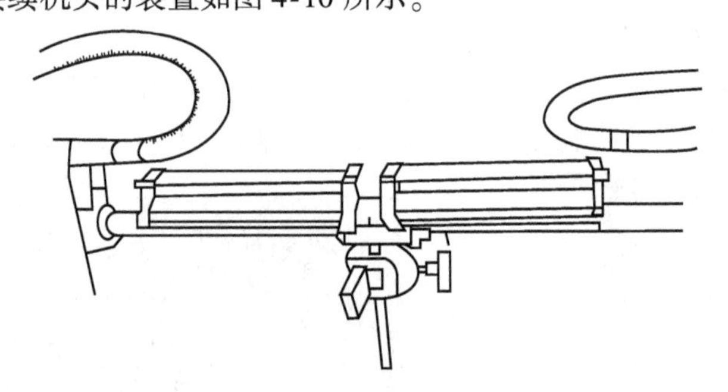

图 4-10 电缆、支架及接续机头的装置图

(4)检线梳

检线梳用于检查卡线质量,左移时仅显示 A 线,右移时仅显示 B 线。

(5)开启钳

开启钳用于开启未卡接好芯线的模块式接线子。

(6)测试插针

接续完成后,从模块式接线子测试插孔插入,检测接续质量,尾部导线可接测试仪表。

(7)修补工具

修补工具有大、小两种,主要用于修补个别未卡好的芯线,并将其重新卡接好。

(8)压接器

压接器可提供模块压接时的动力,常用手动液压器,它由液压器主体、夹具和高压软管等组成,液压器提供 30MPa 的压强,可对顺好线的底、主、盖板进行压接。加压时先旋紧气闭旋钮,上下扳动手柄,听到液压器发出“唧、唧”声时,压接工序完成。如图 4-11 所示为模块式接线子接续工具——压接器。

2. 模块式接线子接续规定

(1)按设计要求的型号选用模块式接线子。

(2)接续配线电缆芯线时,模块下层接局端线,上层接用户端线;接续中继电缆芯线时,模块下层接B端线,上层接A端线;接续不同线径芯线时,模块下层接细线径线,上层接粗线径线。

(3)模块排列整齐,松紧适度,线束不交叉,接头呈椭圆形。

(4)无接续差错,芯线绝缘电阻合格。

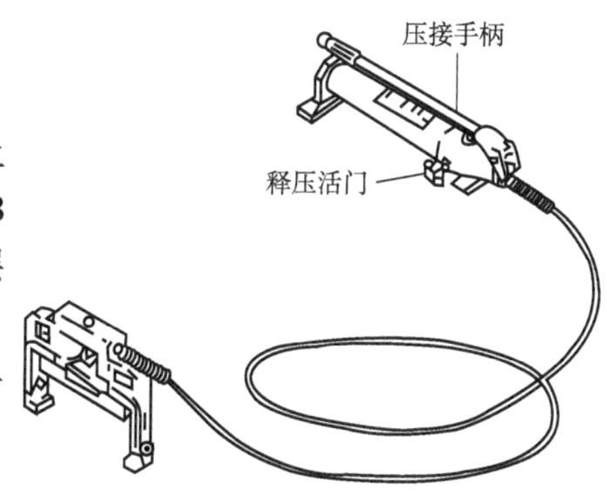

图4-11　模块式接线子接续工具(压接器)

3. 模块式接线子的接续方法

(1)准备器具和确定接续长度

①准备接线工具及接续器材,安装接线架,并把接线机头装在接线架上。

②电缆接续长度及模块式接线子排数,应根据电缆对数、芯线直径及接头套管的直径等确定。模块式接线子接续尺寸可参考表4-4。

模块式接线子电缆接续长度参照表　　表4-4

对　数	线径(mm)	接续长度(mm)	直接头直径(mm)	折回接头直径(mm)
400	0.4	432	66	69
	0.5		74	81
	0.6		79	107
600	0.4	432	79	89
	0.5		89	104
	0.6		97	133
1 200	0.4	432	107	135
	0.5		114	160
2 400	0.4	483	157	198

(2)按规定长度开剥电缆护套

开剥长度根据电缆芯线接续长度而定。一般一字形接续(直接头)开剥长度至少为接续长度的1.5倍。例如:接续长度为483mm,则护套开剥长度至少为483 ×1.5 =724.5mm,如图4-12所示。

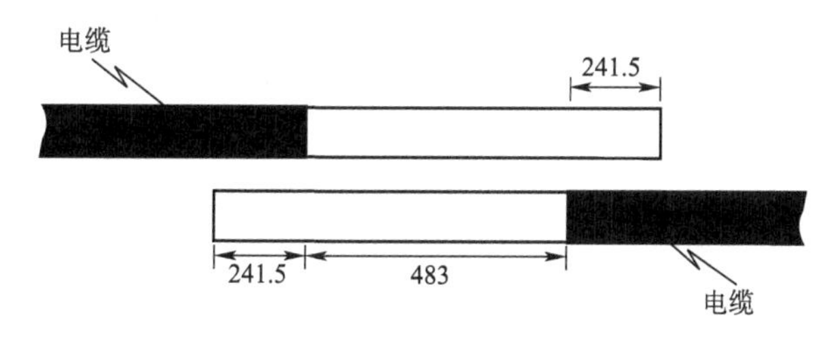

图4-12　一字形接续护套开剥尺寸示意图(尺寸单位:mm)

若为折回直接,塑料护套开剥长度至少为接续长度的2倍,并另加152mm。例如接续长度为483mm,则护套开剥长度至少为483 ×2 +152 =1 118mm。

为了简化计算,一般也可将接续长度乘以2.5,无须另加152mm(483 ×2.5 =1 207.5mm)。

(3)芯线接续

①模块型接线子用于直接时的步骤及模块型接线子用于复接时的步骤见以下4、5部分。

②模块式接线子接续100对超单位的接续顺序,应先下后上,先远后近。

③全塑电缆的备用线对,应采用扣式接线子接续。

(4)排列和绑扎模块式接线子

一般400~1 200对电缆按两排模块安排。1 200对(含1 200对)以上的电缆一般也按两排模块安排,但也可根据套管长度、直径安排3~4排。模块式接线子接续后,应排列及绑扎整齐,并应在模块盖面上标明电缆线序。模块接线子的排列及间隔,如图4-13所示。

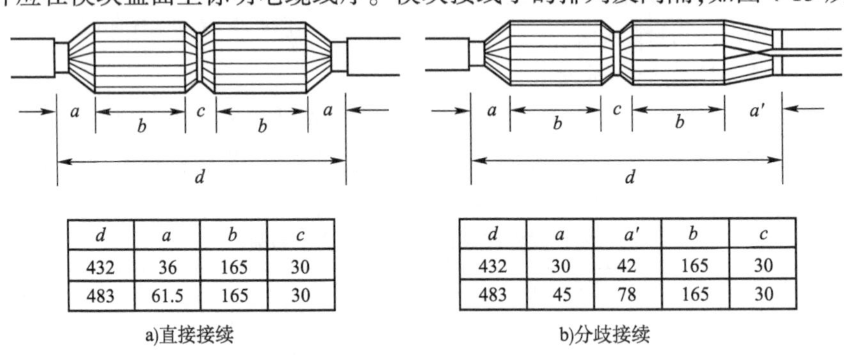

d	a	b	c
432	36	165	30
483	61.5	165	30

a)直接接续

d	a	a′	b	c
432	30	42	165	30
483	45	78	165	30

b)分歧接续

图4-13 模块式接线子排列及间隔(尺寸单位:mm)

4.芯线直接的步骤

模块型接线子直接可按照如下步骤进行:

(1)在接续机头内安装衬板。

(2)检查芯线固定弹簧是否与线径匹配。

(3)将模块的底板4000-D(金黄色)置于固定座内。

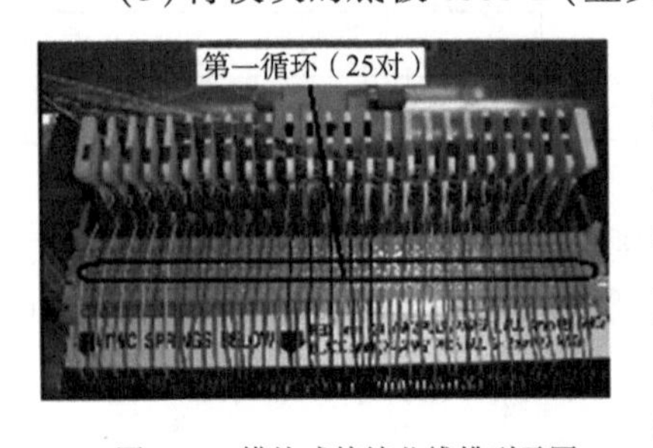

图4-14 模块式接续芯线排列示图

(4)取出局向(对于中继线,为龙头局向)相应100对线,按色谱取出第一个25对线,根部以色带结扎后按照色谱次序用手的拇指和食指引导每一对芯线通过接线机头和底板置入固定弹簧夹紧,使A线在左、B线在右,如图4-14所示。

(5)用检查梳检查A、B线及色谱是否正确。用检查梳遮挡住A线或B线,则露出来的芯线色谱应为蓝、橙、绿、棕、灰或白、红、黑、黄、紫,如果发现颜色错,则表明芯线卡错位置。

(6)安装4000-D主板(下为金黄色,上为乳白色)置于底板上。

(7)取出用户(对于中继线,为龙尾局方)相应100对电缆中的25芯线,重复第(6)步骤。

(8)25对芯线就位后,安装4000-D盖板(乳白色)于主板上。

(9)每次排完芯线后,在放模块主板或上盖板前,务必用检查梳检查A线或B线是否有排错或有空线槽。

(10)将液压压接器固定夹内沿的凸梢置于接续器头的凹槽内。

(11)转动固定夹至直立位置,使压接器固定夹固定于接续器上。

(12)旋紧释压活门,压接模块。

(13)拉去切掉的芯线。

(14)放松释压活门,拆卸压接器,取下模块,如图4-15所示,一个基本单位的压接即告完成。

图4-15　压接完成的一个模块示图

(15)不断调整接续器与被接续芯线间位置,重复上述接续步骤直到全部芯线接续完毕。

(16)各接续完成的模块应标注线号。

(17)整理模块,使模块的芯线部分朝向缆芯,模块排列成圆形,将塑料带扎在两模块间的芯线部分。

(18)用双手紧握模块,以面向局方作逆时针转动,使芯线全部包容在模块圈内以后,用聚乙烯带将模块两侧扎紧,如图4-16所示。

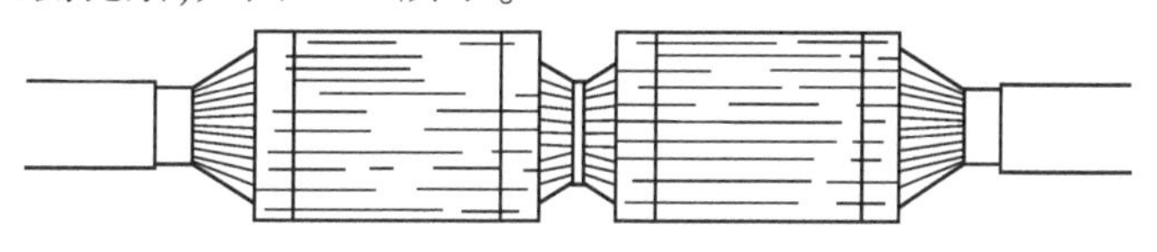

图4-16　模块整理及包扎

5. 芯线复接的步骤

芯线复接可与相应的直接接续同时进行,复接可按照如下步骤进行:

(1)将被复接的分支电缆进行线序编排,使芯线束环头后,在另端电缆切口处附近固定,如图4-17所示。

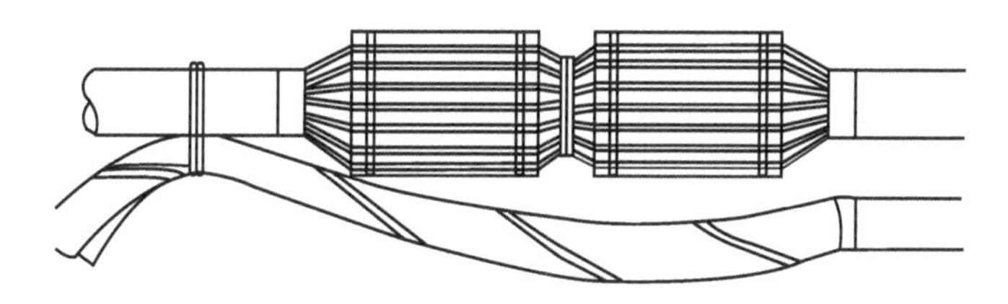

图4-17　分支电缆固定

(2)打开主干电缆已完成接续的相应模块的盖板,在打开盖板前应仔细检查复接线束、被复接线束的超单位色带、基本单位色带与设计规定的复接线序是否相符。

(3)安装4005-D复接模块的主板于4000-D主板之上,并以手指压紧。

(4)取出分支电缆中的相应线束,按照色谱,通过接续机和4005-D主板,置入固定弹簧夹,使A线在左、B线在右,并用检查梳检查。

(5)装4005-D盖板于主板之上，与接续机头上的弹簧卡紧。

(6)装液力压接器，压接模块后拉去切除的多余线头，并检查芯线是否重复入槽和模块空槽的现象。

(7)重复上述操作，直至全部复接工作完成。

(8)整理模块，使模块的芯线部分朝向缆芯，模块排列成圆形，用塑料带扎住两模块间的芯线部分。

(四)模块接续注意事项

(1)模块接续时对不同线径的处理：将细线径芯线置于模块的下方，将较粗线径的芯线置于模块的上方。即先放置较细线径，后放置较粗线径。

(2)模块三排列：3 000对及以上的大对数电缆的模块接续，为适应现有热缩套管的最大外径，模块需分列三排，开口长度为678mm。

(3)防潮措施：宜采用模块本体加防潮胶体，如4000DWP。

三、电缆接头的封合与固定

(一)全塑电缆接头封合的技术要求

全塑电缆线路的外界环境复杂、多变，外界影响因素较多，既要考虑经常性因素，如夏季烈日照射、严冬的低温和冰凌、风雨和气温变化，以及潮气水分带来的影响；又要考虑突发现象，如雷电、台风、地震的影响和电力烧伤、直流管线的泄漏腐蚀等影响。根据电缆线路的维护经验，电缆线路的故障大部分发生在电缆接头封合处，因此，选用合适的封合材料和方式正确进行全塑电缆接头封合对设计、施工和维护工作，具有极其重要的意义。对于全塑电缆接头封合的技术要求主要有以下几点。

(1)具有较强的机械强度，接头应能承受一定的压力和拉力。

(2)具有良好的密封性，能达到气闭要求。

(3)便于施工和维护，操作简单。

(4)具有较长的使用寿命。

(二)全塑电缆接头封合套管的分类和选用

全塑电缆接头封合套管可按结构特征进行如下分类。

(1)圆管式(O形)：套管的主体部分截面为圆形或多边形的管状。圆管式套管要在电缆芯线接续前套在待接续电缆上。

(2)纵包式(P形)：套管主体沿纵向有一条或两条开口。在电缆芯线接续以后，套管可以纵包在电缆芯线接头之外，利用必要连接件，使纵向开口连成一体，形成完整的密封套筒。

(3)罩式：套管的一端开口，另一端为圆罩形。电缆进、出口都在套管的开口端。

接头封合套管也可按品种进行分类，其种类和用途如下。

(1)热缩套管：利用加热使套管径向收缩，使套管与电缆塑料外护套构成密封接头，有O形和P形两种，可用于架空、管道、直埋的填充型和非填充型电缆(自承式电缆除外)，成端电缆也可采用。

(2)注塑熔接套管：利用熔融塑料在一定压力下进行注塑，使套管与电缆塑料外护套熔接成密封接头，只能用于聚烯烃护套充气维护的管道电缆和埋式电缆，成端电缆也可采用。

(3)装配式套管：不使用热源，利用密封元件装配使套管与电缆外护套构成密封接头。可分为用于充气型架空、管道、直埋电缆的机械式套管和用于非充气型填充电缆等种类的装配式套管。

另外还有接线筒、多用接线盒等,一般用于不充气维护的架空、墙壁电缆。各种接头封合套管中最常用的是热缩套管。

(三)全塑电缆接续套管的封合方法

根据使用的封合套管种类的不同,全塑电缆接头封合的类型有冷接法和热接法之分。冷接法主要应用于架空电缆线路和墙壁电缆线路;而热接法由于气闭性好,广泛应用于充气维护的电缆线路中。热接法主要采用热缩套管封合法,下面将具体介绍这种封合方法的操作步骤。

1. 热缩套管的封合步骤

(1)接续芯线包扎前的准备:

①电缆芯线接续完毕后,需要对已接续芯线进行包扎,在电缆两端口处,安装专用屏蔽线。

②全塑电缆接头封合前,应对芯线进行电性能测试,确认无故障时,再进行芯线包扎。

(2)接续模块的管理和绑扎:

①整理已接续的模块,使所有的模块背向外,排列成圆柱形。

②用塑料带在两块模块之间进行绑扎。

③转动全部模块,使每块模块排列整齐,芯线全部包容在模块内呈圆柱形,再用聚乙烯带将模块两端扎紧,如前图4-16所示。

(3)在电缆接续部位,安装金属内衬套管,并把纵剖面拼缝用铝箔固定,如图4-18a)所示;把内衬管的两端全部用PVC胶带进行缠包,如图4-18b)所示。

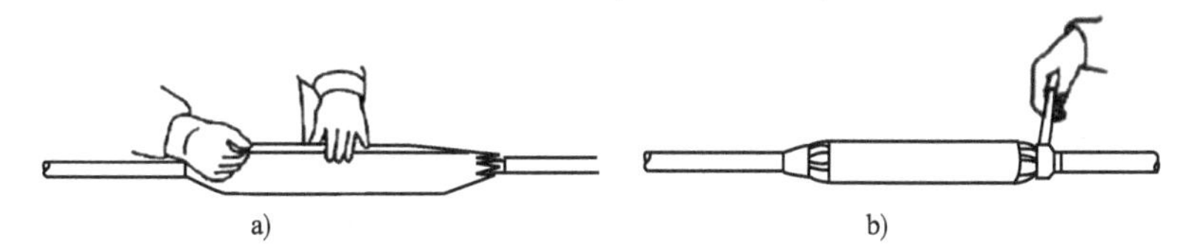

图4-18 电缆接头金属内衬套管安装及包裹

(4)用清洁剂清洁内衬管的两端电缆外护套,长度为200mm,再用砂布条打磨电缆清洁部位。

(5)在热缩套管两侧向内侧20mm处的电缆护套上画标记,把隔热铝箔贴缠在电缆所画的标记外部,用钝滑工具平整隔热铝箔。

(6)用喷灯加热金属内衬管和铝箔之间的电缆护层约10s,进行预热并去除氧化物;撕掉热缩管内壁的塑料保护膜,将热缩套管居中装在接头上,扦上锁口夹条,如图4-19所示。

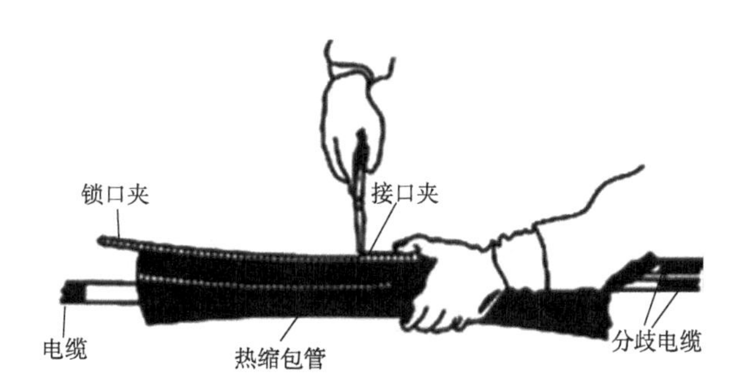

图4-19 热缩套安装

（7）用喷灯首先对热缩管夹条（拉链）两侧进行加热，使热缩管拉链两侧先收缩，然后再从热缩管中下方加热。热缩套管下方加温收缩后，喷灯向两端（先从任一端）圆周移动加热，温度指示漆应均变色，直至完全收缩，再把喷灯移到另一端进行圆周移动加热，直至整个热缩管收缩成型。

（8）整个热缩套管加热成型后，再对整个夹条（拉链）两侧均匀加热约1min，然后用锤子柄轻轻敲打热缩管两端弯头处夹条（拉链），使热缩套管夹条（拉链）与内衬套紧密粘合。

（9）整个热缩套管加热成型，应平整，无折皱、无烧焦现象，温度指示漆应均变色，套管两端应有少量热熔胶流出；如指示色点没有完全变色，或套管两端无热熔胶流出，应再次用喷灯（中等火焰）对整个热缩管进行加热，直至达到要求。热缩套管封合完成后的效果如图4-20所示。

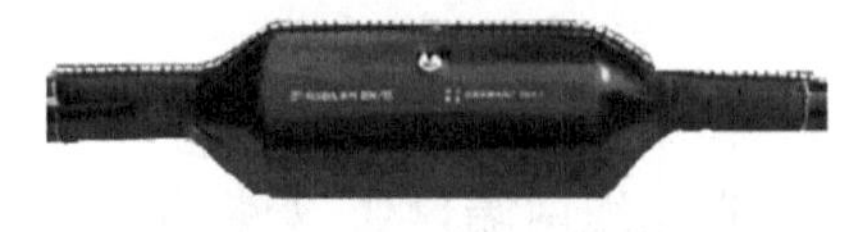

图4-20　热缩完成后的电缆接头

2. 热缩套管的注意事项

（1）应根据电缆是否采用充气维护方式而选用充气型或非充气型套管。

（2）应根据电缆的规格选用相应的热缩套管。

（3）接头包扎时须注意：

①严禁使用受潮或发霉的聚酯薄膜。

②严禁使用白布带一类棉纺品包扎芯线。

③严禁使用有黏胶一类胶带包扎芯线。

（4）电缆接头的金属内衬套管应置于接头的中间。

（5）电缆接头的一端，最多以三条电缆为限。

（6）内衬套管的纵向拼缝与热缩套管夹条应呈90°角。

（7）在电缆的接头两端，应绕包隔热铝箔，隔热铝箔应与热缩套管重叠20mm左右。

（8）热缩套管的夹条（拉链）应面向操作人员（架空或墙挂电缆的夹条必须置于电缆的下方），气门朝上，遇有分歧电缆的一端，小电缆应在大电缆的下方。

（9）遇有分歧电缆的一端，距热缩套管150mm处应用扎线永久绑扎固定后，方可加温烘烤热缩套管。

（10）热缩套管加热时要用中等火焰，加热要均匀，热缩套管封合后应平整、无折皱、无气泡、无烧焦现象。所有温度指示漆均变色消失，套管内热熔胶应充分熔化，在套管两端及拉链处、分歧夹两面都应有热熔胶流出。加强型热缩套管夹条内的两条白线应均匀显示。

（四）电缆接头固定

在此以架空线路为例介绍电缆的接头固定。架空电缆一般安装在杆旁，并做伸缩弯，基本安装步骤如下。

（1）将架空电缆接头套上不锈钢挂钩并挂在电缆杆路的吊线上。注意：按照规定，架空电缆接头应落在杆上或杆旁1m左右。

（2）架空电缆接头固定，要求接头位置稍高于电缆，使接头两端自然下垂，雨水往两端流，接头的夹条（拉链）必须安放在电缆的下方。

（3）接头的余留长度应妥善地盘放在相邻杆上，可以采取塑料带绕包或用盛缆盒（箱）安装等，如图4-21所示。

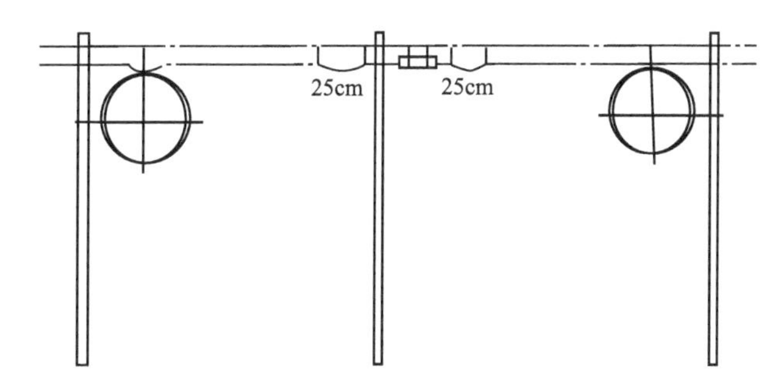

图4-21 架空电缆接头固定示意图

任务实施 100对全塑电缆接续

1. 任务描述

电信端局在城郊的一电缆交接箱需要增加配线线路,按计划敷设一路架空100对配线电缆到郊外的用户驻地,因为距离长而需要中途进行电缆的接续,所用全塑电缆型号为HYA-100×2×0.4。要求采用扣式接线子按电缆的线序对应接续,不产生不良线对,接续和封合可靠,确保长时期保持应有的性能。

2. 主要工具和器材

(1)剥线钳;

(2)扣式接线子压接钳;

(3)电缆割刀或电工刀、剪刀、小铁锤、皮锤;

(4)钢卷尺、记号笔;

(5)喷灯、汽油、手套;

(6)万用表、线路测试仪表;

(7)全塑电缆HYA-100×2×0.4;

(8)扣式接线子;

(9)热缩套管及配套材料;

(10)扎带等固定材料。

3. 任务实施

本任务由4人组成的小组实施,事先根据任务内容做好实施计划和人员分工,然后根据此前介绍的内容,按照如下主要操作顺序完成本任务。

(1)开剥电缆;

(2)电缆分线;

(3)扣式接线子接续;

(4)电缆测试;

(5)电缆接头封合;

(6)电缆接头固定。

任务总结

本任务介绍了全塑电缆接续整个过程所涉及的知识和技能,通过本任务的实施,可使参与者掌握以下知识:

(1)了解电缆接续的基本过程和操作规程。

(2)正确使用常用工具进行电缆开剥、电缆分线。
(3)使用扣式接线子或模块式接线子的接续方法。
(4)掌握热缩套管的封合操作方法及技术要求。
(5)利用万用表或蜂鸣器等仪表进行电缆的对线。
(6)提高任务计划、任务实施、团队合作等方面的能力和素养。

任务二　光缆接续

一、光缆接续的种类与方法

光缆接续可分为固定接续法(俗称死接头)和活动接续法(俗称活接头)两种方式,通常固定接续法又分为熔接法和机械连接法(又叫冷接),而机械连接法中又有永久连接和临时连接两种。不同用途、不同场合应采用不同的接续方式,如表4-5所示。对不同种类的光缆连接有不同的要求。

光缆接续方式及应用场合　　表4-5

接续方式	应用场合	主要方法
熔接法	光缆线路中光纤间的永久性连接	采用电弧熔接法
活动连接	线缆(纤)与传输设备、光仪表间的连接	采用光纤连接器
机械连接	光缆的应急抢修、用户接入光缆的建设及维护、移动基站的光纤接入等	V形槽对准、弹性毛细管连接等进行固定连接

(一)光缆固定接续法

光缆固定接续法是指光缆的整体连接,包括光纤、加强芯、铜导线、屏蔽层等的连接。一般采用光缆接头盒连接。光缆固定接续是光缆线路施工中使用最普遍的接续方式,主要用于光缆传输线路中光纤的永久性连接。固定接续是光缆线路工程中的一项关键性技术,其质量的优劣不仅直接影响光纤传输损耗的容限、传输距离的长度,而且还影响系统使用的稳定性、可靠性。

1. 熔接法

目前,光纤的固定连接一般都采用熔接机电弧熔接法,它是采用电弧焊接法,即利用电弧放电产生高温2 000℃,使被连接的光纤熔化而焊接成为一体。这种方法接续损耗小,可靠性高,使用普遍。良好的熔接损耗典型值为0.01~0.03dB/点。按一次熔接的纤数可分为单纤熔接和多纤熔接,光纤熔接过程如图4-22所示。

2. 机械连接法

机械连接法可省去熔接机,但机械连接构件精度要求高,其成本也较高,接续质量亦不如熔接法好,在工程中较少采用。机械连接法中的临时连接法常用于应急连接(又叫冷熔),主要是用机械和化学的方法,将两根光纤固定并黏结在一起。这种方法的主要特点是连接迅速可靠,连接典型衰减为0.1~0.3dB/点。但连接点长期使用会不稳定,衰减也会大幅度增加,所以只能短时间内应急用。

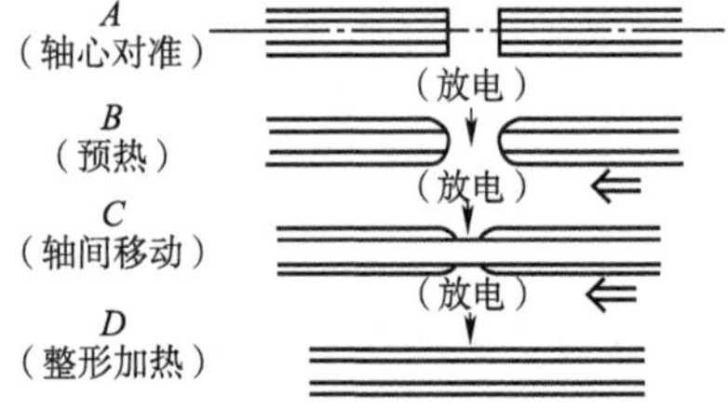

图4-22　光纤熔接过程示意图

（二）光纤活动接续法

1. 活动接续的特点

活动接续法是利用光纤连接器进行光纤与光纤或光纤与设备之间的连接，光纤连接器广泛应用于光纤通信网络、光纤宽带接入网、光纤仪器仪表和光纤局域网等，各种类型光纤连接器的基本结构是一致的，即绝大多数光纤连接器一般由两个插针和一个耦合管三个部分组成，如图4-23所示。光纤在插头内部进行高精度定心，两边的插头经端面研磨等处理后精密配合。对于光纤连接器的光性能方面的要求主要是插入损耗和回波损耗这两项，插入损耗（Insertion Loss）即连接损耗，是指因连接器的导入而引起的链路有效光功率的损耗，一般要求应不大于0.5dB，目前的典型连接损耗在0.3dB以下；回波损耗（Return Loss，Reflection Loss）是指连接器对链路光功率反射的抑制能力，其典型值不小于25dB，实际应用的连接器一般不低于45dB。

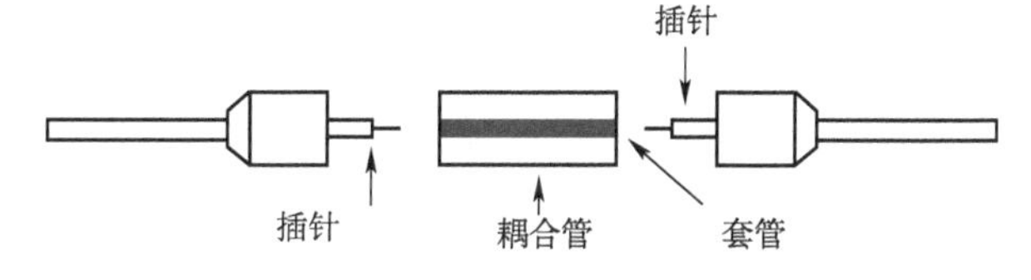

图4-23　光纤连接器的一般结构

2. 常见的光纤连接器

（1）FC型连接器。FC连接器是外径为2.5mm，采用螺纹连接，外部元件采用金属材料制作的圆形连接器。它是我国采用的主要光纤连接器品种，在有线电视光网络系统中大量应用；其具有较强的抗拉强度，能适应各种工程的要求。FC型光纤光缆连接器如图4-24所示。

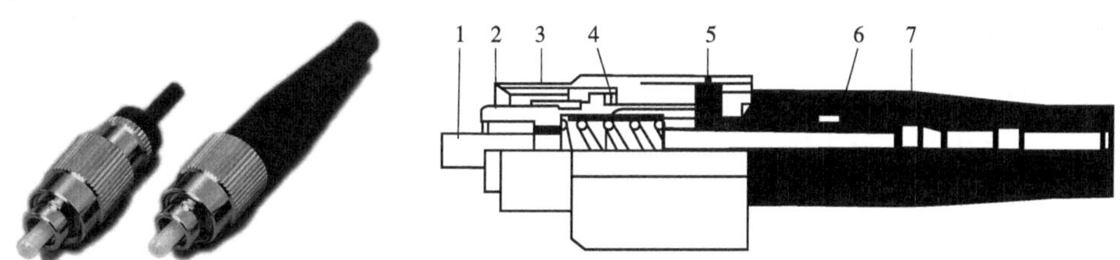

图4-24　FC型光纤光缆连接器示意图

1-插针体；2-定位卡销；3-耦合螺母；4-耦合管；5-主直套；6-支架；7-尾套

（2）SC型连接器。SC型连接器外壳采用工程塑料制作，采用矩形结构，便于密集安装；不用螺纹连接，可以直接插拔，操作空间小。适用于高密集安装，使用方便。SC型光纤光缆连接器如图4-25所示。

图4-25　SC型光纤光缆活动连接器示意图

（3）ST型连接器。ST型连接器采用带键的卡口式锁紧结构，确保连接时准确对中，其外部件为精密金属件，便于现场装配，适用于通信网和本地网。ST型光纤光缆连接器如图4-26所示。

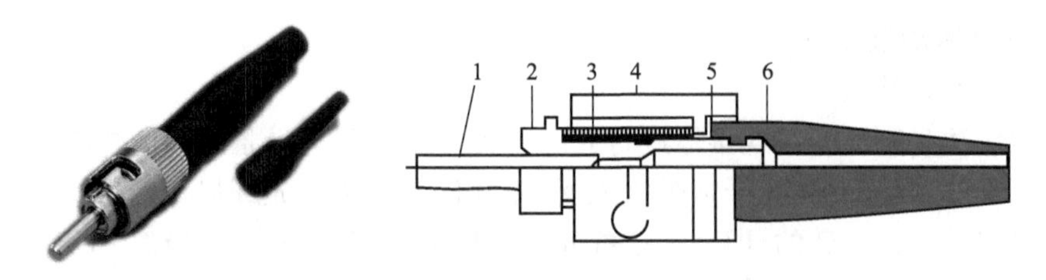

图 4-26　ST 型光纤光缆连接器示意图

1-插针体;2-定位卡销;3-耦合管;4-螺旋卡扣;5-支架;6-尾套

(4)D 型光纤光缆连接器。它具有外径为 2mm 的圆柱形对中套筒和 M8 螺纹锁紧机构,这种连接器的耦合平滑稳定、弹簧压力精确、重复性优良,其结构特点是体积小、质量轻,适用于本地网。D 型光纤光缆连接器如图 4-27 所示。

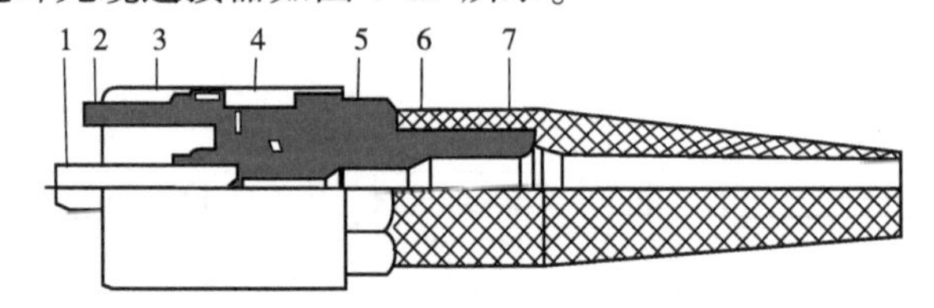

图 4-27　D 型光纤光缆连接器示意图

1-插针体;2-定位卡销;3-耦合螺母;4-弹簧;5-主直套;6-支架;7-尾套

(5)新一代光纤连接器。当前,为适应光纤接入网和光纤入户(FTTH)的需要,将逐渐采用新一代体积更小、价格更低的光纤连接器。其中有:

①MTP/MPO 型连接器,用于光纤带的连接器。

②FJ 型连接器,适用于 RJ-45 插口的光纤连接器。在一个 RJ-45 插头的外壳中包含两个标准的外径为 2.5mm 的插针。该连接器可用于住宅广播的塑料光纤连接,其商品名为"光插口"。

③LC 型连接器,是双芯连接器,需要时可成为两个单芯连接器,其套管外径是常用的 FC、ST 和 SC 连接器套管外径的一半,因此,这种连接器可以提高光配线架中的连接器密度。

此外,还有简化 SC 型连接器、MU 型连接器、FPC 型连接器、PLC 型连接器等。

二、光缆接续方法

(一)光缆接续的基本要求

(1)光缆接续部位应有良好的水密、气密性能。

(2)光缆接头装置与光缆外护套连接部位既要密封良好,又要保持足够的机械强度,且光缆不发生变形。

(3)光缆连接部位应避免光纤受力。

(4)使用热工式光缆接头装置或在光缆上套封热可缩管时,应避免加热高温影响光纤和光缆材料的性能。

(5)光缆接头装置外形应完整美观,内部整齐,符合施工设计和相关工艺要求。

(二)熔接法光缆接续的步骤

光缆接续操作步骤一般为:光缆接续准备、光缆开剥、光缆金属构件电气测试、光缆安装、光缆金属构件的连接或相应处置、光纤接续、光缆接头盒的密封和光缆接头盒的固定安装等,其工艺流程如图 4-28 所示。

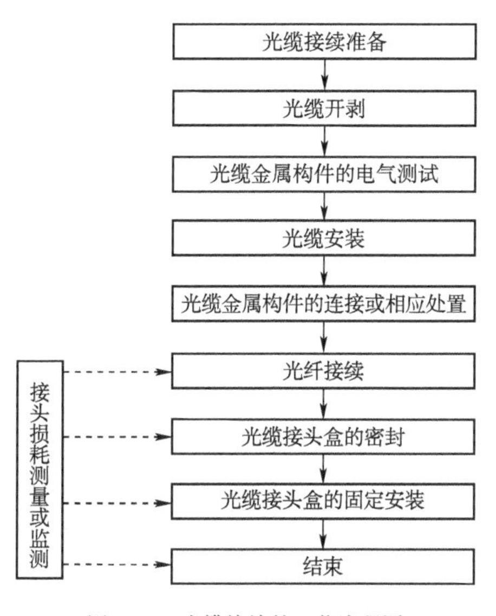

图4-28　光缆接续的工艺流程图

1. 光缆接续的准备

(1)核对光缆接头预留长度:直埋光缆接头预留长度应符合施工图设计要求或双向重叠长度不少于8m;架空、管道光缆接头预留长度应符合施工设计要求或满足地面进行光缆接续所需的最小长度。

(2)将预留光缆在人孔或接头坑内准备好,以便接头盒安装在合适位置且光缆预留适宜,确定光缆开剥点;检查直埋光缆接头坑应符合设计要求。

(3)在光缆接续点搭防尘防雨帐篷(或专用接续车),干燥一面应铺干净的塑料布,布置工作台。

(4)引入市电电源或自备发电机供电,接续点帐篷内应设有良好的照明设施。

(5)环境温度过高(+40℃以上)或过低(+5℃以下)时,宜采取相应措施降温或升温,保证熔接机的正常工作状态,且升温或降温措施不能给光纤接续造成尘埃污染。

(6)保证测试点与接续点间在接续期间的联络畅通。

2. 光缆开剥

(1)光缆端头部分在敷设中易受机械损伤和受潮,开剥前应视光缆端头状况截除1m左右的长度;同时识别光缆端别,光缆端别应符合施工设计规定,记录开剥点的尺码带。

(2)根据光缆的结构、选定的接头盒和光纤接续盘的型号,确定光缆的开剥长度。一般开剥长度为1.2m,或按相关工艺要求确定。

(3)光缆外护层开剥:

①对于非铠装光缆,在开剥点将剖刀划进光缆外护层,转绕光缆一周,如图4-29所示,然后轻轻折断光缆PE外护层,并将这段光纤从PE层拉出。

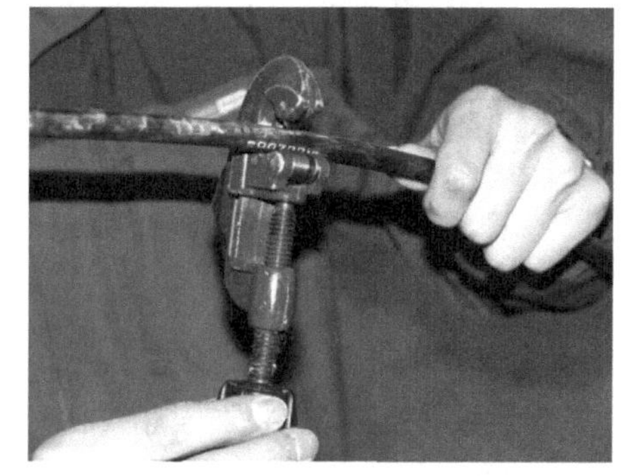

图4-29　剥光缆护层

②对于铠装光缆,如果铠装层是钢带,则用剖刀在开剥点围绕铠钢带转一周,在钢带上剖出明显划痕,再沿划痕划出一个小口,反复轻轻弯折开剥处,直至钢带完全断裂,剥除铠装钢带;如果铠装层是钢丝,在开剥点用钢锯锯成0.5mm深沟,

将钢丝沿锯口折断,全部去除。

③整理光缆缆芯,将缠绕在缆芯上的纤维纱线剪掉;分开加强芯、填充绳、松套管;加强芯留长 45mm 左右,其余用交叉切割钳剪断;从开剥点根部剪除填充绳。

3. 光缆金属构件的电气性能测试

对于铠装光缆和含金属铜线的光缆,金属构件包括金属加强芯、铠装层、铜线对和 LAP(PAP)护层。在光缆接续过程中,每次光缆开剥后都必须测试线路的直流电阻、绝缘电阻、绝缘强度,并做好测试记录。

4. 光缆安装

(1)打开光缆接续盒,用酒精棉清洗松套管及加强芯。

(2)按光缆外径选取最小内径的密封圈,并将两个密封圈套在光缆上(与接续盒出口对应位置),在两个密封圈之间绕包密封胶带,以形成一个光缆密封端。

(3)离光缆外皮终端(6.4mm)处绕包两层(19mm)橡胶胶带,如图 4-30 所示。

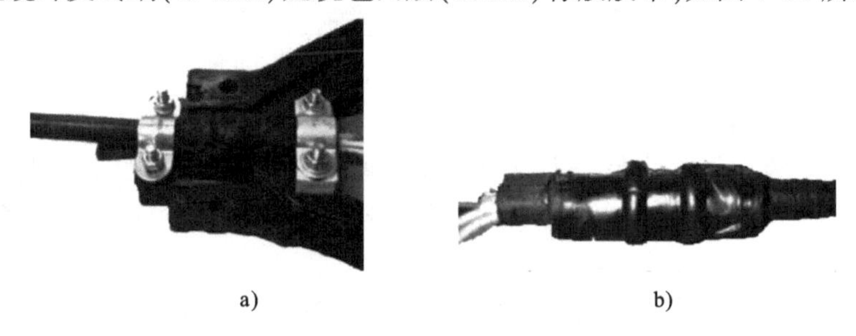

a)　　　　b)

图 4-30　缠绕密封胶带

(4)将加强芯固定在螺母下,保持加强芯与固定夹平齐,然后旋紧螺母,再套上加强芯固定夹套管。

(5)将光缆密封端按入光缆入孔内,拧紧接续盒上的光缆固定螺钉。

(6)打开松套管。选用束管钳适合的刀口,将松套管放入该刀口,夹紧束管钳将松套管切断并拉出,一次去除松套管不宜过长,如图 4-31 所示。

(7)固定松套管。使用扎带按松套管序号固定在集纤盘上,如图 4-32 所示。为了保护光纤,每根光纤松套管可穿入塑料保护套管(光纤热缩套管或称热缩管)并编号。

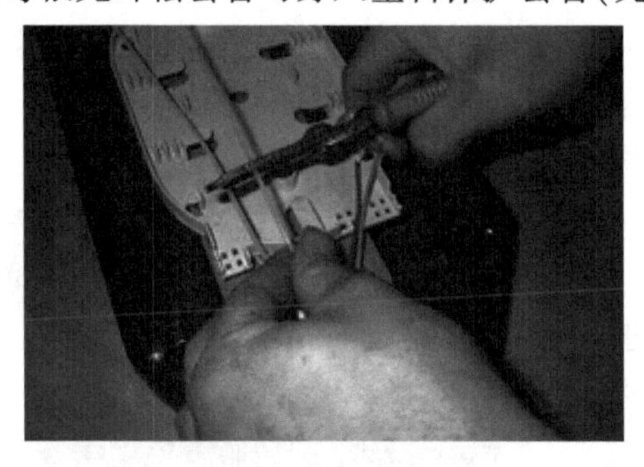

图 4-31　去除松套管

图 4-32　松套管的固定

5. 光缆金属构件的连接或相应处置

(1)光缆金属护层、加强芯线在光缆接头盒内、外的连接方式,应按防雷、防强电干扰、防腐蚀的实际需要和施工设计的要求进行;当光缆接头处光缆金属构件全部电气断开时,则可免除引线的引出。

（2）对于内含铜导线的光缆，导线对的接续方法：铜导线对的留长约等于光缆接续盒长度的1.5倍，然后用扭绞加焊接续或接线子接线方法对接。

6. 光纤接续

光纤接续前，首先根据光纤的熔接特性、地理位置、环境温度等实际情况，调整熔接机的熔接参数至最佳工作状态；清洁V形槽、光纤压角等部位；擦洗干净松套管和开剥出的光纤上残留的油膏和脏物；最后用无水乙醇棉球清洁后待用。接续过程主要包括：光纤端面的制备、光纤熔接、光纤接头保护、余纤的盘留和固定安装五个步骤。

（1）光纤端面的制备

①分纤、套热缩管。

将不同束管、不同颜色的光纤分开，穿过热缩管，如图4-33所示。剥去涂覆层的光纤很脆弱，使用热缩管可以保护光纤熔接头。

②剥除光纤覆层。

利用涂覆层剥除器剥除光纤涂覆层30～40mm，然后将棉花撕成层面平整的扇形小块，沾少许酒精（以两指相捏无溢出为宜），折成V形，夹住已剥的光纤，顺光纤轴向擦拭光纤表面2～3次（会发出"吱吱"的响声），如图4-34所示。在剥除中用力要适中、均匀；用力过大会损伤纤芯或切断用纤，用力过小则光纤护层剥不下来。

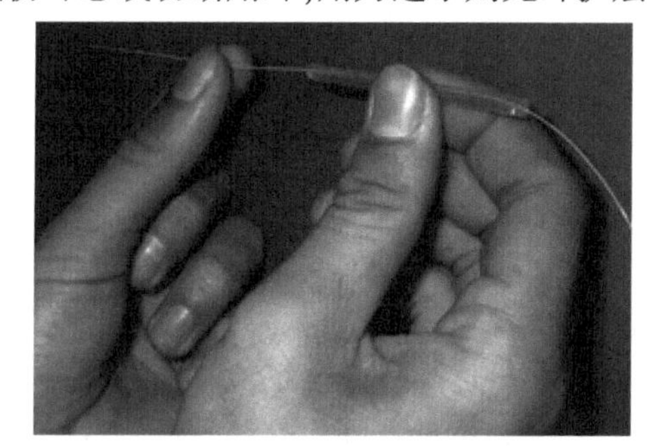

图4-33　穿放热缩管

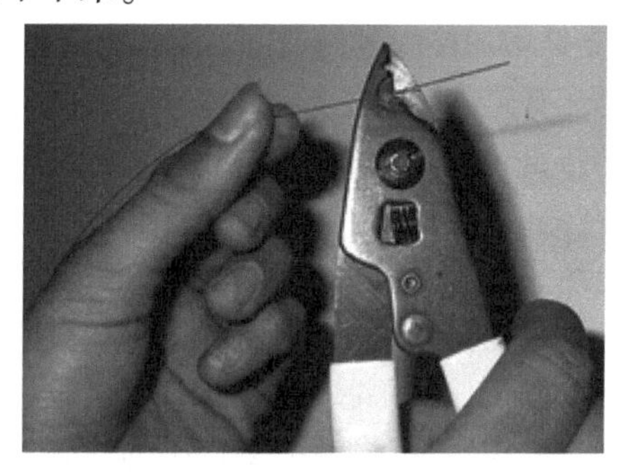

图4-34　剥除涂覆层

③切割光纤。

用精密光纤切割刀切割光纤，对0.25mm（外涂层）光纤，纤芯切断长度根据熔接机的限制或热缩管的长度来确定，一般为16mm±0.5mm。切割是光纤端面制备中最关键的部分，理想的光纤端面应平整如镜，镜面与光纤轴垂直，镜面内无缺损，镜面无弧度，边缘无小尖、无破损、无倒角。操作中，切刀的摆放要平稳，切割时，动作要自然、平稳，勿重、勿急，避免断纤、斜角、毛刺、裂痕等不良端面的产生。

（2）熔接

光纤熔接是接续工作的中心环节，在实际工程中往往要用OTDR跟踪监测结果，及时分析产生上述不良现象的原因，并采取相应的改进措施。如多次出现虚熔现象，应检查熔接的两根光纤的材料、型号是否匹配，切刀和熔接机是否被灰尘污染，并检查电极氧化状况。若均无问题，则应适当提高熔接电流。光纤熔接步骤如下。

①做好开机设置。

熔接前要根据系统使用的光纤和工作波长来选择合适的熔接程序。如没有特殊情况，一般都选用自动熔接程序。

②熔接光纤。

将光纤放在熔接机的V形槽中,小心压上光纤压板和光纤夹具,要根据光纤切割长度设置光纤在压板中的位置,关上防风罩,按下熔接机的SET键,即可完成整个熔接(其中包括调间隔、调焦、清灰、端面检查、对纤芯、熔接、检查及推定损耗等动作),在操作过程中应避免端面与任何地方接触,保持纤芯干净。

在施工中采用的熔接机具有X、Y、Z三维图像处理技术和自动调整功能,可对欲熔接光纤进行端面检测、位置设定和光纤对准(多模以包层对准,单模以纤芯对准),具体过程如下:

a.首先将两根同色标、端面制备完毕的光纤放入熔接机的V形槽中,轻轻盖上光纤压板,注意光纤端面应位于V形槽端面和电极之间,相距约0.2~1mm,盖好防护盖,启动熔接机的自动熔接开关进行熔接。

b.预热推近。熔接机自动用电弧对光纤端部加热0.2~0.5s,使毛刺、凸面除去或软化;同时将两根光纤相对推近,使端面直接接触且受到一定的挤压力。

c.熔接。光纤停止移动后,用电弧使接头熔化连接在一起,熔接机会显示熔接损耗的估算值。单模光纤的接头损耗应不大于0.08dB,多模光纤的接头损耗应不大于0.2dB。

(3)光纤接头保护

由于光纤在连接时去掉了接头部位的涂覆层,其机械强度降低,因此,要对接头部位进行保护。在施工中一般采用光纤热缩保护管(热缩管)来保护光纤接头部位。光纤接头保护,主要是增加接头处的抗拉、抗弯曲强度。

将套有热缩套管的纤芯轻轻地移到熔接部位(熔接之前,将保护管预先放入光纤的某一端),熔接部位一定要在热缩管的中心,轻轻拉直光纤接头,将热缩管放入熔接机的加热器中,用左侧的光纤轻轻下压,使左侧光纤合上,再轻轻地压下右侧光纤,使右侧光纤合上,然后关闭加热器盖。接下NEATER SET键,面板上的红灯启亮,此时加热器开始加热,直至保护套管端部完全收缩为止。同时应注意确保光纤被覆部位的清洁,保持光纤笔直,不要扭曲光纤熔接部位。如果收缩不均匀,可延长加热时间,如果加热时产生气泡,可降低加热温度。

加热结束后,把光纤从熔接机的加热器内轻轻取出,然后分别将热缩管固定在集纤盘同侧热缩管固定槽中,要求整齐且每个热缩管中的加强芯均朝上。

(4)余纤的盘留

为了保证光纤的接续质量和有利于今后接头的维修,光纤都要在接头的两边留有一定长度的余纤,一般用于盘纤,接续的余纤长度应大于1m。科学的盘纤,可使光纤布局合理、维护方便、附加损耗小、经得住时间和恶劣环境的考验,可避免挤压造成的断纤现象。不同的光缆接续盒有不同的处理方法,大致的方法都是将余纤盘绕在接续盒的托盘上,尽量盘大圈,一般其弯曲半径应不小于3.5cm。盘纤的方法如下:

①先中间后两边,即先将热缩后的套管逐个放置于固定槽中,然后再处理两侧余纤。优点:有利于保护光纤接点,避免盘纤可能造成的损害。在光纤预留盘空间小,光纤不易盘绕和固定时,常用此种方法。

②从一端开始盘纤,即从一侧的光纤盘起,固定热缩管,然后再处理另一侧余纤。优点:可根据一侧余纤长度灵活选择热缩管安放位置,方便、快捷,可避免出现急弯、小圈现象。

③特殊情况的处理:如个别光纤过长或过短,可将其放在最后单独盘绕;带有特殊光器件时,可将其另盘处理,若与普通光纤共盘时,应将其轻置于普通光纤之上,两者之间加缓冲衬垫,以防挤压造成断纤,且特殊光器件尾纤不可太长。

④根据实际情况,可采用多种图形盘纤。按余纤的长度和预留盘空间大小,顺势、自然

盘绕，切勿生拉硬拽，应灵活地采用圆、椭圆、∞等多种图形盘纤（$R \geqslant 3.5cm$），如图4-35所示，尽可能最大限度地利用预留盘空间和有效降低因盘纤带来的附加损耗。

图4-36是一种规范的光纤余留长度收容方式示意图。

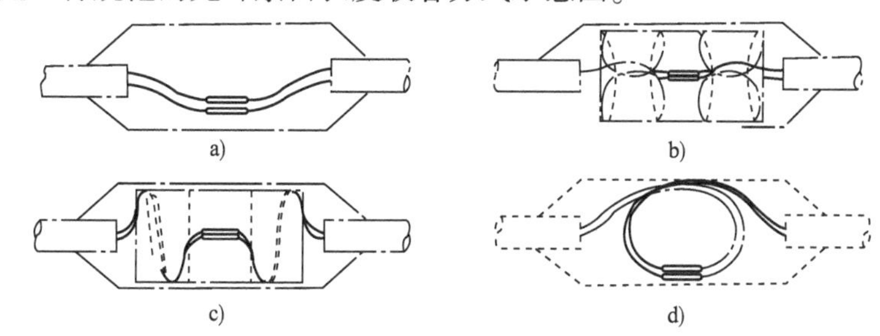

图4-35 光纤余长收容方式

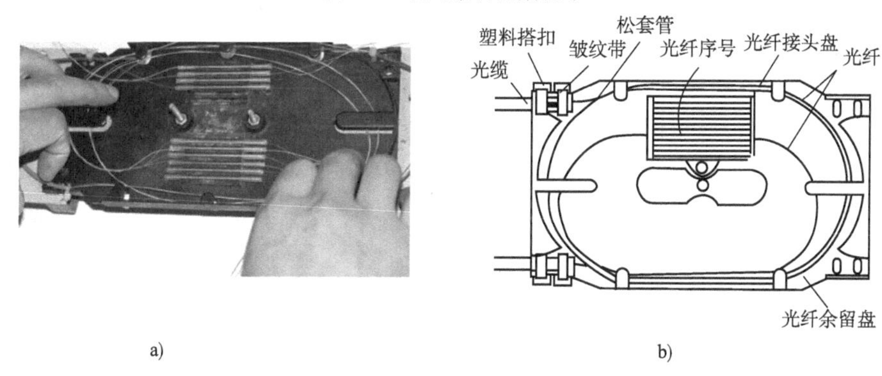

图4-36 规范的光纤余留长度的收容方式

7. 光缆接头盒封装

光缆接头盒主要用于光纤网络中的光缆接续和分歧，适用于各种光缆直通和分歧接头的保护。常见的光缆接头盒如图4-37所示。

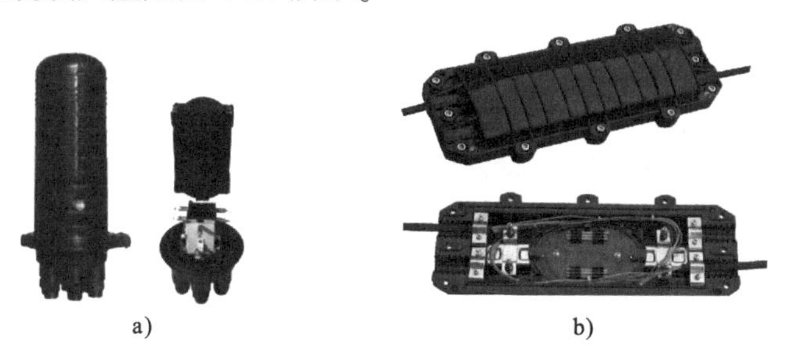

图4-37 常见的光缆接头盒

根据不同用处，接头盒的种类较多，但其内部结构相似，主要包括以下部分。

（1）支撑架：内部构件的主体。

（2）光缆固定装置：用于光缆与接头盒的底座固定及光缆加强元件固定，包括光缆加强芯在接头盒内部的固定，光缆与支撑架夹紧的固定，光缆与接头盒进出缆用热缩护套的密封固定。

（3）光纤安放装置：能有顺序地存放光纤接头和余留光纤，余留光纤的长度应不小于1m，余留光纤盘放的曲径不小于35mm。其中，收容盘可多至四层，能根据光缆接续的芯数调整收容盘。

（4）光纤接头保护：可将热缩后的保护套管放在收容盘里的纤芯固定夹上，也可采用硅胶固定法。

光缆接头盒封装方法:光缆及底座进缆处用砂纸将接头盒和光缆的交接处进行打磨,用清洁剂把打磨处擦干净,贴上铝箔,再将热缩管放在接头盒的入缆处,用喷灯按照先中间后两端的顺序缓慢加热,使整个热缩管完全收缩即可。如果光纤接头盒本身不带有密封圈,则应在合上光缆接头盒前,在接头盒接合处垫上密封胶带,然后固定接头盒。

不同结构的接头盒,其密封方式也不同。具体操作中,应按接头护套的规定方法,严格按操作步骤和要领进行。

光缆接头盒封装完成后,应作气闭检查和光电特性复测,以确认光缆接续良好。至此,接续已完成。

8. 接续测试

在实际接续中,需要联系机房相关工作人员,使用 OTDR 对接续的路由以及线路质量进行基本测试,若发现问题应及时处理。

9. 光缆接头盒的安装

光缆接续完成后,应按前面光缆接头规定中要求的内容或按设计中确定的方法进行安装固定(一般在设计中有具体的安装示意图)。接头安装必须做到规范化,架空及人孔内的接头应整齐、美观且有明显标志。

(1)吊挂式光缆接头盒的安装要求

①接头盒应安装在距杆 50 ~ 100cm 的位置。

②接头盒两侧光缆必须做伸缩弯,长 150 ~ 200cm,垂度 20 ~ 25cm,伸缩弯在距接头盒 15cm 处开始。

③过杆光缆用聚乙烯管保护。

④光缆接头盒、光缆要与吊线固定牢固。

⑤预留光缆盘放在邻杆上,曲率半径大于光缆外径的 10 倍或按施工设计要求。

(2)管道光缆接头盒的安装要求

①安装在人孔壁上时,需要制作专用光缆接头盒托架,光缆接头盒用搭链固定,接头盒两侧光缆用聚乙烯塑料管保护,用固定卡固定。

②安装在电缆托架之间时,接头盒两侧光缆用聚乙烯塑料管保护,接头盒用皮线绑扎与接头盒托架固定,托架可用角钢或塑料半圆托片制成。

③预留光缆的盘放方式:预留光缆作聚乙烯管保护。

(三)机械接续法光缆接续的步骤

机械接续法与熔接法相比,主要差别是在光纤的接续环节,两种方法的其他步骤类似。采用不同的光纤机械接续连接器件,其操作方法相似,主要分为以下两个步骤。

(1)光纤端面的制作。光纤端面的制作与熔接法一样,但对不同型号的光纤接续子,光纤的切割长度不同。

(2)专用工具接续操作。清洁压接工具上的胶状体或碎屑,特别注意将校准槽擦净;剥开密封带,拿出接续子将其放入压接工具上的固定座内,注意拿出接续子时不要压上盖,只能拿接续子两端;将制备好的第一根光纤放入接续子。此时,注意把 250μm 光纤接续到 900μm 光纤上时,应先放 250μm 光纤,将光纤推入光纤夹持垫,并把光纤推入接续子约有 3mm 的弯曲为止;将第二根光纤平直地通过校准槽推入接续孔,当第二根通过全部光纤行程的一半时,开始观察第一根光纤受阻弯曲的程度。当第二根光纤接触到第一根光纤时,继续推进第二根光纤,直到第一根纤出现 8 ~ 10mm 弯曲,再用第一根光纤推顶第二根光纤,直到两根光纤都有 5 ~ 8mm 弯曲时为止;按下压接手柄,直到光纤接续子上盖与本体平整为止。转动手柄压接时,必须用另一只手压住工具面板,防止压接器移动;压接完毕后,把光纤从海绵垫上移开,再从固定座里取出接续子。压接过程中不要有额外动作,不要让压接器在工作台上移动。

上述第(2)步的操作可根据具体光纤接续子的操作说明进行。这里以德国 SIECOR 公司生产的光纤接续子(CAMSPLICE)为例介绍其结构及具体的压接操作方法。

光纤接续子(CAMSPLICE)的结构如图 4-38 所示。它适合在机械连接光纤时采用,具有连接快速简便和不需任何特殊工具等优点。

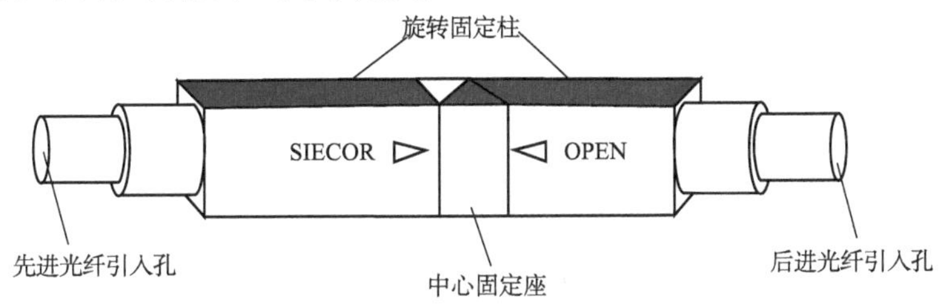

图 4-38　CAMSPLICE 光纤接续子结构图

CAMSPLICE 对单模和多模光纤的连接均适用,既适用于外径为 250μm 的一次涂覆光纤的连接,也适用于外径为 900μm 的涂覆光纤的连接,还可连接上述两种不同涂覆外径的光纤。

CAMSPLICE 接续子在结构上有两个光纤引入孔供插入连接光纤用,孔内各有一个光纤导引管(图中未画出),便于连接光纤的插入和对准。此外,光纤引入孔还配有防尘帽(图中未画出)。用接续子连接光纤时,要把一根连接光纤先穿入标有“SIECOR”字样旋转固定柱侧的引入孔中(该光纤称为先进光纤,该引入孔称为先进光纤引入孔),再把另一根连接光纤穿入标有“OPEN”字样旋转接线柱侧的引入孔中(该光纤称为后进光纤,该引入孔称为后进光纤引入孔)。连接 250μm 和 900μm 不同涂覆外径的光纤时,应把 250μm 涂覆外径的光纤作为先进光纤。

两个旋转固定柱(空心)分别套在中心固定座上,均可绕中心固定座作 90°旋转(转向相反)。当放置固定柱相对中心固定座不作旋转时,连接光纤在接续子内位置未锁定,光纤可从引入孔中自由穿入或拔出;当旋转固定柱相对中心固定座作 90°旋转后,连接光纤在接续子内的位置被锁定。

接续子内充有光纤折射率匹配液,以减小接续子的连接损耗和反射损耗。

CAMSPLICE 手工接续过程按以下步骤进行:

(1)设定初始位置。将光纤接续子两端防尘帽取下,并使标有“SIECOR”字样的旋转固定柱的箭头与标有“OPEN”字样的旋转固定柱箭头对准,此位置称为初始位置。

(2)待接先进光纤预处理。将光纤依次剥除涂覆层;清洁并切割光纤,切割时,光纤末端至一次涂覆层的距离为 13mm。

(3)先进光纤穿入接续子。将处理好的光纤轻轻地由先进光纤引入孔穿入,直至光纤不能向前推入为止,此时光纤上涂覆层的末端应进入引入孔约 9mm。穿入光纤时,应尽量减少光纤端面与穿入孔孔壁和导引管壁碰撞,以避免增加连接损耗。为便于将光纤穿入接续子,穿入过程中可轻微地捻动光纤。

(4)光纤暂时固定。用右手的拇指和食指捏住中心固定座,左手捏住标有“SIECOR”字样的旋转固定柱,顺时针方向旋转90°(由光纤引入方向面对接续子看),暂时将光纤固定。

(5)后进光纤处理。处理程序和要求同待接先进光纤的预处理。

(6)后进光纤穿入接续子。将处理好的光纤轻轻地由后进光纤引入孔穿入,直至碰到已经固定的先进光纤为止,可凭光纤接触的手感判断。后进光纤涂覆层的末端也应进入引入孔约9mm。

(7)后进光纤固定。用左手的拇指和食指捏住中心固定座,右手捏住标有“OPEN”字样的旋转固定柱顺时针方向旋转90°(由后进光纤引入方向面对接续子看),使后进光纤在光纤接续子内固定。应注意,旋转角度不要超过90°。

当标有“SIECOR”字样的旋转固定柱箭头与标有“CLOSED”字样的旋转固定柱箭头对准时,光纤接续工作全部完成。

(四)光缆接续中的安全注意事项

光缆接续是在较密闭的接续车或帐篷内进行,需要注意的事项有:

(1)裸光纤防护。裸光纤是非常锋利的,极易刺进皮肤,因此,光纤接续中应将废弃的光纤断头放在专用的容器中收存,保证操作环境内无光纤断头。

(2)化学试剂的防护。光缆接续中经常使用有机溶剂和各种胶、膏类的合成化学品,如丙酮、光纤涂复层浸溶剂、石油膏清除剂、3140RTV硅酯、胶黏剂、密封胶黏剂等,它们在较密闭的环境中对操作者会造成一定的健康损害。因此,光缆接续操作者应多走出帐篷呼吸新鲜空气。

(3)视力的保护。光纤接续是很费眼费神的,因此,在光缆接续点应尽量配备良好的照明设备。

(4)光缆开剥中的保护。开剥光缆时,使用器具多较为锋利,操作人员应戴厚手套,规范操作,防止身体伤害事故发生。

(5)激光的防护。光缆接续后,在使用激光光源或OTDR进行测试时,需要向光纤中注入激光。使用者应注意的是,不能用眼直接看激光器的输出口、耦合尾纤末端或被测短段光纤的末端,以避免对眼睛的伤害。

任务实施　光缆接续

1. 任务描述

如图4-39所示为某电信运营商的一项通信线路接入工程示意图。该工程自电信的业务端用馈线光缆(G.652B单模144芯)以管道敷设方式接入10km以外的光缆交接点(光交接箱)。现在已经完成了光缆的敷设,本任务需要完成的内容是:

(1)在A点1号光缆接头盒处完成144芯管道光缆的接续;

(2)在2号光缆接头盒处完成24芯管道光缆的接续;

(3)在3号光缆接头盒处完成24芯管道光缆的接续。

2. 主要工具和器材

(1)G.652B光缆;

(2)热可缩管(热缩套);

(3)酒精及清洁棉球;

(4)密封胶带;

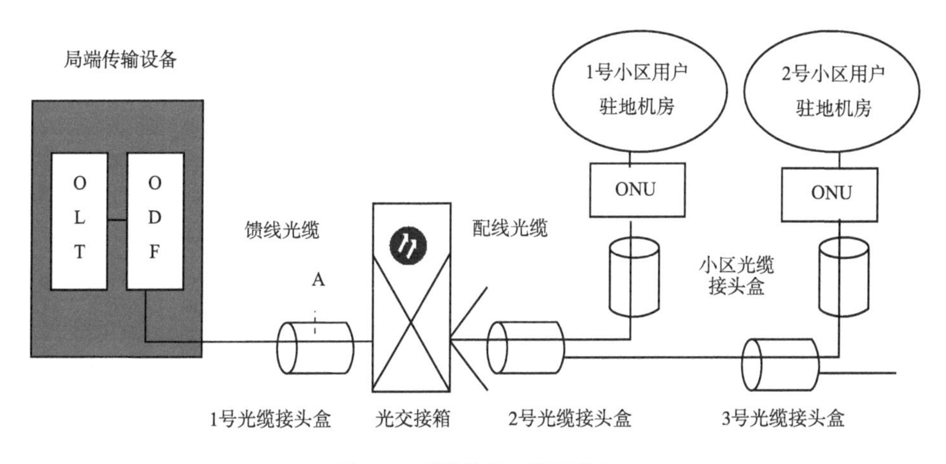

图4-39　线路接入工程示意图

(5)光缆护层开剥刀;

(6)束管钳;

(7)卡钳;

(8)扳手;

(9)螺丝刀;

(10)涂覆层剥离钳;

(11)光纤端面切割刀;

(12)光纤熔接机。

3. 任务实施

本任务由4人组成的小组实施,事先根据任务内容做好实施计划和人员分工,然后根据此前介绍的内容,按照如下主要操作顺序完成本任务。

(1)开剥光缆;

(2)核对纤序;

(3)光纤熔接;

(4)熔接状况测试;

(5)光缆接头盒封合;

(6)光缆接头盒固定。

任务总结

本任务介绍了光缆接续整个过程所涉及的知识和技能,通过本任务的实施,可使参与者掌握以下知识:

(1)了解光缆接续的基本过程和操作规程。

(2)正确开剥光缆并在接头盒内固定,正确区分光缆纤序。

(3)使用光纤切割刀等进行光纤端面制作。

(4)正确使用光纤熔接机,完成光纤的熔接和光纤接头的热缩套管保护操作。

(5)掌握余留光纤在接头盒中的收容方法。

(6)正确安装光缆接头盒,以及在手孔内、杆路上的安装方法。

(7)提高任务计划、任务实施、团队合作等方面的能力和素养。

任务三　电缆成端

一、配线设备及配线方式

(一)电缆成端与配线概述

市内通信网按照用户分布状况,从市内电话局的出局电缆开始,将电缆芯线分配到各个配线点,使其既能保证用户当前需要,又能适应未来的发展,这种分配芯线的方式称作电缆配线。配线设备有:交接箱、分线箱、分线盒、接线筒、多用接线盒、配线盒、配线箱、配线架等。

常见配线设备的符号见表4-6。

常见配线设备符号　　表4-6

名　称	原　有	新　建	名　称	原　有	新　建
架空电缆交接箱			落地式光缆交接箱		
落地式电缆交接箱			分线盒		
电缆交接间			分线箱		
架空电缆交接箱					

配线图是线路设计、施工中很重要的图纸(如后面图4-47所示),一张完整的配线图应具备以下要素和要求:

(1)电缆及分线设备线序。

(2)分线设备编号、容量及类型。

(3)电缆的标称容量及型号。

(4)电缆接头位置。

(5)配线区编号,一般以100对为1个配线区。

(6)正楷书写,符号标准。线序的书写应依线书写并用括号括起来,不能与图线交叉。

(二)电缆通信系统中的主要配线设备

常用的配线设备有以下几种。

1. 总配线架(MDF)

总配线架(Main Distribution Frame,MDF)是电信局内一侧连接外线,另一侧连接交换机接口电缆的配线设备。MDF一般安装在市话局测量室内,通常由横列、直列铁架,成端电缆线把,保安器弹簧排,保安器,实验弹簧排,端子板和用户跳线等部分组成。所有外线均接至

MDF 的直列接线模块上，来自交换机的内部电缆接至 MDF 的横列接线模块，通过跳线连接 MDF 的横列和直列接线模块。因此，通过 MDF 可以随时调整配线和测试局内外线路，并可使局内线免受外来雷电及强电流的损伤。MDF 的组成、接配线基本原理如图 4-40 所示，实物如图 4-41 所示。

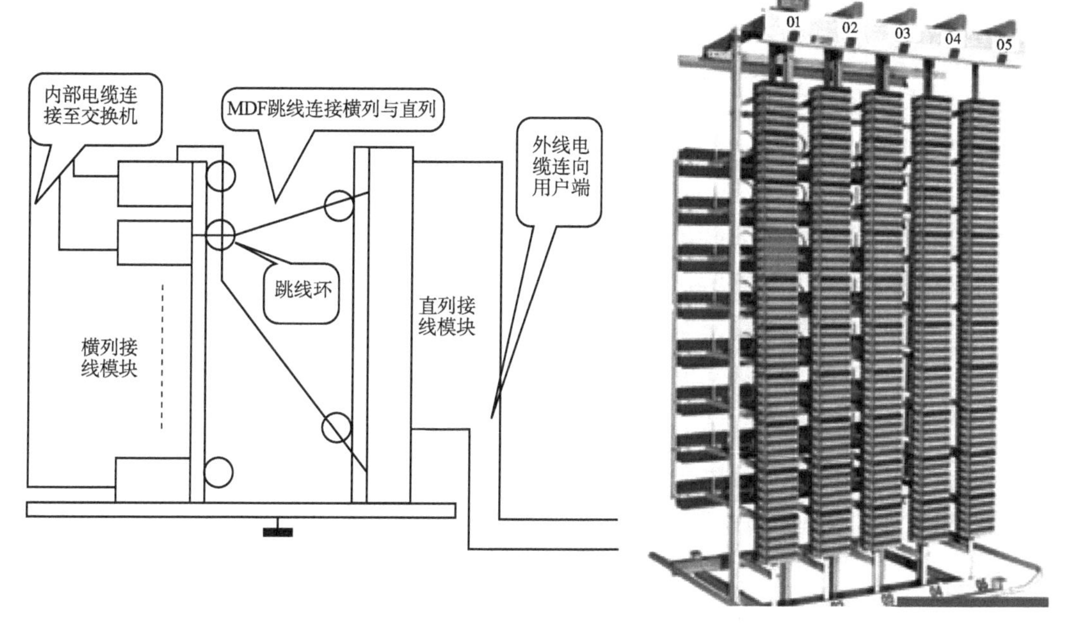

图 4-40　MDF 的组成与配线基本原理　　图 4-41　总配线架(MDF)实物图

2. 电缆交接箱

电缆交接箱是一种为主干电缆、配线电缆提供电缆成端、跳接的交接设备。电缆引入交接箱后，经固定、端接后，使用跳线将主干电缆和配线电缆连通。电缆交接箱的主要作用是利用跳线连接主干电缆和配线电缆，使主干线对和配线线对通过跳线任意连通，以达到灵活调度线对的目的。交接箱的箱体外壳通常有金属和玻璃钢复合材料两种，具有耐压、防潮、防尘、防蚀的性能。箱内有铁支架，用以安装接线模块。交接箱底部电缆出入口有橡胶垫，起防潮、防尘的作用。电缆交接箱实物图如图 4-42 所示。

图 4-42　电缆交接箱实物图

从结构上看，电缆交接箱通常由以下部件组成(以旋转卡接式交接箱为例)。

(1)箱体外壳：门锁灵活，可装卸，门上方有通气孔。

(2)箱内铁支架：用扁钢制成骨架和可转动的背装架，每个背装架能安装 300 对接线端子，在背装架后面是成端电缆的固定架，采用涂漆或涂塑保护。

(3)跳线环：分金属和塑料的两种，在列架顶部安装。

(4)标志牌：每块端子排(100 对)的上端应安装标志牌，用来编排列号及线序号。

(5)箱内右侧有供安装气压表、气门嘴、气压警告器的固定架。

(6)箱内设有与测量室联络线端子和测试线端子的位置(接线板)。

(7)箱内底部设有电缆气塞接头的固定绑扎角铁架,采用 20mm ×30mm 角钢。

(8)交接箱底部电缆出入口有橡胶垫,起防潮、防尘的作用。

(9)箱内有测试工具(测试塞头和剪线钳等)。

(10)旋转卡接模块有 100 对一块和 25 对一块两种形式。每一个模块为 25 对回线,模块背面端子按 25 对色谱芯线线序接入,模块正面端子连接跳线。

常用的有模块卡接式交接箱和旋转卡接式交接箱,接线模块如图 4-43 所示。模块卡接式交接箱因其线对密度大,主要用于容量较大的场合,如市区及省会以上城市的本地线路网络;旋转卡接式交接箱因其线对密度较小,主要用于容量较小的场合,如县级以下城镇或住宅小区等。

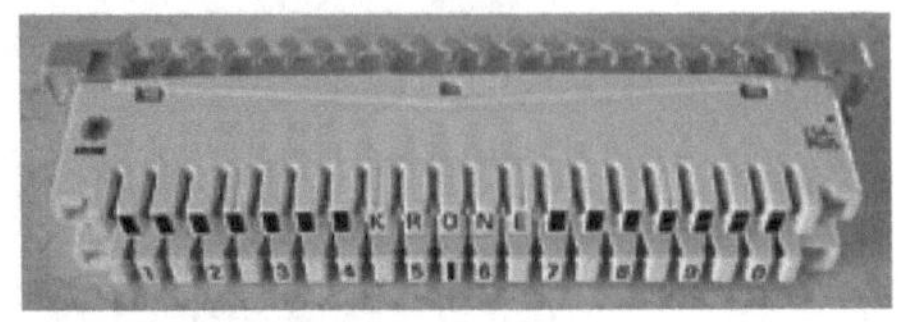

a)卡接式模块

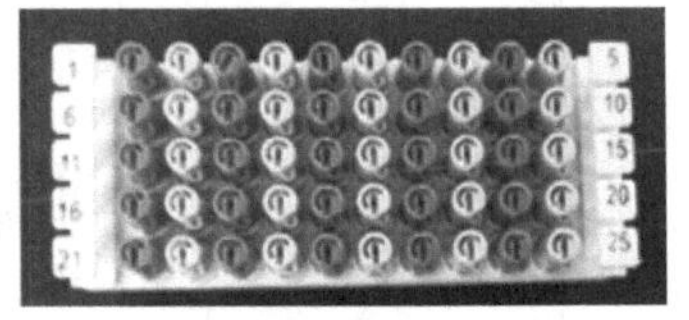

b)旋转卡接式模块

图 4-43 电缆交接箱内接线模块

3. 分线箱和分线盒

分线箱或分线盒是配线电缆的终端,安装在电缆网的分线点或配线点上,连接配线电缆和用户引入线。分线箱是一种带有保安装置的分线设备,分线盒是一种不带保安装置的电缆分线设备,其连接作用与分线箱完全相同。分线箱或分线盒按其接续方式不同可分为压接式和卡接式两大类,按其安装方式不同可分为挂式和嵌式两种。

分线箱的外形多为圆筒形(也有长方形的),外壳由铸铁制成(以便于接地),箱内有内、外两层接线板,每层接线板上设有接线端子(接线柱)。内层接线端子与局方电缆连通;外层接线端子与用户皮线连通。内、外两层间串联有熔丝管,外层接线板与箱体之间有避雷器,如图 4-44 所示。

分线盒内部设有一块由透明有机玻璃或塑料制成的接线端子板,将分线盒分为内、外部分,来自局方的电缆芯线在端子板内层与接线柱相连,外层和用户皮线相连。电缆分线盒的典型式样如图 4-45 所示。

图 4-44 电缆分线箱

图 4-45 电缆分线盒

(三)用户电缆线路网的配线方式

一般将从用户话机到电信端局总配线架(MDF)立板保安器为止的一段线路称为用户线

路。电信局之间的电缆(或光缆)线路为局间中继线。用户线路一般分为三部分:主干(馈线)电缆线路是从电信分局到交接箱的一段线路;配线电缆线路是从交接箱到分线设备的一段电缆线路;用户引入线是从分线设备到用户话机的一段线路(皮线或小对数电缆),如图4-46所示。

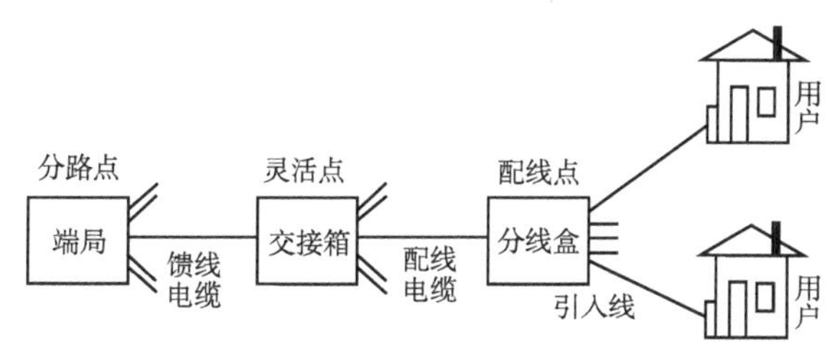

图4-46 通信网中的用户线路

常见的电缆线路配线方式有:直接配线、交接配线、固定交接配线和复接配线方式。主干电缆网现在均以交接配线为主,配线电缆网以直接配线为主。

1. 直接配线

直接配线:局内总配线架经馈线电缆延伸出局,电缆芯线直接分配到分线设备上,分线设备间及电缆芯线间不复接,如图4-47所示。采用直接配线时,用户线不经过交接箱而直接接入电话局,电缆芯线没有复接,因而没有通融性,各个分线设备上的用户数量有较大变化时,线对调度较困难。

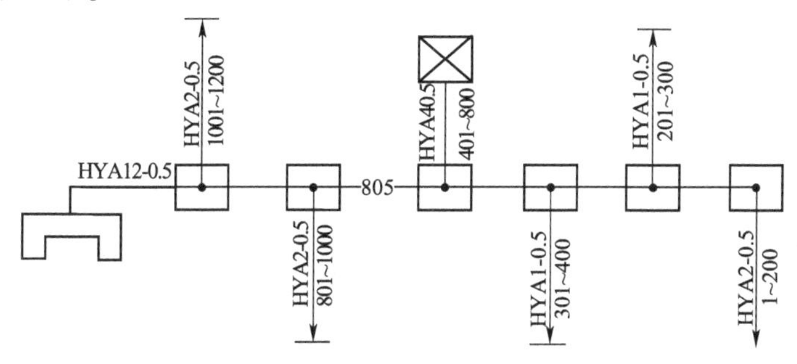

图4-47 直接配线图

直接配线具有结构简单、维护方便的优点。因为具有一一对应的特点,对开通的宽带数据业务(如ADSL)特别有利。缺点是灵活性差、无通融性、芯线利用率低。所以,直接配线一般用于近局配线区、单位内的宅内配线电缆及交接箱后的配线电缆线路网络上。

2. 交接配线

所谓交接配线,是指在主干电缆与配线电缆的连接处加入了中间接续设备——交接间或交接箱的配线方法,主干电缆和配线电缆经交接设备内的跳线相连。

交接配线的主要优点是:提高主干电缆芯线的利用率,主干电缆与配线电缆的数量比一般为1:1.5~1:3;可以减少电缆复接衰减,未使用的线对均可不在交接箱上搭连;任何一段电缆发生障碍,可以自由更改而不影响全部使用;测试障碍方便,缩短查修时间。

交接配线按其交接方式可分为:两级电缆交接法、三级电缆交接法、缓冲交接法、环联交接法和混合配线法等种类,其中以两级电缆交接法和三级电缆交接法较为常用。

(1)两级电缆交接法

两级电缆交接法是交接配线的最基本形式,从电信端局出来的电缆通过交接箱与配线电缆相连,再由配线电缆经分线设备及皮线连到用户,如图4-48所示。

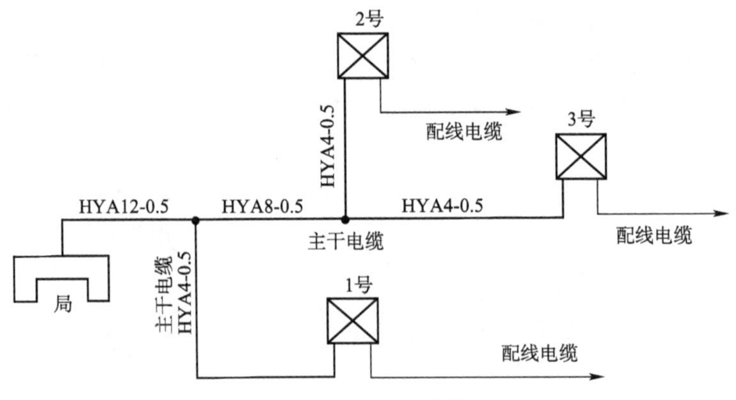

图 4-48　两级交接配线图

(2)三级电缆交接法

三级电缆交接法是在两级电缆交接法的基础上,在端局与某些交接箱之间再插入一级大容量的配线设备(交接间)的配线方法,如图 4-49 所示。三级电缆交接法进一步提高了主干电缆的芯线利用率,线对调度范围大,提高了网络的灵活性。

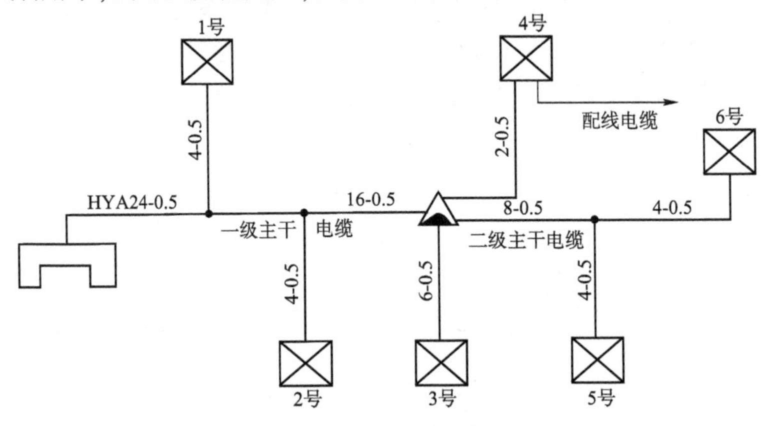

图 4-49　三级交接配线图

(3)缓冲交接法

缓冲交接法是在两级电缆交接法的基础上,在适当的地点装有附加的交接间,如图 4-50 所示,不同主干线路某些交接箱的一部分线对经过缓冲交接间后进入市话局,另一部分线对则直接进入市话局的配线方法。这种方法可以使少量的电缆调配给多个交接区使用,因此,这种交接方式可以作为对原有交接区的一种增援的扩建方式。

(4)环联交接法

环联交接配线如图 4-51 所示,各交接箱除了有直通电话局的主干电缆外,在 2 ~3 个相邻的交接箱之间还设有联络线对,有了联络线各交接区就好像被连成一个整体一样,所以称之为环联交接法。

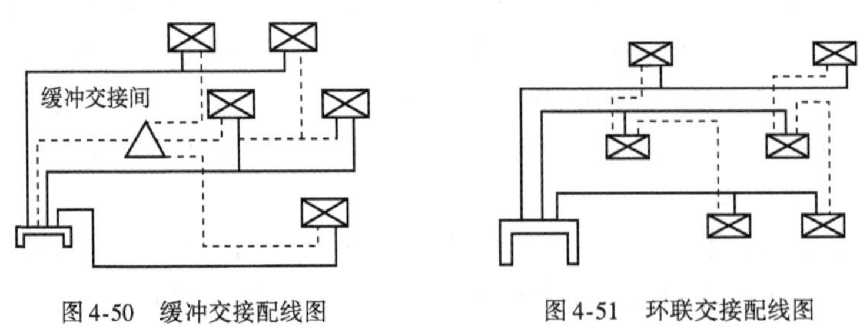

图 4-50　缓冲交接配线图　　　图 4-51　环联交接配线图

环联交接法的主要优点是省去了交接间，当交接区电话发展不平衡时，如某交接箱内主干电缆线对不够用，而邻近交接箱内的主干电缆线对都空在那里，为解决缺线问题，通过箱间联络线，把空闲的主干线对引渡过来即可，推迟交接箱的主干电缆扩建。缺点是联络线要占用交接箱的端子（无疑增加了交接箱的容量），增加联络线线对记录，给维护工作带来了困难。一般环联的交接箱不宜过多，一般为3、4只。

（5）混合配线法

以上介绍了线路网中的各种配线方式，在实际运行的网络中，往往不是单独使用某种配线方式，而是多种配线方式的混合使用。图4-52是通信电缆网中经常遇到的一种配线方式，既有交接配线，又有直接配线，还有交接箱后再连大楼或企业单位内的配线箱或总配线架。这种配线为混合配线方式。

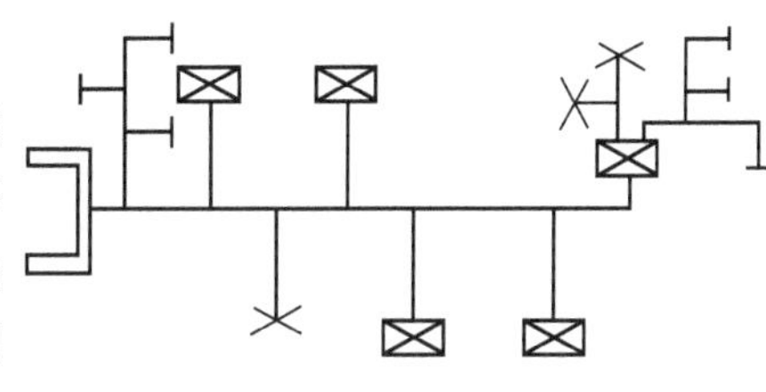

图4-52　混合配线图

注：✕表示宅内交接箱；—|表示分线盒。

3. 固定交接区配线

所谓固定交接配线区是指由一个交接箱（间）接出的配线电缆形成各自独立的系统，交接箱的容量与小区的居民住户数、单位业务电话、公用电话的终期需要回线数相适应，以保证配线区内的线路设备的长期稳定和有效使用。这种配线方式的优点是：

（1）配线电缆、交接箱、分线盒一次建设施工，长期使用，相对稳定。

（2）用户发展可按固定交接配线区进行预测，按需分期扩充主干电缆。

（3）线路设备相当稳定，图纸记录方便完整，为计算机管理提供基础。

（4）缩短安装电话周期，为将来“即时安装电话服务”提供物质基础。

（5）线路障碍大为减少，有效地提高了通信服务质量。

4. 复接配线

复接是为了适应用户变化，即同一对线接入两三个分线箱（盒）内，这样增加了设备的通融性，同时提高了心线的使用率。复接可以按需要在少数分线箱（盒）间进行，也可在整条电缆上进行系统的复接。

复接配线如图4-53所示。

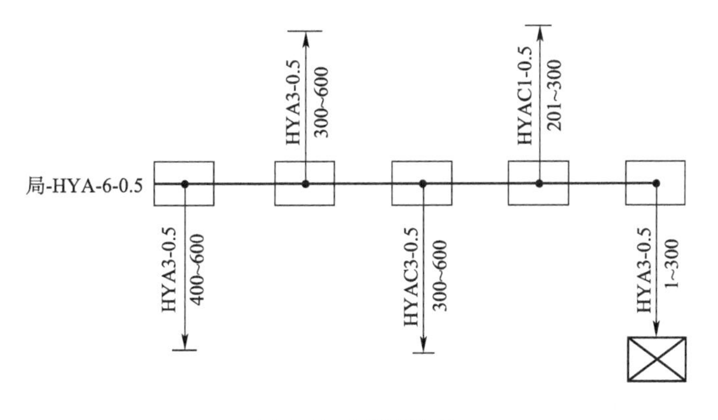

图4-53　复接配线图

二、电缆交接箱成端方法

电缆线路到达端局或交接箱后，需要与配线架或交接箱相连，这种连接称为电缆的成端。不同设备的成端操作略有差异,在此以较有代表性的交接箱成端为例介绍电缆成端的方法。

(一)箱体安装

各种电缆交接箱的安装步骤基本相同,在此介绍箱体落地式安装的步骤。

1. 落地式交接箱的安装要求

(1)落地交接箱安装位置原则上以设计及文件为准,但应考虑施工与设备安全,并应和人(手)孔配套安装,基座高根据各地区地势情况而定,一般防雨的高度为30~60cm。

(2)落地交接箱基座,距人(手)孔一般不超过10m,但必须铺管道,不得采取通道方式。

(3)基座的四角,有预先埋铸好的地脚螺栓(鱼尾穿钉)来固定交接箱,基座中央预留长方洞(1 800mm×170mm)作电缆出入口。

(4)落地交接箱应严格防潮,穿电缆的管孔缝隙和空管孔的上下,应严密封堵,交接箱的底部及进出的电缆口也要封堵严密。

(5)穿入的电缆管,应放置在交接箱底部并固定牢固。

(6)交接箱与基座的接触处,应抹水泥八字,防止进水。

2. 落地式交接箱的安装步骤

落地式交接箱一般均采用“水泥基座+箱体”的形式进行安装,安装步骤如下。

(1)选择安装位置

①应避免交通繁忙的地段及易受外力、外物撞击、坠落和严重化学腐蚀及地势低洼易积水的场所。

②单开门:箱体安装在人行道侧石线边时,箱门应向人行道一侧。双开门:箱体安装在人行道里侧时,距建筑应不小于60mm,在人行道侧石线边时,箱体距人行道侧石线应不小于60mm,确保操作人员站在人行道上工作。

(2)安装混凝土底座

交接箱安装分解图如图4-54所示。混凝土底座的安装流程为:测量并确定交接箱安装位置→挖掘底座以及电缆铁管敷设坑→敷设电缆管并制作底座浇灌模块→穿放管内铁线→编扎底钢盘→浇灌混凝土→安放交接箱的预埋底框→预埋底框。

(3)安装交接箱箱体

清除预埋底框及底座上杂物、浮灰→橡胶垫圈就位→箱体就位并紧固。

(4)安装接地装置

在交接箱基座边打入地气棒,并用导线将地气棒与交接箱的接地装置相连,接地电阻≤10Ω,且不得与金属箱体相连。

安装完成后的落地式交接箱见图4-55。

(二)电缆成端

以旋转卡接式交接箱成端为列,操作步骤如下:

(1)确定交接箱列号、线序号、主干序列号、配线序列号位置的排列。

①单面交接箱:以面对列架,自左(为第一列)往右顺序编号,每列的线序号自上往下顺序编号。

②双面交接箱,可分为A列端和B列端,A列端的线序号编排完,B列端再继续往下编号。

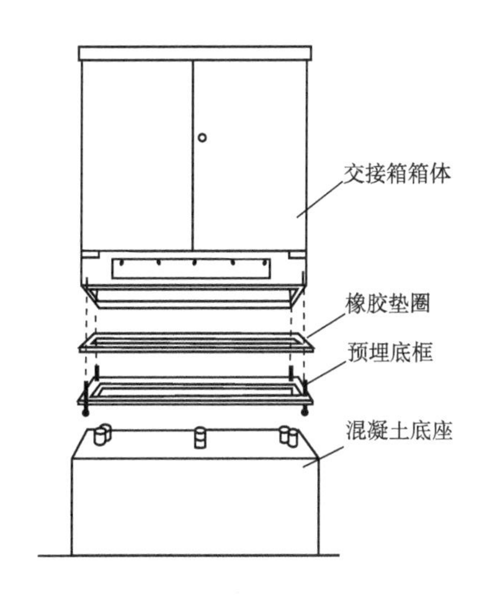

图 4-54　交接箱安装分解图

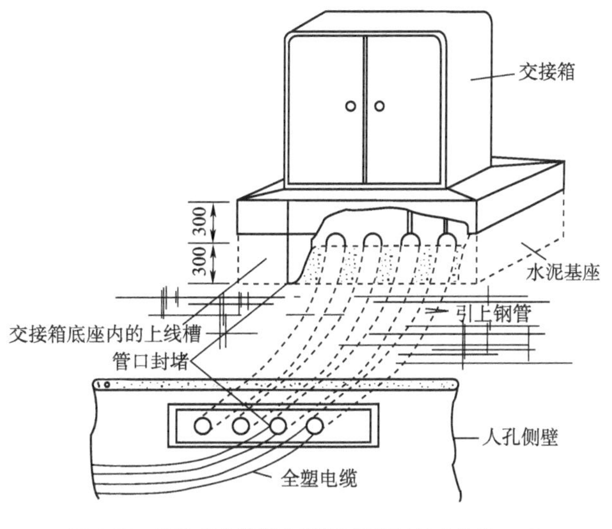

图 4-55　落地式交接箱的安装示意图(尺寸单位:cm)

③局线(主干线)、配线安装位置:局线与配线之比例以 1:1.5 至 1:2 为宜,局线(主干线)和配线的安装位置原则上局线在中间列(第二列、第三列),配线在两边(第一列,第四列),首先选用相邻局线(主干线),这样可以节省跳线,跳线交叉也少,如图 4-56 所示。

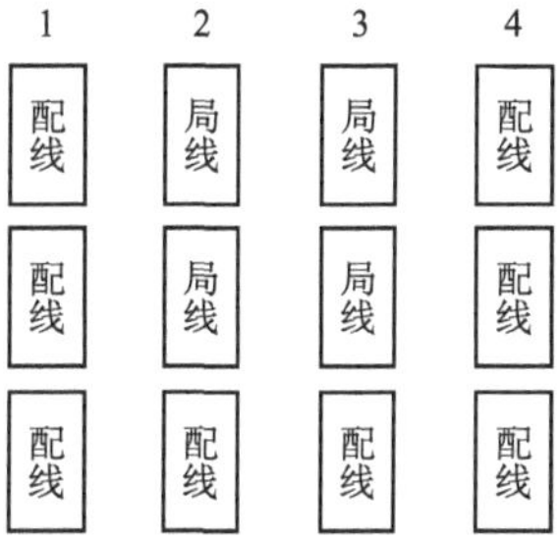

1	2	3	4
配线	局线	局线	配线
配线	局线	局线	配线
配线	配线	配线	配线

图 4-56　局线、配线安装位置

(2)从底板橡胶封口中将电缆穿入箱内,根据交接箱的尺寸开剥合适长度的电缆,然后用电缆管夹将电缆在开剥的根部进行固定。

一般成端线外护层开剥长 = 箱内列高 + 50cm。

(3)成端线把绑扎。

①线把编扎部分用宽 20mm 的 PVC 透明薄膜带重叠二分之一绕扎。

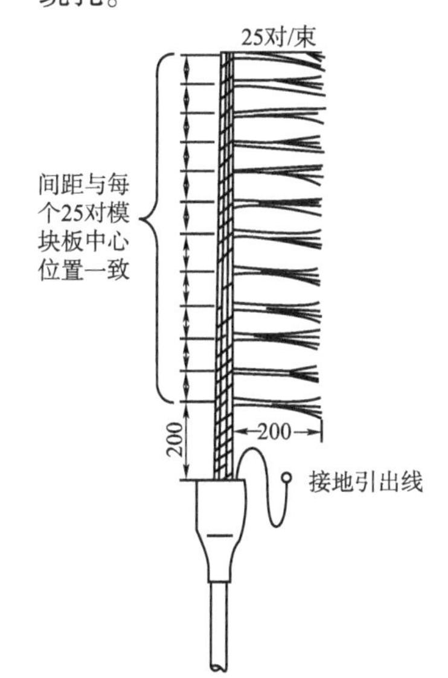

图 4-57　线把绑扎示意图
(尺寸单位:mm)

②线把绑扎,按色谱以一个基本单位 25 对线为一组,从大号到小号依次绑扎,每束(组)的出线间距应与每个 25 对模块板中心位置相对应一致。每组线束出线成一条直线,如图 4-57 所示。

③成端电缆固定应牢固、美观、横平竖直、不扭曲。电缆弯曲的曲率半径应符合要求。成端电缆芯线与模块接线端子连接。

(4)芯线卡接。每一个模块为 25 对回线,模块背面端子按 25 对色谱芯线线序接入外线(主干或配线电缆),模块正面端子连接跳线。松开列架左面上下的连接件,把列架后面的模块转到前面,然后按一下步骤卡接芯线。

①折弯芯线:折弯部分长 15 ~ 20mm,如图 4-58 所示。

②插入芯线:将折弯部分全部插入接续元件的孔内。

③用合适规格的平口螺丝刀插入接续元件端部,顺时针旋转 90°,下部多余部分芯线即切断,连接完成,如图 4-59 所示。

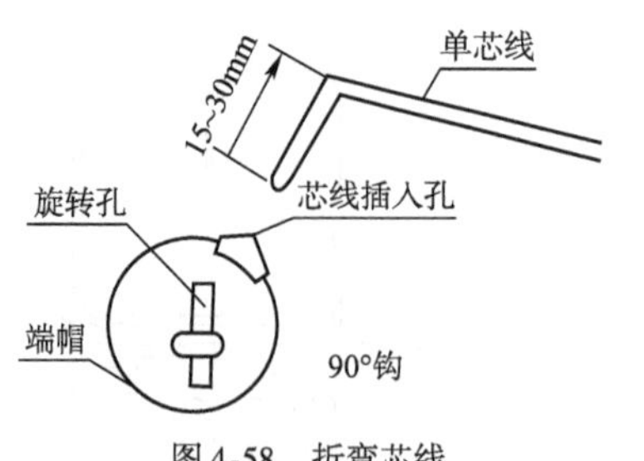

图 4-58 折弯芯线

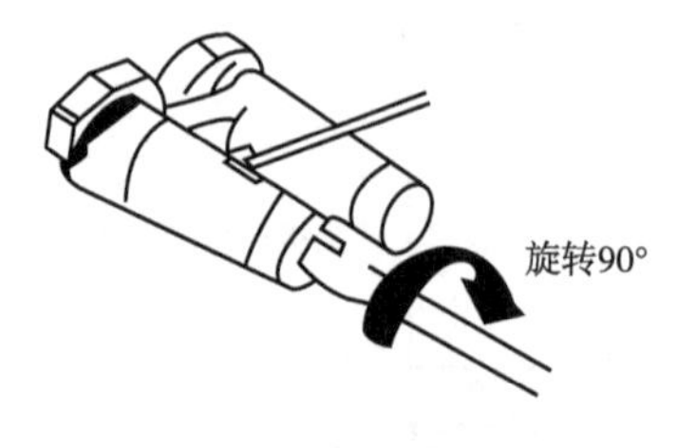

图 4-59 顺时针拧 90°

(5)交接箱电缆屏蔽层连接。将交接箱成端电缆屏蔽层连接导线可靠地接至箱内接地端子上。

(6)连接跳线。在外线接好后,把列架放到原来位置上,按设计规定的跳线编号,从下往上将主干电缆和配线电缆在模块正面端子上用跳线连接。安装时,跳线应穿过串线环布线。

(7)线路测试。接续完毕后,进行对号、绝缘性能测试,确认合格后,模块支架恢复原位。

主干电缆、配线电缆、跳线的连接如图 4-60 所示。

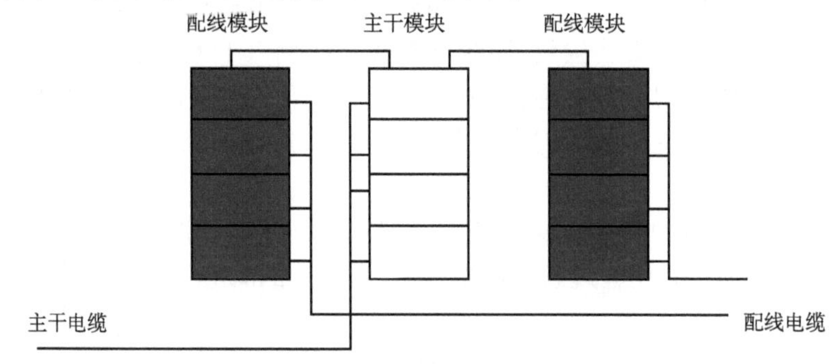

图 4-60 交接箱接线模块、电缆的安装

(三)电缆交接箱成端的注意事项

1. 电缆交接箱位置选择需要注意的事项

(1)交接箱的最佳位置应为交接区内线路网中心偏向电话局的一侧。

(2)符合城市规划,不妨碍交通并不影响市容观瞻的地方。

(3)应选定靠近人、手孔便于出入线的地方,或利用电缆的汇集点。

(4)应选定位置隐蔽、安全、通风,便于施工维护,不易受到外界损伤的地方。

(5)在下列场所不得设置交接箱:

①高压走廊和电磁干扰严重的地方;

②高温、腐蚀严重和易燃易爆工厂、仓库附近及其他严重影响交接箱安全的地方;

③规划未定型、用户密度很小、技术经济不合理等地区;

④低洼积水的地区。

2. 交接箱的编号方法

交接箱的编号方法为:局号+交接箱号,局名有按数字命名的,也有按所在市政道路命名的。

(1)交接箱编号为 6001,则 6 表示 6 分局,001 表示第 1 号交接箱,以后的交接箱按 6002、6003……依此类推。

(2)如新华路电信机房,应按路名的汉语拼音取第一个字母缩写为 XH,则交接箱编号为:XH—001,XH—002,XH—003……依此类推。

3. 配线电缆编号方法

配线电缆编号以交接箱(间)为单位,按接入交接箱电缆先后次序,采用流水编号方法,具体编号为:局号+交接箱号+配线电缆编号。

例:XH 001—#01,XH 002—#02……

新华路电信机房,001 号交接箱,#01 电缆,#02 电缆。

三、分线盒成端

1. 分线设备安装要求

(1)分线设备的安装方式、地点与型号应符合设计要求。

(2)分线设备在电杆上安装时,应装在电杆的局方侧;同杆设有过街分线设备时,其过街的分线设备应装在局的反方侧。

(3)分线盒在电杆上安装时,应设在盒体的上端面距吊线 720mm 处;水泥电杆安装分线盒时,应衬垫背板或背桩件。

(4)室外墙壁安装分线盒时,盒体的下端面距地面为 2.8~3.2m,装置应牢固。

(5)分线箱安装在电杆上时,5 对、10 对、15 对及 30 对的分线箱固定穿钉眼距吊线为 800mm;一排接线端子 25~50 对分线箱的固定穿钉眼应在吊线下方 1 000mm 处,如图 4-61 所示。

(6)分线设备的地线必须单设,地线的接地电阻应满足相关要求。

(7)室内分线盒的安装应符合设计要求。

(8)分线设备安装后应将其编号(按设计的编号)写在分线设备的表面,字体应端正、大小均匀。

(9)壁龛式分线盒的安装,应根据设计要求进行,箱体、箱内、接续部件的装置应牢固、合理、防潮。

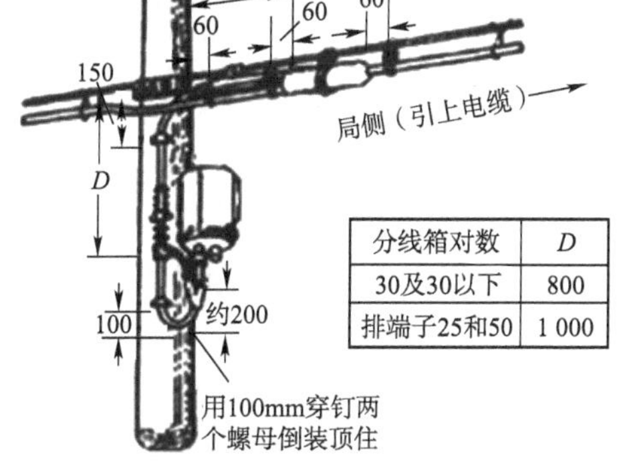

分线箱对数	D
30及30以下	800
排端子25和50	1 000

图 4-61　箱杆上安装示意图(尺寸单位:mm)

2. 分线盒成端方法

分线盒成端方法如下。

(1)打开分线盒盖和接线模板,接线模板的电缆芯接线面板朝上。

(2)量裁电缆:电缆开剥长度一般为分线盒长度的 3 倍加 10cm。

(3)把电缆穿进分线盒进缆孔,然后开剥电缆。按开剥电缆长度剥去电缆外护层,并在电缆切口处纵向切长 2cm,再横向开剥长 1cm,呈 L 形,用于连接屏蔽线。

(4)在电缆切口处连接屏蔽线,用钢丝钳压紧屏蔽线端部予以固定,并用自粘胶带包扎。

(5)在电缆切口处 1.5cm 以内缠绕色带。按电缆芯线接线板接线柱序号排列,进行分线,分别用塑料扣带扎大把、中把、小把,如图 4-62 所示。

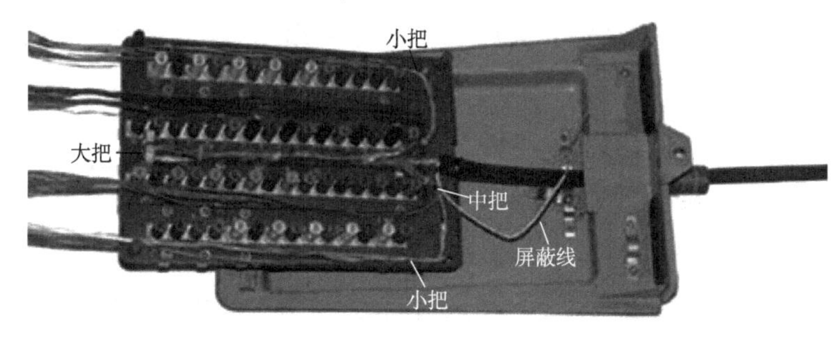

图 4-62　分线盒线把制作

(6)接线序号对应于接线板序号,将芯线折弯插入直立式旋转模块接线端,并留好余线(成直角),依次插完一列接线柱,然后用螺丝刀插入接线柱端帽顺时针转动90°,把多余部分切断。重复该步骤把芯线接完,如图4-63所示。

(7)把屏蔽线的引出端安装在分线盒的地气接线柱上。整理电缆芯线,然后把电缆固定在压缆卡内,并旋紧螺钉。

(8)清理分线盒内残余线头等杂物,把接线板旋转180°,用户皮线接线面板朝上(以便将来连接用户引入线),并固定接线模块。

(9)尾巴电缆进缆孔口封合。

①热缩套管封合,操作方法同电缆接头封合。

②用自粘胶带包扎,如图4-64所示,包扎成蛋形。

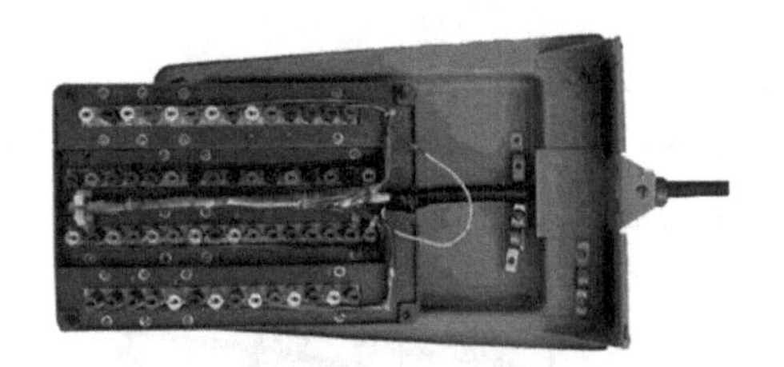

图4-63 分线盒配线电缆芯线连接到端子上

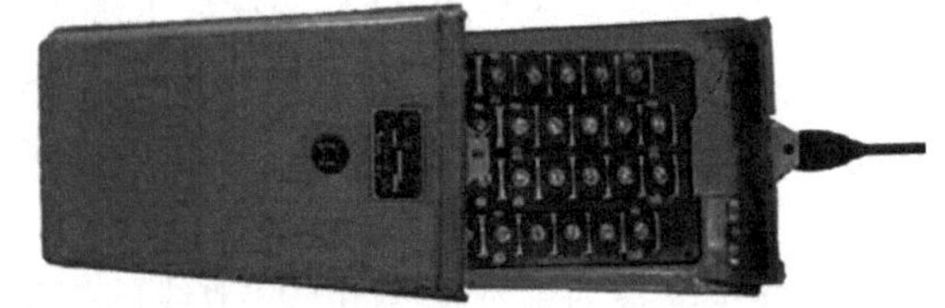

图4-64 完成尾巴电缆进缆孔口封合的分线盒

3. 分线箱成端方法

分线箱成端方法与分线盒成端类似,简述如下。

(1)把电缆穿进分线箱的进缆孔,然后开剥电缆外护层,开剥长度为:箱体高度+20cm。

(2)在电缆切口处纵向切长3cm,再横向开剥长1cm,呈L形,用于连接屏蔽线。

(3)在电缆切口处连接屏蔽线,屏蔽线与电缆屏蔽连接良好,并用自粘胶带包扎固定。

(4)按分线箱接线柱的间隔,由大号到小号分线编扎线把。

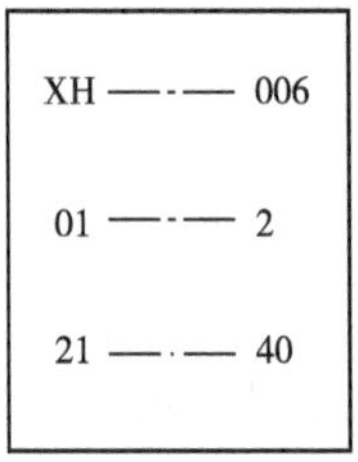

(5)按线序号对应于接线柱序号连接,余线松紧一致。

(6)把电缆的屏蔽引出线安装在分线箱的地气接线柱上,并固定牢固。

(7)尾巴电缆与电缆进线孔的封合可采用热宿套管封合或用自粘带包扎。

(8)安装避雷线或地气线接地装置。

XH —·— 006

01 —·— 2

21 —·— 40

图4-65 分线盒面板漆写图

注:图中表示新华路电信局第006号交接箱,01配线电缆第2号分线盒第21~40号线序。

4. 分线设备编号方法

以分线盒为例,编号按配线电缆所属分线盒由远到近依次排列编号。例如:01配线电缆所属分线盒依次编号为1号、2号、3号……并漆写在分线盒板上,如图4-65所示,便于维护人员识别。

任务实施 交接箱和分线盒成端

1. 任务描述

电信新华路端局机房为解决西部城郊通信问题,计划在该城郊增设电缆交接箱(交接箱编号:XH—006)。端局以600对馈线电缆接入XH—006电缆交接箱,自电缆交接箱分别布放2路100对配线电缆连接城郊地区各个用户驻地,然后接入各用户点的分线设备,如

图4-66所示。现已完成电缆布放和交接箱基座制作,本任务要求完成交接箱及分线盒的安装和电缆成端。

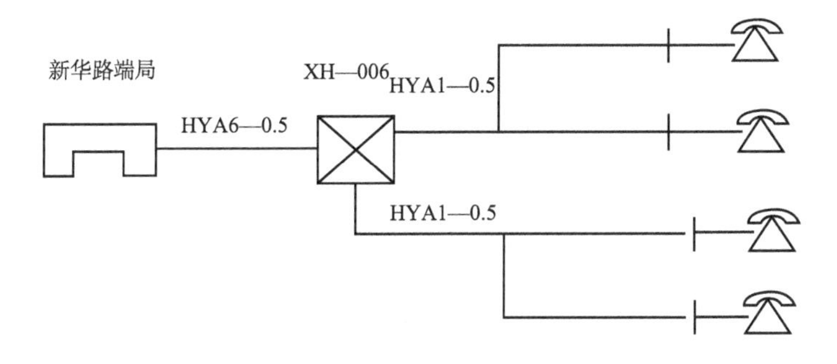

图4-66 电缆交接箱的电缆连接示意图

2. 主要工具和器材

(1)600对、100对电缆;

(2)电缆交接箱;

(3)分线盒;

(4)电缆跳线;

(5)包扎带等固定材料;

(6)电缆割刀;

(7)旋转子接线器专用工具;

(8)蜂鸣器、放音器;

(9)万用表、试线器;

(10)螺丝刀、扳手、剥线钳等。

3. 任务实施

本任务由4人组成的小组实施,事先根据任务内容做好实施计划和人员分工,然后根据此前介绍的内容,按照如下主要操作顺序完成本任务。

(1)电缆交接箱安装;

(2)分线盒安装;

(3)电缆在交接箱的成端;

(4)电缆在分线盒的成端;

(5)完成成端后的电缆线路测试。

任务总结

本任务介绍了全塑电缆的培配线和成端所涉及的知识和技能,通过本任务的实施,可使参与者掌握以下知识:

(1)了解电缆线路的配线方式。

(2)了解电缆成端的基本过程和操作规程。

(3)掌握电缆在交接箱和接续盒内的安装方法。

(4)掌握电缆在交接箱和接续盒内的成端技能。

(5)利用万用表或蜂鸣器等仪表进行电缆线对测试。

(6)提高任务计划、任务实施、团队合作等方面的能力和素养。

任务四　光缆成端

一、成端的主要配线设备及成端方式

1. 光缆成端概述

光缆线路到达端局或中继站后，需与光端机、中继器或光纤配线架（ODF）等设备相连，这种连接称为成端。在机房或光交接箱内不同光缆通信设备及配线设备之间连接通常要用到跳线或尾纤，其中两头都有连接器的光纤称为跳线，只有一头有连接器的光纤称为尾纤。成端的接续过程大致与光缆接续相同，其不同之处是光缆与尾纤相连接，而不是光缆与光缆相连接。在接续前应将尾纤逐一编号，与光缆线路和光端站一一对应，以免造成纤芯混乱。成端后的尾纤连接头应按要求插入ODF的连接插座内，暂进不插入的连接头应按要求盖上保护帽，以免损伤和灰尘堵塞连接头，造成连接损耗增大或不通。

2. 光通信系统中的主要配线设备和器材

（1）光纤配线架

光纤配线架（ODF）是专为光纤通信机房设计的光纤配线设备，主要用于光缆终端的光纤熔接、光连接器安装、光路的调接、多余尾纤的存储及光缆的保护等，它对于光纤通信网络安全运行和灵活使用有着重要的作用，既可单独装配成光纤配线架，也可与数字配线单元、语音配线单元一起装在一个机柜/架内，构成综合配线架。

光纤配线架由机架、子架、盘、熔接盒、保护熔接点的附件、光纤适配器以及尾纤组成，具有终端光缆和存放多余尾纤的地方，并且有放置光衰耗器的位置，典型ODF架的结构如图4-67所示。ODF一般具有如下结构特点。

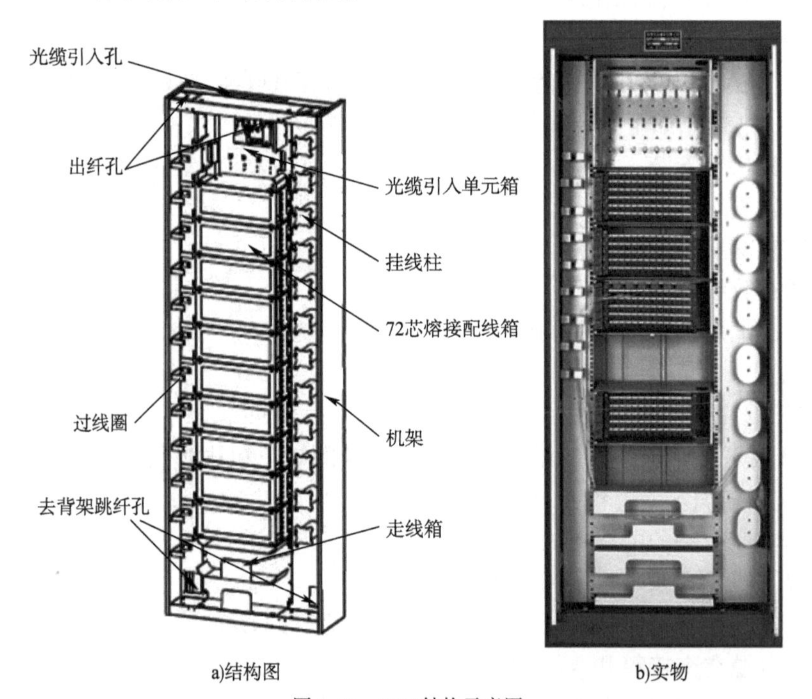

图4-67　ODF结构示意图

①采用柜式结构，对光缆的成端和配线进行物理保护，避免光纤、光缆意外受损。架体

设计采用模块化结构,可根据用户不同要求灵活配置,使拼架安装、增容方便。

②光缆可由机架顶部或底部进缆孔引入配线架并进行固定、接地和保护,保证光缆及缆中纤芯不受损伤,光缆金属部分与机架绝缘。固定后的光缆金属护套及加强芯与高压防护接地装置可靠连接。

③光纤配接箱(子架)的大转盘采用熔接配线一体化模块,模块为分层旋转结构,可卡装FC、SC、LC和ST等种类的适配器,能保证跳纤的弯曲半径不小于40mm。

④跳线走线可由垂直走线槽和水平走线槽管理,优化走线布局,并可为拼架跳线保留通道,余纤收绕环可存储多余跳线。

⑤通常下端备有熔纤盘,供主干光缆与配线光缆的熔接。

⑥有完善的光纤水平以及垂直方向管理绕线环,保证布线整齐、美观,得到可靠保护。

⑦能够清楚标识光纤尾纤、跳线。

(2)光缆交接箱

与市话电缆交接箱的功能类似,光缆交接箱是一种为主干层光缆、配线层光缆提供光缆成端、跳接的交接设备,一般安装于室外,有落地、挂壁、架空等多种安装形式。光缆引入光缆交接箱后,经固定、端接、配纤以后,使用跳纤将主干层光缆和配线层光缆连通。从功能上讲,光缆交接箱内部一般包含光缆固定接地区、熔接区、储纤区和适配器区四个部分,如图4-68所示。

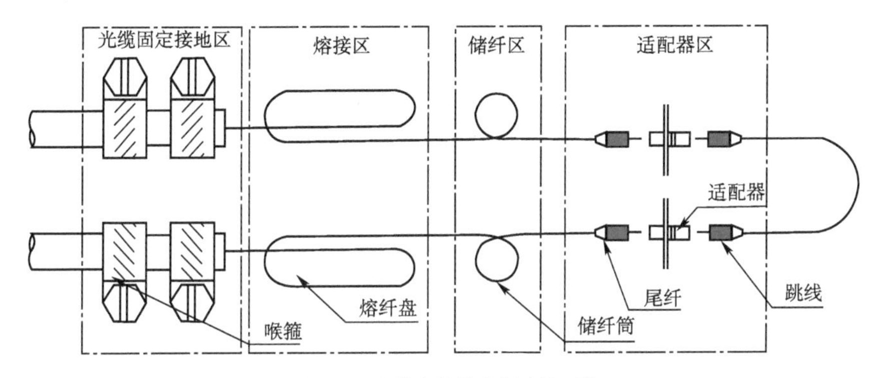

图4-68　光缆交接箱内部功能区块

光缆交接箱是安装在户外的连接设备,它能够承受剧变的气候和恶劣的工作环境。一般的光缆交接箱均由箱体、一体化熔接盘、光缆固定板、挂纤柱几部分组成,如图4-69所示。光缆交接箱通常的容量(即光缆交接箱最大能成端纤芯的数目)有48芯、96芯、144芯、288芯、576芯几种,芯线编号顺序为由下至上、由左至右。常见的箱体有SMC箱体(SMC是Sheet molding compound的缩写,即片状模塑料)或不锈钢箱体。

随着PON网络的迅速发展,诞生了一种广泛用于接入网中的无跳接光缆交接箱,其结构如图4-70所示。这种光缆交接箱是主干光缆与尾纤熔接,配线光缆与尾纤熔接,然后两根尾纤通过适配器直接连接,中间不通过跳线跳接。其具有减少节点损耗、主干通过分光器扩大容量、箱体余纤光缆整齐等优点。无跳接光缆交接箱主要有两种模式:

①配插片式光分路器,从配线光缆端和主干光缆端熔接引出尾纤;

②配托盘式光分路器,取用托盘式光分路器进缆尾纤和出缆尾纤替代传统的跳纤。

熔储单元如图4-71所示,上层熔接盘的熔接容量为12芯,翻页式结构,尾纤在下层储纤盘盘绕后分隔引出,或者尾纤在下层储纤盘盘绕后与适配器成端,如图4-72所示。

a)成端前的光接箱

b)成端后的光接箱

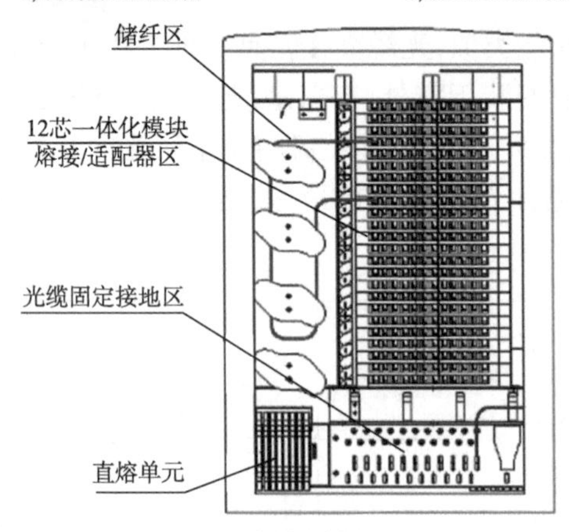

c)走纤示意图

图 4-69　光缆交接箱结构

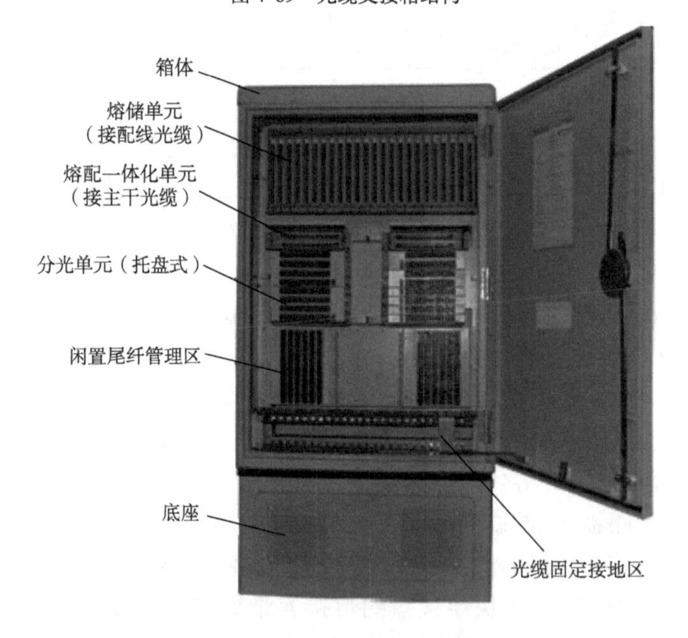

图 4-70　无跳接光缆交接箱结构图

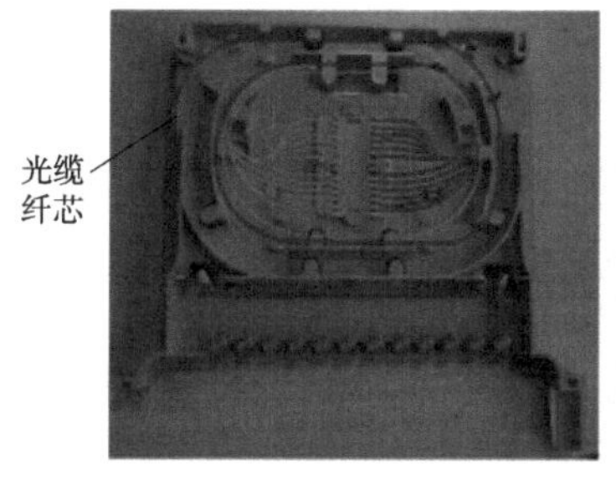

a)上层

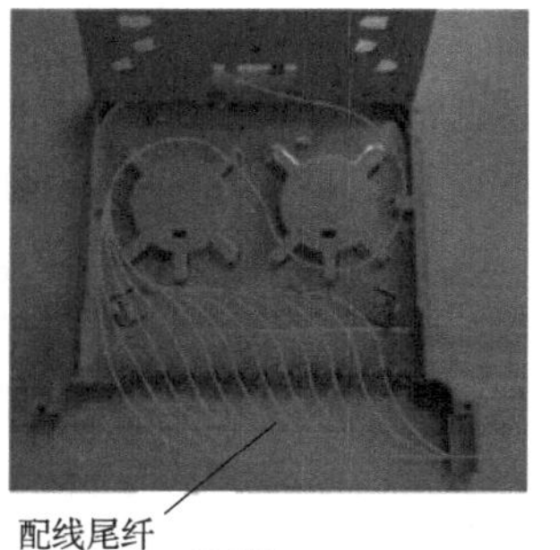

b)下层

图 4-71　熔储单元结构图

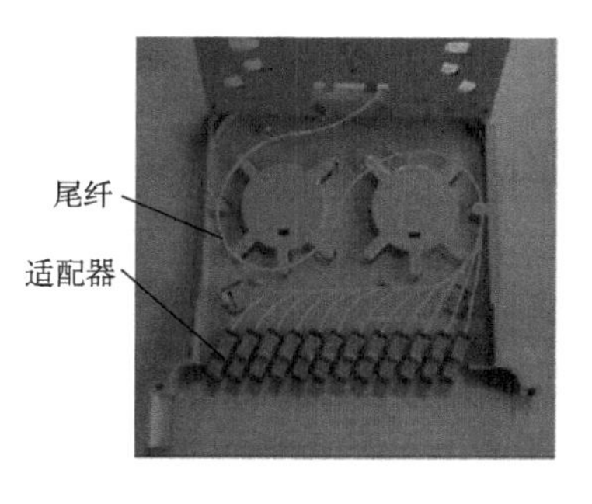

图 4-72　熔配一体单元下层结构图

光缆交接箱的主要特点：

①终端模块跳纤连接操作方便、安全，走线弯曲半径大，最大限度地减少了光纤在存储中信号的衰耗；终端模块的适配器为可拆卸式，更换方便，面板可打开，使尾纤的操作较为方便。

②设备的跳纤、尾纤、熔接等所有操作均集中在正面进行，维护方便，标识清楚；在箱体下部设置有走线管理装置，可对余长光纤进行管理。

③具有光缆直熔、盘储功能。通常有适配器安装卡接卡，能安装 FC、SC 等多种适配器以及有可靠的光缆固定、开剥和接地装置等。

常见光缆交接箱主要技术指标：

①连接器的衰耗（包括插入、互换、重复）：≤0.5dB。

②插入损耗：≤0.2dB。

③回波损耗：≥45dB。

④环境温度：－5～＋40℃（室内型）/－40～＋60℃（室外型）；环境湿度：≤85%；大气压力：70～kPa。

⑤光纤活动连接器插拔寿命大于 1 000 次。

(3)光纤尾纤和跳线

光纤跳线（尾纤）是光通信中应用最为广泛的基础元件之一，是实现光纤通信中不同设备及系统活动连接的无源器件，它与光纤配线架、交接箱、终端盒配合使用，可以实现不同方向光缆的灵活连接和分配，从而实现整个光纤通信网络高效灵活的管理和维护。常见的尾纤主要有尾巴光缆连接器和束状光缆连接器两种。

尾巴光缆连接器如图 4-73 所示，主要应用于光缆与光端机的连接。束状光缆连接器如图 4-74 所示，主要用于束状光缆的连接和接入，在配线架里实现分线。

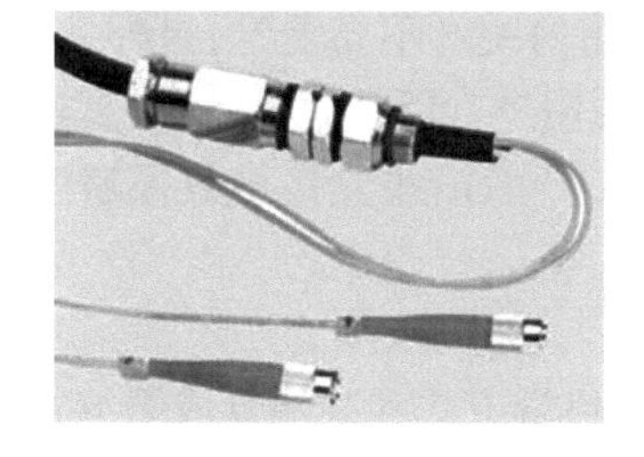

图 4-73　尾巴光缆连接器

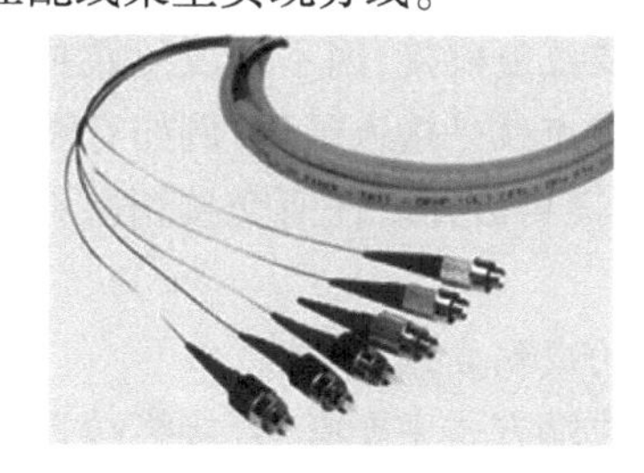

图 4-74　束状光缆连接器

3. 光缆线路的配线

光缆线路的常见配线方式有总线式结构和环形结构两种。

(1)总线式结构

总线式结构是指从局端到各光缆交接箱只使用一条大对数光缆连接的网络结构。它一般使用在业务量少,范围不大的非重点地区。主干层纤芯分配可按实际需求全部在光缆交接箱上终端或只终端一部分。整个网络主干层光缆纤芯数量可以递减或不递减。使用递减结构时网络结构比较简单,施工及维护比较方便,但纤芯使用不灵活,纤芯保护能力不足。使用不递减结构时,网络结构相对复杂,纤芯浪费较多,但易于向环形结构演化,如图4-75所示。

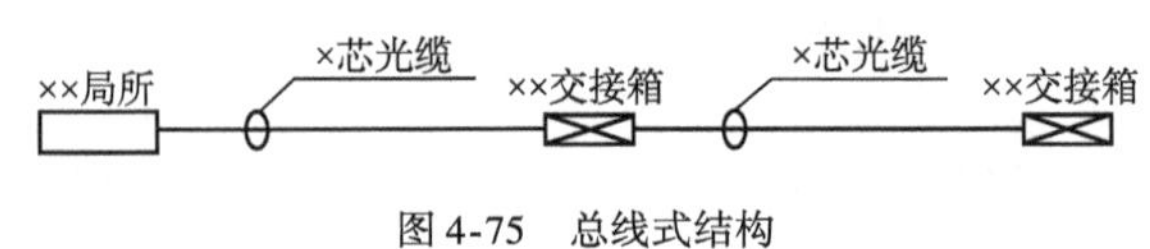

图4-75 总线式结构

(2)环形结构

环形结构是指所有光缆交接箱共同使用一条大对数光缆,光缆首尾在局端终端,自成一个封闭回路的网络结构,纤芯分配与总线式结构一样。该结构相对复杂,施工及维护不太方便,投资额较大。但其纤芯使用比较灵活并拥有纤芯保护功能,能弥补总线式结构的诸多不足。目前,SDH技术在接入网中的应用基本都选择环形结构,如图4-76所示。

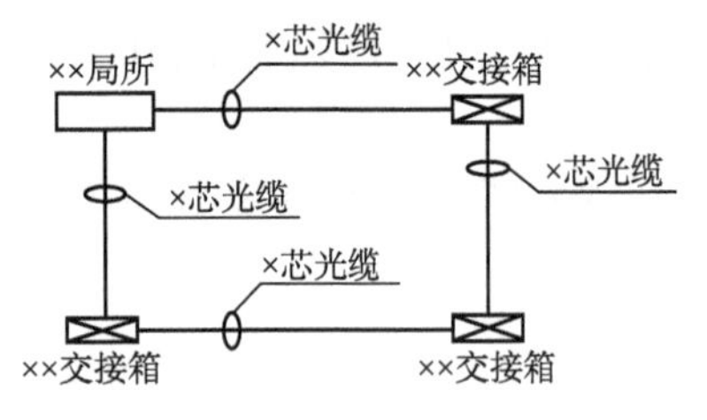

图4-76 环形结构

光纤在交接箱内的连接方式有:光缆纤芯全熔至端子方式和光缆纤芯部分熔至端子部分直熔式两种。

①光缆纤芯全熔至端子方式。

这种方式是将交接箱之间的光缆全部熔接成端至交接箱端子,在有接入需要时,通过各交接箱内跳纤接至交换局所。这种方式在起初交接箱大规模使用时常被采用,直至今日相当一部分运营商仍采用这一熔纤方式。采用这种纤芯连接方式的交接箱网络组织简单,施工难度小,节省光缆芯数,投资小。但在使用阶段较复杂,管理维护有相当大的难度,如沿线交接箱较多时需要反复跳接,标识不清就会出现错误,反复开启交接箱跳接光纤也会降低交接箱及端子的使用寿命。一般沿线交接箱数目不超过5个时宜使用此方式。

②光缆纤芯部分熔至端子部分直熔方式。

这种方式是将交接箱之间光缆的一部分纤芯熔至交接箱端子,另一部分纤芯直熔至所对应的交换局所,最终形成每个交接箱内有所属纤芯,同时每个交接箱两个方向均有至目标交换局所的直达纤芯。采用这种纤芯连接方式的交接箱,网络组织较复杂,施工期难度大,需大对数光缆,投资相对较大。但在使用阶段简单,利于网络的管理和维护,如沿线交接箱较多时不需要反复跳接,因不需反复跳接所以交接箱内跳纤不易混乱;另外,这种纤芯使用方式最大的优点就是接入迅速,例如有需紧急接入的用户,可利用交接箱中直达交换局光纤直接接入,不需再去开启任何交接箱跳纤即可完成。一般沿线交接箱数目超过5个时宜采用此方式。

4. 光缆的成端方式

光缆的成端方式主要有:直接终端方式、ODF架终端方式和终端盒成端方式三种。

(1)直接终端方式

直接终端方式采用T-BOX盒(线路终端盒),有的装在机顶走道上,有的固定在机架上。光缆线路的光纤与带连接器的尾巴光纤在终端盒内固定连接,尾纤另一端连接插件接至光端机，如图 4-77 所示。

(2) ODF 架终端方式

通信局站内通常采用 ODF 架或 ODF 盘（即光纤分配盘）终端方式。ODF 架终端方式如图 4-78 所示。

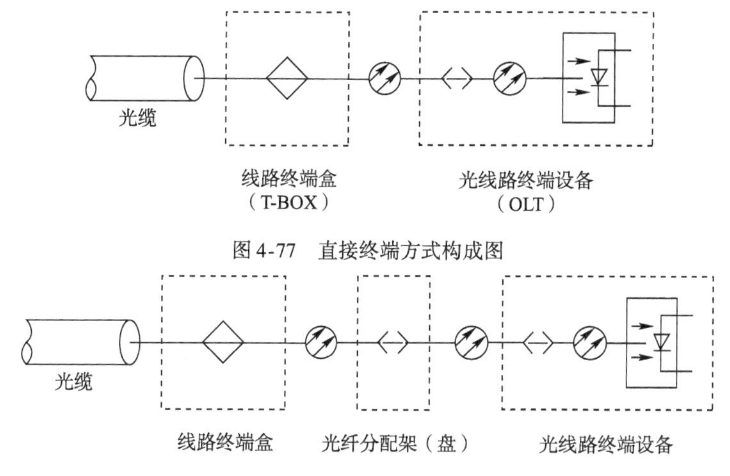

图 4-77　直接终端方式构成图

图 4-78　ODF 架终端方式构成图

光缆线路的光纤与带连接器的尾纤在终端盒内固定连接，尾纤另一端连接插件接至 ODF 架或 ODF 盘，然后通过跳纤，由 ODF 架或 ODF 盘与光端机机盘连接。光缆线路终端设备与光缆线路间增加了 ODF 架或 ODF 盘后，调纤十分方便，并使机房布局更加合理；同时，ODF 架可容纳更多光纤线路，适用于大型端局。

(3) 终端盒成端方式

终端盒成端方式如图 4-79 所示。光缆进入终端盒，分出的光纤接上尾纤后引至连接器插座上，从光端机来的尾纤通过终端盒的插座与线路光缆相连。终端盒光纤成端方式可将进局光纤与光端机尾巴光纤活动连接。

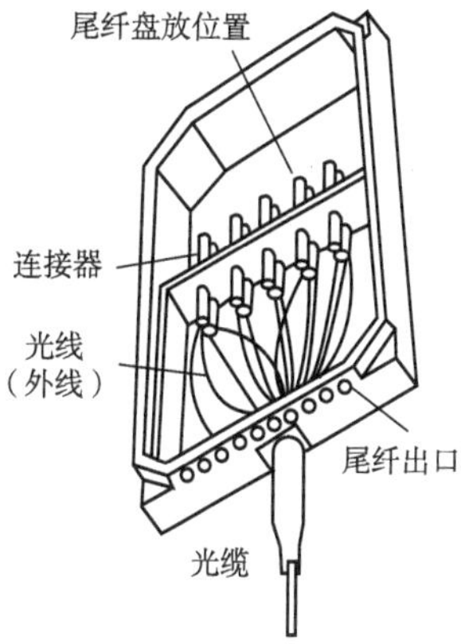

尾纤盘放位置
连接器
光线
（外线）
尾纤出口
光缆

图 4-79　终端盒式光缆成端示意图

二、光缆交接箱成端的方法

各种光缆配线设备的成端方法相似，在此以光缆交接箱成端为例来介绍具体的操作方法。

1. 光缆交接箱箱体安装

各种光缆交接箱的安装步骤基本相同，在此以容量为 288 芯的 GXF5-FT 型通信光缆交接箱为例来介绍其箱体落地式安装的步骤。

(1) 预制水泥基座，如图 4-80 所示。

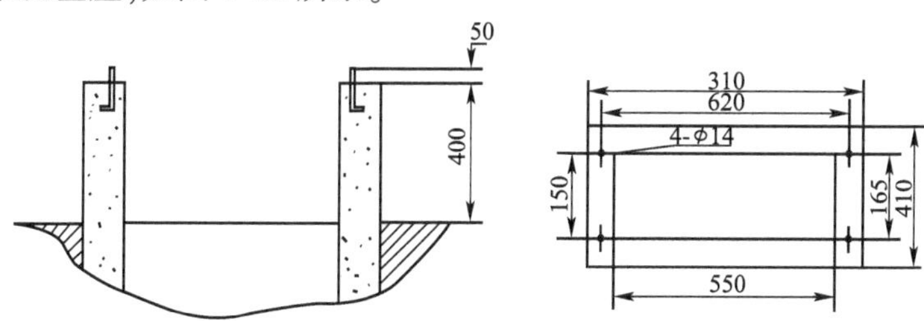

图 4-80　预制水泥基座示意图（尺寸单位：mm）

水泥基座外形尺寸需与箱体尺寸配套,长×宽×高为810mm×410mm×400mm,地基中心留550mm×150mm×400mm的进线孔。

(2)预埋M12的地脚螺钉,保证地脚螺钉的中心距离为617mm×165mm(与箱体尺寸配套),螺钉高出水平面50mm。也可不采用预埋地脚螺钉而采用膨胀螺栓固定的方法。

(3)将箱体放在水泥基座上,其固定孔与预埋地脚螺钉对齐放置,然后将地脚螺钉锁紧。安装时应使箱体与水泥基座保持垂直水平。

(4)接地装置安装。在交接箱基座边打入地气棒,并用导线将地气棒与交接箱的接地装置相连,接地电阻不大于10Ω,且不得与金属箱体相连。

注:①在已有水泥基座的情况下,用4个M12×100膨胀螺钉固定即可。

②当配套安装时,箱体可根据用户实际情况将底座首先固定于水泥基座上,再用4个M12×100螺钉将箱体固定与底座连接。

2. 光缆成端操作

光缆的成端步骤如下。

(1)光缆引入。将光缆按设计或光缆交接箱安装说明的要求穿入光缆交接箱内。通常,交接箱底板采用多组合台阶橡胶衬套,适合不同直径的光缆进入箱体,橡胶衬套所开孔径应小于所进光缆直径2mm以上。光缆从底部进缆孔进入,取内径与光缆直径再套的挡圈两个、喉箍一个,依次套入光缆。

(2)光缆开剥(以铠装光缆为例)。

①开剥外护层(对于非铠装光缆通常无需此步骤)。根据交接箱的实际情况确定光缆的开剥长度,在开剥点先用专用开剥刀横向切割外护套一周,然后用钢锯在钢带上刻出划痕(但不可切断),然后来回轻轻弯折,将钢带断开后与外护层一起去除,露出铝塑综合护层。

②开剥内护层。根据交接箱的实际情况确定开剥长度,在开剥点用专用开剥刀横向小心切割聚乙烯内护层及LAP层一周,去除该护层。切忌急躁,以免误伤光纤松套管,造成开剥失败。

③在铝塑综合护层切断处,沿护层方向纵剖30mm,再横向切10mm,呈L形切口,见图4-81,用以安装接地夹圈。

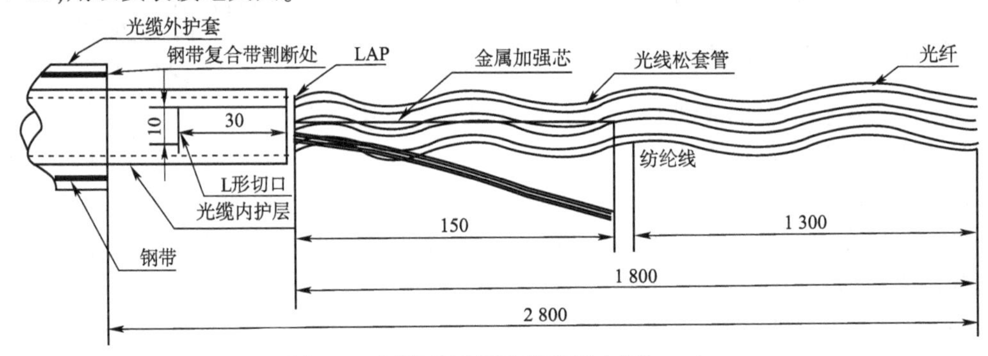

图4-81　光缆切割位置示意图(尺寸单位:mm)

④割去缆芯总缠绕线、包带,将纺纶线拢在一起,纺纶线与加强芯留长150mm,如图4-80所示。

⑤将光纤松套管、加强芯、纺纶线上的油膏及脏物擦干净。擦的方向应从铝塑综合护层切断处向外顺擦;严禁反方向擦,以防松套管折断。严禁用汽油等易燃溶剂擦洗,以防火灾。

⑥用电吹风将光纤松套管因扭绞引起的弯曲展直,切忌过热使松套管软化变形。

⑦在距离铝塑综合护层切断位置450mm处(不同交接箱会有区别),用松套管切割刀在

松套管表面横向划一周，在划痕处轻轻地折断松套管并抽除；切忌割断松套管，伤及光纤。

⑧清除光纤上的油膏，应从松套管处向外顺擦；严禁反方向擦拭。

⑨必要时，在松套管或光纤上粘上数码。

(3)光缆的固定与接地。

①将光缆用喉箍固定在光缆固定板上，加强芯固定在接地铜柱上。

②如需护层接地，则应预先在光缆端部装入接地夹圈，然后将地线连到光缆固定板上。光缆及接地线都应有足够的标识。

(4)开剥后的光纤缠绕上蛇形软管，并在盘口旁用扎带固定在扎线板上，然后按自然弯曲度引入到熔配一体化模块的熔接盘内，见图4-82。

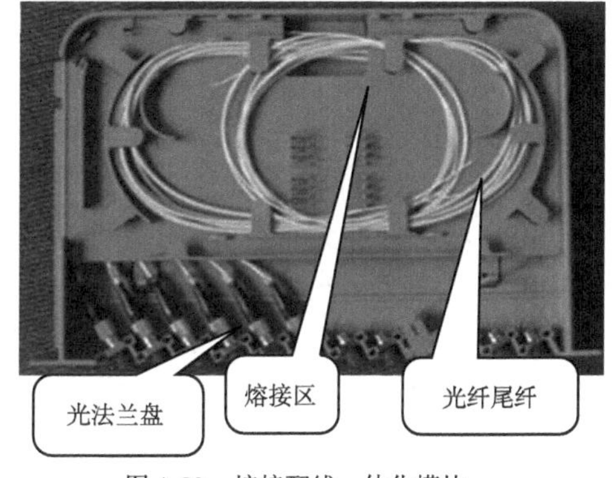

图4-82　熔接配线一体化模块

(5)光纤收容与熔接。

①熔接前先将光纤保护套管穿入纤芯，并按要求过渡到光纤收容盘，再将尾纤进行相应的标识后预留至收容盘。

②准备好后，将光缆纤芯端头与尾纤纤芯端头按光缆熔接工艺熔接，同时进行监测。此时的监测只能作为参考。如发现有明显的差异，应查找出原因，否则重接一次。光纤熔接应严格控制质量，以免影响全程指标。

③熔接完成后，将光纤及尾纤盘插入熔配一体化模块的熔接盘内（每一熔接盘可熔接单芯光纤12芯），并插入到相应的适配器。

(6)光纤逐根测量。应用OTDR测量，连接点应正常，总损耗应符合设计规定。

(7)光纤线路的连接和调度均通过交叉连接，用跳线在箱体正面进行。

(8)主干光缆与分支光缆不需要调度时，可直接熔接后置于熔接盘中保护。

(9)箱内清除杂物并清洁后，将各种引线整理整齐，然后关上光缆交接箱的门。

3. 光缆成端的注意事项

光缆成端注意事项如下：

(1)光缆终端盒安装位置应平稳、安全且远离热源。

(2)光纤在终端盒的死接头，应采用接头保护措施并使其固定，剩余光纤在箱内应按大于规定的曲率半径盘绕。

(3)从光缆终端盒引出单芯光缆或尾巴光缆所带的连接器，应按要求插入光分配架（ODF）的连接插座内，暂不插入的连接器应盖上塑料帽，以免灰尘侵蚀连接器的光敏面，造成连接损耗增大。

(4)光缆中的金属加强构件、屏蔽线（铝箔层）以及金属铠装层，应按设计要求作接地或终结处理。

(5)有铜导线的光缆应按设计要求成端，连接前后均应检查直流参数；应当注意，在连接后有负载的情况下不能检查耐压，以防高压损坏设备。

(6)光纤和铜线应在醒目部位标明方向和序号。

(7)跳线在拐弯时应走曲线，且弯曲半径不小于40mm，布放中要保证跳线不受力、不受压，以避免跳线的长期应力疲劳。

(8)跳线插头和转接器（法兰盘）在连接中应耦合紧密，以免使跳线的插入损耗增加过大，引起光通信系统的传输特性劣化。

(9)有些安装在农村地区用户端的光通信系统设备，因为环境较差易受鼠害的攻击，所以一方面要注意环境的治理，另一方面连接的跳线尽量由光通信设备的上方进入，避免跳线由地槽或地面进入设备。

任务实施 光缆成端

1. 任务描述

如图4-83所示为电信端局至用户端的EPON线路物理连接框图，馈线光缆从端局引出至片区光缆交接箱，经1:4光缆分路器后引配线光缆至某小区内的光缆交接箱，经1:16光缆分路器后引用户光缆至单元楼道配线箱内的ONU，实现光电转换后经配线架用电缆引至各用户。目前已经完成了所有光缆线路的敷设，尚需要完成如下工作内容：

(1)片区光缆交接箱和小区内的光缆交接箱安装。

(2)光缆交箱内成端及光缆分路器安装。

(3)按要求进行光缆交接箱内跳线的连接。

(4)用OTDR进行光缆线路测试。

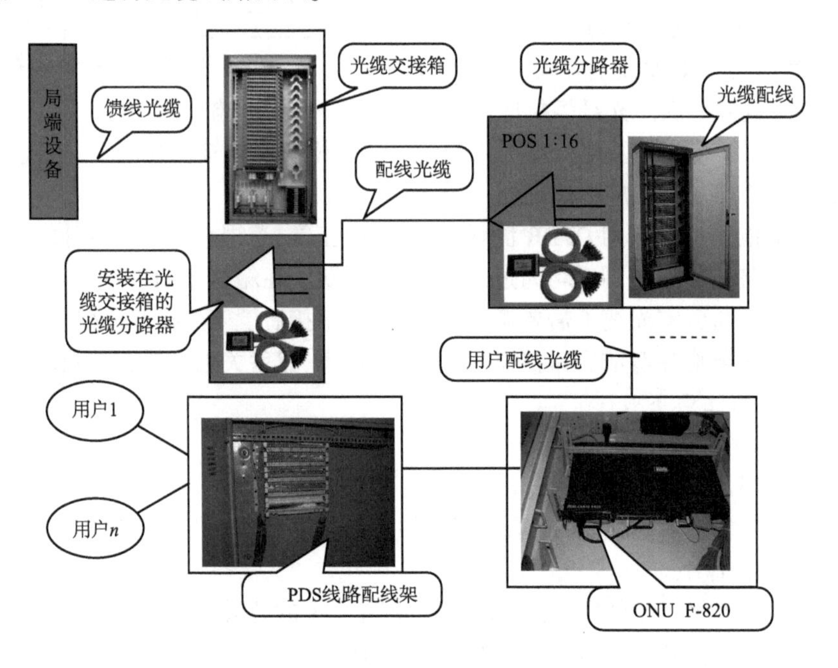

图4-83 EPON总体连接框图

2. 主要工具和器材

(1)光缆；

(2)热可缩管、酒精、清洁棉球和密封胶带等熔接材料；

(3)光纤配线架、光缆交接箱和EPON线路设备以及配套器材等；

(4)扎线等；

(5)光纤熔接机1台；

(6)光缆护层开剥刀、束管钳、卡钳、扳手、螺丝刀、涂覆层剥离钳、光纤端面切割刀等熔接配套工具；

(7)OTDR 仪器 1 台;

(8)测试用光法兰盘、尾纤;

(9)有线或无线通信工具、笔、记录本。

3. 任务实施

本任务由 8 人组成的小组实施,事先根据任务内容做好实施计划和人员分工,然后根据此前介绍的内容完成本任务。由于本任务需要完成的工作内容较为综合,在此作如下 3 点提示。

(1)对本任务的物理连接框图理解后,可将本任务所涉及的具体接配线部位以如图 4-84 所示的连接框图表示。

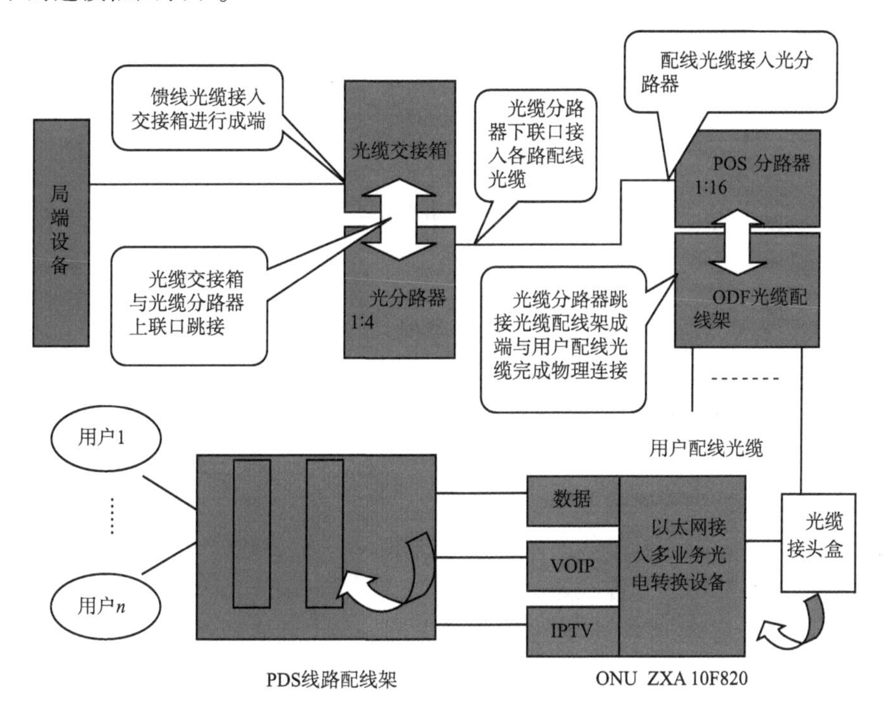

图 4-84 各个部分接续框图

(2)1:16 光缆分路器如图 4-85 所示。

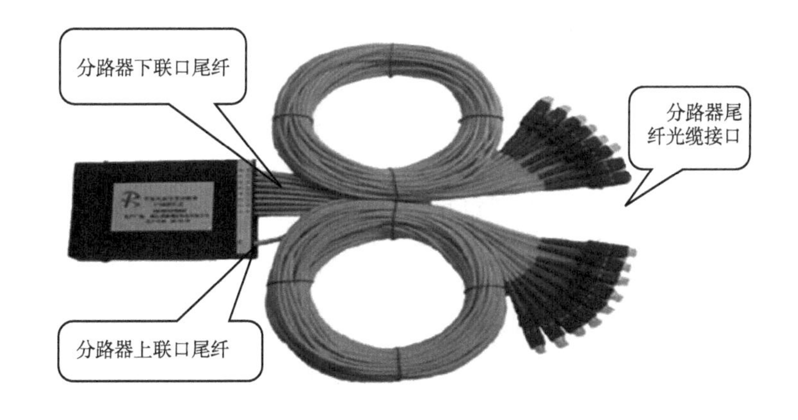

图 4-85 光缆分路器图

(3)片区光缆交接箱的内部布置及物理连接如图4-86所示。

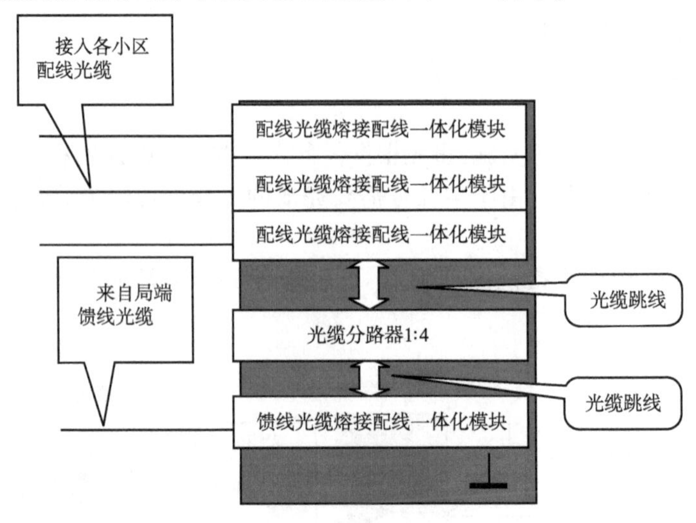

图4-86　交接箱基本作业的物理连接框图

任务总结

本任务介绍了光通信系统中的主要配线设备、器材以及光缆成端整个过程所涉及的知识和技能,通过本任务的实施,可使参与者掌握以下知识:

(1)熟悉光纤配线架、光缆交接箱等常见的光缆线路配线设备。

(2)了解配线设备的安装步骤。

(3)掌握光缆成端的方法和基本操作技能。

(4)运用OTDR进行光纤配线质量的基本测试。

(5)掌握利用跳线调整光缆线路的方法。

(6)提高任务计划、任务实施、团队合作等方面的能力和素养。

习题与思考

一、单选题

1. 采用光纤冷接技术时,插入损耗小于等于(　　)dB。

A. 0.3　　B. 0.5　　C. 0.7　　D. 0.9

2. FC/PC尾纤接头的含义为(　　)。

A. 圆形光纤接头/面成8°角并作微凸球面研磨抛光

B. 圆形光纤接头/微凸球面研磨抛光

C. 卡接式圆形光纤接头/面成8°角并作微凸球面研磨抛光

D. 卡接式圆形光纤接头/微凸球面研磨抛光

3. 光缆分路器设置位置在光缆交接箱时,ODN支线含有用户接入层光缆的(　　)。

A. 主干光缆　　B. 配线光缆　　C. 中继光缆　　D. 汇聚光缆

4. 从电话局至交换设备或至配线区第一个分线设备的分支点的电缆称为(　　)。

A. 用户电缆　　B. 配线电缆　　C. 主干电缆　　D. 引入电缆

5. 电缆线路网的配线方式应以(　　)为主。

A. 直接配线　　B. 自由配线　　C. 交接配线　　D. 复接配线

6. 一般情况下，单条主干电缆长度(　　)单条配线电缆长度

A. 大于　　B. 等于　　C. 小于

二、判断题

1. 光纤在接头盒内余留长度不小于60cm。(　　)

2. 光缆的加强芯与接头盒的连接应牢靠，以确保有可靠的连接强度。为避免强电影响，加强芯做电气连通。(　　)

3. 光纤冷接连接器不能重复开启使用。(　　)

4. 光缆终端盒(ODB)、光缆交接箱、光纤局内配线架均属光缆成端设备，只是所处的地位、容量和形式等有区别。(　　)

5. 电缆交接箱中含有主干电缆和配线电缆，光缆交接箱中也同样含有主干光缆和配线光缆。(　　)

6. 电缆线序的排列，分线设备的编排应由近而远，由小到大编排。(　　)

三、简述题

1. 简述进行光纤熔接的整个过程和注意事项。

2. 为了正确进行光纤熔接，熔接机应如何进行必要的参数设置？哪些情况下需对光纤重新进行熔接？

3. 盘留余纤时应注意什么？

4. 尾纤和跳线在光缆接续中有哪些异同点？光缆的成端应注意什么？

5. 简述从事整个 EPON 接入过程和注意事项。

6. 简述进行电缆接续的整个过程，简述电缆成端训练的最大收获。

7. 为了正确完成电缆接续，简述哪些事项必须特别注意。

8. 怎样正确运用扣式接线子接续方法？

9. 简述进行电缆交接箱以及电缆线路接续的整个过程和注意事项。交接箱内为什么将馈线模块置于中间位置？

10. 架空电缆接头固定为什么要有严格的规定？

11. 热缩套管封合质量的关键是什么？

12. 划分配线区或交接区的主要目的是什么？划分时应考虑哪些因素？

项目五　通信线路施工验收

技能目标

1. 会测量竣工阶段的中继段光缆线路的损耗、光缆长度；
2. 会测试中继段光缆线路的后向散射曲线；
3. 会测量中继段光缆的直流特性、绝缘特性、耐压特性和接地特性；
4. 会测量竣工阶段电缆的环路电阻、绝缘电阻和接地电阻；
5. 会制作通信线路施工项目的竣工技术文件。

知识目标

1. 了解工程验收工程验收办法、内容及步骤；
2. 熟悉光缆的竣工测试项目；
3. 熟悉电缆的竣工测试项目；
4. 掌握光源、光功率计和 OTDR 的基本工作原理及使用方法；
5. 掌握万用表、兆欧表、地阻仪的使用方法；
6. 熟悉竣工技术文件的内容和编制要求。

任务一　线路工程验收的办法、内容及步骤

一、工程验收的依据

工程验收是对已经完成施工项目进行质量检验的重要环节，一般分四个阶段，即随工检查、初步验收、试运行和竣工验收。对施工来说，主要有随工检查和初步验收。

(1)随工检查主要是对电缆、子管的布放、立杆及隐蔽部分进行施工现场检查。

(2)线路工程应在施工完毕并经工程监理单位预检合格后进行初步验收。

(3)初步验收通过后可投入试运行，试运行期为 3 个月。

(4)试运行完毕后进行竣工验收。

验收工作是由工程主管部门、设计、施工等单位共同完成的一个重要程序。目前，线路工程验收主要依据下列验收文件进行：

(1)《邮电基本建设工程竣工办法》。

(2)《通信线路工程验收规范》。

(3)《本地网线路维护规程》。

(4)《市话局线路工程验收暂行规定》。

(5)《电信网光纤数字传输系统工程施工及验收暂行技术规定》。

(6)经上级主管部门批准的设计任务书、初步设计或技术设计、施工图设计,另外还包括补充文件。

(7)对于引进工程,包括与外商签订的技术合同书。

(8)引进国外的新型器材的性能标准。

二、线路工程相关验收标准

(一)光(电)缆敷设的一般技术要求

(1)光(电)缆线路的走向、端别应符合设计要求。

(2)光(电)缆敷设前应进行合理配盘,配盘应满足以下要求:

①配盘应根据光(电)缆盘长和路由情况、距离和预留要求综合考虑,尽量做到不浪费光(电)缆、施工安全和减少接头。

② 配盘应按照设计要求,考虑路由情况,选择合适的光(电)缆结构、程式。

③ 光缆应尽量按出厂盘号顺序排列,以减少光纤参数差别所产生的接头本征损耗。

④ 靠近设备侧的进局光缆按设计要求配置非延燃光缆。

⑤ 光(电)缆配盘结果应填入光(电)缆配盘图。

(3)光(电)缆端别的确定应符合设计文件要求。分歧光缆的端别应服从主干光缆的端别。

(4)光缆配盘、敷设安装的重叠和预留长度应符合光缆在接头处的预留、光纤在接头盒内的盘留以及其他预留的要求,其长度应符合表5-1的要求。

光缆预留长度要求及增长参考值 表5-1

项　目	敷设方式		
	直　埋	管　道	架　空
接头处每侧预留长度(m)	5~10	5~10	5~10
地下局站内每侧预留	5~10m,可按实际需要适当调整		
地面局站内每侧预留	10~20m,可按实际需要适当调整		
因水利、道路、桥梁等建设规划导致的预留	按实际需要确定		
因接入中间人孔预留	根据需要确定		

(5)敷设光(电)缆时,牵引力限定在光(电)缆允许范围内。

(6)光缆敷设安装的最小曲率半径应符合表5-2的规定,其中D为光缆外径。

光缆最小弯曲半径标准 表5-2

光缆外护层形式	无外护层或04型	53、54、33、34型	333型、43型
静态弯曲	10D	12.5D	15D
动态弯曲	20D	25D	30D

(7)电缆曲率半径必须大于其外径的15倍。

(8)光(电)缆敷设中应保证其外护层的完整性,并无扭转、打小圈和浪涌的现象发生。

(9)光(电)缆敷设完毕,应保证缆线或光纤良好,缆端头应作密封防潮处理,不得浸水。对有气压维护要求的光(电)缆应加装气门端帽,充干燥气体进行单段光(电)缆气压检验维护。

(二)管道光(电)缆敷设的技术要求

1. 管孔

(1)敷设管道光(电)缆的孔位应符合设计要求。

(2)敷设管道光(电)缆之前必须清刷管孔。

2. 子管敷设

(1)在孔径90mm及以上的水泥管道、钢管或塑料管道内,应根据设计规定一次敷足三根或三根以上的子管。

(2)子管不得跨人井敷设,子管在管道内不得有接头,子管内应预放光缆牵引绳。

(3)子管在人(手)孔内伸出管口长度宜为200~400mm。

3. 光(电)缆敷设

(1)应按照设计要求的A、B端敷设光(电)缆。

(2)敷设光缆时的牵引力应符合设计要求。

(3)敷设管道光(电)缆对曲率半径的要求:

①敷设过程中,光缆的曲率半径必须大于光缆直径的20倍,光缆在人(手)孔中固定后的曲率半径必须大于光缆直径的10倍。

②电缆的曲率半径必须大于电缆直径的15倍。

③同轴电缆的曲率半径必须大于外径的10倍。

④新建光缆接头处两侧光缆布放预留的重叠长度应符合设计要求。接续完成后光缆余长应在人孔内盘放并固定。

⑤敷设后的电缆应紧靠人孔壁,并应按要求用扎带绑扎于托架上。光缆在人孔内子管外的部分应用波纹塑料套管进行保护。

⑥管孔及子管管孔均应用设计要求的器材堵塞。

⑦光(电)缆在每个人孔内应按设计要求或业主的规定做好标志。

(三)埋式光(电)缆敷设的技术要求

1. 挖沟

(1)光(电)缆沟中心线应与设计路由的中心线吻合,偏差不大于100mm。

(2)光(电)缆沟的深度应符合设计规定,沟底高程允许偏差为+50~-100mm。

(3)人工挖掘的沟底宽度宜为400mm。

(4)斜坡上的埋式光(电)缆沟,应按设计规定处理。

2. 光(电)缆敷设

(1)敷设光(电)缆的A、B端方向应符合设计要求。

(2)埋式光缆的曲率半径应大于光缆外径的20倍,电缆的曲率半径应大于电缆外径的15倍,同轴电缆的曲率半径应大于外径的10倍。

(3)两条以上光(电)缆同沟敷设时,应平行排列,相距不小于50mm,不得交叉或重叠。

(4)埋式光(电)缆与其他设施平行或交越时,其间距不得小于表5-3的规定。

(5)埋式光(电)缆进入人孔处应设置保护管。

(6)应按设计要求装置埋式光(电)缆的各种标志。

(7)埋设后的单盘光缆,其金属外护层对地的绝缘电阻的竣工验收指标应不小于10MΩ·km,其中暂允许10%的单盘光缆不低于2MΩ·km。

埋式电缆与其他地下设施和树木、建筑物间的净距　表5-3

设施名称		最小净距(m)	
		平行时	交叉时
给水管	直径为300mm以下	0.5	0.5
	直径为300~500mm	1	0.5
	直径为500mm及以上	1.5	0.5
排水管		1	0.5
热力管		1	0.5
燃气管	$P \leqslant 0.4$MPa	1	0.5
	$0.4 < P \leqslant 1.6$MPa	2	0.5
通信管道		0.75	0.25
其他通信线路		0.5	0.25
市外大树		2	
市内大树		0.75	
建筑红线(或基础)		1	
排水沟		0.8	0.5
电力电缆	35kV以下	0.5	0.5
	35kV以上	2	0.5

3.保护钢管

(1)光(电)缆穿越铁路、公路应采用钢管保护或定向钻孔地下敷管。保护管的敷设深度应符合设计要求。

(2)保护钢管伸出穿越物两侧应不小于1m;穿越公路排水沟的埋深应大于永久沟底以下500mm。

4.回填土

(1)充气的光(电)缆在回填土前必须做好保气工作。

(2)先填细土,后填普通土,且不得损伤沟内光(电)缆及其他管线。

(3)市区或市郊埋设的光(电)缆在回填300mm细土后,盖红砖保护。每次填土约300mm后应夯实一次,并及时做好余土清理工作。

(4)回土夯实后的光(电)缆沟,在车行路面或地砖人行道上应与路面平齐,回土在路面修复前不得有凹陷现象;土路可高出路面50~100mm,郊区大地可高出150mm左右。

(四)架空光(电)缆敷设的技术要求

(1)杆路建筑要求:

①吊线的安装应符合《通信线路工程验收规范》(YD 5121—2010)的有关规定,吊线安装采用穿钉、夹板方式。

②对于轻负荷区,电杆应按设计规定的杆距立杆。一般情况下,市区光(电)缆线路的杆距为35~40m,郊区明线线路的杆距为45~50m。选用预应力离心环形钢筋混凝土电杆,杆路基本电杆程式除特别说明外其他采用7×15(杆长8m,梢径15cm)水泥电杆,跨较宽公路两侧采用8×15(杆长8cm,梢径15cm)以上水泥电杆。

③新立电杆回填土应夯填,每次填土30cm后夯填一次,市区如无水泥、砖铺等正规地

面,杆根培土应高出原地面 10 ~ 15cm;郊区杆根培土应高出地面 10 ~ 15cm。土质松软地段,电杆底应加水泥底盘;石质地段挖深浅于规范要求的,电杆根部石砌护墩加固。

④架空长杆档应设顶头拉线。顶头拉线采用比吊线规格大一级的钢绞线。

⑤电杆编号格式和标准按建设单位要求或部颁标准执行。

(2)电杆洞深应符合表 5-4 的要求,洞深偏差应小于 ±50mm。

电杆洞深要求 表 5-4

电杆类别	杆长(m) \ 洞深(m)	普通土	硬土	水田、湿地	石质
水泥电杆	6.0	1.2	1	1.3	0.8
	6.5	1.2	1	1.3	0.8
	7.0	1.3	1.2	1.4	1
	7.5	1.3	1.2	1.4	1
	8.0	1.5	1.4	1.6	1.2
	8.5	1.5	1.4	1.6	1.2
	9.0	1.6	1.5	1.7	1.4
	10.0	1.7	1.6	1.8	1.6
	11.0	1.8	1.8	1.9	1.8
	12.0	2.1	2	2.2	2

(3)直线线路的电杆位置应在线路路由的中心线上。电杆中心线与路由中心线的左右偏差应不大于 50mm;电杆本身应上下垂直。

(4)终端杆竖立后应向拉线侧倾斜 100 ~ 200mm。

(5)拉线设置应符合设计要求。拉线应采用镀锌钢绞线,原则上拉线用夹板法终结,人行道上或接近道路的拉线应以荧光警示棒保护。

(6)对于吊线的接续,一档杆内不能有两个接头。

(7)5 ~ 8 档杆应预留 20 ~ 30cm,光(电)缆接续处要预留 2m 左右,并及时用端帽封焊;充气电缆应及时充气。

(8)架空光(电)缆交越其他电气设施的最小垂直净距,应不小于表 5-5 的规定。

架空光(电)缆交越其他电气设施的最小垂直净距 表 5-5

其他电气设备名称	最小垂直净距(m)		备注
	架空电力线路(有防雷保护设备)	架空电力线路(无防雷保护设备)	
10kV 以下电力线	2	4	最高缆线到电力线条
35 ~ 110kV 电力线	3	5	最高缆线到电力线条
>110 ~ 154kV 电力线	4	6	最高缆线到电力线条
>154 ~ 220kV 电力线	4	6	最高缆线到电力线条
供电线接户线	0.6		最高缆线到电力线条
霓虹灯及其铁架	1.6		最高缆线到电力线条
电车滑接线	1.25		最低缆线到电力线条

(9)架空光(电)缆架设高度应不低于表5-6的要求。

架空光(电)缆架设高度要求　　表5-6

名　称	与线路方向平行时		与线路方向交越时	
	架设高度(m)	备　注	架设高度(m)	备　注
市内街道	4.5	最低缆线到地面	5.5	最低缆线到地面
市内里弄(胡同)	4	最低缆线到地面	5	最低缆线到地面
铁路	3	最低缆线到地面	7.5	最低缆线到轨面
公路	3	最低缆线到地面	5.5	最低缆线到地面
土路	3	最低缆线到地面	5	最低缆线到地面
房屋建筑物			0.6	最低缆线到屋脊
			1.5	最低缆线到房屋平顶
市区树木			1.5	最低缆线到树枝的垂直距离
郊区树木			1.5	最低缆线到树枝的垂直距离
河流			1	最低缆线到最高水位时的船桅顶
其他通信导线			0.6	一方最低缆线与另一方最高线条
与同杆已有电缆间隔	0.4	缆线到缆线		

(五)墙壁光(电)缆敷设的技术要求

1.墙壁光(电)缆敷设的一般要求

(1)应按设计要求的A、B端敷设墙壁光(电)缆。

(2)不宜在墙壁上敷设铠装或油麻光(电)缆。

(3)墙壁光(电)缆离地面高度应不小于3m,跨越街坊、院内通路等应采用钢绞线吊挂。

(5)墙壁光(电)缆与其他管线的最小间距应符合表5-7的规定。

墙壁电缆与其他管线的最小净距　　表5-7

管线种类	平行净距(m)	垂直交叉净距(m)
电力线	0.2	0.1
避雷引下线	1	0.3
保护地线	0.2	0.1
热力管(不包封)	0.5	0.5
热力管(包封)	0.3	0.3
给水管	0.15	0.1
煤气管	0.3	0.1
电缆线路	0.15	0.1

2.吊线式墙壁光(电)缆敷设要求

(1)吊线式墙壁光(电)缆使用的吊线程式应符合设计要求。墙上支撑的间距应为8~10m,终端固定物与第一只中间支撑的距离不应大于5m。

(2)吊线在墙壁上的水平敷设,其终端固定、吊线中间支撑应符合图5-1的要求。

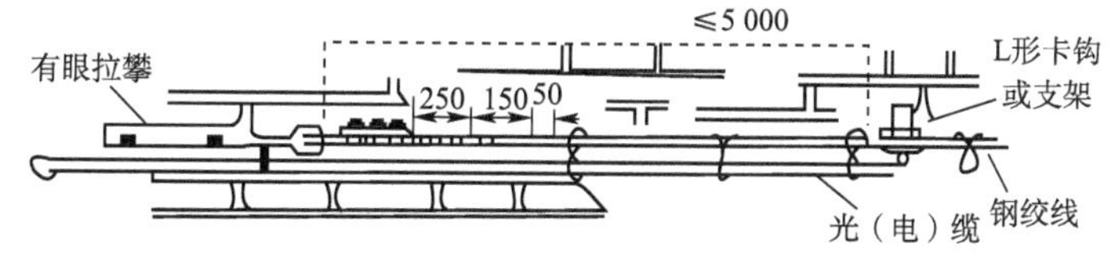

图5-1　吊线在墙壁水平敷设安装示意图(尺寸单位:mm)

(3)吊线在墙壁上的垂直敷设,其终端应符合图5-2的要求。

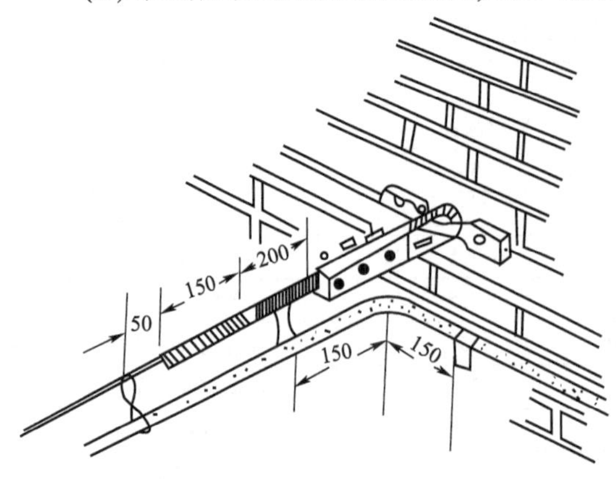

图5-2　吊线在墙壁中间支撑安装示意图(尺寸单位:mm)

3. 卡钩式墙壁光(电)缆敷设要求

(1)光缆以卡钩式沿墙敷设时,应在光缆外套上塑料保护管予以保护。

(2)应根据设计要求选用卡钩。卡钩必须与光(电)缆、同轴电缆保护管外径相配套。

(3)光(电)缆卡钩间距为500mm,允许偏差±50mm。转弯两侧的卡钩距离为150~250mm,两侧距离须相等。同轴电缆卡钩垂直间距不大于1 000mm。

(六)槽道电缆布放的技术要求

(1)按设计文件检查电缆的规格、型号及外表有无损坏;

(2)用千斤顶或简易放缆工具托起电缆盘,电缆必须从电缆盘的上方放出,并要有专人推动电缆盘;

(3)在放置无电缆盘的电缆时,应顺着电缆的方向放,无扭曲现象;

(4)电缆应按专用槽道布放,并规则摆放,尽量避免交叉等现象;

(5)在电缆转弯处及进出槽道部位应加以保护,弯曲弧度适中;

(6)布放电缆时两端都必须有贴好的标签;

(7)需绕接的电缆两端应预留50cm以上的长度,以便于绕接;

(8)在做下走线时,走线不得堵住出风口;

(9)电缆必须是整条的,中间不得驳接。

(七)电缆接续与封装的技术要求

1. 电缆芯线接续要求

(1)电缆接续前应保证电缆气闭良好,要核对电缆程式和对数,检查端别,合格后方可进行电缆接续。

(2)电缆芯线的直接或复接线序必须与设计要求相符,电缆应按色谱、色带对应接续。电缆芯线接续不应产生混、断、地、串及接触不良,接续应保证电缆的标称对数全部合格。

(3)选用模块接线子,型号应符合设计要求。模块排列整齐,线束不交叉,松紧适度。

(4)接续配线电缆芯线时,模块下层接局端线,上层接用户端线;接续主干电缆芯线时,模块下层接B端线,上层接A端线;接续不同线径电缆芯线时,模块下层接细径线,上层接粗径线。

(5)当选用扣式接线子接续芯线时应按设计要求进行。接续长度约5cm,并扭绞2~3个花;排列要整齐、均匀;每5对(同一领示色)为一组,分别倒向两侧的电缆切口。

(6)当电缆全程接续工作完成后,必须进行各项测试;其技术指标应符合设计要求。

(7)架空电缆接续工作全部按工序完成后,其接头两端和中间应用塑料单芯线在吊线上吊扎。

2. 电缆护套(热缩套管)封装要求

(1)接续套管的型号、规格、程式应符合设计要求,并且应平直、完整和密封良好。

(2)非充气型热缩套管的拉链导轨宜置于接头下方,内衬套筒的拼缝应水平放置。充气型热缩套管的拉链导轨宜置于操作人员一方,气门朝上。

(3)架空(挂墙)电缆热缩套管的拉链导轨宜置于接头下方,管道电缆热缩套管的拉链导轨宜置于接头上方。

(4)热缩套管每次最多只准封装3条同一方向的分歧电缆;一个热缩套管封装分歧电缆不准超过5条;封装时小电缆应在大电缆的下方。

(5)热缩套管封装后所有温度指示点均应变黑,套管端口及拉链处有热熔胶溢出,分歧套管端口应有两种不同颜色的热熔胶溢出。充气型热缩套管的拉链内应出现断续白线。

(6)热缩套管封合后套管应平整,无折皱,无烧焦。分歧套管分歧端150mm处的电缆上应作永久性绑扎。

(7)全塑电缆屏蔽层必须用专用屏蔽线连接,并按设计要求做分段、全程测试。

(8)电缆芯线接续与护套封装应连续作业。完成后应在热缩套管上用不褪色白笔书写电缆编号和线序。

(八)光缆接续与封装的技术要求

1.光缆接续的要求

(1)光缆程式、纤序、端别、两端光缆的预留长度及绑扎固定、接头盒的安装位置应符合设计规定。

(2)光缆接续的内容包括:光纤接续,铜导线、金属护层、加强芯的安装,接头衰减的测量。

(3)光缆接续前的准备工作应满足以下要求:

①应根据接头套管(盒)的工艺尺寸开剥光缆外护层,不得损伤光纤。

②对填充型光缆,接续时应采用专用清洁剂去除填充物,严禁用汽油清洁。

③光纤、铜导线应编号,并作永久性标记。

④光缆接续前应检查两端的光纤、铜导线,质量合格后方可进行接续。

(4)光缆加强芯、铜导线、铝或钢聚乙烯黏结护套的连接应符合下列要求:

①光缆内铜导线、铝或钢聚乙烯黏结护套的连接应符合设计要求。

②光缆加强芯在接头盒内必须固定牢固,金属构件在接头处应呈电气断开状态。

③光缆加强芯的连接应根据设计要求和接头盒的结构夹紧、夹牢。

(5)光纤的固定接头应采用熔接法,光纤熔接后应采用热熔套管保护。光纤的活动接头应采用成品光纤连接器。

(6)光缆接头采用OTDR仪测量时,应以该接头的单向测量值和双向测量的平均值兼顾控制质量,光纤接头的损耗值应满足设计要求。

(7)光纤预留在接头盒内的光纤盘片上时,应保证其曲率半径不小于30mm,且盘绕方向应一致,无挤压、松动。带状光缆的光纤接续后应理顺,不得有S形弯。

2.光缆接头套盒封装和安装的要求

(1)光缆接头套盒的封装应符合下列要求:

①接头套管(盒)的封装应按产品使用说明的工艺要求进行。

②接头套管(盒)内应放置防潮剂和接头责任卡。

③若采用热可缩套管,加热应均匀,热缩完毕应原地冷却后才能搬动,热缩后要求外形美观,无烧焦等不良状况;若采用可开启式接头盒时,安装的螺栓应均匀拧紧,无气隙。

④封装完毕,应测试检查并做好记录,需要做地线引出的,应符合设计要求。

(2)直埋光缆接头前、后均应测量光缆金属护层的对地绝缘,以确认单盘光缆的外护层是否完整、接头盒封装是否密封良好。直埋光缆对地绝缘监测缆应按设计规定引接。

(3)架空光缆接头盒的安装应符合下列要求:

①从两侧进光缆的接头盒应安装在电杆附近的吊线上,立式接头盒可安装在电杆上。光缆接头盒安装必须牢固、整齐,两侧必须作预留伸缩弯。安装应符合图5-3的要求。

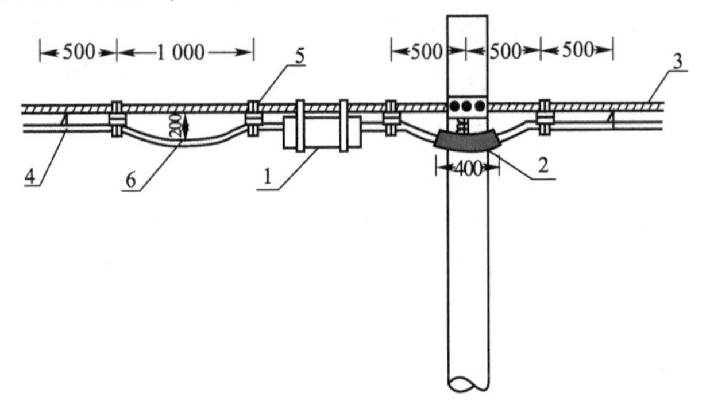

图5-3 架空光缆接头盒安装示意图(尺寸单位:mm)

1-光缆接头盒;2-聚乙烯管;3-吊线;4-挂钩;5-扎带;6-伸缩弯

②光缆接头的预留光缆宜安装在两侧的邻杆上,并按设计规定的方式盘留,一般可采用预留支架或光缆收线储存盒的安装方式。预留支架安装方式应符合图5-4的要求。

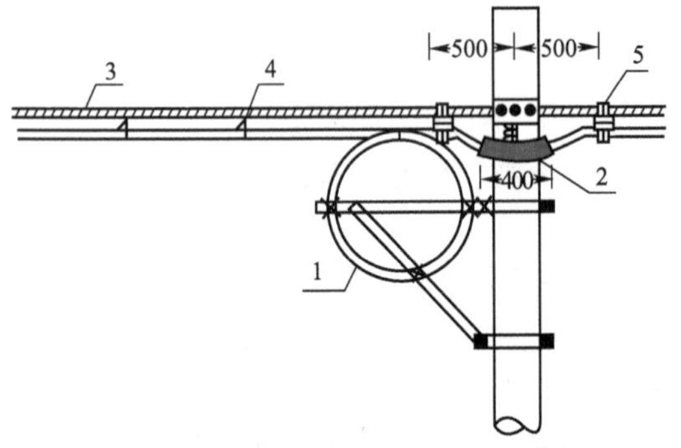

图5-4 预留支架光缆安装示意图(尺寸单位:mm)

1-预留光缆;2-聚乙烯管;3-吊线;4-挂钩;5-扎带

(4)管道光缆接头盒在人(手)孔内的安装方式应符合设计要求,宜安装在长年积水水位线以上的位置,并采用保护托架或其他方法承托。预留光缆的盘留应按设计规定的方法安装固定,并采取保护措施。安装的接头盒不应影响人孔中其他光(电)缆接头的安放。

(九)交接箱、分线盒安装的技术要求

(1)选择安装位置,符合设计要求并应以安全、美观为主。

(2)安装交接箱底座,应离地面400~800mm,底座四周要粘上瓷片。

(3)交接箱内的电缆引上成端应做好编扎固定,跳线布放应合理、整齐。

(4)交接箱必须按设计要求安装保护地线。

(5)交接箱底座应做堵蜡防潮堵塞。

(6)选择分线设备应符合设计要求;分线盒安装在电杆上时应离地面2 800mm,安装在墙壁时离地面2 500mm,安装在楼层时离地面2 200mm。

(7)装在电杆上的分线盒,上下要用U形杆箍或线径3.0mm的铁线绕四圈与电杆紧固;装在墙壁的分线盒,要用4粒螺钉或膨胀螺栓固定。

三、工程验收的内容和步骤

(一)随工验收

线路工程均应采取监理制,对隐蔽工程项目,应由监理、施工双方签署《隐蔽工程检验签证》。随工验收方法是在施工过程中,由建设单位委派工地代表随工检验,发现质量问题要随时提出,施工单位及时处理。对质量合格的隐蔽工程采取及时签署《隐蔽工程检查记录》即竣工技术文件中随工检查记录。对出现的问题应做好记录,重大问题应及时上报,由主管部门处理。

对有隐蔽部分的工程项目,应该对工程的隐蔽部分边施工边验收,竣工验收时对此隐蔽部分一般不再复查,随工记录应作为竣工资料的组成部分。光缆施工中的随工验收内容见表5-8。

光缆施工中的随工验收内容 表5-8

序号	项目	内容
1	主杆	①电杆的位置及洞深;②电杆的垂直度;③角杆的位置;④杆根装置的规格;⑤杆洞的回填土夯实;⑥杆号
2	拉线与撑杆	①拉线程式、规格、质量;②拉线方位与缠扎或夹固规格;③地锚质量(含埋深与制作);④地锚出土及位移;⑤拉线坑回填土;⑥拉线、撑杆距、高比;⑦规格、质量;⑧撑杆与电杆接合部位规格、质量;⑨电杆是否进根;⑩撑杆洞回填土等
3	架空吊线	①吊线规格;②架设位置;③装设规格;④吊线终结及接续质量;⑤吊线附属的辅助装置质量;⑥吊线垂度等
4	架空光缆	①光缆的规格、程式;②挂钩卡挂间隔;③光缆布放质量;④光缆接续质量;⑤光缆接头安装质量及保护;⑥光缆引上规格、质量(包括地下部分);⑦预留光缆盘放质量及弯曲半径;⑧光缆垂度;⑨与其他设施的间隔及防护措施
5	管道光缆	①塑料子管规格;②占用管孔位置;③子管在人孔中留长及标志;④子管敷设质量;⑤子管堵头及子管口盖(塞子)的安装;⑥光缆规格;⑦光缆管孔位置管口堵塞情况;⑧光缆敷设质量;⑨人孔内光缆走向、安放、托板的衬垫;⑩预留光缆长度及盘放;⑪光缆接续质量及接头安装、保护;⑫人孔内光缆的保护措施
6	埋式光缆	①光缆规格;②埋式及沟底处理;③光缆接头坑的位置及规格;④光缆敷设位置;⑤敷设质量;⑥预留长度及盘放质量;⑦光缆接续及接头安装质量;⑧保护设施的规格、质量;⑨防护设施安装质量;⑩光缆与其他地下设施的间距;⑪引上管,引上光缆设置质量;⑫回土夯实质量;⑬长途光缆护层对地绝缘测试
7	水底光缆	①光缆规格;②敷设位置;③埋深;④光缆敷设质量;⑤两岸光缆预留长度及固定措施、安装质量;⑥沟坎加固等保护措施的规格、质量

(二)初步验收

除小型工程项目外,尤其长途干线光缆工程,在竣工验收前均应组织初验,对施工单位来说,初步检验合格,表明工程正式竣工。

线路工程应在施工完毕并经工程监理单位预检合格后进行初验。初步验收由建设单位组织设计、施工、建设监理、工程质量监督机构、维护等部门参加。初步验收过程中应详细记录工程中存在的各种问题,在限期内整改并形成整改报告,项目经理必须跟踪施工技术人员的整改情况。

初步验收的主要工作是严格检查工程质量,审查竣工资料,分析投资效益,对发现的问题提出处理意见,并组织相关责任单位落实解决。在初步验收后的半个月内向上级主管部门报送初步验收报告。

1.初验条件与时间

(1)施工图设计中的工程量全部完成,隐蔽工程项目全部合格。

(2)中继段光电特性符合设计指标要求。

(3)竣工技术文件齐全,符合档案要求,并最迟于初验前一周送建设单位审验。

(4)初验时间应在原定计划建设工期内进行,一般应在施工单位完工后三个月内进行。对于干线光缆工程,多在冬季组织施工并在年底完成或基本完成(指光缆全部敷设完毕),次年三四月份进行初验。

2.代维

代维是指线路初验之前,维护单位接受施工单位委托,对已完工或部分完工的新线路进行交工前的维护工作。

(1)代维包括下列两种情况:工程按施工图设计施工完毕,施工单位正式发出交(完)工报告后至初验前为代维期;工程已基本完工,因气候影响如路面加固等部分工作暂停,需待以后继续施工,这段时间,由维护单位代维,或由施工单位留下部分人员对已完成线路进行短期维护。

(2)代维手续应由施工单位在工程主管部门协调下,与维护单位商谈,并签订代维协议书。协议书中应明确代维内容、代维时间以及需要的费用等。

3.初验准备

(1)路面检查

长途光缆线路工程,由于环境条件复杂,尤其完工后,经过几个月的变化,总有些需要整理、加工的部位以及施工中遗留或部分质量上有待进一步完善的地方。因此,一般由原工地代表、维护人员进行路面检查,并及时写出检查报告,送交施工单位,在初验前组织处理,使之符合规范、达到设计要求。

(2)资料审查

施工单位及时提交竣工文件,主管部门组织预审,如发现问题及时送施工单位处理,一般在资料收到后几天内组织初验。

4.初验组织及验收

由建设单位组织设计、施工、维护等单位参加。初验以会议形式进行,一般的方法步骤如下:

(1)成立验收领导小组,负责验收会议的召开和验收工作的进行。

(2)验收小组分项目验收。

①安装工艺验收:按表5-9中安装工艺项内容进行检查。

②各项性能测试:按表5-9中2~5项内容进行抽测、评价;表中的抽查抽测比例是按一个中继段工程验收的要求;对于长途干线工程,由于距离长,中继段较多,可对中继段、光纤均采取抽查抽测,由验收领导小组商定。

③竣工资料验收:主要对施工单位提供的竣工技术文件进行全面审查、评价。

(3)具体检查。具体检查由各组分别进行,施工单位应有熟悉工程情况的人员参与。

(4)各组按检查结果写出书面意见。

(5)讨论。会议在各组介绍检查结果和讨论的基础上,对工程承建单位的施工质量作出实事求是的评价和质量等级(一般分优、合格、不合格3个等级)评定。

光缆工程竣工(初验)验收项目内容表 表5-9

序号	项　目	内容及规定
1	安装工艺	①管道光缆抽查的人孔数应不少于人孔总数的10%,检查光缆及接头的安装质量、保护措施、预留光缆的盘放以及管口堵塞、光缆及子标志; ②架空光缆抽查的长度应不少于光缆全长的10%;沿线检查杆路与其他设施间距(含垂直与水平)、光缆及接头的安装质量、预留光缆盘放、与其他线路交越、靠近地段的防护措施; ③埋式光缆应全部沿线检查其路由及标名的位置、规格、数量、埋深; ④水底光缆应全部检查其路由,标志牌的规格、位置、数量、埋深、面向以及加固保护措施; ⑤局内光缆应全部检查光缆与进线室、传输室路由、预留长度、盘放安置、保护措施及成端质量
2	光缆主要传输特性	①中继段光纤线路衰减,竣工时应对每根光纤都进行测试;验收时抽测应不少于光纤芯数的25%; ②中继段光纤背向散射信号曲线,竣工时应每根光纤都应进行检查;验收时抽查应不少于光纤芯数的25%; ③多模光缆的带宽及单模光缆的色散,竣工及验收测试按工程要求确定; ④接头损耗的核实,应根据测试结果,结合光纤衰减进行检验
3	铜导线电特性	①直流电阻、不平衡电阻、绝缘电阻竣工时,应对每对铜导线都进行测试;验收时抽测应不少于铜导线对数的50%; ②竣工时应测试每对铜导线的绝缘强度,验收时根据具体情况抽测
4	护层对地绝缘	直埋光缆竣工及验收时,应测试并作记录
5	接地电阻	竣工时每组都应测试;验收时抽测数应不少于总数的25%

(6)通过初步验收报告。

初验报告的主要内容包括:

①初验工作的组织情况;

②初验时间、范围、方法和主要过程;

③初验检查的质量指标与评定意见;

④对实际建设规模、生产能力、投资和建设工期的检查意见;

⑤对工程竣工技术文件的检查意见;

⑥对存在问题的落实解决办法;

⑦对下一步安排试运转和竣工验收的意见。

5.工程交接

线路初验合格,标志着施工的正式结束,将由维护部门按维护规程进行日常维护,交接的内容包括:

(1)材料移交。光缆、连接材料等余料,应列出明细清单,经建设方清点接收;这部分工作一般于初验前已办理完成。

(2)器材移交。器材移交,包括施工单位代为检验、保管以及借用的测量仪表、机具及其他器材,应按设计配备的产权单位进行移交。

(3)遗留问题的处理。对初验中遗留的一般问题,按会议落实的解决意见,由施工或维护单位协同解决。

(4)移交结束,将由有关部门办理交接手续,进入运行维护阶段。

(三)试运行

初步验收合格后,按设计文件中规定的试运转周期,立即组织工程的试运转。试运转由建设单位组织工厂、设计、施工和维护部门参加,对设备性能、设计和施工质量以及系统指标进行全面考核,试运转周期一般为三个月。试运转中发现的问题由责任单位负责免费返修。试运转结束后的半个月内,向上级主管部门报送竣工报告和初步决算,组织竣工验收。

竣工报告有以下主要内容。

1. 建设依据

简要说明项目可行性研究批复或计划任务书和初步设计的批准单位和批准文号,批准的建设投资和工程概算(包括修正概算),规定的建设规模及生产能力,建设项目的包干协议等主要内容。

2. 工程概况

(1)工程前期工作及实施情况;

(2)设计、施工、总承包、建设监理、质量监督等单位;

(3)各单项工程的开工及竣工日期;

(4)完成工作量及形成的生产能力(详细说明工期提前或延迟的原因,生产能力与原计划有出入的原因,以及建设中为保证原计划实施而采取的对策)。

3. 初步验收与试运转情况

初步验收时间与初步验收的主要结论,试运转情况(应附初验报告及试运转测试技术指标),质量监督部门的评定意见。

4. 竣工决算情况

概算、预算执行情况与初步决算情况,并填写《通信建设项目的投资分析表》及《工程初步决算表》。

5. 工程技术档案的整理情况

工程施工中的大事记载、各单项工程竣工资料、隐蔽工程随工验收资料、设计文件和图纸、主要器材技术资料以及工程建设中的来往文件的整理归档情况等。

6. 经济技术分析

(1)主要技术指标测试值;

(2)工程质量的分析,对施工中发生的质量事故处理后的情况说明;

(3)建设成本分析和主要经济指标,以及采用新技术、新设备、新材料、新工艺所带来的投资效益;

(4)投资效益的分析;

(5)投产准备工作情况;

(6)收尾工程的处理意见;

(7)对工程投产的初步意见;

(8)工程建设的经验、教训及对今后工作的建议。

(四)竣工验收

工程竣工验收是基本建设的最后一个程序,是全面考核工程建设成果,检验工程设计和施工质量以及工程建设管理的重要环节。

1. 竣工验收的条件

(1)光缆线路、设备安装等主要配套单项工程的初验合格,经规定时间的试运转(一般为3~6个月),各项技术性能符合规范、设计要求。

(2)生产、辅助生产、生活用建筑等设施按设计要求已完成。

(3)技术文件、技术档案、竣工资料齐全、完整。

(4)维护主要仪表、工具、车辆和维护备件,已按设计要求配齐。

(5)生产、维护、管理人员数量、素质能适应投产初期的需要。

(6)引进项目还应满足合同书有关规定。

(7)工程竣工决算和工程总决算的编制及经济分析等资料准备就绪。

2. 竣工验收的主要程序

(1)文件准备

根据工程性质、规模,会议上的报告均应由报告人写好,送验收组织部门审查打印;工程决算、竣工技术文件等,都应准备好。

(2)组织临时验收机构

大型工程成立验收委员会,下设工程技术组,技术组下设系统测试组、线路测试组、档案组。

(3)大会审议、现场检查

审查、讨论竣工报告、初步决算、初验报告以及技术组的测试技术报告;沿线重点检查线路、设备的工艺路面质量等。

(4)讨论通过验收结论和竣工报告

(5)颁发验收证书

内容包括:

①对竣工报告的审查意见;

②对工程质量的评价;

③对工程技术档案、竣工资料抽查结果的意见;

④初步决算审查的意见;

⑤对工程投产的准备工作的检查意见;

⑥工程总评价与投产意见。

(6)发证

将证书发给参加工程建设的主管部门、设计、施工、维护等各个单位或部门。

另外,对不影响生产能力和投资效益的少量收尾工程,建设单位应在竣工验收后继续负责完成。但是原设计文件中未立项而新增的工程,不作为收尾工程处理。投资额较小的建设项目,可适当简化验收程序。

任务二　电缆测试

电缆的竣工测试是电缆工程中较为关键的一项工序,并且是必不可少的。由于用户电缆对数较大,芯线对测试通常采用抽查。竣工测试主要是对电缆电气特性测量和绝缘特性进行测量,检查线路的传输性能指标,供日后运行维护参考,具体的测试内容如下。

一、环路电阻测试

1. 环路电阻指标

环路电阻简称环阻，它是指构成通信回路的 A、B 两线电阻之和，是电缆线路工程电气测试的重要内容。对环阻加以测量和限制是控制线路传输衰减、保证传输质量的重要措施。

全塑市话电缆线路的电阻值标准见表 5-10。表中所列的单根导线直流电阻最大值的 2 倍即为线对环阻指标值。

导线电阻指标　　表 5-10

参数名称	参数单位	指　标				
单根导线直流电阻最大值（+20℃）	Ω/km	0.32	0.4	0.5	0.6	0.8
		236.0	148.0	95.0	65.8	36.6

不同业务对环阻的要求不同。例如：电话业务中，程控交换机用户线环阻限值为2 000Ω（包括话机，电话的摘机电阻小于 300Ω），对于 ADSL 等宽带业务，要求环阻值在 900Ω 以下。

此外，环阻也是检验线对是否工作良好的一个指标，若发现环阻值过小，则线路一定存在短路（自混）；若环阻趋于无穷大，则表示线对已经开路（断线）。

2. QJ45 型直流电桥

对于精度要求不是特别高的场合，环路电阻可以使用万用表测试；如果作为障碍定点这种需要精确测量的场合，应使用更准确的测量仪表，比如直流电桥。由于万用表使用较为简单，在此不做介绍。下面以 QJ45 型电桥为例介绍用直流电桥测量环阻的方法。

QJ45 型直流电桥主要用以精确检测通信电缆线路中环阻、线路电阻及不平衡电阻等，它是利用电桥原理来精确测量被测电阻，电桥原理如图 5-5 所示。

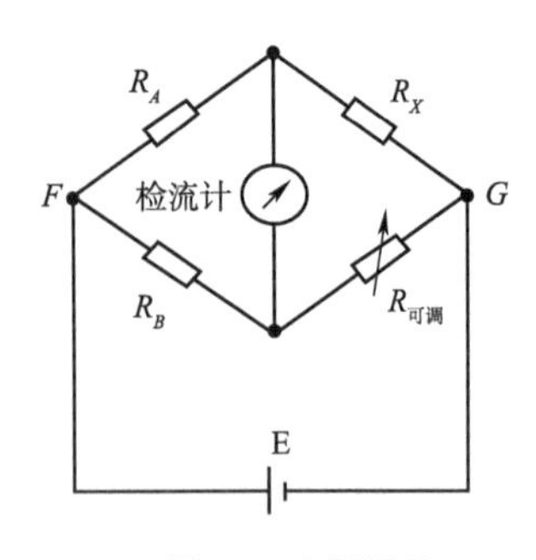

图 5-5　电桥原理

当电桥电路平衡时（即相邻桥臂上的电阻的比值相等），流经检流计上的电流为零。根据这一特点，当电桥平衡时，若桥臂上四个电阻值已知三个，就可求得第四个值，如下式所示。

电桥平衡时：
$$\frac{R_A}{R_B}=\frac{R_X}{R_{可调}}$$

被测电阻值：
$$R_X=\frac{R_A}{R_B}R_{可调}$$

QJ45 直流电桥的外观如图 5-6 所示，面板上的按钮、旋钮及接线端子等功能介绍如下：

（1）外接指示器或监听耳机接线端：若电桥内检流计灵敏度低时，可以接灵敏度高的检流计或耳机，此时内接检流计自动从电路断开。

（2）比率臂旋钮：用来改变 R_A 和 R_B 的比，有 8 挡。

（3）B（+、-）接线端：外接电源接线柱。电桥内部电源为 4.5V，为了提高电桥灵敏度或延长测试距离，可以外接较高电压。当外接电压超过 22.5V（最大 200V），每伏应串接 50Ω 的限流保护电阻。

（4）比较臂旋钮：共四个，用来选择四组串联的电阻箱以使电桥平衡。

（5）X（1、2）接线端：连接被测线路接线端。

（6）G 按钮：检流计分流按钮，共分三挡，0.01、0.1、1，表示电桥由粗到细的平衡状态。

（7）内、外接检流计转换开关。

(8)R 接线端：比较臂引出端，当本机比较臂不够用时使用。

(9)地：为接地接线端。

(10)检流计：为判断电桥是否平衡的指示器，是一种高灵敏度检流计，也是本仪器的核心部件。

(11)R、V、M 电键：为测量方法变换开关。扳向 R 为测量未知电阻(普通电桥法)；扳向 M 为可变比例臂测试法(茂来法)；扳向 V 为固定比例测试法(伐来法)。

a)外观照片

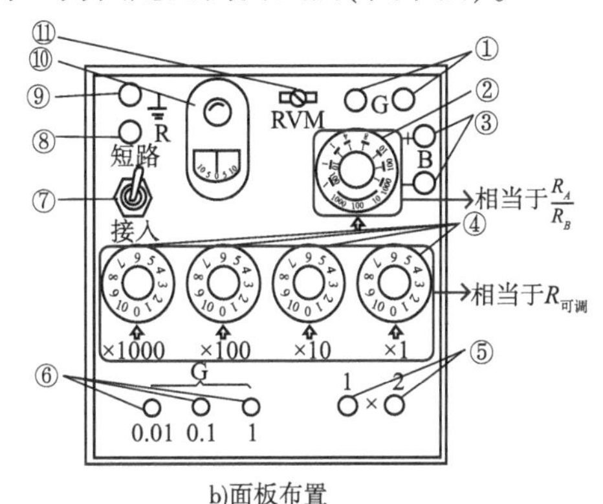

b)面板布置

图 5-6　QJ45 电桥外观图

3. 环路电阻测试方法

在测量环路电阻时，需通过接线构成如图 5-7 所示测量原理图，测量步骤如下：

(1)将被测芯线的末端短路。

(2)将内、外接检流计转换开关拨向"断开"，状态开关扳向 R(普通电桥法)，转动检流计旋钮，使指针指向"0"。

(3)将被测芯线始端(测试端)接在仪表 X_1 和 X_2 端子上，内、外接检流计转换开关拨向"接入"。

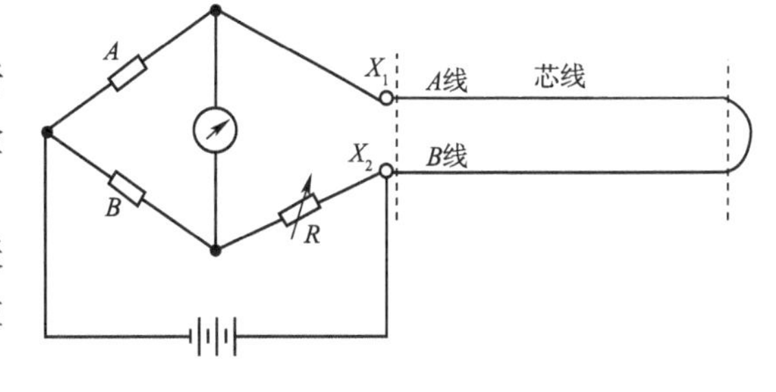

图 5-7　环路电阻测量接线原理图

(4)根据被测芯线的长度、线径及标称电阻值估计被测电阻值，选择合适的比率臂(在调电桥平衡前，一般使比较臂旋钮处于中间数值)。

(5)先按下"0.01G"(粗调)按钮，观察检流计指针偏向(要注意，一旦指针打表，只要看清偏转方向后马上松开，以免表头长时间通过不平衡电流而烧坏)。当指针指向"＋"时，增加比较臂阻值；当指针指向"－"时减小比较臂阻值，当指针指向"0"时，说明电桥基本平衡。重复上述步骤，依次按"0.1"(中调)、"1"(细调)G 挡按钮，并分别调比较臂旋钮直至电桥平衡。

(6)电桥平衡后，进行读数，例如：×1 000 挡读数为 3，×100 挡读数为 8，×10 挡读数为 4，×1 挡读数为 2，比率臂值(X) = 1/1 000，则待测电阻值按以下方法计算：

比较臂的读数 $R = 1\,000 \times 3 + 100 \times 8 + 10 \times 4 + 1 \times 2 = 3\,842$

待测电阻的环阻 $R_x = XR = 1/1\,000 \times 3\,842 = 3.842\Omega$

使用 QJ45 电桥注意事项：

(1)使用时电桥要平放。

(2)应正确使用仪表,正确选择比率臂,按 G 按钮时一定要按照 0.01、0.1、1 的顺序,否则易损坏表头。

(3)在使用前,如表的指针不在“0”位时,应校正表的指针指向“0”位。

(4)在测量环路电阻时,指针指向“+”时,增加比较臂阻值;指针指向“-”时,减小比较臂阻值。

(5)在测量阻值很大时,若发现检流计指针偏转不显著,可在仪器 G 接线端子外接高灵敏度检流计。

(6)仪表不用时,及时取出电池。

二、屏蔽层电阻测试

1.屏蔽层电阻指标

全塑电缆的屏蔽层采用 0.15mm 的铝带,如果不接地,其屏蔽效果会很差。因为全塑电缆的外护套为塑料,即使埋在土壤中也与大地绝缘,外部感应到金属屏蔽层上的电流只能在屏蔽层接地处流出,所以保证全塑电缆屏蔽层连接良好并接地,具有十分重要的意义。全塑电缆屏蔽层电阻的大小标准:

(1)主干电缆屏蔽层电阻平均值不大于 2.6Ω/km;

(2)配线电缆蔽层电阻(绕包除外)不大于 5Ω/km。

屏蔽层电阻的测试仪表与环阻测试仪表相同,即粗略测量可用万用表,精确测量可用 QJ45 电桥。

2.屏蔽层电阻的测试方法

在此介绍采用 QJ45 电桥测试屏蔽层电阻的测试方法,即三次测量法,测量电路如图 5-8 所示。先在被测电缆末端将一根屏蔽线牢固地卡接在电缆屏蔽层,并选一对良好的芯线,将其末端短路并与电缆屏蔽线连通。第一次测量 a、b 两芯线的环阻;第二次测量屏蔽层与 a 线电阻之和;第三次测量 b 线与屏蔽层电阻之和,则:

$$R_{屏} = \frac{a\text{线与屏蔽层电阻} + b\text{线与屏蔽层电阻} - ab\text{线环阻}}{2}$$

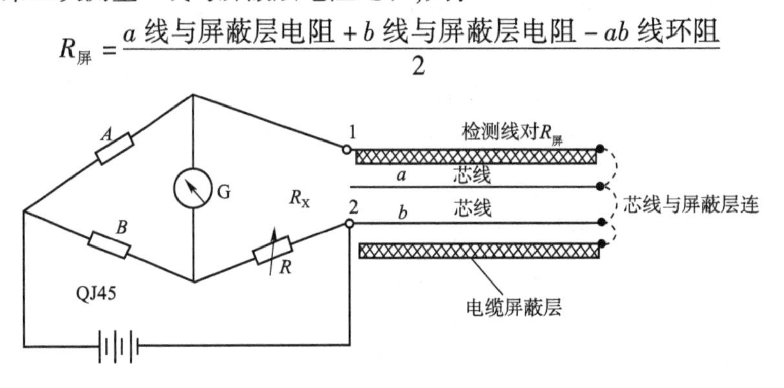

图 5-8　电桥测量屏蔽电阻示意图

三、电缆绝缘电阻测试

1.电缆绝缘电阻指标

电缆敷设在地下,导线之间以及导线对地之间都需要绝缘,否则就会漏电。漏电积累到一定程度,就会使通话音小或是造成串音,严重时就会形成接地障碍或混线障碍,这时通信就无法进行了。因此,绝缘电阻要求越大越好。绝缘测试有两种:

(1)线间绝缘测试,即两根导线之间的绝缘电阻测试。这种测试可以防止串音和混线障碍。

(2)导线对地绝缘测试,即测试导线对地的绝缘电阻,可以防止音小和接地障碍。

绝缘电阻与气候条件有很大关系。一般说来,天气潮湿时测出的绝缘电阻较低,干燥天气测出的绝缘电阻就大得多。要求在测试温度为20℃,相对湿度小于等于80%时,全塑市话电缆绝缘电阻标准为:

①非填充型聚乙烯绝缘电缆芯线间、单根芯线对地绝缘电阻应不低于6 000MΩ·km;

②聚氯乙烯绝缘电缆线间、线地绝缘电阻不低于120MΩ·km;

③填充型聚乙烯电缆芯线间、单根芯线对地不低于1 800MΩ·km。

测线间绝缘电阻时,应使用500V、量程不小于1 000MΩ的兆欧表进行;测试连有分线设备或总配线架有保安弹簧排的电缆时,应使用不超过250V的兆欧表。

2. 绝缘电阻测试仪表——兆欧表

绝缘电阻测试的仪表有模拟表也有数字表,在此以目前工程上广泛使用的模拟表(兆欧表)为例来介绍其使用方法。兆欧表俗称摇表,是较为典型的一种绝缘电阻测试仪表,其外形如图5-9所示,主要由表盖、手摇直流发电机、接线柱(E)、接线柱(L)及保护环接线柱等构成。

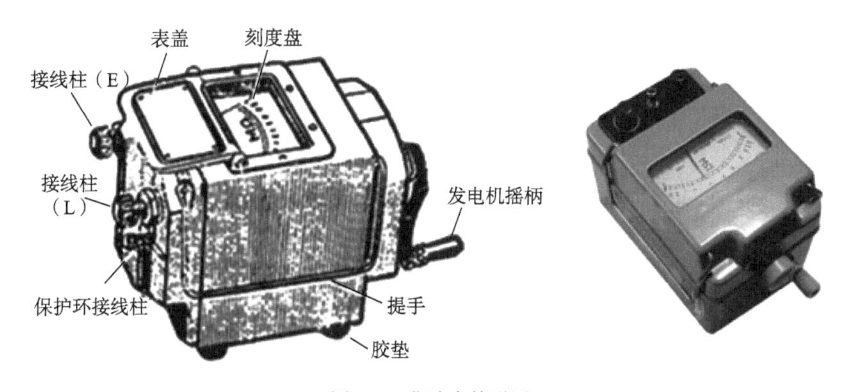

图5-9 兆欧表外形图

兆欧表电路原理如图5-10a)所示,图5-10b)是等效电路图。

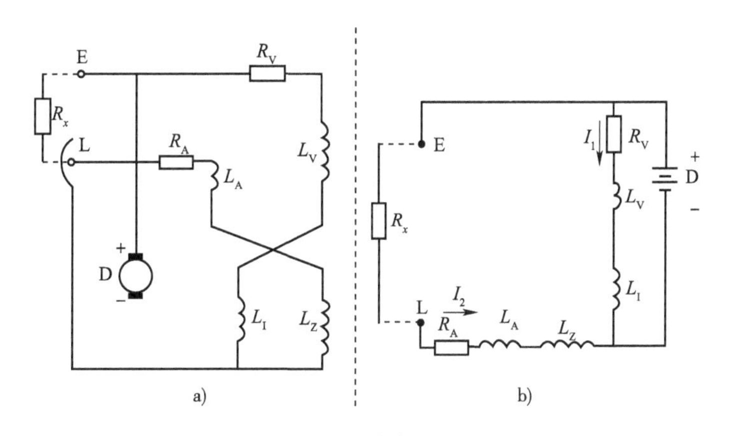

图5-10 兆欧表原理图

D-手摇直流发电机;R_x-外接被测物的绝缘电阻;R_A-保护电流线圈的限流电阻;L_A-电流线圈;L_V-电压线圈;R_V-保护电压线圈的限流电阻;L_Z-零点平衡线圈;L-线路接线柱;L_1-无限大平衡线圈;E-接地接线柱

兆欧表是由作为测试电源的手摇直流发电机和作为测试机构的电流比计组成。图中的电压线圈 L_V 和电流线圈 L_A 装在永久磁铁的两磁极之间，互相保持一定的角度并固定在同一转轴上，在轴上装有表针。电压线圈 L_V 和电流线圈 L_A 绕向相反，当有电流通过线路和兆欧表时，电压线圈所产生的力带动指针按逆时针方向旋转，电流线圈所产生的力则带动指针按顺时针方向旋转。兆欧表和一般磁电式电表不一样，它没有弹簧游丝产生反力矩，因此在没有电流通过时，指针没有固定位置。

被测绝缘电阻接到 L 和 E 接线柱之间时，如图 5-10b）所示，指针的停留位置由电流线圈电流和电压线圈电流的比值决定。流过电压线圈的电流大小由限流电阻 R_V 确定，而电流线圈的电流与被测绝缘电阻大小相关。由于指针指示位置由两个线圈通过电流之比决定，所以兆欧表的读数基本上不受手摇发电机转速及发电机直流电压的影响。

保护环 G 装在 L 接线柱的外圈，它与 L 接线柱绝缘，并接至手摇发电机的负极。保护环 G 的作用是排除由于导线绝缘层表面漏电电流和 L、E 接线柱间漏电电流所引起的误差，其原理如图 5-11 所示。

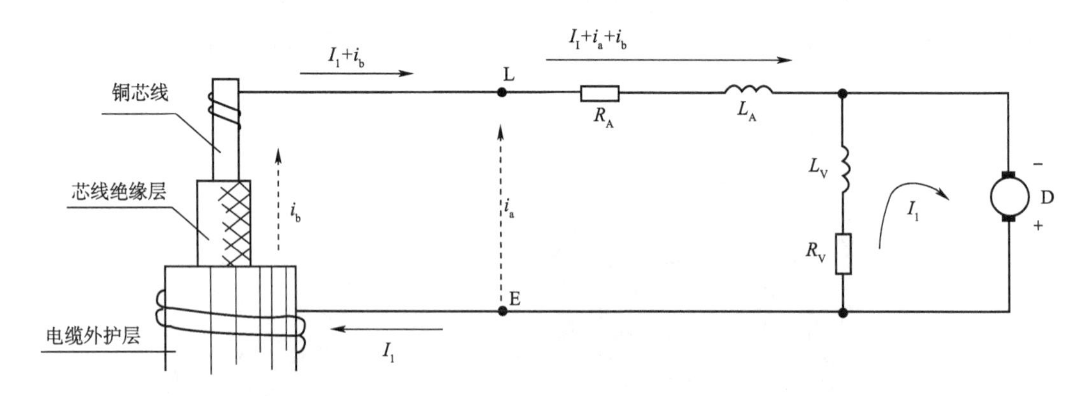

图 5-11　无保护环时的工作理图

由于 L、E 接线柱间距离较近，手摇直流发电机的电压又较高，所以会产生 L、E 接线柱间的漏电电流 i_a，此外芯线绝缘表面也会产生漏电电流 i_b。当没有保护环时，i_a 和 i_b 就会和 I_1 汇合，经 L 接线柱流入电流线圈 L_A，引起读数误差。

有了保护环 G 后如图 5-12 所示，i_a 和 i_b 两个漏电电流都能够经过保护环 G，直接回到发电机的负极，而不经过电流线圈 L_A，因而不会影响绝缘电阻的读数。

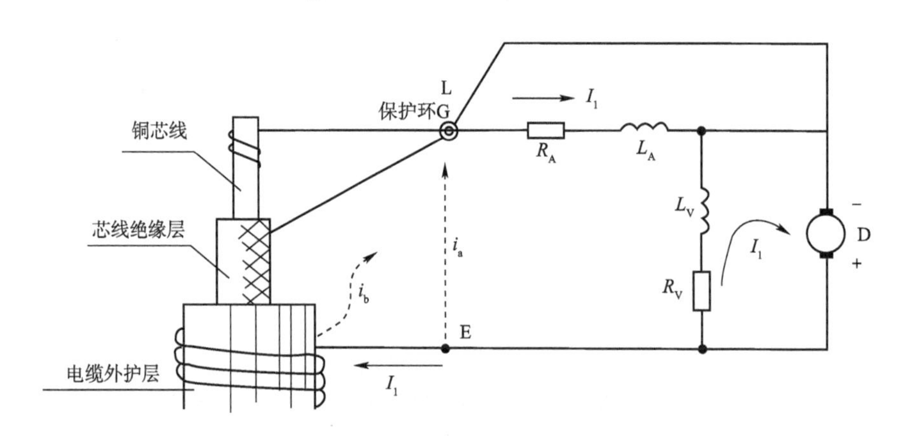

图 5-12　保护环的作用原理图

3. 绝缘电阻的测量方法

(1)测量前的准备

①选择平坦的地方把表放平,以消除重力对测量产生的误差。若不平,L_A、L_V上的重力力矩将不能互相抵消。

②开短路实验:用两根测试线分别接到兆欧表的 L 和 E 接线柱上,在兆欧表不连接任何被测物(即两引线开路)时,转动手摇发电机,并使之转速达 120r/min,看指针是否指向∞;当两条引线短路,摇动发电机时,看指针是否指向 0。若开、短路实验时指针是指向∞和 0 的,则说明表是好的,否则说明仪表失灵,要进行检修。

③如果使用保护环 G,还必须另外准备一条测量引线,将保护环与相关绝缘层相连接。

④在被测电缆的两端剥去外护层,长度约 30cm,在测试端剥去被测芯线绝缘层 5～10cm。

(2)具体测量

①芯线对地绝缘电阻的测试

芯线对地绝缘电阻测量连线如图 5-13 所示,电缆的另一端芯线开路(腾空),不得与地面、屏蔽层等物接触。慢慢摇动手摇发电机手柄,使转速达 120r/min 左右,待指针稳定后从表头读取读数 R_x 的值,即为被测绝缘电阻的电阻值。

在实际工程测试中,通常不连接保护环 G 与芯线绝缘层,因为工程测试中漏电流的影响一般可忽略不计。

②电缆芯线间绝缘电阻的测试

电缆芯线间绝缘电阻测试连线如图 5-14 所示,用绝缘良好的单股导线一端接在兆欧表的保护环 G 上,另一端缠在两芯线绝缘层上,用测试线将被测两芯线分别与兆欧表的 E、L 接线柱相连,其余非测试芯线在电缆的对端全部短接并与屏蔽层相连。摇动手摇发电机手柄,使转速达 120r/min 左右,待指针稳定后读取的读数,即为被测两芯线间的绝缘电阻值。

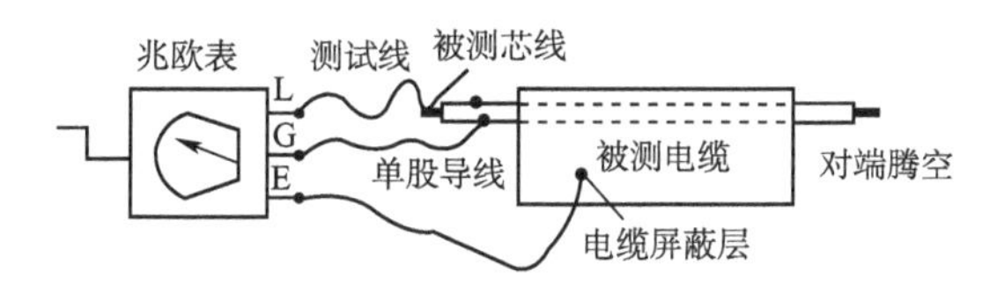

图 5-13　芯线对地绝缘电阻的测试示意图

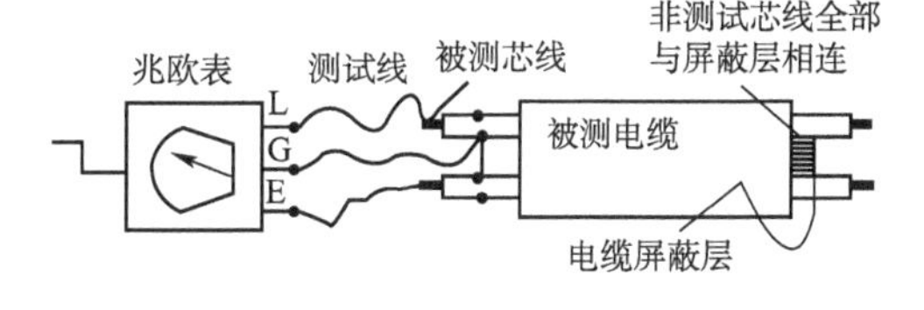

图 5-14　芯线之间绝缘电阻的测试示意图

③是否符合标准的评判

在前述标准中,绝缘电阻值的单位为 MΩ·km,而测得的读数为 MΩ,因此必须经过换算才能和标准比较,换算方法如下。

设被测电缆长度为 L(km),实测阻值为 R_x(MΩ),则换算成标准阻值后为:

$$R = R_x \cdot L(\mathrm{M\Omega \cdot km})$$

若 $R \geqslant R_{标准}$,则合格;否则为不合格,即绝缘降低或短路等。

例:已知一条长为 1 500m 的市话电缆,用兆欧表测得其线间绝缘电阻值为 1 300MΩ,而这种电缆线间标准绝缘电阻为 1 800MΩ·km,问该电缆的线间绝缘电阻是否合格。

解:因为　$R_x = 1\,300\mathrm{M\Omega}$;$L = 1.5\mathrm{km}$

所以　$R = R_x \cdot L = 1\,300 \times 1.5 = 1\,950\mathrm{M\Omega \cdot km}$

由于 $R > R_{标准}$,所以该电缆的线间绝缘电阻符合标准。

4. 兆欧表使用注意事项

(1)兆欧表使用前应进行开路、短路校验。

(2)接线柱至被测物的引线,应使用绝缘良好的导线,以防产生误差。

(3)兆欧表必须放平,防止倾斜引起测量误差。

(4)摇动兆欧表手柄的速度由慢到快,不宜太快或太慢,一般要求是120r/min,否则会加大表针指示读数的误差。

(5)摇动兆欧表时,E、L端子有较高的直流电压,要注意安全,以防触电。

(6)测长电缆时,表针不容易稳定下来,这时读数可取其平均值。

(7)测试有电容器的设备时,如电缆芯线间的绝缘电阻,须多摇一会,使芯线充满电再取读数。

(8)在测试使用的线对时,一定要将配线架上或分线箱里的避雷器甩开,以免击穿,造成地气故障。

(9)当测完绝缘电阻之后,不能马上拆线,必须先经过放电(将被测芯线碰触地气即可),否则会危及人身安全,严重的会击伤。

四、接地电阻测试

1. 接地电阻指标

地线的主要作用是工作、保护和防雷,确保线路和电气设备安全。接地电阻由四部分构成:接地引线电阻、接地体电阻、接地体与土壤的接触电阻以及土壤的散流电阻。前两部分的电阻很小,可以忽略,因此接地电阻主要由接触电阻和土壤的散流电阻组成。通信电缆线路各种情况下的接地电阻标准如下:

(1)交接箱地线接地电阻不得大于10Ω。

(2)分线箱接地电阻标准如表5-11所示。

分线箱接地电阻表 表5-11

土　质	土壤电阻率ρ(Ω/m)	分线箱对数		
		10以下	11~20	21以上
普通土	100以下	30	16	13
夹砂土	101~300	40	20	17
砂土	301~500	50	30	24
石质	501以上	60	37	30

(3)用户话机保安器地线接地电阻不得大于50Ω。

(4)架空电缆地线的接地电阻不得大于如表5-12所示的标准值。

架空电缆地线的接地电阻标准 表5-12

土壤电阻率ρ(Ω/m)	100以下	101~300	301~500	501以上
接地电阻(Ω)	20	30	35	45

(5)电杆避雷线接地电阻标准如表5-13所示。

电杆避雷线接地电阻标准表 表 5-13

土壤电阻率 $\rho(\Omega/m)$	100 以下	101～300	301～500	501 以上
避雷线接地电阻(Ω)	20	30	35	45

(6)全塑电缆金属屏蔽层单独做地线时的接地电阻标准如表 5-14 所示。

屏蔽层单独做地线时的接地电阻标准表 表 5-14

土壤电阻率 $\rho(\Omega/m)$	土　　质	接地电阻(Ω)
100 以下	黑土地、泥炭黄土地、砂质黏土地	20
201～300	夹砂土地	30
301～500	砂土地	35
500 以上	石地	45

(7)全塑电缆防雷保护接地装置的接地电阻标准如表 5-15 所示。

防雷保护接地装置的接地电阻标准 表 5-15

土壤电阻率 $\rho(\Omega/m)$	接地电阻(Ω)
100 以下	≤5
100～300	≤10
301～1 000	≤20
1 000 以上	适当放宽

接地电阻的测试仪表一般均采用地阻仪。接地电阻测试仪一般由手摇发电机、电流互感器、检流计等组成。

2. 接地电阻的测试方法

接地电阻测试可采用传统的 ZC-8 型地阻仪和数字式钳形接地电阻测试仪等。在此以工程上广泛使用的 ZC-8 型地阻仪为例介绍接地电阻的测试方法。

ZC-8 型地阻仪由手摇发电机、电流互感器、检流计等组成,面板布置如图 5-15 所示。

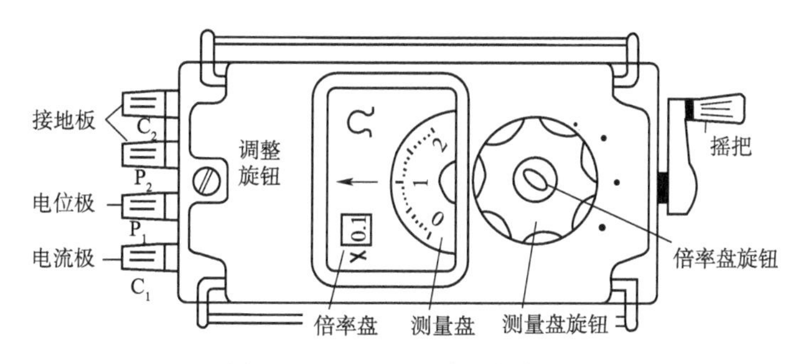

图 5-15　ZC-8 型地阻仪面板布置图

接地电阻测量方法如下:

(1)沿被测接地导体(棒或板)按表 5-16 所示的距离,依直线方式埋设辅助探棒。

如果所测地气棒埋深为 2m,则按表中小于 4m 规定作,依直线丈量 20m,埋设一根电位极棒 P_1,再续量 20m,再埋设一根电流极棒 C_1,如图 5-16 所示。

(2)连接测试导线:用 5m 导线连接 E(P_2)端子与接地极,电位极用 20m 导线接到 P_1 端子上,电流极用 40m 导线接到 C_1 端子上。

设辅助探棒埋设位置　　表 5-16

接地体形状		Y(m)	Z(m)
棒与板	L≤4m	≥20	≥20
	L>4m	≥5 倍 L	≥40
沿地面成带状或网状	L>4m	≥6 倍 L	≥40

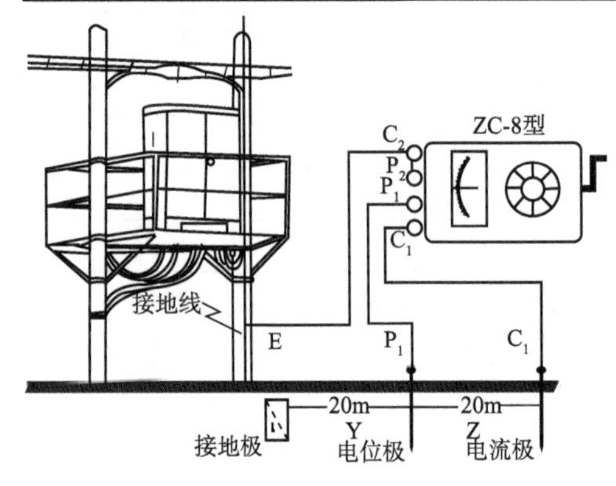

图 5-16　接地电阻测量示意图

(3)将地阻仪放平,检查表针是否指零位,否则应调节到0位。

(4)调动倍率盘到合适位置,如×0.1,×1,×10。

(5)以120r/min的速度摇动发电机,同时也转动测量盘使表针稳定在零位不动为止,此时,测量盘指的刻度读数,乘以倍率读数,即为接地电阻。

被测接地电阻值(Ω)=测量盘指数×倍率盘指数

(6)当检流表的灵敏度过高时,可将 P_1(电位极)地气棒插入土壤中浅一些。当检流表的灵敏度过低时,可在 P_1 棒周围浇上一点水,使土壤湿润。但应注意,决不能浇水太多,使土壤湿度过大,这样会造成测量误差。

(7)当有雷电,或被测物带电时,应严格禁止进行测量工作。

五、电缆的气压测试

1. 电缆的标准保持气压值

在非填充型电缆线路中,如果其护套有了裂缝和穿孔,就会受潮或进水,这样会使缆内芯线间、芯线与地(屏蔽层)之间的绝缘电阻减小、耐压降低或串音衰减增大,因而影响通信设备的正常运行。把高于环境大气压力的干燥空气(或 N_2)预先充入电缆里,可以阻止潮气或水汽进入电缆。电缆的正常保持气压值(20℃)为:

(1)地下主干电缆40~50kPa。

(2)架空主干电缆30~50kPa。

(3)配线电缆参照架空主干电缆执行。

充气时的强充气压不大于70kPa。

告警气压值:架空电缆为20kPa,地下电缆为30kPa,水下电缆为40kPa。

2. 气压的检测方法

电缆线路气闭性能的检查,应在电缆内充入气体并且其值符合规定范围,气压平稳以后方可进行检查。第一次检测气压值以后,需经24h再进行第二次检测,其余类推。在气温相同的情况下,允许最大气压下降值应符合表5-17的规定。

电缆内的气压值受外界温度变化影响,可用下式进行换算。

$$P = P_1[1 + \beta(t - t_1)]$$

式中:P——考虑了温度影响的计算气压值;

P_1——前一次实际测量的气压值；

t_1——前一次测量气压时的温度；

t——计算时的温度，如20℃；

β——气体的膨胀系数，其值为0.00366。

当前测得的气压为P_2，若$P-P_2\leq$允许下降值，即为合格。

电缆气压在20℃时24h允许下降值表 表5-17

电缆长度(km) / 允许最大下降值(kPa) / 电缆类别	0.3以下	0.3～1以上	1以上至3	3以上至5	5以上至10
地下电缆(不带分歧)	1.8	1.2	0.84	0.72	0.6
地下电缆(带分歧和气塞)	2.4	1.92	1.32	0.96	0.72
架空主干电缆(带分歧和气塞)	2.4	1.92	1.32	0.96	0.72

3. 气压测试注意事项

(1)检查电缆气压，必须自始至终使用同一块表，严禁中途换表。

(2)用水银柱式气压表试气压时，水银柱应垂直于地面；用指针式气压表检查气压时，气压表放置的方位应一致。

(3)检试电缆气压应由专人进行，在同一点试测气压前后两次间隔24h为宜，最多不应超过48h。

(4)电缆气压检查一般三次为宜(系指良好情况下)，如有问题，修复后应再试。

(5)充气段的气压检查，必须做好气压记录，可按表5-18格式填报。

电缆气闭性测试记录表 表5-18

工程编号：＿＿＿＿＿＿　　项目名称：＿＿＿＿＿＿

序号	测试记录 / 日期 温度 气压 / 测试地点		电缆气压测试					备注
			第一次	第二次	第三次	第四次	第五次	
1		日期						
		温度						
		气压						
⋮								
电缆全程长度＿＿＿＿km　支缆＿＿＿＿条分线箱(盒)＿＿＿＿只								

施工队：＿＿＿＿　测试者：＿＿＿＿　＿＿＿年＿＿月＿＿日

任务实施　电缆测试

1. 任务描述

某电信局为某新建住宅小区提供固话业务，现小区与电信端局机房MDF架之间的600对电缆线路已完成敷设、接续和成端，正处于工程初验阶段。本任务需要测试此电缆线路的用户线环路电阻、屏蔽层电阻、绝缘电阻和接地电阻。测试完后，填写测试记录，以作为竣工测试资料及方便以后的维护。

2. 主要工具和器材

(1)万用表;

(2)QJ45 电桥;

(3)兆欧表;

(4)ZC-8 地阻仪(含接地探测针、连接导线等);

(5)电缆用户线路。

3. 任务实施

本任务由 4 人组成的小组实施,事先根据任务内容做好实施计划和人员分工,然后根据此前介绍的内容,按照如下主要操作顺序完成本任务。

(1)确定 30% 的抽测芯线;

(2)测量环路电阻并记录;

(3)测量屏蔽层电阻并记录;

(4)测量绝缘电阻并记录;

(5)测量接地电阻并记录。

任务总结

本任务介绍了环路电阻测试、屏蔽层电阻测试、绝缘电阻测试、接地电阻测试、气压测试的指标、测试方法等,通过本任务的实施,可使参与者掌握以下知识:

(1)掌握电缆环路电阻测试的指标及正确的测试方法。

(2)掌握电缆屏蔽层电阻测试的指标及正确的测试方法。

(3)掌握电缆绝缘电阻测试的指标及正确的测试方法。

(4)掌握电缆接地电阻测试的指标及正确的测试方法。

(5)掌握电缆气压测试的指标及正确的测试方法。

(6)了解电缆测试中所涉及的各种仪器的基本原理和操作。

(7)提高任务计划、任务实施、团队合作等方面的能力和素养。

任务三　光缆竣工测试

对光缆性能的测试贯穿整个施工阶段,不同阶段的测试原理和方法基本相同。光缆线路工程测试一般分单盘测试、竣工测试和维护测试。如前所述,单盘测试是在光缆敷设前对单盘光缆的检测;竣工测试是光缆线路施工结束时进行的测试;维护测试是光缆线路已经处于运行时期,对光缆线路工作状态做出判断,如对发生故障的位置、原因的判断。

一、测试的内容和要求

1. 光缆竣工测试的内容

竣工测试是对光、电和绝缘特性等进行全面测量,检查线路的传输性能指标。这不仅是对工程质量的自我鉴定过程,同时,通过竣工测量,为建设单位提供光缆线路光电特性的完整数据,供日后维护参考。光缆线路竣工测试主要内容如表 5-19 所示。

光缆竣工测试的内容 表 5-19

序号	项　　目	内　　容	检查方式
1	主要传输特性	(1)光纤平均接头衰减及接头最大衰减值	随工验收时每根都要测,竣工验收按 10% 左右的比例抽测
		(2)中继段光纤线路曲线波形特性检查	
		(3)光缆线路损耗	
		(4)电缆绝缘电阻	
		(5)电缆环路电阻	
		(6)电缆的近端串音	
2	光缆护层完整性	在接头监测引线上测量金属护层对地绝缘电阻	随工验收时每根都要测,竣工验收按 15% 左右的比例抽测
3	接地电阻	(1)地线位置	随工验收时每组都要测,竣工验收地线按 15% 左右的比例抽测
		(2)对地线组进行测量	

光缆线路工程竣工测试以一个中继段为测量单元,故又称为光缆中继段测试。中继段光纤线路损耗是指两个通信机房 ODF 架外侧连接插件之间的总损耗,包括光纤的损耗、固定接头损耗,如图 5-17 所示。光缆线路的损耗通常有插入法和后向散射曲线法两种测量方法。中继段光缆线路的总损耗一般使用光源、光功率计仪器,采用插入法测量;中继段光缆后向散射曲线是指用 OTDR 测出的光纤后向散射信号曲线。

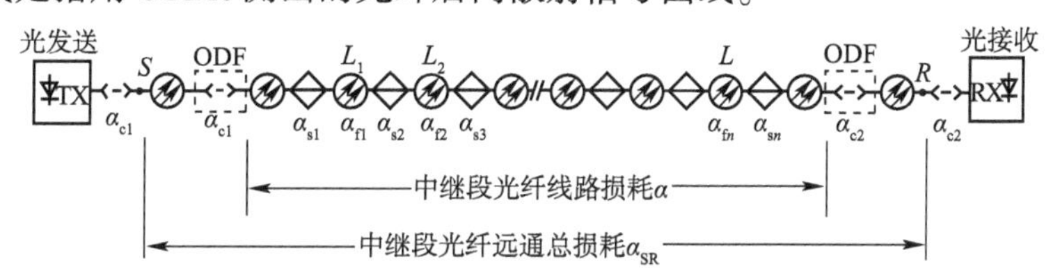

图 5-17　中继段测试示意图

插入法和后向散射法两种测试各有利弊,前者能较准确地反映损耗情况,但不直观;后者能够提供整个线路的后向散射信号曲线,但反映的数据不是线路损耗的确切值。两种方法相结合,则能既真实又直观地反映光纤线路全程损耗情况,这在目前光缆施工中应用较为广泛。

2. 光缆竣工测试的要求

光缆测试包括光性能和电性能两方面要求。对光纤特性测试的要求如下。

(1)竣工测量应在光缆线路工程全面完工的前提下进行。

(2)光纤接头损耗测量已结束,而且统计平均连接损耗优于设计指标。

(3)竣工测量应在光纤成端后进行。

(4)中继段光纤线路损耗,一般以插入法测得的数据为准,同时保存后向散射法(OTDR)测得的曲线图。

(5)测量仪表应经计量合格。一级干线线路损耗测量仪表的光源应采用高稳定度的激光光源,光功率计应采用高灵敏机型的,OTDR 应是具有较大动态范围和后向散射信号曲线自动记录、打印等性能全面的机型。

(6)中继段光纤后向散射信号曲线检查,包括下列内容和要求:

①损耗应与光功率计测量的数据基本一致。

②观察全程曲线,应无异常现象;除始端和尾部外,应无反射峰(指熔接法连接时);除接头部位外,应无高损耗“台阶”;应能看到尾部反射峰。

③对于50km以上的中继段,应采用较大动态范围的仪表测量,以得到较好的后向散射信号曲线。

④OTDR应以光纤的实际折射率为预置条件,脉宽预置应根据中继段长度合理选择。

(7)中继段光纤线路总损耗测量,干线光缆工程应以双向测量的平均值为准。对于一般工程可根据情况只测一个方向。

(8)中继段光纤后向散射信号曲线检查,一般只作单方向测量和记录曲线。

(9)如果设计不要求OTDR双窗口(即1 310nm波长和1 550nm波长)测试后向散射信号曲线,一般在1 550nm波长测试即可。

光缆电性能测试的一般要求如下。

(1)通信铜导线直流电阻、不平衡电阻及绝缘电阻的测试,远供铜导线的直流电阻、绝缘电阻、绝缘强度的测试,其测试值应符合通信电缆铜导线电性能的国标规定。

(2)直埋光缆在随工检查中,应测试光缆护层对地绝缘电阻,并应符合下列规定:单盘光缆敷设回填土30cm不少于72h,测试每千米护层对地绝缘电阻应不低于出厂标准的1/2;光缆接续回土后不少于24h,测试光缆接头对地绝缘电阻应不低于出厂标准的1/2。中继段连通后应测出对地绝缘电阻的数值。

(3)铜线绝缘强度,在成端前测量合格,成端后不必再测。

(4)中继站接地线测量,应在引至中继站内的地线上测量,并应符合设计要求。

二、测试的方法

1.插入法测量光缆损耗

测量中继段光纤损耗要求在已成端的连接插件状态下进行测量,插入法是唯一能够反映带连接插件线路损耗的方法。该方法测量结果比较可靠,其测量的偏差主要来自于仪表本身以及被测线路连接器插件的质量。

插入法测量需要稳定化光源和光功率计,测量方框图如图5-18所示。

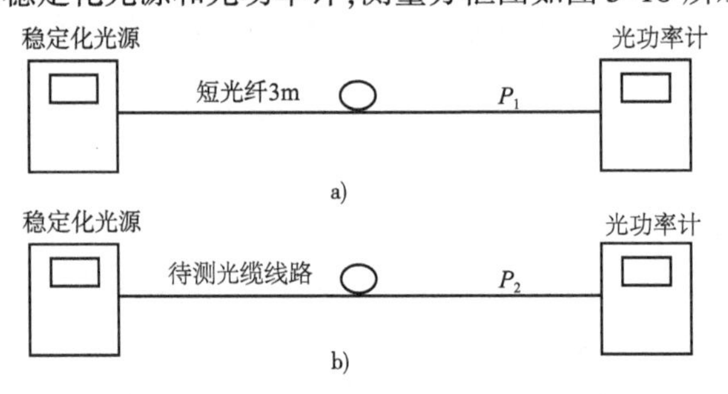

图5-18 插入法测量示意图

测试时,先用短光纤(约3m)直接将稳定化光源与光功率计两端用活动接头连接,如图5-18a)所示,读出光功率P_1。然后将被测光纤连接在稳定化光源与光功率计之间,如图5-18b)所示,读出光功率P_2。再将P_1和P_2代入如下光纤损耗定义式,计算出被测线路总损耗和损耗系数。

$$A(\lambda_i)=10\lg\frac{P_1(\mathrm{mW})}{P_2(\mathrm{mW})}\quad(\mathrm{dB})$$

$$\alpha(\lambda_i) = \frac{10}{L} \lg \frac{P_1(\mathrm{mW})}{P_2(\mathrm{mW})} \quad (\mathrm{dB/km})$$

2. 后向散射曲线测试法

后向散射法又称为OTDR法。OTDR法是一种非破坏性测试方法，其测试精度、可靠性主要受仪表精度和耦合影响，比较适合工程测试。

(1)后向散射曲线意义

用OTDR测出光纤后向散射信号曲线非常有用，从后向散射曲线可以对光缆线路长度、衰减分布、接头损耗等情况进行观察，这对中继段光纤的全程检查是十分必要和有意义的。

①光纤线路质量的全面检查

光纤线路损耗测量只有通过对光纤后向散射信号曲线的检测，才能发现光纤连接部位是否可靠、有无异常、光纤损耗随长度分布是否均匀、光纤全程有无微裂部位、非接头部位有无"台阶"等。

②光纤线路损耗的辅助测量

随着科学技术的迅速发展，目前采用高质量的OTDR测量光线路，其损耗测量可以获得较好的重复性和较高的准确度。OTDR测量方法容易掌握，测量结果较为客观，作为光纤线路的辅助测量十分必要。而别的方法受仪器、操作等影响较大，对于长途光缆线路评价还不全面。对于一般线路工程来说，后向法测量光纤线路可以直接从OTDR获得数据。

③光纤线路的重要档案

光缆线路的使用寿命一般在25年以上。在使用、维护、检修中，工程初期的技术档案非常重要，在技术资料中，光纤后向散射信号曲线的作用尤为突出。由于曲线具有直观、可比性强、真实性强等特点，对维护具有很好的参考作用。因此，当发生光纤故障时，对照原始曲线可以进行正确的判断。

(2)后向散射曲线测试原理

菲涅尔反射是大家平常所理解的光反射。光纤在加热制造过程中，热骚动使原子产生压缩性的不均匀，造成材料密度不均匀，进一步造成折射率的不均匀。这种不均匀在冷却过程中固定下来，引起光的散射，称为瑞利散射。正如大气中的颗粒散射了光，使天空变成蓝色一样。

能够产生后向瑞利散射的点遍布整段光纤，是连续的，而菲涅尔反射是离散的反射，它由光纤的个别点产生，能够产生菲涅尔反射的点大体包括光纤连接器(玻璃与空气的间隙)、阻断光纤的平滑镜截面、光纤的终点等。

OTDR类似一个光雷达。它先对光纤发出一个测试激光脉冲，然后观察从光纤上各点返回(包括瑞利散射和菲涅尔反射)的激光的功率大小情况，这个过程重复进行，然后将这些结果根据需要进行平均，并以轨迹图的形式显示出来，这个轨迹图就描述了整段光纤的情况。

图5-19为OTDR测试的原理图，OTDR的激光源发射一束光脉冲到被测光纤中，被测光纤链路特性及光纤本身材料的微观不均匀产生的瑞利散射和菲涅尔反射回的光信号返回送入OTDR。信号通过一耦合器到接收机(检测器)，在那里光信号被转换为电信号，最后经分析显示在屏幕上。

设t为入射与反射回来所用时间，C为光在真空中的光速，n光纤折射率，则测试距离可由下式获得：

$$L = \frac{t \times C}{2n}$$

这样,OTDR 可以显示反射回来的相对光功率与距离的关系。图 5-20 表示 OTDR 可以测试光纤线路上可能出现的各种类型事件(如光纤的活接头、机械接点与裂缝点等引起的损耗与反射)的后向散射曲线。

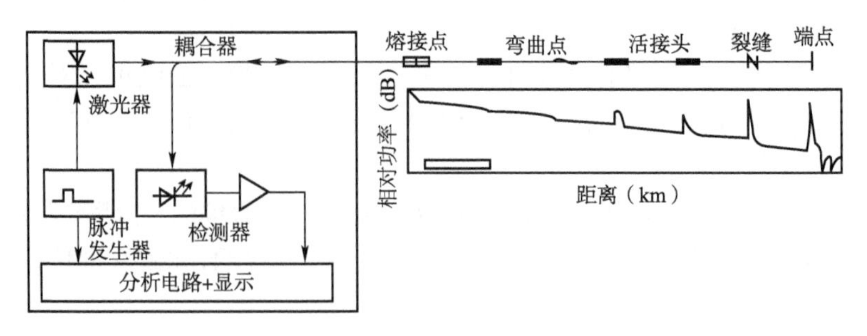

图 5-19 OTDR 测试原理图

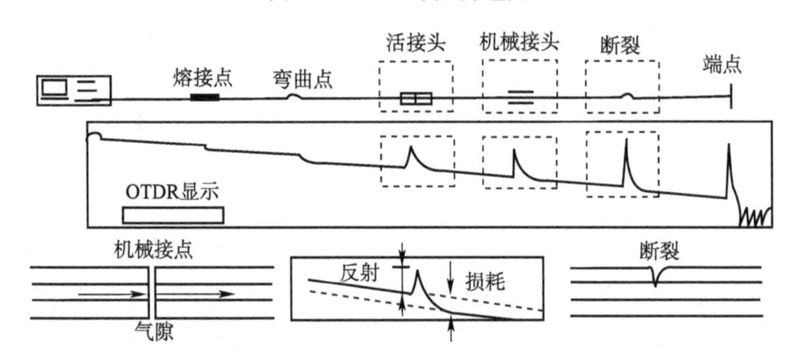

图 5-20 光纤线路上各种事件与波形的对应图

(3)测量系统组成

测量系统组成如图 5-21 所示,该测试连接基本上与光缆单盘检验相同。其中假纤的长度为 200 ~ 1 000m(目前的 OTDR 盲区通常已经达到了 10m 以下,工程测量中可视具体情况决定是否加假纤),两端应带活动连接插件,其一端的插件与 OTDR 耦合,另一端的插件应与被测纤的成端插件匹配。OTDR 的操作方法与单盘检验相同。

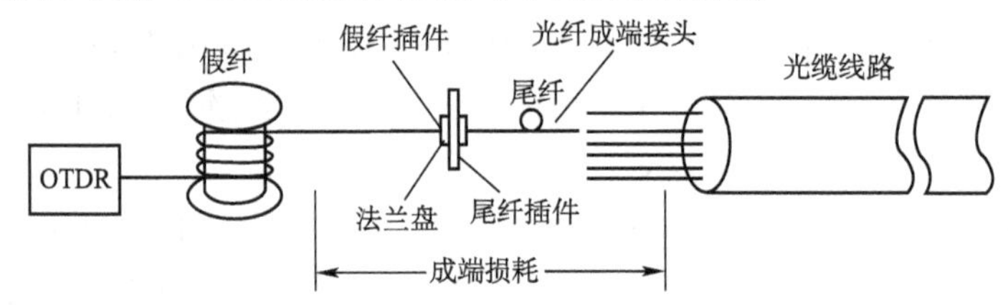

图 5-21 OTDR 测量系统组成图

(4)信号曲线检测要求

一般中继段是指 50km 左右,光纤线路损耗在 OTDR 单程动态范围内时,应对每一条光纤进行 A→B 和 B→A 两个方向的测量,每一个方向的测试波形包括全部长度的完整曲线。70km 以上的较长中继段,其线路损耗较大,可能超出 OTDR 的动态范围,这时可从两个方向测至中间。记录曲线时,移动光标置于合拢处的汇合点,以使显示数据的长度相加值为中继段全长,损耗值相加为中继段线路损耗。对于量程指标较高的仪表来说,一般距离不存在超出量程的问题。如有的仪表量程在 200km 以上,测量一个中继段甚至环路都没有问题。

(5)测试记录

检测结束应将测试数据、测试条件记入竣工测试记录表(中继段光纤后向散射信号曲线检测记录)。光纤后向信号曲线应由机上附带的打印机打印出波形。一般要求记录下中继段一个方向的完整曲线,对于长途干线要求将两个方向的曲线整理在竣工资料中。

(6)中继段光纤线路损耗测量结果的比较

OTDR测量中继段光纤线路损耗,具有一致性、重复性、简易性等优点。根据在光缆工程中测试的对比,与其他方法测值基本一致,可见OTDR测量值可以反映光纤线路的实际损耗水平。因此,后向法可以作为一般工程的竣工测试方法,也可以作为长途干线的辅助测试。

3. 光缆电性能测试

目前,大部分光缆中都包含金属加强芯和防潮层,少部分光缆中还有金属铜线,用于传输业务信号和中继器供电。在竣工测试时,必须对金属加强芯、防潮层和铜线的电性能测试。主要测试项目及方法如下。

(1)铜导线直流电阻测量

铜线直流电阻测量方法与前述电缆测试时介绍的方法相同,基本步骤和指标如下。

①用经校准的直流电桥,将光缆一端的全部铜线连接在一起,在另一端测量各铜线对的环阻,并通过交叉测量算出各铜线的单线电阻。

②通过测量,计算出各线对的不平衡电阻,即环路电阻偏差。

③将常温下测出的单线电阻值,核算成标准温度(20℃)时的阻值。

④铜导线的单芯直流电阻和环路电阻偏差的指标,在设计时根据使用条件确定,目前用于远供的铜线直径为0.9mm,其单根芯线直流电阻应不大于28.5Ω/km(20℃);环路电阻偏差应不大于1%。

(2)铜导线绝缘电阻测量

绝缘电阻测量是检验导线间绝缘特性的重要指标,其测试方法与前述电缆测试时介绍的方法相同,在此不再重复。

(3)铜导线绝缘强度测量

铜导线绝缘强度测试主要是检查光缆内部铜导线的耐压强度,为铜导线给无人中继器的供电作准备。测试项目主要包括线间绝缘强度测试和导线对地绝缘测试,具体测试方法和步骤如下。

①铜导线间绝缘强度测试连接如图5-22、图5-23所示。

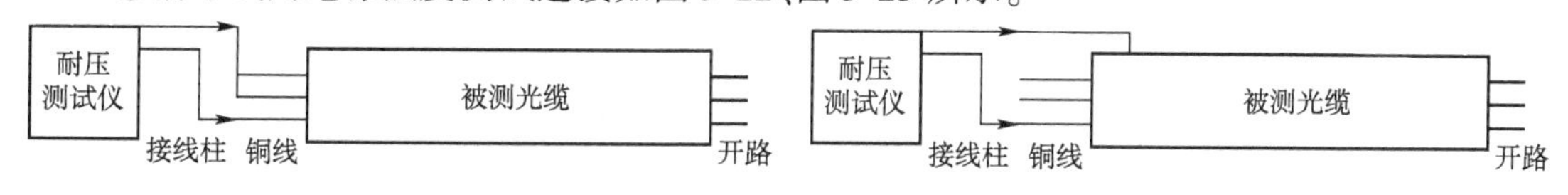

图5-22 铜导线间绝缘强度测试示意图

图5-23 铜导线与地绝缘强度测试示意图

②调节耐压测试仪的输出电压到规定有效值(导线之间为2 200V,导线对地之间为2 800V),保持时间为2min。测试时,应缓慢调整耐压器的输出电压,使之从零开始逐步上升至规定值。

③在2min内无"击穿"现象(即在2min内无放电现象发生),为合格的光缆。若在2min内有"击穿",在线路击穿前的电压值即为被测光缆的电气绝缘强度。

(4)光缆护层的绝缘测试

光缆护层的电特性测试主要包括:光缆金属铠装层、防潮层(铝塑内护层)、加强芯(金属加强件)对地绝缘的测试,以检查光缆外护层(聚乙烯 PE)是否完好。测试项目包括绝缘电阻和绝缘强度。

①绝缘电阻测试

绝缘电阻一般包括金属防潮层(多为铝塑综合护层 LAP)和铠装层(钢丝、钢带铠装)对地的绝缘电阻。测试步骤和方法如下。

a. 光缆浸于水中 4h 以上,用高阻计或兆欧姆表按图 5-24 连接好。

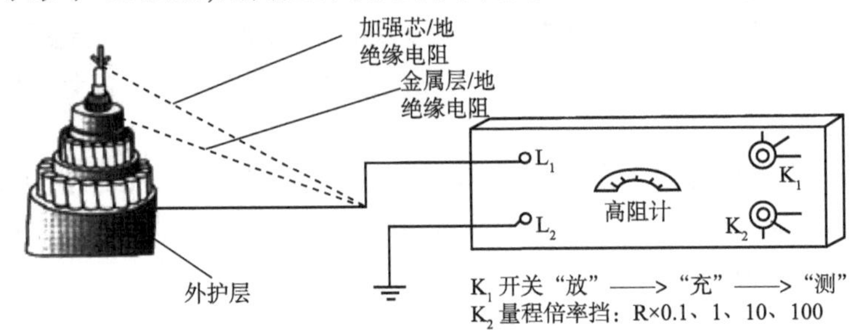

图 5-24 绝缘电阻测试连接示意图

b. 高阻计测试时,测试电压为 250V 或 500V,1min 后读数。用兆欧姆表测量时注意手摇速度要均匀。

c. 分两次测出防潮层和铠装层对地的绝缘电阻值。要求对地的绝缘电阻大于 1 000MΩ · km。

②绝缘强度测试

测试步骤和连接图同绝缘电阻测试,只是用耐压测试器替代高阻计或兆欧表。耐压测试规定:进口光缆加电 15 000V,2min 不击穿;国产光缆加电 3 800V,2min 不击穿。根据工程实际经验,在检测光缆绝缘电阻良好后,可省略耐压测试。

(5)接地线电阻的测试

光缆地线的主要作用是防雷,确保线路安全。因此,要求各种用途的接地装置应达到规定的接地电阻标准。接地电阻可用接地电阻测量仪测量,其测试方法与前述电缆测试时介绍的方法相同,在此不再重复。

任务实施 光缆测试

1. 任务描述

某银行至电信分局数据机房 ODF 架的光缆敷设、接续和成端已完成,处于报竣阶段。本任务需要测试此中继段光缆的光特性和电性能,并做好中继段光纤线路损耗测试记录、光纤后向散射信号曲线检查记录及相关波形、中继段光缆长度记录,做好光缆铜芯线直流电阻测试记录、绝缘电阻和接地电阻测量记录。此处的中继段是指从"银行终端的光纤活动接头"到"电信数据机房 ODF 架光纤活动接头"之间的光缆,并且光缆中接续的每条光纤都要测量,以作为竣工测试记录存档,方便以后的维护。

2. 主要工具和器材

(1)OTDR;

(2)光源;

(3)光功率计;

(4)带有双连接器的跳纤;

(5)光缆线路;

(6)直流电桥；

(7)高阻计；

(8)兆欧表；

(9)万用表；

(10)地阻仪；

(11)电工工具。

3. 任务实施

本任务由4人组成的小组实施，事先根据任务内容做好实施计划和人员分工，然后根据此前介绍的内容，按照如下主要操作顺序完成本任务并将测试数据填入表5-20～表5-26。

(1)光纤后向散射信号曲线测试。

(2)光纤接头损耗测试。

(3)光纤线路衰减测试。

(4)铜芯线直流电阻测试。

(5)铜芯线绝缘电阻测试。

(6)铜芯线绝缘强度测试。

(7)地线电阻测试。

________至________光纤后向散射信号曲线检查记录　　表5-20

折射率：________中继段长：________km

测试方向	光纤	全程衰耗(dB/km)	测试状态						图片编号
			坐标1	坐标2	dB/每格	km/每格	脉冲宽度	衰减器值	
	1								
	2								
	3								
	4								
	5								
	6								

注：凡图片上各种数据完整，清晰时可不填此表。

测试仪表：________________ 波长：__________ 温度：______

测试人：__________________ 测试日期：____________________

________至________光纤接头损耗测试记录表　　表5-21

测试方向：________波长：________熔接机：________仪表：________折射率：________

接头序号	光纤编号 / 损耗值(dB) / 距离(km)	1	2	3	4	5	6	7	8	日期	温度(℃)

接续员：________ 测试人员：______ 测试状态：________dB/div (OTDR)状态：______m/div

________至________光纤线路衰减记录表　　表5-22

中继段长：______ 光源：______ 仪表：______ 波长：______ 温度：______d(　　)指标：________

光纤		光纤		$P_{入}$	$P_{出}$	d	d平均	
1	A—B	11	A—B					
	B—A		B—A					
2	A—B	12	A—B					
	B—A		B—A					
3	A—B	13	A—B					
	B—A		B—A					
4	A—B	14	A—B					
	B—A		B—A					
5	A—B	15	A—B					
	B—A		B—A					
6	A—B	16	A—B					
	B—A		B—A					

测试人：______________ 记录人：______________ 审核人：______________ 日期：__________

________至________铜芯线直流电阻测试记录　　表5-23

中继段长：__________km　　指标：__________

线对序号	环阻(Ω)			单线20℃(Ω)		不平衡电阻(Ω)	
	R	R(20℃)	R(20℃/km)	R_a	R_b	R	R(km)
1							
2							
3							
4							
5							
6							

测试仪表：______________ 测试人：__________ 温度：__________

测试地点：______________ 测试日期：______________

________至________铜芯线绝缘电阻测试记录　　表5-24

中继段长：__________km　　指标：__________

线对序号	全段(MΩ·km)		每公里(MΩ·km)		备　注
	a线	b线	a线	b线	
1					
2					
3					
4					
5					
6					
护层/地					

测试仪表：______________ 测试人：__________ 温度：__________

测试地点：______________ 测试日期：______________

________至________铜芯线绝缘强度测试记录　　表 5-25

中继段长：________km　　指标：________

导体/导体 ________V (____交流)2min	所有 a 线 / 所有 b 线	1、2、3、4、9 对 / 5、6、7、8 对	1、3、5、7、9、对 / 2、4、6、8 对	1、2、5、6 对 / 3、4、7、8、9 对	1、2、3、4、5、6、7、8 对 / 9 对
导体/其他金属 ____V(____交流)2min					

测试仪表：________　测试人：________　温度：________

测试地点：________　测试日期：________

________至________地线电阻测试记录　　表 5-26

指标：________

编号	位　　置	接地装置安装数量	地线电阻 (Ω)	备　　注
1				
2				
3				
4				
5				
6				

测试仪表：________　测试人：________　温度：________　测试日期：________

任务总结

本任务介绍了光缆竣工测试的内容和要求、光缆线路光性能和电性能测试的指标及测试方法等，通过本任务的实施，可使参与者掌握以下知识：

(1)掌握光缆竣工测试的内容和要求。

(2)掌握光缆插入法测量损耗的方法。

(3)掌握光缆后向散射曲线测试的方法。

(4)掌握光缆电性能测试的方法。

(5)了解光缆测试中所涉及的各种仪器的基本原理和操作方法。

(6)提高任务计划、任务实施、团队合作等方面的能力和素养。

任务四　编制竣工技术文件

一、竣工文件编制要求和内容

竣工资料是反映工程制作过程和工程工作量的依据，是工作结算的基础，是工程审计的重要依据，同时也是工程运行维护中的重要基础资料。

1. 编制要求

(1)竣工技术文件由施工单位负责编制。一般由施工队编制，由技术负责人或上级技术主管审核。长途干线光(电)缆工程,由工程指挥部或工地办公室负责编制(队协助),由技术主管审核。

(2)竣工技术文件应由编制人、技术负责人及主管领导签字,封面加盖单位印章;利用原设计施工图修改的竣工图纸,每页均加盖"竣工图纸"字样的印章。

(3)竣工技术文件应做到数据正确、完整,书写清晰,书写用黑色签字笔或打印,不得用铅笔、圆珠笔或复写等。

(4)竣工技术文件可以用复印件,但长途干线光(电)缆工程,应由一份复印原件盖章,作为正本(供建设单位存档)。

(5)竣工路由图纸应采用统一符号绘制。对于变更不大的地段,可按实际情况在原施工图上用红笔加以修改,变更较大地段应绘新图。对于长途一级干线尽量全部重新绘制。

(6)竣工技术文件一式3份,长途干线光(电)缆工程一式5份。

(7)竣工技术文件可按统一格式装订成册。

2. 编制内容和装订格式

竣工技术文件内容较多,一般应装订成总册、竣工测试记录和竣工路由图纸3个部分,其中包括若干分册。

(1)总册部分

①名称:"××工程竣工技术文件"。

②内容:

a. 工程说明;

b. 建筑安装工程量总表;

c. 工程变更单;

d. 开工报告;

e. 停、复工表;

f. 工程洽商纪要;

g. 工程延期申报表;

h. 重大工程事故报告表;

i. 隐蔽工程验收签证单;

j. 工程材料平衡表;

k. 完工报告(交工通知);

l. 随工检查记录;

m. 交接书;

n. 验收报告;

o. 工程余料交接清单;

p. 竣工测试记录(按数字段或中继段独立分册);

q. 竣工路由图纸(按数字段或中继段独立分册);

r. 验收证书。

③规模要求:以单项工程、建设单位(合同单位)管辖段为编制单元,如一个工程跨越两省,并由两个建设单位施工,则按省界划分,各自编制、装订。

(2)竣工测试记录部分

①名称:“××Mbit/s××光通信系统线路工程”竣工测试记录(如果是光缆项目);

“××电缆通信系统线路工程”竣工测试记录(如果是电缆项目)。

②内容(对于光缆项目):

a. 中继段光缆配盘图;

b. 中继段光纤损耗统计表;

c. 中继段光纤接头损耗测试记录;

d. 中继段光纤线路损耗测试记录;

e. 各中继段光纤后向散射信号曲线检查记录(若g项数据清晰,可不提供);

f. 各中继段光纤后向散射信号曲线图表;

g. 中继段地线电阻测试记录。

以上内容是指一般光缆线路的全套测试记录,对于有铜导线的光缆线路,还应包括铜线直流电阻测试、绝缘电阻测试、绝缘强度测试、光缆护层绝缘电阻测试、光缆地线电阻测试。

③内容(对于电缆项目):

a. 电缆气压测试记录;

b. 电缆绝缘电阻测试记录;

c. 电缆环路电阻测试记录;

d. 电缆屏蔽层电阻测试记录;

e. 电缆传输衰减测试记录;

f. 电缆串音衰减测试记录;

g. 接地电阻测试记录。

④规模要求:按数字段或按施工分工自然段分别装册(段内若两个以上中继段,应按A—B方向顺序分段合装),也可按自然维护段分别装册(两个以上中继段要求同上)。

(3)竣工路由图纸

①名称:“××Mbit/s××光通信系统线路工程(××至××段)竣工路由图”(对于光缆项目)。

“××电缆通信系统线路工程竣工路由图”竣工测试记录(对于电缆项目)。

②内容原则上与施工图纸内容相同,主要包括:

a. 光(电)缆线路路由示意图;

b. 局内光(电)缆路由图;

c. 市区光(电)缆路由图;

d. 郊区光(电)缆路由图;

e. 郊外光(电)缆路由图;

f. 光(电)缆穿越铁路、公路断面图(亦可直接画于上述路由图中);

g. 光(电)缆穿越河流的平面图、断面图。

③规模要求:同竣工测试记录部分。

④格式:原则上同施工路由图纸部分,并要求有封面、目录及前述内容。装订顺序应按A—B方向由A局至B局,按路由顺序排列。每册第__页上应按设计文件要求,在右下角填写工程名称、段落以及有关责任人签名等。工程竣工图纸可利用原施工图纸改绘,个别变动甚大或原设计施工图已无法改绘时,应重新绘制。

3. 编制方法

下面以一个实际的竣工文本模板为例来说明竣工文本所包含各部分内容的编制格式。

(1)封面格式

中国____通信集团公司________全业务接入工程竣工资料

建设单位:中国____通信集团浙江有限公司____分公司

监理单位:______公司

施工单位:______公司

(2)目录格式及内容

目 录

工程项目简述

开工报告

安装工作量明细表

已安装设备、主材明细表

停工报告(无可不进行填报)

复工报告(无可不进行填报)

工程设计变更单(无可不进行填报)

工程延期申报表(无可不进行填报)

随工验收记录

施工质量事故或设备质量问题的处理报告

施工过程中的大事记载

各项功能试验或性能指标测试记录

决算表见(表一~表五)

竣工图纸

竣(完)工报告

全业务接入工程初验报告

全业务接入工程竣工验收报告

验收证书

交接报告

工程材料平衡表

(3)工程项目简述格式

工程项目简述

1. 概述

本工程为中国____通信集团浙江有限公司______分公司,________全业务接入工程,______工程建设有限公司浙江分公司施工,中国移动______分公司工程技术人员现场随工,______工程监理有限公司监理工程师现场监理。

2. 工程规模

______全业务接入工程:本工程主要安装设备______线,其中 OLT ________套,ONU ______套;人工敷设管道电缆线______千米条;架设吊线式架空电缆(加挂)______千米条;架设吊线式墙壁电缆______百米条;架设吊线式墙壁电缆(绑扎)______百米条;安装钉固式墙壁电缆______百米条;制装各类塑缆分线盒______只等。

3. 施工时间

______全业务接入工程:自______年__月__日开工,至 2012 年__月__日完工。

4. 施工地点

(略)

5. 结算说明

本结算为中国____通信集团浙江有限公司______分公司,________全业务接入工程的竣工结算。

工程结算总费用为:________元,其中:施工单位总工程费为:________元;建设单位主要材料费为:________元;总工日为________工日,其中技工________工日,普工________工日。

__________分公司

______年______月______日

(4)开工报告格式(表5-27)

开 工 报 告

表5-27

工程名称及编号			
建设地点(地段)			
建 设 单 位	中国___通信集团浙江有限公司_____分公司		
施 工 单 位	_____工程建设有限公司浙江分公司		
监 理 单 位			
计划开工日期	___年___月___日	计划完工日期	___年___月___日

工程准备情况:

本工程的准备工作已完成,并已向贵公司报验通过以下内容:

- □ 项目工程总施工进度计划
- □ 单位工程施工组织设计
- □ 施工机房已具备
- □ 材料和设备进场

存在的主要问题、提前或推迟的原因:

申请本工程于2012年___月___日正式开工,特此报告。

监理工程师:　　　　_____年___月___日

主送:中国___通信集团浙江有限公司_____分公司

抄送:_______工程监理有限公司

填报单位:_______分公司

XYZ:×××××(联系方式)

建设单位:_______分公司

报送日期:_____年___月___日

(5)安装工作量明细表格式(表5-28)

工作量明细表

表5-28

工程名称：×××全业务接入工程　　　　工程建设区段或地点：________

序　　号	项　　目	单　　位	总　　计
1			
2			
3			
4			
5			
6			

注：安装工程量总表要与验工计价表中的安装工程量一致。

填写人：________　　　　审核人：________

日期：________

(6)已安装设备、主材明细表格式(表5-29)

已安装设备、主材明细表

表5-29

工程名称：______全业务接入工程　　　　工程建设区段或地点：________

序号	项目名称	规格、型号	单位(注)	数　　量	备　　注
1					甲供/乙供
2					
3					
4					
5					
6					
总　　计					

注：设备单位为：公里、套、台、架、回线、盘等，按实际填写。说明：设备名称按实际工程填写，工程设备明细表与建筑安装工程量总表中的设备数量要求一致。

填写人：________　　　　审核人：________

日期：________

(7)停工报告格式(表5-30)

停工报告(无可不进行填报)　　表5-30

<table>
<tr><td>工程名称及编号</td><td></td><td>建设地点(地段)</td><td></td></tr>
<tr><td>建设单位</td><td></td><td>施工单位</td><td></td></tr>
<tr><td>监理单位</td><td></td><td>申报复工日期</td><td></td></tr>
<tr><td colspan="4">停(复)工的主要原因:

(按实际情况有无填写)</td></tr>
<tr><td colspan="4">拟采取的措施和建议:

(按实际情况有无填写)</td></tr>
<tr><td colspan="4">本工程已于____年____月____日复工,并于____年____月____日完工。特此报告。主送:中国____通信集团浙江有限公司____分公司

抄送:____公司</td></tr>
<tr><td>施工单位

(签字盖章)</td><td>监理单位

(签字盖章)</td><td colspan="2">建设单位

(签字盖章)</td></tr>
</table>

注:本表一式六份,主送建设单位,监理单位,留存一份,竣工技术文件用三份。

(8)复工报告格式(表5-31)

复工报告(如无可不填报)　　表5-31

<table>
<tr><td>工程名称及编号</td><td></td><td>建设地点(地段)</td><td></td></tr>
<tr><td>建设单位</td><td></td><td>施工单位</td><td></td></tr>
<tr><td>监理单位</td><td></td><td>申报复工日期</td><td></td></tr>
<tr><td colspan="4">停(复)工的主要原因:

(按实际情况有无填写)</td></tr>
<tr><td colspan="4">拟采取的措施和建议:

(按实际情况有无填写)</td></tr>
<tr><td colspan="4">本工程已于____年____月____日复工,并于____年____月____日完工。特此报告。
主送:中国____通信集团浙江有限公司____分公司

抄送:____公司</td></tr>
<tr><td>施工单位

(签字盖章)</td><td>监理单位

(签字盖章)</td><td colspan="2">建设单位

(签字盖章)</td></tr>
</table>

注:本表一式六份,主送建设单位,监理单位,留存一份,竣工技术文件用三份。

(9)工程设计变更单格式(表5-32)

工程设计变更单(如无可不填报)　　表5-32

工程名称:	施工单位:
施工地点:	日　　期:
原设计工程量:	变更设计后工程量:
变更原因:	
设计单位: (必填,签字盖章)	监理单位: (必填,签字盖章)
施工单位工地代表: (必填,签字盖章)	建设单位工地代表: (必填,签字盖章)
附件:变更设计图、说明、工程量清单、工程量变更后对照资料等	

(10)工程延期申报表格式(表5-33)

工程延期申报表(如无可不填报)　　表5-33

工程名称及编号		工程所在地(地段)	
建设单位名称		监理单位名称	
施工单位名称		申报工期顺延日期	
工期顺延主要原因:			
监理单位意见: 签章:__________ 日期:______年___月___日			
建设单位意见: 签章:__________ 日期:______年___月___日			
主送单位:中国____通信集团浙江有限公司____分公司 抄送单位:__________公司 施工单位(章_________) 日期:______年___月___日			

注:本表一式三份,监理单位,待监理、建设单位签证后返回施工单位一份。

(11)随工验收记录格式(表5-34)

随 工 验 收 记 录 表5-34

项　　目	子　项　目	内　　容	检验结果
1. 环境检查		土建、电源、接地、温度和湿度	
2. 机房安全		消防器材、易燃禁忌	
3. 安装工艺检验	设备安装施工要求		
	(1)设备机架安装	安装位置、接地、垂直和水平度、机架排列、螺丝及接地、油漆、标识等	
	(2)设备集装架(综合架)安装		
	(3)机架加固与防震		
	(4)综合箱(网络箱)安装	安装位置、接地、电源	
	(5)集装架(综合架)内设备安装	设备的排列、出线方式	
	(6)ODF 模块安装	安装位置、标签、尾纤处理、接地	
	(7)电缆布放	布放路由、绑扎牢固、余留长度、芯线焊接	
	(8)光纤布放	连接线的规格型号、布放路由和位置、弯曲半径、绑扎工艺、标示	
	线路施工要求		
	(1)光缆桥架和线槽施工	安装位置、支架或吊架设置、桥架和线槽工艺	
	(2)光配线架、交接箱、光分纤箱安装	安装位置、接地、垂直和水平度、螺钉及接地	
	(3)楼层光配纤箱或楼道分纤盒		
	(4)用户光终端盒(室外接头盒)		
	(5)综合信息箱或智能终端盒	安装位置、接地、垂直和水平度、电源及接地、进出线与电源线的距离	
	(6)光纤插座(盒)	安装位置	
	(7)光分路器安装	安装位置、标示、安装工整度、尾纤富余量	
	(8)光缆施工		
	①户外光缆的施工	按照《中国______通信集团浙江有限公司传输工程建设规范》	
	②建筑物内光缆施工	1. PVC 管或槽板敷设 (1)线槽和暗管的标识; (2)管道内; (3)暗管材料 2. 光缆、光纤敷设 (1)布放路由和位置; (2)布放工艺要求; (3)标识; (4)暗管和线槽的截面利用率	
	③光缆接续要求	接续衰减、曲率半径	

随工代表/监理代表:____________　　　　施工单位代表:____________

(12)施工质量事故或设备质量问题的处理报告格式(表5-35)

施工质量事故或设备质量问题的处理报告

表5-35

工程名称		施工单位	
开工日期	____年___月___日	竣工日期	____年_月_日
存在问题			
处理意见	根据验收检查发现的情况,要求施工单位对查出的问题在____年___月___日前完成整改工作。		
参验人签章	施工单位代表: 监理单位代表: 维护单位代表: 建设单位代表: ____年___月___日		

(13)施工质量事故或设备质量问题的处理报告格式(表5-36)

施工过程中的大事记载

表5-36

工程名称:__________接入工程

日　期	事　件

随工代表:__________　　　　施工单位代表:__________

(14)各项功能试验或性能指标测试记录格式

①中国____通信集团____分公司全业务接入工程设备测试记录表(表5-37～表5-40)

OLT 基本功能和告警测试　　　　表5-37

编号:________　　　　日期:______年____月____日

项目名称		项目编号	
局房名称		局房地址	
测试项目	测试结果		备　注
上电测试			
两路进线电源切换测试			
1+1 板卡插拔测试			
人工重启动测试			
本地告警检查			
远端 ONU 断纤(LOS)			维护部门
远端 ONU 断电自动告警			维护部门
其他需要说明的问题			
测试人员		测试时间	

OLT 接口发射功率测试　　　　表5-38

编号:________　　　　日期:______年____月____日

项目名称		项目编号	
局房名称		局房地址	
测试项目	位置(机架/子架/槽位/端口)	测试结果	备　注
PON 口			1 490nm
10GE/GE/FE 光口			
其他需要说明的问题			
测试人员		测试时间	

GE/FE 电口测试　　　　表5-39

编号:________　　　　日期:______年____月____日

项目名称		项目编号	
接入点/局房名称		接入点/局房地址	
测试项目	位置(机架/子架/槽位/端口)	测试结果	备　注
通断性			
其他需要说明的问题			
测试人员		测试时间	

STM－1/E1 电口测试 表 5-40

编号:________　　　　日期:______年____月____日

项目名称		项目编号	
接入点/局房名称		接入点/局房地址	
接入点 GPS 位置		接入点所属区域	
测试项目	位置(机架/子架/槽位/端口)	测试结果	备　注
通断性			
延时			
其他需要说明的问题			
测试人员		测试时间	

②中国____通信集团____分公司全业务接入工程光缆测试记录表(表 5-41、表 5-42)

______至______光缆段光纤线路衰减测试记录 表 5-41

光缆段长:________光源:________仪表:________波长:____(1 550nm 必测)

光　纤		$P_{入}$	$P_{出}$	衰　耗	平均衰耗	光　纤		$P_{入}$	$P_{出}$	衰　耗	平均衰耗
1	A～B					7	A～B				
	B～A						B～A				
2	A～B					8	A～B				
	B～A						B～A				
3	A～B					9	A～B				
	B～A						B～A				
4	A～B					10	A～B				
	B～A						B～A				
5	A～B					11	A～B				
	B～A						B～A				
6	A～B					12	A～B				
	B～A						B～A				

测试人:____________　　　　　　测试日期:____________

______至______光缆段光纤接头损耗测试记录　　表 5-42

接续杆号:					接续杆号:				
接头盒:					接头盒:				
缆　型:层绞式光缆 GYTA 12B1					缆　型:层绞式光缆 GYTA 12B1				
光纤序号	管序色谱	光纤色谱	衰耗(dB)	备　注	光纤序号	管序色谱	光纤色谱	衰耗(dB)	备　注
1	蓝管	蓝	0.02		1	蓝管	蓝		
2		橙	0.02		2		橙		
3		绿	0.01		3		绿		
4		棕	0.01		4		棕		
5		灰	0.03		5		灰		
6		白	0.03		6		白		
7	橙管	蓝	0.02		7	橙管	蓝		
8		橙	0.03		8		橙		
9		绿	0.02		9		绿		
10		棕	0.02		10		棕		
11		灰	0.02		11		灰		
12		白	0.02		12		白		

测试人:__________　　测试日期:__________

③分路器测试记录表(表 5-43)

分路器测试记录　　表 5-43

名称:________　　地址:________

________衰耗(dB)表			
端口序号	1 550nm	1 310nm	备　注
1			
2			
3			
4			
5			
6			

测试人:__________　　测试日期:__________

④电缆电气性能测试记录表(表 5-44)

电缆电气性能测试记录

工程名称:________接入工程　　表 5-44

电缆型号:________　　线经:0.4　　长度:______km

芯对序号	绝缘电阻(MΩ)			环阻(Ω)	芯对序号	绝缘电阻(MΩ)			环阻(Ω)
	A—地	B—地	A—B			A—地	B—地	A—B	

测试人:__________　　记录人:__________　　测试日期:__________

⑤配线号线信息表(表5-45)

配线号线信息表 表5-45

接入点名称:________接入工程________接入点

配线架内线端口(PSTN)	电话号码	姓名	地址	配线架外线端口	交接箱1名称	交接箱1入线号	装机时间	皮线类型及长度(m)

工程负责人:____________ 施工单位:____________ 日期:______________

(15)决算表

(略)

(16)竣工图纸

(略)

(17)竣工报告格式(表5-46)

竣(完)工 报 告 表5-46

<table>
<tr><td>工程名称</td><td></td><td>接入工程</td><td></td></tr>
<tr><td>建设地点</td><td></td><td>施工单位</td><td>____工程建设有限公司</td></tr>
<tr><td>建设单位</td><td>中国____通信集团浙江有限公司____分公司</td><td>监理单位</td><td>______公司</td></tr>
<tr><td>开工日期</td><td>______年____月____日</td><td>完工日期</td><td>______年____月____日</td></tr>
<tr><td colspan="4">完成的主要内容:</td></tr>
<tr><td colspan="4">提前或推迟完工原因:</td></tr>
<tr><td colspan="4">本工程将于______年____月____日竣工,请建设单位于______年____月____日开始进行竣工验收,特此通知。

主送:中国____通信集团浙江有限公司____分公司

抄送:

填报单位(章):______年____月____日</td></tr>
</table>

(18)全业务接入工程初验报告格式(表5-47)

全业务接入工程初验报告

表5-47

工程名称	______综合接入工程	施工单位	
开工日期		竣工日期	
验收情况及结论	______年__月__日由建设单位组织与代维单位、施工单位人员参加的验收小组对本工程进行了初步验收。 验收情况(工程量、资料、试运行的要求描述。质量指标描述) 该工程总体施工质量(安装工艺、技术文档、测试技术指标) 是否同意试运行		
存在问题	无		
处理意见	根据验收检查发现的情况,要求施工单位对查出的问题在______年___月___日前完成整改工作		
参验人签章	施工单位代表: 监理单位代表: 维护单位代表: 建设单位代表: ______年___月___日		

(19)全业务接入工程竣工验收报告格式

全业务接入工程竣工验收报告

编号：

一、工程名称：____接入工程

二、建设段落：______

三、建设单位：中国____通信集团浙江有限公司______分公司

四、监理单位：________监理有限公司

五、维护单位：

六、施工单位：______工程建设有限公司浙江分公司

七、开工日期：

八、完工日期：

九、验收日期：

十、主要工程量概况：

________接入工程：

十一、验收组织：

1. 验收小组组长、业主代表：

2. 验收小组成员：

(1)建设单位代表：

(2)监理单位代表：

(3)维护单位代表：

(4)施工单位代表：

十二、验收基本依据

1.《通信线路工程验收规范》(YD 5121—2010)；

2.《通信管道与通道工程施工及验收规范》(GB 50374—2006)；

3.《中国____通信集团浙江有限公司全业务工程施工规范》；

4.《中国____通信集团浙江有限公司全业务工程验收规范》；

5. 中国移动____分公司关于综合接入工程建设的相关要求；

6. 本工程施工前确定的相关技术要求。

十三、验收主要内容及验收情况：

十四、整改意见：

十五、遗留工程问题：

十六、验收意见及施工质量评语：

该工程总体施工质量符合要求。验收后，经验收小组讨论认为：本工程施工质量“合格”。

附：《验收证书》。

(20)验收证书格式

<table>
<tr><td>

验收证书

________工程相关工程设备及服务由________公司提供,中国××通信集团浙江有限公司________分公司就此与该公司签订了相关合同(合同名称:________,合同号________),工程于______年____月____日完成系统初验并签署初验证书,经____个月系统试运行;试运行期间,系统稳定,各项指标正常,没发生重大通信事故及设备故障。经双方确认,系统已具备商用条件;现双方一致同意,系统通过终验,签署终验证书。

终验证书签署日期:______年____月____日

买方:中国____通信集团浙江有限公司____分公司

卖方:____________

买方经手人:

买方代表:__________　　　　卖方代表:__________

</td></tr>
</table>

(21)交接报告格式(表5-48)

交 接 报 告

表5-48

建设项目名称:________接入工程

建设地段:________

序号	项　　目	单位	数量	备　　注
1	竣工文本	套	4	
2	________接入工程	项	x	
3				

<table>
<tr><td>

验收情况:

本工程于______年____月____日开工,______年____月____日完工,工程质量符合要求,并附下列资料:全套竣工资料。

遗留问题处理意见:

接收单位:中国____________通信集团浙江有限公司____________分公司

施工单位:____________公司

______年____月____日

</td></tr>
</table>

(22)工程材料平衡表格式(表5-49)

工程材料平衡表 表5-49

工程名称:______接入工程

序号	材料名称	材料型号	单位	收料数量	决算数量	交回数量	备注
1	电话机		只	54	54		甲供

工程总管:________ 供应主管:________ 领料人:________ 制表日期:________

任务实施 线路工程竣工文件制作

1. 任务描述

以本项目“任务三 光缆竣工测试”中“任务实施”部分的项目为例,按前述介绍的格式,编写该工程的竣工技术文件(预决算表、工程图纸除外)。

2. 主要工具和器材

(1)计算机;

(2)打印机;

(3)文字处理软件。

3. 任务实施

本任务由4人组成的小组实施,事先根据任务内容做好实施计划和人员分工,然后根据此前介绍的内容,按照如下主要内容分工完成本任务。

(1)收集、统计本工程所用材料;

(2)收集本工程测试记录;

(3)利用概预算课程的知识统计本工程的工作量;

(4)进行相关文本材料编写。

任务总结

本任务介绍了通信线路工程竣工技术文本的内容、格式及编制方法等,通过本任务的实施,可使参与者掌握以下知识:

(1)熟悉通信线路施工项目竣工技术文件的编制内容和要求。

(2)掌握通信线路施工项目竣工技术文件的制作方法。

(3)提高任务计划、任务实施、团队合作等方面的能力和素养。

习题与思考

一、单选题

1. 光缆工程光纤连接平均损耗为0.1dB,内控指标要求平均为(　　)dB,对于距离较长的中继段,控制范围更小一些。

A. 0.02　　B. 0.05

C. 0.08

2. 中继段光纤线路总损耗测量,干线光缆工程应以(　　)为准。

A. 双向测量平均值　　B. 插入法测量

C. 切割法测量

3. 中继段光纤线路总损耗测量,干线光缆工程应以(　　)为准。

A. 双向测量平均值　　B. 插入法测量

C. 切割法测量

4. 交接箱设置的地线,其接地电阻为(　　)Ω。

A. 小于或等于 1　　B. 小于或等于 5

C. 小于或等于 10　　D. 小于 20

5. 架空电缆在跨越市内街道时,电缆的最低点距地面距离应不小于(　　)m。

A. 4　　B. 4.5　　C. 5　　D. 5.5

二、判断题

1. 光纤连接器的回波损耗(或称反射衰减、回程损耗),该值越小越好。(　　)

2. 光缆进入室内无源箱体时,其金属构件应接地。(　　)

3. 光纤连接器的介入损耗(或称插入损耗),该值越大越好。(　　)

4. 终端杆、引上杆和接近局站的电杆必须装置直接入地避雷线。(　　)

5. 基站天线塔上应设避雷针,塔上的天馈线和其他设施都应在其保护范围内。避雷针的雷电流引下线应专设,引下线应与避雷针及塔基接地网相互焊接连通。(　　)

6. 设备的接地线用螺栓固定在接线总汇集排上,一只螺栓只能接一根地线。(　　)

三、简述题

1. 光纤熔接头与活动接头在 OTDR 后向散射曲线有什么区别?请画图说明。

2. 在光缆竣工测试中,光特性包括哪些内容?电特性包括哪些内容?

3. 简述光缆中继段损耗的测试步骤。

4. 电缆竣工测试包括哪些内容?

5. 简述电缆环路电阻的测试方法。

6. ADSL 用户线的环路电阻与电话用户的环路电阻相比,哪个要求更小?

7. 如果光缆的地线电阻不符合要求,请问可能由哪些原因造成?

8. 竣工文件编制包括哪些内容?有哪些要求?

9. 简述竣工验收主要程序。

10. 工程验收分哪几步?其中为什么要进行随工验收?随工测试项目有哪些?

项目六　通信线路维护和防护

技能目标

1. 熟悉光(电)缆的常用维护方法;
2. 掌握光(电)缆常见线路测试设备的正确使用方法和技巧;
3. 掌握光(电)缆的线路网络常见故障的分析思路和处理障碍的方法;
4. 掌握PON线路网络的故障特点和排障技能;
5. 掌握光(电)缆的割接方法和操作技能。

知识目标

1. 了解光(电)缆线路维护的任务、目的、内容和原则;
2. 掌握光(电)缆线路维护的维护规范和方法;
3. 了解光(电)缆线路的障碍类型和测试设备的基本原理及运用场合;
4. 掌握光(电)缆线路的割接流程、线路改割接规范。

任务一　认识通信线路维护和防护

一、维护要求与指标

1. 线路维护的目的、要求及所维护设施

(1)维护的目的

①预防故障。通过正常的维护措施,不断消除由于外界环境影响而带来的一些事故隐患。

②排除故障。在出现意外事故时,能及时进行处理,尽快排除故障,修复线路,以提供稳定、优质的传输线路。

(2)维护要求

线路设备维护分为:日常巡查、障碍查修、定期维护和障碍抢修,由线路维护中心组织区域工作站实施。维护工作必须做到以下几点:

①严格按照上级主管部门批准的安全操作规程进行。

②当维护工作涉及线路维护中心以外的其他部门时,应由线路维护中心与相应部门联系,制订出维护工作方案后方可实施。

③维护工作中应做好原始记录,遇到重大问题应请示有关部门并及时处理。

④对重要用户、专线及重要通信,要加强维护,保证通信。

(3)所维护的设施

按类型分，所维护的线路设施有：

①通信电缆、通信光缆、接入网用同轴电缆等；

②管道设备：管道、通道、人孔、手孔、引上管等；

③杆路设备：电杆及附件；

④交接设备：光电缆交接、分线设备等；

⑤附属设备：气压监测系统、光缆自动监测系统、防雷设备和用户复用设备等；

⑥用户终端设备及其他设备（数字终端设备除外）。

2. 主要维护指标及测试周期

(1)电缆线路设备的维护项目及测试周期

全塑市话电缆线路的维护项目及测试周期见表6-1。各局根据实际情况，在满足通信质量的前提下，可适当调整测试周期和数量。

全塑市话电缆线路设备的维护项目及测试周期 表6-1

序号	测试项目	测试周期
1	绝缘电阻	
	(1)空闲主干电缆线对绝缘电阻	1次/年，每条电缆抽测不少于5对
	(2)用户线路全程绝缘电阻(包括引入线及用户终端设备)	自动：1次/(3~7)d
	(3)用户线路绝缘电阻(不包括引入线及用户终端设备)	投入运行时测试，以后按需要进行测试
2	单根导线直流电阻、不平衡电阻、用户线路环阻	投入运行时或障碍修复后测试
3	用户线路传输衰减	投入运行时及线路传输质量劣化和障碍修复后测试
4	近端串音衰减，远端串音防卫	投入运行时测试，以后按需要进行测试
5	电缆屏蔽层连通电阻	投入运行时测试，以后每年测试一次

(2)光缆线路设备的维护项目及测试周期

光缆线路的维护项目及测试周期见表6-2。

光缆线路的维护项目及测试周期 表6-2

序号	测试项目	测试周期
1	中继段光纤通道后向散射信号曲线检查	主用光纤，按需进行；备用光纤，每年一次
2	用户光缆线路光纤衰减	主用光纤，按需进行；备用光纤，每年一次
3	光缆屏蔽层连通电阻	投入运行时测试，以后每年测试一次
4	直埋光缆屏蔽层对地绝缘电阻	投入运行时测试，以后每年测试一次
5	管道光缆屏蔽层对地绝缘电阻	待定

(3)其他设备的维护项目及测试周期

架空明线、用户复用设备、公用电话的维护和接入网用同轴电缆可由各局根据实际情况制订维护项目和测试周期。

(4)电缆线路的维护指标

①全塑市话电缆绝缘电阻维护指标最小值见表6-3。

②全塑市话电缆直流电阻环阻、电阻不平衡维护指标见表6-4。

③全塑市话电缆线路传输衰减维护指标见表6-5。

全塑市话电缆绝缘电阻维护指标最小值(20℃) 表6-3

线路类型	线路情况	维护指标
用户电缆线路	主干电缆空闲线对,测试电压250V	50MΩ
	用户线路(连接有MDF保安单元和分线设备,不含引入线),测试电压100V	30MΩ
	用户线路(包括引入线及用户终端设备),测试电压100V	500kΩ

注:投入运行维护时,各类电缆线路的绝缘电阻指的是每对导线的导体间或导体与地间的绝缘电阻。

全塑市话电缆直流电阻环阻、电阻不平衡维护指标(20℃) 表6-4

类型	线路情况	维护指标
环路电阻	用户电缆线路(不含话机内阻)最大值	程控局:1 500Ω
电阻不平衡	其他全塑电缆	平均值≤1.5% *
		最大值≤5.0%

注:* 电阻不平衡计算公式为:

$$\text{电阻不平衡} = \frac{R_{max} - R_{min}}{R_{min}} \times 100\%$$

全塑市话电缆线路传输衰减维护指标(20℃) 表6-5

线路类型	线路情况	维护指标
用户线路	频率800Hz*	不大于7.0dB

注:* 用户到用户交换机传输衰减不大于1.5dB,用户交换机至端局传输衰减不大于4.5dB。

④全塑市话电缆线路近端串音衰减维护指标见表6-6。

全塑市话电缆线路近端串音衰减维护指标 表6-6

线路类型	维护指标
主干电缆任何线对间(频率800Hz)	不小于70dB
同一配线点的两用户线对间(频率800Hz)	不小于70dB

注:线路长度超过5km时应进行两端测试。

⑤全塑市话电缆屏蔽层电阻维护指标(20℃)如下:

a. 主干电缆:≤2.6Ω/km。

b. 配线电缆:≤5.0Ω/km。

(5)光缆线路的维护指标

光缆线路的主要维护指标如表6-7所示。

光缆线路的主要维护指标 表6-7

序号	测试项目	维护指标
1	中继段光纤通道后向散射信号曲线检查	≤竣工值+0.1dB/km(最大变动值不超过5dB)
2	用户光纤通道总衰减	≤竣工值+0.1dB/km 最大变动值不超过5dB)
3	直埋光缆金属屏蔽层对地绝缘电阻	≥2MΩ/2km
4	管道光缆金属屏蔽层对地绝缘电阻	待定
5	金属屏蔽层连通电阻(20℃)	≤5.0Ω/km

二、线路设施维护内容

1. 日常巡查

(1)日常巡查工作的主要内容

①每月车巡和徒步巡回至少各2次,遇有气候恶劣和外力影响地段还应进行特巡。

②及时了解线路设备和沿线的环境变化,及时排除隐患。

③每天检查充气设备及其他辅助设备的工作状态是否正常。

④每次巡查都应认真记录,发现问题及时汇报。

⑤遇到线路设备附近有施工时,应进行适当的宣传和防护工作。

⑥直埋线路设备的日常巡查按照"长途光缆线路维护规程"由各局根据实际情况安排进行。

(2)杆、线维护工作的主要内容

①检查架空线路的垂度、挂钩、外护层,对异常现象应及时进行处理。

②剪除影响线路的树枝,砍伐妨碍线路安全的树木,清除线路上和吊线上的杂物。

③检查吊线与电力线、广播线交接处的防护装置是否符合规定。

④上杆检查、检修和调整线条设备。

⑤电杆及拉撑设备的检修、加固。

(3)人(手)孔、管道线路维护的主要内容

①管道的人(手)孔有升高、回低、破损,井盖丢失、损坏等应及时修复或更换。

②人(手)孔内的光缆、电缆必须沿孔壁按顺序架设在托架上,不得在人(手)孔内直穿或互相交叉,也不得放在人(手)孔底或相互盘绕。所有光缆、电缆的弯曲半径必须符合有关标准和规范规定,护层不得有龟裂、腐蚀、损坏、变形、折裂等缺陷。

③清除孔内杂物,抽除孔内积水。

④充气光缆、电缆应定期测量气压,气压不足时应及时补充。

⑤人(手)孔内的光缆、电缆应有明显标志,预留的光缆、电缆应安装牢固。

(4)用户引入线维护的主要内容

①保持支撑件牢固、绑扎合格,无拖、磨现象,无市电侵入危险。

②室内布线应安全、牢固、隐蔽、美观。

2. 定期维护

定期维护的内容和周期见表6-8。

定期维护项目及周期 表6-8

项　目	维　护　内　容	周　期	备　注
架空线路	整理、更换挂钩,检修吊线	1次/年	根据巡查情况,可随时增加次数
	清除电缆、光缆和吊线上的杂物	不定期进行	
	检修杆路、线担,擦拭隔电子	1次/半年	根据周围环境情况可适当增减次数
	检查清扫三圈一器及其引线	1次/月	
管道线路	人孔检修	1次/2年	清除孔内杂物,抽除孔内积水
	人孔盖检查	随时进行	报告巡查情况,随时处理
	进线室检修(电缆光缆整理、编号、地面清洁、堵漏等)	1次/半年	
	检查局前井和地下室有无地下水和有害气体侵入	1次/月	如有地下水和有害气体侵入,应追查来源并采取必要的措施;汛台期应适当增加次数

续上表

项　目	维 护 内 容	周　期	备　注
充气维护	气压测试,干燥剂检查	不定期进行	有自动测试设备每天1次
	自动充气设备检修	1次/周	放水、加油、清洁、功能检查
	气闭段气闭性能检查	1次/半月	根据巡查情况,可随时增加次数;有气压监测系统的可根据实际情况安排巡查次数
防雷	接地装置、接地电阻测试检查	1次/年	雷雨季节前进行
	PCM再生中继器保护地线、接地电阻测试检查	1次/年	雷雨季节前进行
	防雷地线、屏蔽线、消弧线的接地电阻测试检查	1次/年	雷雨季节前进行
	分线设备内保安设备的测试、检查和调整	1次/年	雷雨季节前测试、调整,每次雷雨后检查
用户设备	投币电话、磁卡电话巡修	1次/季	结合巡查工作进行
	IC卡电话巡修	1次/季	
	普通公用电话巡修	1次/年	
	用户引入线巡修	1次/2年	
交接分线设备	交接设备、分线设备内部清扫,门、箱盖检查,内部装置及接地线的检查	不定期进行	结合巡查工作进行
	交接设备跳线整理、线序核对	1次/季	
	交接设备加固、清洁、补漆	1次/2年	应做到安装牢固,门锁齐全,无锈蚀,箱内整洁,箱号、线序号齐全,箱体接地符合要求
	交接设备接地电阻测试	1次/2年	
	分线设备清扫、整理上杆皮线	1次2年	应做到安装牢固、箱体完整、无严重锈蚀,盒内元件齐全,无积尘、盒编号齐全、清晰
	分线设备油漆	1次/2年	
	分线设备接地电阻测试	20%/年	

三、线路设施防护措施

1. 直埋线路的防护措施

(1)防止和排除线路设备路由上积存的污水、垃圾等有腐蚀性的物质。

(2)光缆、电缆与有腐蚀性设施的间距应符合线路敷设相应规定。

(3)在蚁、鼠活动地区应增加相应的防治措施。

2. 线路设备的防雷设施防护措施

要定期测试、检修线路设备的防雷设施,保证性能良好。对曾受雷击的地段应采取加装防雷线、屏蔽线、消弧线等防雷措施。打开原有电缆接头时必须做好跨接线。

3. 管道线路的防护措施

(1)地下室和局前井的管孔应进行封堵,防止有毒、易燃易爆气体和地下水的侵入,并定期对地下室和管理进行检查和测试。

(2)发现入孔中浸入有腐蚀性的污水和易燃易爆等有害气体如管道煤气、天然气时,要追寻其来源，设法消除其危害。

(3)更换水泥管道时，应作脱碱处理后才可使用。

4. 线路设备的防强电措施

(1)凡线路设备与强电线路平行、交越或与地下电气设备平行、交越时，必须采取符合线路敷设相应规定的防护间距和措施。

(2)遭受强电影响的线路应实地进行测试，分析原因，并与电力、铁道等部门协商采取措施加以解决。

(3)防强电装置应定期检查和维护，保证其性能良好。

(4)全塑电缆及光缆在局端和局外端应采取接地保护等措施。

任务实施　通信线路日常巡查

1. 任务描述

根据前述的通信线路日常巡检知识，对学校周边的杆路及管道通信线路进行日常巡查(不上电杆)，并将巡查结果填写在表6-9内。

线路设备巡查记录表　　表6-9

局名：__________　巡查人：________　______年___月___日

路　段	存在问题	地　址	处理意见	日　期	备　注

2. 主要工具和器材

(1)工具包；

(2)记录本。

3. 任务实施

本任务由4人组成的小组实施，事先根据任务内容做好实施计划和人员分工，然后根据此前介绍的巡查内容进行巡检和记录。

任务总结

本任务介绍了通信线路维护的要求、主要指标和测试周期、线路设施维护的内容，以及线路设施防护措施，通过本任务的学习和实施，可使参与者掌握以下知识：

(1)了解线路维护的目的、要求及所要维护的设施。

(2)掌握线路维护的主要指标及测试周期。

(3)掌握日常巡查和定期维护的内容和方法。

(4)掌握线路设施的防护措施。

(5)提高任务计划、任务实施、工作规范、团队合作等方面的能力和素养。

任务二　电缆线路的障碍测试

一、电缆线路障碍种类

本地网线路设备用以传输音频、数据和图像等通信业务，是公用通信网的重要组成部分。为使电信线路设备经常处于良好状态，保证电信网优质、高效、安全运行，必须掌握电缆线路的常见障碍及测试维护技术。通信电缆常见障碍的分类如下。

(1)混线：同一线对的芯线由于绝缘层损坏相互接触称为混线，也叫自混。相邻线对芯线间由于绝缘层损坏相碰称为他混。接头内受过强拉力或受外力碰损会使芯线绝缘层受伤而造成混线。

(2)地气：电缆芯线绝缘层损坏碰触屏蔽层称为地气，它是因受外力磕、碰、砸等损坏缆芯护套或工作中不慎使芯线接地而形成。

(3)断线：一根或数根电缆芯线断开称为断线，这种现象一般是由于接续或敷设时受力过大、受外力损伤、强电流烧断所致。

(4)绝缘不良：电缆芯线之间的绝缘层由于受到水和潮气的侵袭，使绝缘电阻下降，造成电流外溢的现象称为绝缘不良。它一般是由接头在封焊前驱潮处理不够，或因电缆受伤浸水、或充气充入潮气等原因造成。

(5)串音、杂音：在一对芯线上，可以听到另外用户通话声音，叫串音；用受话器试听，可以听到“嗡嗡”或“咯咯”的声音，称为杂音。线路的串音、杂音主要是由于电缆芯线错接，或芯线电容不平衡、线对接头松动引起电阻不平衡、外界干扰源磁场窜入等造成。

实际电缆障碍可能是几种类型障碍的组合。比如：芯线接地障碍同时会造成线对自混；在电缆浸水、受潮比较严重时，所有的芯线及芯线对地之间的绝缘电阻均很低，可能同时存在自混、地气和他混障碍现象。在判断障碍性质时应注意加以鉴别。

二、电缆线路障碍测试方法

在日常维护工作中，电缆发生故障时应尽快恢复通话，必要时采取“先重点、后一般”和“抢多数，修个别”的原则，迅速排除障碍并防止扩大范围，确保通信畅通。为及时排除故障，需要维护人员掌握测量基本原理和仪表的使用方法，对于电缆参数的变化要有准确的记录，测量过程中应注意温度等外部因素对导线电阻的影响，测量时要做到工作耐心、操作小心、观察细心。

1. 电缆线路障碍测试的基本步骤

电缆线路障碍测试一般分障碍性质诊断、障碍测距与障碍定点三个步骤。

(1)障碍性质诊断

在线路出现障碍后，使用兆欧表、万用表、综合测试仪等确定线路障碍性质与严重程度，以便分析判断障碍的大致范围和段落、选择适当的测试方法。

当电缆发生障碍后，应对障碍发生的时间、产生障碍的范围、电缆所处的周围环境、接头与人孔井的位置、天气的影响及可能存在的问题进行综合考虑。

(2)障碍测距

使用专用测试仪器测定电缆障碍的距离，又叫粗测，即初步确定障碍的最小区间。

(3)障碍定点

根据仪器测距结果,对照图纸资料,标出障碍点的最小区间,然后携带仪器到现场进行测试,作精确障碍定位。这时,可根据所掌握的电缆线路的实际情况,结合周围环境,分析障碍原因,发现可疑点,直至找到障碍点。例如,在确定障碍的范围内有接头,就可大致判定障碍点就在接头内。在现场还可以采用其他辅助手段,如使用放音法、查找电缆漏气点等确定障碍点的准确位置。

2.电缆线路障碍测试基本方法

(1)电桥法

电桥法是一种传统的测试方法。利用电桥原理,可以测定电缆的各种障碍点与测量端之间的距离等数据,并且可以进行电缆的电气性能测试。

(2)放音法

放音法用于直接探测电缆障碍的部位。其原理是在电缆的障碍线对上,输入一个功率较高的音频电流信号,产生较强的交变磁场,穿透外皮扩散到电缆的外部;根据电磁感应原理,利用带有线圈的接收器,放于电缆的上方,电缆中交变的电磁场就可以在接收器中产生感应信号。

在线路障碍点上,由于芯线上的交变电流受到线路障碍的影响而突然下降,甚至消失,因而障碍点前后接收到的信号也就有了明显的区别,这样就可以判定电缆的障碍点。该方法应用时易受外界环境干扰的影响,仅适用于测量电阻较小的混线障碍。

(3)查漏法

该方法通过检查充气电缆的漏气点,来判断障碍点的大致范围。沿电缆逐点排除干扰,进行检测,直到找到障碍点。该法不适用于查找直埋电缆的障碍点。

(4)脉冲反射法

脉冲反射法又叫雷达法或回波法。该法是向电缆发送一电压脉冲,利用发送脉冲与障碍点反射脉冲的时间差与障碍点距离成正比的原理确定障碍点。

脉冲反射法最早用于长途电缆线路障碍的测试。由于市话电缆对高频脉冲信号的衰减大等原因,在市话电缆线路障碍测试中遇到了困难。随着科学技术特别是现代微电子技术的发展,该测试方法及其仪器有了很大进步,其灵敏度也大大提高,已成功地应用到了市话电缆线路障碍测试中,并在世界范围内得到了推广,成为市话电缆线路障碍测试的主要手段。

(5)综合测试仪器

脉冲反射法依赖于障碍点阻抗的明显变化,不适用于测量电阻值比较大的绝缘不良障碍,而电桥法能够测量电阻值高达数兆欧姆的障碍点。近来研制出的将脉冲反射法及电桥法相结合的综合测试仪器基本可以解决现场遇到的各种通信电缆障碍的测试问题。

三、电缆线路障碍测试中仪表的运用

1.万用表的运用

万用表可测量交/直流电压、电流和电阻(部分产品还具有测量电容、测试晶体管及其他功能)等。在电缆线路障碍测试中,通常利用万用表测试电缆线路的环阻和屏蔽层连通电阻。

(1)环路电阻测量

将被测电缆芯线的始端与机房断开,在电缆的末端将被测的两根芯线短路,将被测电缆的两根芯线在始端分别与万用表的两根表棒搭接，利用万用表电阻挡的合适挡位即可测出环路电阻。

(2)屏蔽层连通电阻测试

测试电路可参照项目五中“屏蔽层电阻的测试方法”相关内容，在此不再重复。第一次测量 a、b 两芯线的环阻；第二次测量屏蔽层与 a 线电阻之和；第三次测量 b 线与屏蔽层电阻之和，则：

$$R_{屏} = \frac{a\text{线与屏蔽层电阻} + b\text{线与屏蔽层电阻} - ab\text{线环阻}}{2}$$

2. 直流电桥的运用

可使用 QJ45 型电桥进行环路电阻和不平衡电阻的精确测量，以及地气障碍点和混线障碍点的测定。

(1)环路电阻测量

测试方法与项目五中“环路电阻测试方法”相同，在此不再重复。

(2)不平衡电阻的测量

测量接线如图6-1所示。将 QJ45 型电桥的“R-V-M 电键”扳向 V 的位置（即固定比例测试法），电桥的比率臂调节在 1/1 处。电桥取得平衡时的比较臂读数，即为导线的不平衡电阻值 $\Delta R(=R_a - R_b)$。

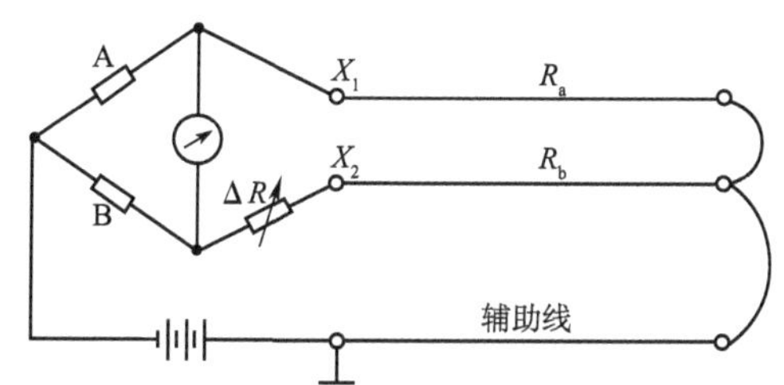

图6-1　不平衡电阻的测量接线原理图

注：要使电桥平衡必须满足 $R_a > R_b$，所以若发现电桥不能取得平衡，可将 X_1 和 X_2 接线端互换。采用此方法时，不适宜用大地作为辅助线，因为接地时会产生极化电流和带来其他杂散电流使测量失准。

(3)地气障碍点测定

测量接线如图6-2所示，“R-V-M 电键”位于 V 的位置。R_{ab} 为环路电阻(Ω)；R_x 为由 X_2 端子到障碍点的电阻；K 为比率盘的指示值；R 为比较臂指示值；则有：

$$K = \frac{R_{ab} - R_x}{R + R_x},\qquad 即：R_x = \frac{R_{ab} - KR}{K+1}$$

测出 R_x 后即可计算测试点至故障点的电缆长度。当芯线的直径一样时，令 L 为电缆长度，L_x 为测试端到障碍点的距离，则有：

$$\frac{L_x}{L} = \frac{2R_x}{R_{ab}}\qquad 即：L_x = \frac{2(R_{ab} - KR)}{R_{ab}(K+1)}L$$

例：某条长 1 280m 的电缆发生地气障碍，测出其环阻是 360Ω。用固定比率臂测定法（即在 V 的位置），当电路平衡时比率盘上的读数是 0.1，测定盘（即比较臂）的总值是 2 520Ω。求：测试仪器至障碍点的电阻和测试仪器至障碍点的距离。

解：测试仪器至障碍点的电阻：

$$R_x = \frac{R_{ab} - KR}{K+1} = \frac{360 - (0.1 \times 2\,520)}{0.1 + 1} = 98.18(\Omega)$$

测试仪器至障碍点的距离：

$$L_x = \frac{2LR_x}{R_{ab}} = \frac{2 \times 1\,280 \times 98.18}{360} \approx 698.17(\mathrm{m})$$

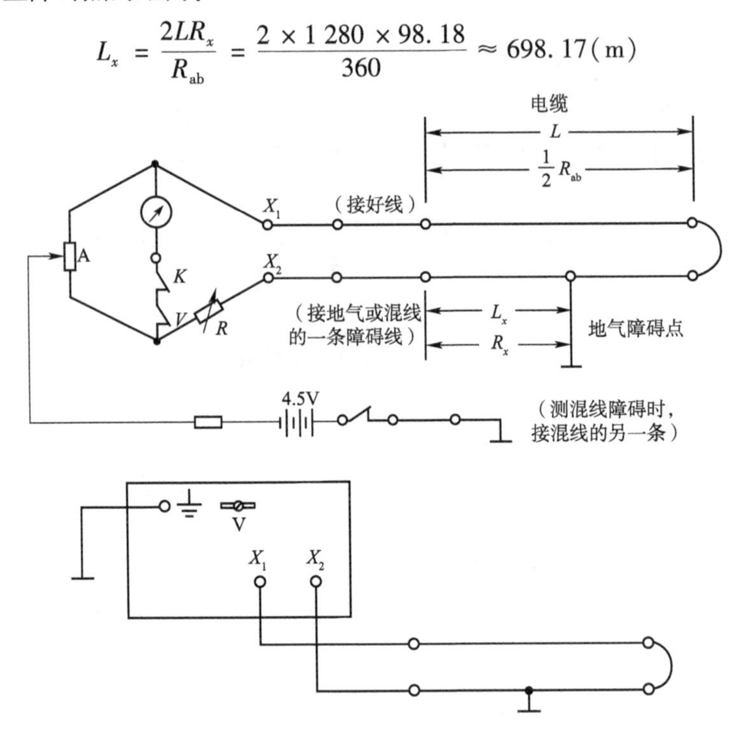

图 6-2　地气障碍点测定接线原理图

(4)混线障碍点测定

混线障碍点测定的接线如图 6-3 所示，“R-V-M 电键”位于 V 的位置，其测试原理和操作步骤基本与地气障碍点测定方法一样，计算也完全使用同样的公式。所不同之处是：X_1 端子连接正常的芯线，X_2 端子连接混线中的一条，地端子连接混线的另一条。

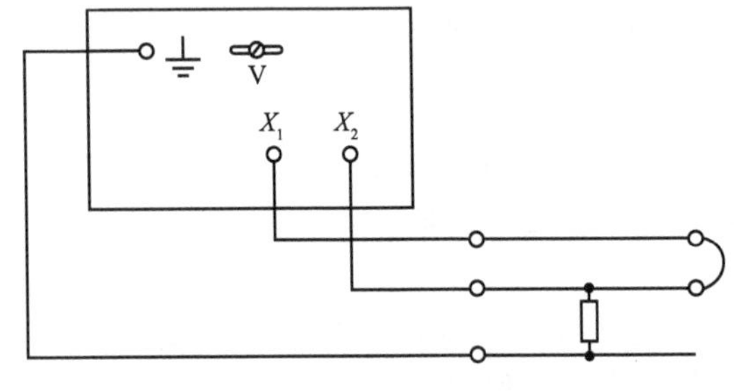

图 6-3　混线障碍点测定接线图

3. 兆欧表的运用

当全塑电缆的护套破损、受潮、进水时，都会使绝缘电阻减小。测试通信电缆的绝缘电阻，是为了发现潜在障碍。绝缘电阻的测试通常可使用兆欧表。

测试 a、b 线间及 a 或 b 线对屏蔽层(屏蔽层接地)的绝缘电阻方法与项目五中“绝缘电阻的测量方法”相同，在此不再重复。需要注意的是，利用兆欧表测试线路绝缘电阻时，连接有保安排或分线箱的电缆线路应使用不大于 250V 电压挡位，在电缆线路上没有连接保安设备者，可使用 500V 电压挡位。

4. 接地电阻测量仪的运用

架空电缆吊线接地电阻、全塑电缆金属屏蔽层接地电阻、电杆避雷线接地电阻、分线箱地线接地电阻、交接设备接地电阻、用户保安器接地电阻等均可使用接地电阻测量仪测量。测量方法与项目五中“接地电阻测试”相同，在此不再重复。

5. 蜂鸣器(对号器)的运用

工程中经常使用蜂鸣器来核对通信电缆的线号、检查线路混线和断线等，基本使用方法如下。

(1)断线检查

断线检查如图6-4所示。通过模块型接线子将一端短路,另一端用模块开路,在调试端接出一根引线与耳机及干电池(3～6V)串联后再接出一根摸线连测试塞子,通过模块型接线子的测试孔与芯线接触,如耳机听到"咯"声,说明线路完好,如无声是断线。

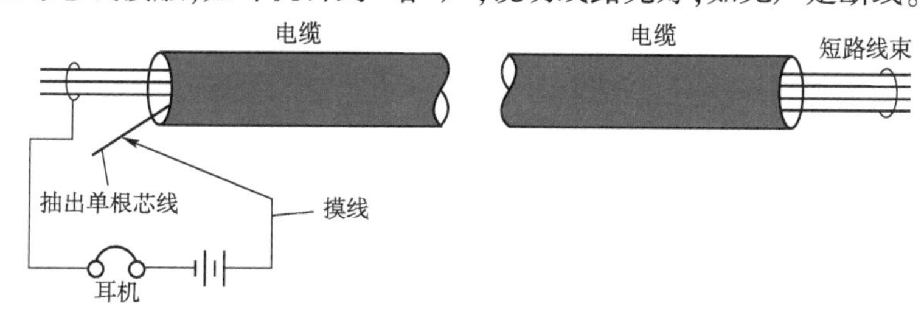

图6-4　蜂鸣器检查断线示意图

(2)混线检查

混线检验如图6-5所示,测试端的接法与断线检验相同,另一端全部芯线腾空,当摸线通过试线塞子及测试孔与被测芯钱接触时耳机内听到"咯"声,即表明有混线。

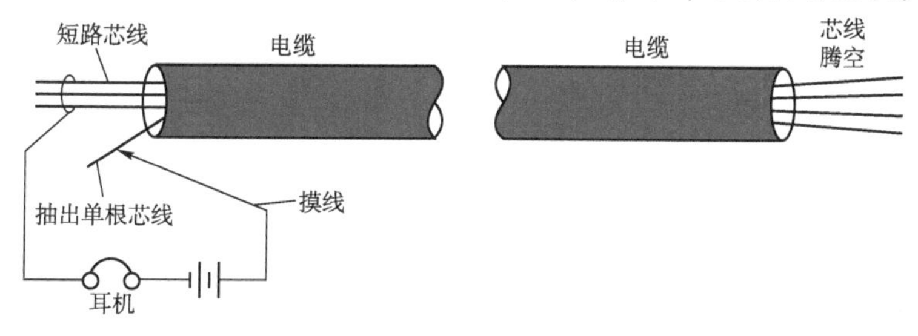

图6-5　蜂鸣器检查混线示意图

(3)地气检查

地气检验如图6-6所示。电缆的另一端芯线全部腾空,测试端的耳机一端与金属屏蔽层连接,"摸线"通过试线塞子及模块型接线子的测试孔与芯线逐一碰触,当听到"咯"声时,即表示有地气。

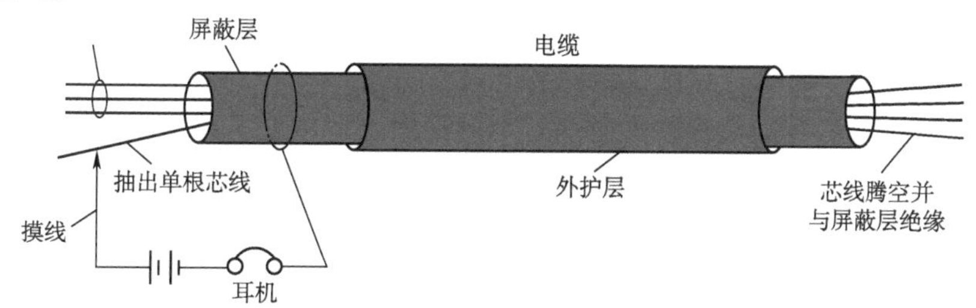

图6-6　蜂鸣器检查地气示意图

任务实施　电缆线路障碍查修

1. 任务描述

电信公司在某小区的电缆割接工程结束后,发现有3处存在障碍。本任务要求对线路进行测试、分析和处理,排除故障、恢复正常通信。

割接后的障碍情况如图6-7所示。

三处障碍分别如下。

障碍1:第3号配线电缆中,接入5号分线盒的2个用户电话相互串音,用户的ADSL宽带无法上网。

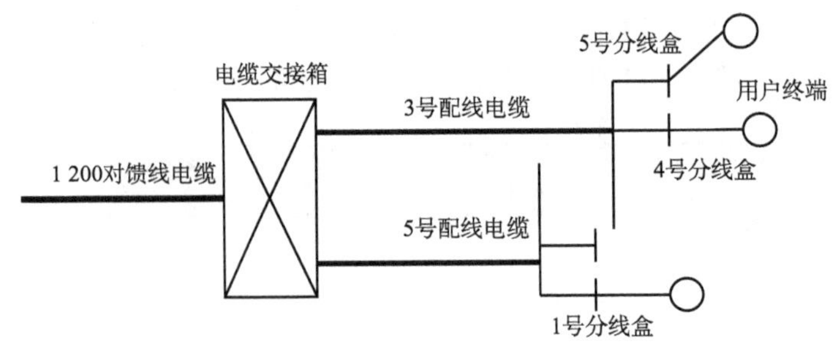

图6-7　小区电缆线路图

障碍2:第3号配线电缆中,接入4号分线盒的1个用户电话无信号。

障碍3:第5号配线电缆中,接入1号分线盒的两个用户通话音非常弱,噪声严重。

2. 主要工具和器材

(1)万用表;

(2)蜂鸣器;

(3)兆欧表;

(4)工具包。

3. 任务实施

本任务由4人组成的小组实施,事先根据任务内容做好实施计划和人员分工,然后根据此前介绍的方法,分析故障产生的可能原因及发生部位,然后对线路进行测试,找出故障原因和部位,并进行修复,使通信恢复正常。

任务总结

本任务介绍了通信电缆线路的障碍种类、障碍测试的基本步骤和方法,并具体介绍了万用表、直流电桥、兆欧表、地阻仪、QTQ02型电缆探测器和TC-300电缆故障综合测试仪在故障检测中的运用,通过本任务的学习和实施,可使参与者掌握以下知识:

(1)了解通信电缆线路的障碍种类及产生的原因。

(2)掌握通信线路障碍测试的基本步骤和基本方法。

(3)掌握各种仪器在通信线路障碍测试中的运用。

(4)提高任务计划、任务实施、分析问题、处理问题、团队合作等方面的能力和素养。

任务三　光缆线路的故障测试与判断

一、光缆线路故障种类和修复流程

1. 故障的种类

(1)光缆光纤阻断

根据故障光缆光纤阻断情况,可将故障类型分为光缆全断、部分束管中断、单束管中的部分光纤中断三种。故障现象是对应阻断光纤的路由通信中断。

(2)光缆光纤路由性能指标下降

故障的现象是通信质量下降,包括速度慢、时通时断等。

2. 产生故障的原因

引起光缆线路故障的原因大致可以分为以下四类。

(1)外力因素引发的线路故障

包括:外力挖掘、车辆挂断、枪击等,其中对于枪击这类故障一般不会使所有光纤中断,而是部分光缆部位或光纤损坏,但这类故障查找起来比较困难。

(2)自然灾害原因造成的线路故障

包括:鼠咬、鸟啄、火灾、洪水、大风、冰凌、雷击、电击等。

(3)光纤自身原因造成的线路故障

①自然断纤:由于光纤是由玻璃、塑料纤维拉制而成,因而比较脆弱,随着时间的推移会产生静态疲劳,光纤逐渐老化导致自然断纤;或者是接头盒进水,导致光纤损耗增大,甚至发生断纤。

②环境温度的影响:温度过低会导致接头盒内进水结冰,光缆护套纵向收缩,对光纤施加压力产生微弯使衰减增大或光纤中断;温度过高,又容易使光缆护套及其他保护材料损坏而影响光纤特性。

(4)人为因素引发的线路故障

①工障:技术人员在维修、安装和其他活动中引起的人为故障。例如,在光纤接续时,光纤被划伤、光纤弯曲半径太小;在割接光缆时错误地切断正在运行的光缆;光纤接续时接续不牢、接头盒封装时加强芯固定不紧等造成断纤;活动连接器未到位或出现轻微污染造成光缆线路损耗增大。

②偷盗:犯罪分子盗割光缆,造成光缆阻断。

③破坏:人为蓄意破坏,造成光缆阻断。

3. 故障处理原则

以优先代通在用系统为目的,以压缩故障历时为根本,不分白天黑夜、不分天气好坏、不分维护界限,用最快的方法临时抢通在用传输系统。

故障处理的总原则是:先抢通,后修复;先核心,后边缘;先本端,后对端;先网内,后网外,分故障等级进行处理。当两个以上的故障同时发生时,对重大故障予以优先处理。线路障碍未排除之前,查修不得中止。

4. 故障修复流程

(1)不同类型的线路故障采用不同的处理方式

①同路由有光缆可代通的全阻断故障。机房值班人员应该在第一时间按照应急预案,用其他良好的纤芯代通阻断光纤上的业务,然后再尽快修复故障光纤。

②没有光纤可代通的全阻故障,按照应急预案实施抢代通(即抢修时用替代光纤或设备恢复临时通信功能)或障碍点的直接修复进行,抢代通或修复时应遵循“先重要电路、后次要电路”的原则。

③光缆出现非全阻断,有剩余光纤可用。此时可用空余纤芯或同路由其他光缆代通故障纤芯上的业务。如果故障纤芯较多,空余纤芯不够,可牺牲次要电路代通重要电路,然后采用带业务割接的方法对故障纤芯进行修复。

④光缆出现非全阻,无剩余光纤或同路由光缆。如果阻断的光纤开设的是重要电路,应

用其他非重要电路光纤代通阻断光纤，用带业务割接的方法对故障纤芯进行紧急修复。

⑤传输质量不稳定，系统时好时坏。如果有可代通的空余纤芯或其他同路由光缆，可将该光纤上的业务调到其他光纤，然后查明传输质量下降的原因，有针对性地进行处理。

(2)故障定位

当确定是光缆线路故障时，则应迅速判断故障发生在哪个中继段内和故障的具体情况，详细询问网管机房故障的现象及路由，迅速判断故障的段落，然后立即通知相关的线路维护单位测判故障点。

(3)抢修准备

线路维护单位接到故障通知后，应迅速将抢修工具、仪表及器材等装车出发，同时通知相关维护线务员到附近地段查找原因、故障点。光缆线路抢修准备时间应按规定执行。

(4)建立通信联络系统

抢修人员到达故障点后，应立即与传输机房建立起通信联络系统。

(5)抢修的组织和指挥

光缆线路故障的抢修由机务部门作为业务领导，在抢修期间密切关注现场的抢修情况，做好配合工作，抢修现场由光缆线路维护单位的领导担任指挥。

在测试故障点的同时，抢修现场应指定专人(一般为光缆线务员)组织开挖人员待命，并安排好后勤服务工作。

(6)光缆线路的抢修

当找到故障点后，一般应使用应急光缆或其他应急措施，首先将主用光纤通道抢通，迅速恢复通信。观察分析现场情况，做好记录，必要时进行拍照，报告公安机关。

(7)业务恢复

现场光缆抢修完毕后，应及时通知机房进行测试，验证可用后，尽快恢复通信。

(8)抢修后的现场处理

在抢修工作结束后，清点工具、器材，整理测试数据，填写有关记录，对现场进行清理，并留守一定数量的人员，保护抢代通现场。

(9)线路资料更新

修复工作结束后，整理测试数据，填写有关表格，及时更新线路资料，总结抢修情况并报告上级主管部门。

5. 故障修复注意事项

(1)尽量利用接头盒以及预留光缆，减少增加的接头数量。

(2)个别光纤阻断可采取开天窗方法进行修复。

(3)需要介入或更换光缆时，尽量使用同一厂家、同一型号的光缆。

(4)介入光缆长度要考虑 OTDR 的分辨率，一般长度应大于 200m。如附近有接头，尽可能放至接头处。

(5)抢修接头损耗平均值不应大于 0.1dB/个。

(6)故障在接头盒内时，打开接头盒重新接续。

(7)故障在接头坑内，但不在接头盒内时，去掉原接头，利用预留光缆重新接续。如预留长度不够，按非接头部位修复方式处理。

(8)故障在接头以外的部位时，采取释放预留、原地放新缆、原地续纤、布放新缆、更换光缆的方式进行修复。

二、光缆线路故障测试的方法

1. 用 OTDR 判断故障点到测试端的距离

用 OTDR 进行测试时的显示曲线通常有以下 4 种情况。

(1)没有曲线

说明光纤故障点在仪器的盲区内,包括光缆端部、光缆与尾纤的固定接头、活动连接器的插件部分,可加一段辅助光纤(通常为 1 ~ 2km),并减小 OTDR 的光输出脉冲宽度,以减小盲区范围,从而找出光纤断点位置。

(2)曲线远端位置与实际总长不符

该情况表明远端点就是故障点。若在光缆接头点附近,首先应判定为接头断纤;若明显偏离接头点,应准确判断该点在哪一段光缆上、处于哪一段,再由现场观察进行进一步判定。

(3)曲线中部无异常,且远端点与实际长度相符

此时应注意观察远端点的波形,可能有如图 6-8 所示的 3 种情况:

①远端出现强烈的菲涅尔反射峰[图 6-8a)],表明此处光纤断面与光纤垂直,该处应是端点而不是断点,故障原因可能是终端活接头松脱或被弄脏;

②远端无反射峰[图 6-8b)],最大可能是光缆与尾纤的熔接处断裂;

③远端无反射峰但有一小的突起[图 6-8c)],表明该处光纤出现裂纹,造成损耗很大,应检查光缆与尾纤的熔接处。

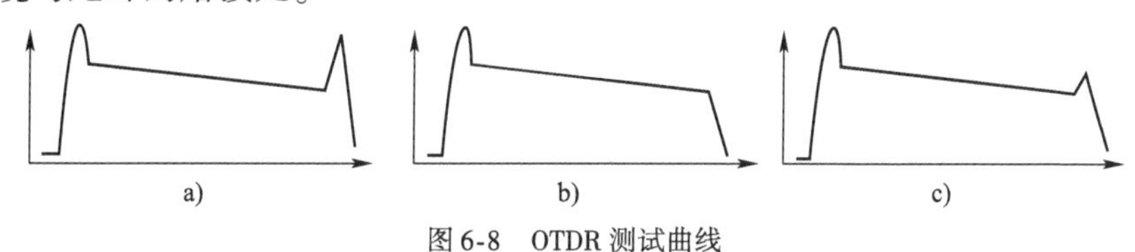

图 6-8 OTDR 测试曲线

(4)曲线显示高衰耗区或高衰耗点

如图 6-9 所示,高衰耗区表明该段光纤衰耗变大,需要更换,高衰耗点一般与个别接头部位对应,表明接头损耗大,应重新熔接;也有可能是光缆受力变形,产生较大损耗。

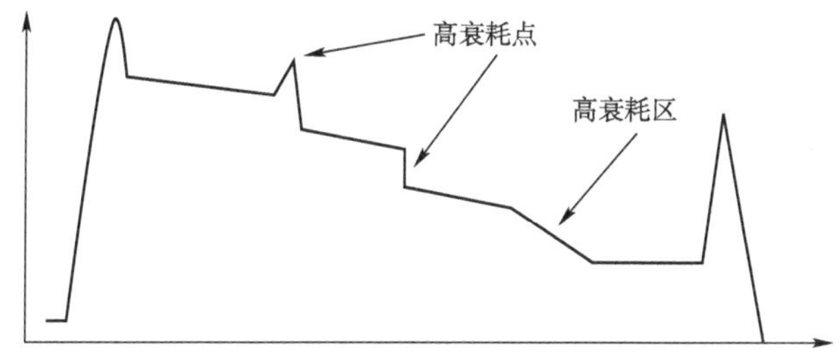

图 6-9 OTDR 曲线中的高衰耗区和高衰耗点

2. 故障原因分析

常见故障现象及可能原因分析见表 6-10。

常见故障现象及可能原因分析 表 6-10

故 障 现 象	故障的可能原因
一根或几根光纤原接续点损耗增大、断纤	原接头盒内发生问题
一根或几根光纤衰减曲线出现台阶	光缆受机械力扭伤,部分光纤受力但尚未断开
原接续点衰减台阶变大	在原接续点附近出现断纤故障
光纤全部阻断	光缆受外力影响挖断、炸断或塌方拉断

根据 OTDR 测试显示曲线情况，初步判断故障原因，有针对性地进行故障处理。非外力导致的光缆故障外，接头盒内出现问题的情况也比较多。导致接头盒内断纤或衰减增大的原因分为以下几种情况：

（1）容纤盘内光纤松动，导致光纤弹起在容纤盘边缘或盘上螺钉处被挤压，严重时会压伤、压断光纤。

（2）接头盒内的余纤在盘放收容时出现局部弯曲半径过小或光纤扭绞严重，产生较大的弯曲损耗和静态疲劳，在 1 310nm 波长时测试变化不明显，而在 1 550nm 波长测试时接头损耗显著增大。

（3）制作光纤端面时，裸光纤太长或者热缩保护管加热时光纤保护位置不当，造成一部分裸光纤在保护管之外，接头盒受外力作用时引起裸光纤断裂。

（4）剥除涂覆层时裸光纤受伤，长时间使用后损伤扩大，接头损耗随着增加，严重时会造成断纤。

（5）接头盒进水，冬季结冰导致光纤损耗增大，甚至发生断纤。

3. 查找光缆线路障碍点的具体位置

当遇到自然灾害或外界施工等外力影响造成光缆线路阻断时，查修人员根据 OTDR 测试提供的位置，一般比较容易找到。但有些时候不容易从路由上的异常现象找到障碍地点，这时必须通过必要的换算后，再精确丈量其间的地面距离，才能找到障碍点的具体位置，其方法如下。

将 OTDR 测出的故障光纤长度与原始资料对比，并利用以下公式把测试的光纤长度换算为测试端（或接头点）至故障点的地面长度 L：

$$L = \left[\frac{(L_1 - L_2)}{(1 + P)} - L_3 - L_4 - L_5\right] / (1 + a)$$

式中：L_1——OTDR 测出的测试端至故障点的光纤长度；

L_2——每个接头盒内盘留的光纤长度，m；

P——光纤在光缆中的成缆纽绞系数（随光缆结构不同而不同，最好应用厂家提供准确的数值）；

L_3——每个接头处光缆的盘留长度，m；

L_4——测试端至故障点间各种余留长度，m；

L_5——测试端至故障间光缆敷设增加的长度，m；

a——光缆自然弯曲率（管道敷设或架空敷设方式可取值 0.5%，直埋敷设方式可取值 0.7% ~1%）。

4. 影响光缆线路障碍点准确判断的主要原因

（1）OTDR 存在固有偏差

OTDR 固有偏差主要反映在距离分辨率上，不同的测试距离偏差不同，一般在数米至数十米范围。

（2）测试仪表操作不当产生的误差

例如 OTDR 使用中参数设定不当或游标设置不准等因素都将导致测试结果的误差。

（3）计算误差

在从 OTDR 测出的光纤的长度换算成测试点到障碍点的地面距离时，由于取值不可能与实际完全相符或对所使用光缆的缆纽绞系数不清楚，也会产生一定的误差。

(4)光缆线路竣工资料不准确造成的误差

由于在线路施工中没有注意积累资料或记录的资料可信度较低，都使得线路竣工资料与实际不相符，依据这样的资料，不可能准确地测定出障碍点。

比如，光缆接续时，接头盒内余纤的盘留长度、各种特殊点的光缆盘留长度以及光缆随地形的起伏变化等，这些因素的准确性直接影响着障碍点的定位精度。

5. 提高光缆线路故障定位准确性的方法

(1)掌握正确的仪表使用方法

准确设置 OTDR 的参数，选择适当的测试范围挡，应用仪表的放大功能，将游标准确放置于相应的拐点上，如故障点的拐点、光纤始端点和光纤末端拐点，这样就可得到比较准确的测试结果。

(2)建立准确、完整的原始资料

原始资料不仅包括线路施工中的许多数据、竣工技术文件、图纸、测试记录和中继段光纤后向散射信号曲线图片等，还应保留光缆出厂时厂家提供的光缆及光纤的一些原始数据资料(如光缆的绞缩率、光纤的折射率等)，这些资料是日后障碍测试时的基础和对比依据。

(3)进行正确的换算

要准确判断故障点位置，还必须把测试的光纤长度换算为测试端(或某接头点)至故障点的地面长度。

(4)保持障碍测试与资料上测试条件的一致性

故障测试时应尽量保持测试仪表的信号、操作方法及仪表参数设置的一致性。因为光学仪表十分精密，如果有差异，就会直接影响测试的准确性，从而导致两次测试本身的差异，使得测试结果没有可比性。

(5)灵活测试、综合分析

一般情况下，可在光缆线路两端进行双向故障测试，并结合原始资料，计算出故障点的位置。再将两个方向的测试结果和计算结果进行综合分析、比较，以使故障点具体位置的判断更加准确。当障碍点附近路由上没有明显特点，具体障碍点现场无法确定时，也可采用在就近接头处测量等方法，或者在初步测试的障碍点处开挖，端站的测试仪表处于实时测量状态，随时发现曲线的变化，从而找到准确的光纤故障点。

任务实施　光缆线路障碍查修

1. 任务描述

新建小区某单元用户反映，突然发生电话和数据信号中断，本小区的通信网络采用的是 FTTX + LAN 光纤接入方式，本任务需要对故障进行判断、测试定位，然后进行修复，使通信恢复正常。

2. 主要工具和器材

(1)典型的小区 EPON 或模拟一个 EPON 接入网络环境(光纤配线架、光缆交接箱和 EPON 线路设备以及配套器材等)；

(2)光缆跳线、尾纤；

(3)OTDR 一台；

(4)光缆护层开剥刀、束管钳、卡钳、扳手、螺丝刀、涂覆层剥离钳、光纤端面切割刀和光纤熔接机等熔接工具。

3. 任务实施

本任务由 4 人组成的小组实施，事先根据任务内容做好实施计划和人员分工，然后根据此前介绍的方法，分析故障产生的可能原因及发生部位，然后对线路进行测试，找出故障原因和部位，并进行修复，使通信恢复正常。

提示：由于小区采用的是 FTTX + LAN 光纤接入方式，某单元用户出现电话和数据信号同时中断，基本可以判定问题出在光路而非电路上，而且出现在小区机房至单元内光缆楼道箱之间（含两端）的区域内，可通过观察、测试，确定具体故障部位，并进行修复。

任务总结

本任务介绍了首先光缆线路的故障种类、故障原因、处理原则和修复流程，然后介绍了光缆线路故障测试、定位的方法，以及如何提高定位准确性的方法，通过本任务的学习和实施，可使参与者掌握以下知识：

（1）了解通信光缆线路的障碍种类及产生的原因。

（2）掌握通信光缆线路故障处理原则和修复流程。

（3）掌握利用 OTDR 对光缆进行故障测试和定位的方法。

（4）提高任务计划、任务实施、分析问题、处理问题、团队合作等方面的能力和素养。

任务四　通信电缆割接

当新系统投入使用，部分用户要移入新系统，这时用户就要从原系统切断，接入新系统。切断老系统叫“割”，接入新系统叫“接”，这一过程要在不影响用户通话的时段完成。

一、割接的基本原则

（1）施工人员必须掌握设计要求，摸清新旧设备情况，研究确定安全、迅速、高质量的施工步骤和方法。

（2）施工以不影响用户通话为原则，在割接用户线之前，须事先和有关方面联系，为确保其通信不阻断，必要时应确定割接时间，并按时进行割接。

（3）对专线、中继线、复用设备线对、数字传输线对及重要用户线对割接改线时，要采用复接改线法，以避免通信中断。

（4）测量室与局外的改线点，必须相互配合，以免发生接错等障碍事故。

（5）对所设置的新电缆及设备，须经严格的检验测试及验收，完全符合技术标准要求后，方可进行割接。

（6）在 MDF 上所布放的聚氯乙烯（0.5mm × 2）跳线，线间不得有接头。

（7）不得同时在同一条电缆上设立多处改线点，尽量减少临时措施，以避免发生因改线施工造成的人为障碍。

二、割接的基本方法

1. 局内跳线割接

（1）环路改接法

新旧纵列与横列构成环路如图 6-10 所示。改线时先安好新纵列保安器，使局外新旧电缆或分线设备成环路，听一对改一对。测试无误后，再正式绕接跳线并拆除旧跳线。

(2)直接改接法

如图6-11所示，先布放好新跳线位置，并连接好新纵列，安好保安器。改线时，与局外配合同时改动，横列上切断旧跳线，改连新跳线。这种方法只适用于少量普通用户线对。

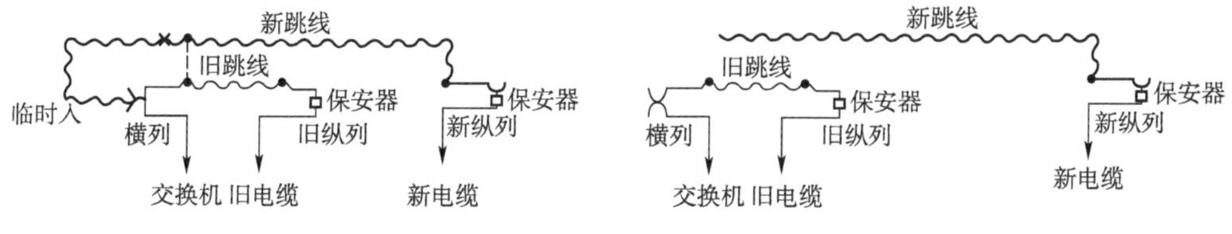

图6-10　新旧纵列与横列构成环路

图6-11　直接改接法

2. 局外电缆线路割接

(1)切断割接法

将新电缆布放到两处改接点，新、旧电缆对好号后，切断一对改接一对，短时间给用户阻断通话。采用这种方法时，新旧芯线对号必须准确，改线各点要密切配合，同时改接。此种方法割接，适用一般的用户(可用试线话机对号)。

(2)扣式接线子复接改接法

将新电缆布放到改接点，新、旧电缆对好号后，先利用HJK4或HJK5扣式接线子进行搭接，核对无误后再剪断要拆除的旧电缆芯线，如图6-12所示。这种方法适用于较少对数电缆的改接，特别适用于个别重要用户的改接。

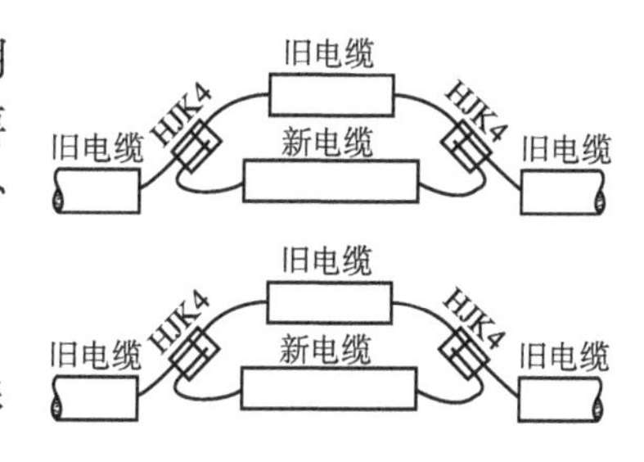

图6-12　扣式接线子复接改接法

(3)模块式接线子复接改接法

采用模块复接割接方法复接时，不影响用户通话，不影响业务发展(装机)，割接时障碍极少，安全可靠。此种方法适用于大对数电缆的割接，具体步骤如下。

①电缆的对号。

对于在复接点处有原有电缆接头的情况，此时的对号要求是：

a. 在原接口处与旧电缆局方纵列线序(或交接箱端子板线序)对号(可利用模块测试孔对号，不得损伤芯线绝缘层)。

b. 在原接线模块上写有线序号的也应复核对号。

c. 对旧号时，纵列线序号(或交接箱端子板线序)与模块出线色谱一致时可在模块上写好线序，以便复接用(如模块上已有线序号时，只做好复核对号的标记)。

d. 纵列线序号与模块线序不一致时，可采用临时编线(编篦子)的方法。

对于在复接点处原有电缆没接头的情况，此时的对号要求是：

a. 在复接点的旧电缆处把电缆开剥长1.3m，剥去电缆外护套，将旧电缆的在被拆除端余弯向复接点处拉过约80cm，使电缆芯线成U形弯，如图6-13所示。

b. 对旧电缆采用临时编线的方法(编篦子)，以一个基本单位(25对)一编，同时挂标牌写明线序号。

c. 根据设计对新电缆进行对号。

注：若对一条旧电缆中的一部分进行更换，则在两割接点都应与旧电缆局方竖列线序(或交接箱端子板线序)进行对号。

②安装好模块机。

③进行复接:如图 6-14 所示,按以下步骤进行复接。

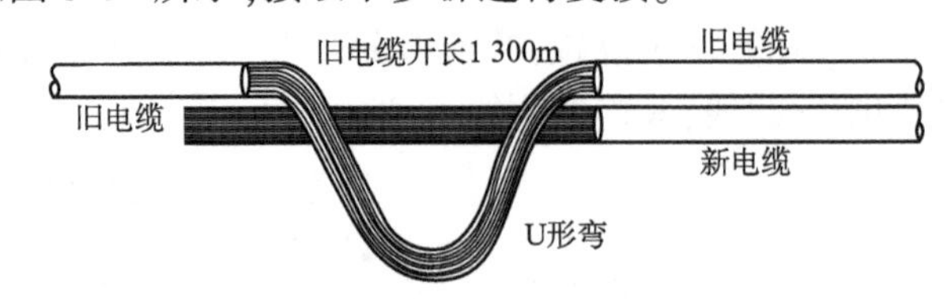

图 6-13　电缆芯线成 U 形弯示意图

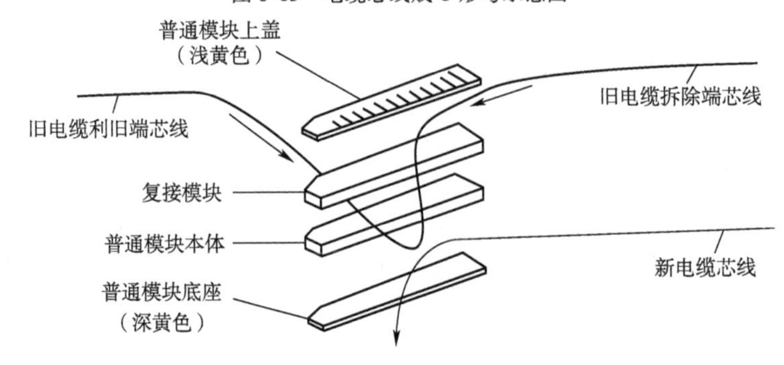

图 6-14　复接示意图

a. 在接线头耐压底板上装好接线模块的底座(深黄色),按色谱放入新电缆的线对(注意 A 线在左,B 线在右),用检查梳检查有无放错线位的。

b. 装好接线模块的本体(带刀片的),深黄色在下、乳白色在上,放入旧电缆利用端的线对,用检查梳检查有无放错线位的。

c. 在用户方向的线对上装好复接模块(蓝色朝下,乳白色朝上),再放入旧电缆拆除端的线对,用检查梳检查有无放错线位的,最后装好接线模块的上盖(乳白色)。

d. 装好手压泵头,位置端正,关紧泵气阀,手握泵柄下压数次至听到二次声音,将切断的余线头轻轻拉下,拉开泵气阀拆去泵头。在模块上写线序号,便完成了 25 对基本单位的复接。

按照以上四步,将所有的线对全部复接后再进行套管的封合。

④待所有的割接工作完成,对号无误后,再拆除旧电缆,步骤为:

a. 打开接头套管。

b. 使用模块开启钳,将复接模块的上盖开启,把要拆除的旧电缆线对从卡接刀片中拆下,拆除复接模块,再将模块上盖盖好,用手压钳压紧。重复此步动作,直至将所有复接模块拆完。

c. 拆除旧电缆,将接头重新封合好。

3. 局外分线设备内移改线

(1)剪断移改。当用户无通话时,自旧分线盒(箱)拆下皮线,连在新分线盒(箱)内。

(2)复接后移改,如图 6-15 所示。

(3)皮线采用装新拆旧的更换方法改接。

4. 新旧局割接

通常有环路割接方法、临时复接割接方法,常用的是临时复接割接方法,具体如图 6-16 所示。由新局引出电缆与旧电缆进行临时复接。开通时,新局拆绝缘片,旧局嵌入绝缘片(或拉电闸)。开通后若无障碍便可排除复接线作正式接续,并拆除不用的设备。

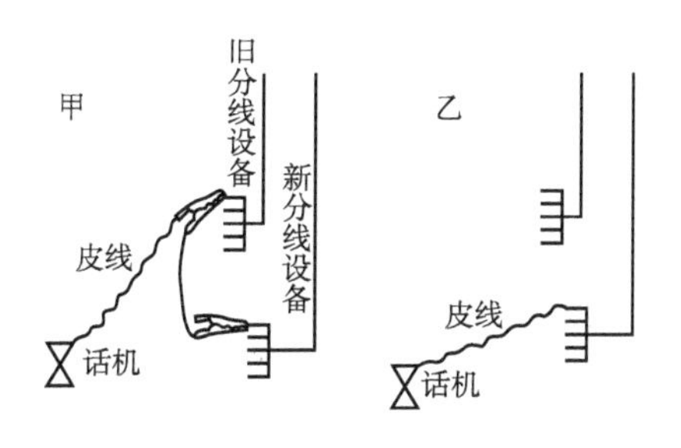

图 6-15　复接后移改示意图

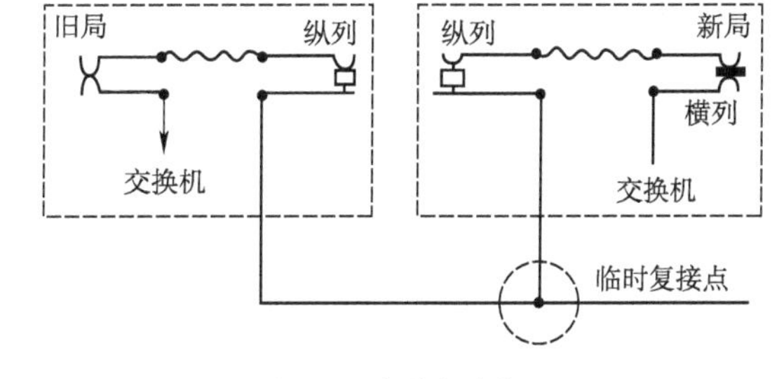

图 6-16　复接割接方法

任务实施　电缆交接箱割接

1. 任务描述

如图 6-17 所示，电信运行商在城东端局的老东门架空交接箱(CD-001)，由于道路改造，加之交接箱本身壳体锈蚀严重、跳线老化断裂原因需要拆除。CD-001 原来的馈线电缆为来自端局的 HYA600 ×2 ×0.5 通信电缆，其配线电缆为 3 路 HYA100 ×2 ×0.5 电缆和 6 路 HYA50 ×2 ×0.5 电缆。CD-006 是城东端局为新华路和城东区老东门新施工的交接箱，馈线为 HYA1200 ×2 ×0.5 电缆，连接同一端局。

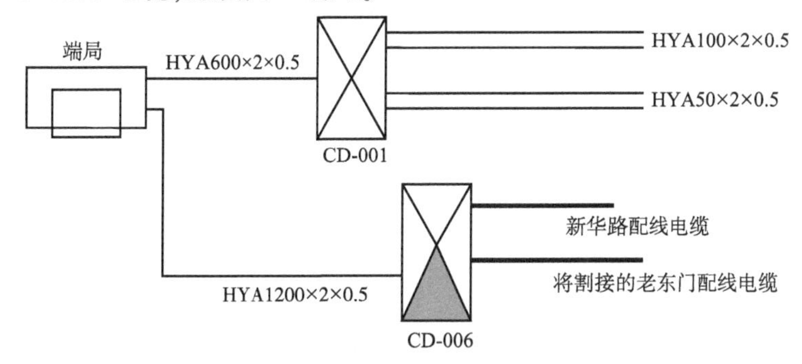

图 6-17　电缆线路的网结构

本任务需要将 CD-001 及其配线电缆全部改接到附近新华路上的 CD-006 落地交接箱，具体作业要求如下。

(1)CD-001 原始资料核查、记录。

(2)CD-001 拆除。

(3)将 CD-001 全部属配线电缆改接到落地交接箱 CD-006。

(4)完成落地交接箱 CD-006 跳线。

(5)联系端局机房跳线，进行割接测试。

2. 主要工具和器材

(1)真实或模拟的上述网络环境，含交接箱、馈线和配线电缆等；

(2)电缆跳线；

(3)胶带；

(4)扎带等固定材料；

(5)电缆割刀；

(6)万用表；

(7)试线器；

(8)螺丝刀;

(9)扳手。

3. 任务实施

本任务由4人组成的小组实施,事先根据任务内容做好实施计划和人员分工,然后根据此前介绍的方法,进行线路核对、交接箱割接、线路检查和开通,使通信恢复正常。

任务总结

本任务介绍了电缆交接箱割接的基本原则,以及局内跳线改接、局外电缆芯线改接、局外分线设备内移改线、新旧局割接的基本方法,通过本任务的学习和实施,可使参与者掌握以下知识:

(1)了解电缆交接箱割接的基本原则。

(2)掌握局内跳线改接的基本方法。

(3)掌握局外电缆芯线改接的基本方法。

(4)掌握局外分线设备内移改线的基本方法。

(5)掌握新旧局割接的基本方法。

(6)提高任务计划、任务实施、规范操作、团队合作等方面的能力和素养。

任务五　通信光缆割接

光缆线路割接是指因工程施工、网络建设、线路故障等原因对现有的传输光缆及系统进行必要的修复、调整、搬迁、改造等活动。

一、割接基本原则

(1)在割接工作中,应坚持以用户正常通信为先的原则,在保障公司通信网络设备正常运行的前提下进行割接工作。

(2)在割接工作中,应做到割接方案不确切不割接,割接所需资料不准确不割接,国家重大活动和重要通信期间不割接,未通知用户前不割接,准备工作不充分不割接,设备验收不通过不割接。

(3)割接时间若无特殊原因应尽量安排在凌晨00:00~06:00时段内进行,或根据业务特点安排在对业务网络影响最小的时间段内进行。与用户确定的割接时间必须经过电信业务管理部的书面确认。割接应尽量以少中断为原则(若必须中断,应于割接时段中止前恢复业务)。

(4)割接人员必须具有高度的责任感,在割接过程中细致、认真,确保用户业务不受影响,尽量缩短割接时间,提高割接效率。

(5)割接要事先准备好联络设备,确保割接所涉及各专业参与人员在进行割接时通信联络畅通。

二、割接的基本流程

传统的光缆线路割接方式平均中断4~6h,会造成通信的中断,其操作方式与前述的光缆接续和成端方法类似,在此不再重复,这里将介绍不中断业务的割接方法。所谓不中断业务割接是指单个系统(SDH/PDH/DWDM 等)单次倒接中断时间不超过 5min 的光缆线路割接。不中断业务割接有直接剪断法和开天窗法(或称光缆纵剖割接法)两种。

直接剪断法是将待割光缆上系统全部调走后剪断光缆逐芯接续的割接方法,适用于有可代光缆或迂回路由的中继段内光缆割接,操作比较容易。

开天窗法是通过纵剖在用光缆外护套,逐步接续全部或部分原光纤的割接方法,适用于无可代光缆或迂回路由的中继段内光缆割接,操作难度较大。

不中断业务割接流程包括五个阶段:准备阶段、开始阶段、实施阶段、收工阶段、完善阶段。

(1)准备阶段

准备阶段的主要工作包括:割接报批,割接现场摸底,通信链路摸底,与机务进行沟通,制订割接方案,人、车、仪表准备,与关联单位初步联系。缆带业务割接工作开始前,必须了解工程所用光缆的性能,熟悉掌握各项技术参数,根据竣工资料详细了解所割接光缆的纤芯色谱和使用情况,避免盲目作业。电路路调度方案示例如图 6-18 所示。

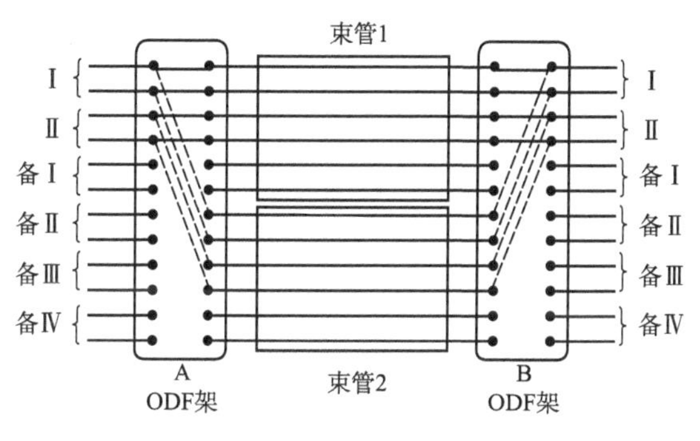

图 6-18 电路路调度方案示例

(2)开始阶段

开始阶段的主要工作包括:选定割接作业位置并开挖作业坑(对于直埋光缆需要开挖作业坑),打开工作平台,关联单位的最后确认,人员、车辆、仪表机具的确认,召开割接动员会,实施前的到位准备。

①光缆接续位置的选择原则:架空光缆线路的接头应落在杆旁 2m 以内;管道光缆接头应避开交通要道;直埋光缆的接头应尽量避开水源、障碍物及坚石地段。

②调整和确定具体的接续位置:直埋光缆应按要求挖好作业坑,作业坑要求长 2m、宽 2m、深 1.8m,盘放好预留光缆,在外护套上作好连接部位的交叉点、重叠长度等标记,然后将光缆移至操作平台上;管道光缆,在人井内按规定的预留长度盘好光缆、作好标记,然后由人井拉至操作平台,如图 6-19 所示。

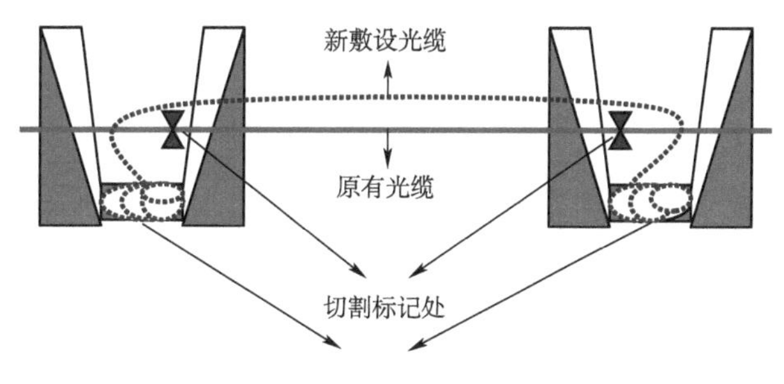

图 6-19 作业坑示意图

③关联机房准备到位:电路调度人员到机房后首先核对备用纤序是否与割接方案一致;根据割接需要,在关联机房布放一定数量的倒换尾纤;用 OTDR 进行备用光纤测试、存盘;用光源、光功率计进行备用光纤通道损耗测试、对号,保证其跳接点损耗满足待倒电路传输指标要求;用标签纸对 ODF 架上活动连接器两端线路纤和设备纤进行临时标示,并确保标签

牢固可靠。

(3)实施阶段

实施阶段包含三方面的工作。

①电路调度:听从主机房指挥,严格按照割接方案执行,清洁尾纤插头,逐个系统倒换。

②物理连接:根据具体情况可采用直接剪断法、逐束管割接法或纵剖束管割接法。

直接剪断法割接操作如下:现场人员直接将待割接光缆剪断,按割接方案中新、老光缆束管号(束管色)、纤号(纤色)对照表进行接续;机房人员同步进行监测。直接剪断法电路调度示意如图6-20所示。

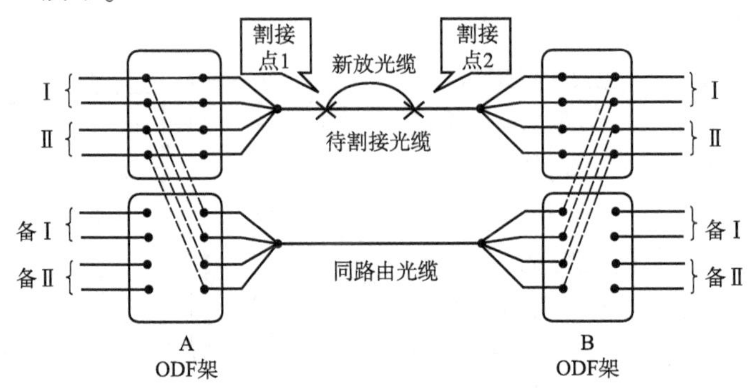

图6-20　直接剪断法电路调度示意图

逐束管法割接操作如下:机房人员按电路调度方案调出待割接束管内系统;现场人员纵剖开剥待割接光缆;纵剖束管、现场人员与机房人员核对、确认待割接束管后剪断该束管进行接续;机房人员同步进行监测,确认光纤传输特性合格,纤序正确后,按照电路调度方案倒回原系统,恢复正常后,通知割接现场该束管光纤割接完毕,准备下一步工作;按以上方法,机线双方逐个对其他束管进行割接。逐束管法割接束管1时的电路调度示意如图6-21所示。

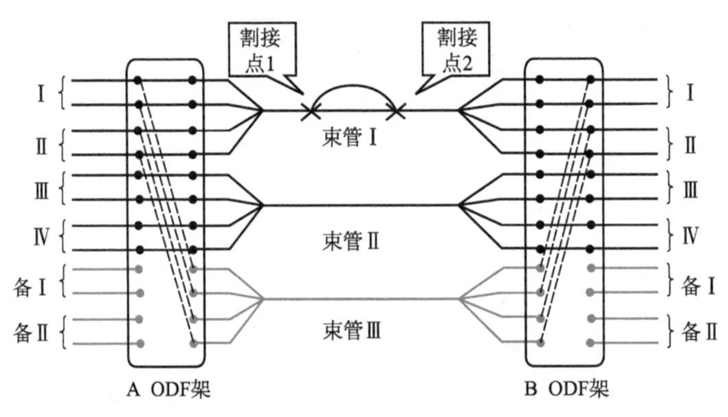

图6-21　逐束管法割接束管1时的电路调度示意图

纵剖束管割接法操作如下:机房人员按电路调度方案调出待割接束管内个别系统;现场人员纵剖开剥待割接光缆,确认并纵剖待割接束管;现场利用光纤识别器找出主用与备用光纤并与机房人员核对、确认待割接光纤,剪断并进行接续;机房人员同步进行监测,确认光纤传输特性合格,纤序正确后,按照电路调度方案倒回原系统,恢复正常后,重复以上步骤,直至该束管光纤割接完毕;按以上方法,机线双方逐个对其他束管内光纤进行割接,其示意图如图6-22所示。

③电路恢复：验证传输指标，电路完全恢复。调度人员用光源、光功率计监测、对号，以验证传输指标；确认光纤指标正常后，按照割接方案制订的顺序逐个恢复系统。经机务人员确认系统全部恢复正常后，进行下一组待割接光纤的确认、接续。依次循环，直至新缆与原缆的物理连接全部完成。

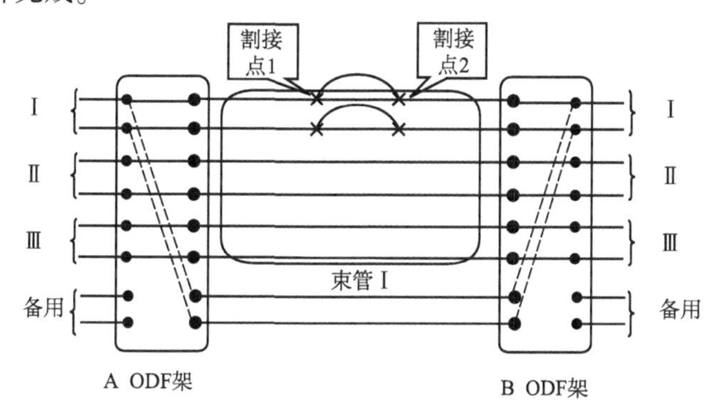

图6-22　纵剖束管割接法电路调度示意图

(4)收工阶段

收工阶段的主要工作是：安装接头盒，清理现场及收队归营。

(5)完善阶段

完善阶段一般在割接完工后的第二个工作日进行，主要内容包括：清理整理仪表机具，割接总结分析会，填报报表及修改资料，以便线路及机房的日常维护。填报报表及修改资料的内容包括：束管及纤芯对应顺序、光纤连接损耗、割接点与传输机房的距离、割接时间及地点、割接所消耗的器材等。

三、不中断业务割接的典型操作方法

1. 在原接头内进行割接的方法

(1)打开原接头盒；

(2)开剥好新放光缆；

(3)将开剥好的光缆固定到接头盒；

(4)确定好应割接光缆的方向；

(5)准备好熔接机；

(6)测试人员在机房或光交内测试空纤；

(7)割接时间到，测试人员在机房或光交内发红光源给割接点(带状光缆就发第1带，单芯光缆发第1芯)；

(8)外面割接人员看到红光后，就开断第1带或第1芯，马上对新老光纤进行放电试验；

(9)放电试验通过后，应立即对第1带或第1芯进行接续；

(10)测试人员在机房内用OTDR进行实时监测，如果接续损耗符合标准，则给下1带或下1芯发红光，如果接续损耗不符合要求，则要求割接人员重新接续，直到接续损耗符合要求为止，则给下1带或下1芯发红光，并恢复该带或该芯上的跳纤(如果原先有跳纤的话)；

(11)接续人员看到红光后，就开断第2带或第2芯，立即进行接续；

(12)测试人员在机房内用OTDR进行实时监测，如果接续损耗符合标准，则给下1带或下1芯发红光；如果接续损耗不符合要求，则要求割接人员重新接续，直到接续损耗符合要求为止，则给下1带或下1芯发红光，并恢复该带或该芯上的跳纤(如果原先有跳纤的话)；

(13)依此方法进行割接；

(14)等接续完成，跳纤全部恢复后，马上向网络监控室确认该跳光缆的通信业务是否全部恢复；

(15)如果没有全部恢复，就立即查障，直到全部恢复；

(16)业务全部恢复后，则封装接头盒；

(17)固定接头盒；

(18)整理现场后离开。

2. 纵剖割接的方法

(1)打开新接头盒；

(2)对原有光缆进行纵剖；

(3)将纵剖好的光缆固定到接头盒中，开剥新放光缆；

(4)将开剥后的新放光缆固定到接头盒中；

(5)确定好应割接光缆的方向；

(6)准备好熔接机；

(7)测试人员在机房或光交内测试空纤；

(8)割接时间到，测试人员在机房或光交内发红光源到割接点(带状光缆发第1带，单芯光缆发第1芯)；

(9)外面割接人员看到红光后，就开断第1带或第1芯，马上对新老光纤进行放电试验；

(10)放电试验通过后，立即对第1带或第1芯进行接续；

(11)测试人员在机房内用OTDR进行实时监测，如果接续损耗符合标准，则给下1带或下1芯发红光，如果接续损耗不符合要求，则要求割接人员重新接续，直到接续损耗符合要求为止，则给下1带或下1芯发红光，并恢复该带或该芯上的跳纤(如果原先有跳纤的话)；

(12)接续人员看到红光后，就开断第2带或第2芯，立即进行接续；

(13)测试人员在机房内用OTDR进行实时监测，如果接续损耗符合标准，则给下1带或下1芯发红光；如果接续损耗不符合要求，则要求割接人员重新接续，直到接续损耗符合要求为止，则给下1带或下1芯发红光，并恢复该带或该芯上的跳纤(如果原先有跳纤的话)；

(14)按此方法进行余下光纤割接；

(15)等接续完成，跳纤全部恢复后，马上向网络监控室确认该跳光缆的通信业务是否全部恢复；

(16)如果没有全部恢复，就立即查障，直到全部恢复；

(17)业务全部恢复后，封装接头盒；

(18)固定接头盒；

(19)整理现场后离开。

四、割接的注意事项

1. 割接中的主要注意事项

(1)做好待割接光缆端别的确认；

(2)束管开剥前一定要确定管序并贴好编号；

(3)“开天窗”割接时，待割接光缆加强芯不宜过早剪断；

(4)加强芯回弯后不可留得太长；
(5)使用 OTDR 测试时，要确保对端尾纤没有连接设备；
(6)熔接前，光纤要在收容盘内预先盘留；
(7)要检测尾缆的安装或加强芯和钢带的连通。

2. 不同敷设方式在抢修割接中的区别

当架空光缆的部分光纤发生阻断时，把附近预留的光纤集中到故障点，将光缆在故障处开剥一定长度，把没有阻断的束管、光纤盘绕在接头盒收容盘内，只对断纤进行接续，可实现不截断在用光纤的故障修复工作。

对于直埋和管道光缆故障而言，由于预留不容易拉动，没有用来接续的光缆，需要续入一段光纤或光缆才能解决。

3. 开天窗法割接的注意事项

(1)开天窗接续针对光缆非全阻故障的修复，全阻故障不宜使用；
(2)开天窗接续适合于长途干线光缆非全阻故障修复，本地网光缆由于故障较多，芯数较少，不推荐使用；
(3)开天窗接续应特别小心，避免伤及完好的束管光纤；
(4)介入光纤或光缆的长度以 50 ~ 100m 为宜。

4. 在用光缆开剥完成后，备纤纤芯识别

备纤纤芯的通常识别方法有：

(1)在机房通过光源或光话机放(2kHz)光，两接头组分别用光纤识别器夹住纤芯，当有特殊的蜂鸣声产生时，则表明光纤识别器夹住的是我们查找的正确的备纤纤芯。

(2)在机房通过用 OTDR 进行测试，两接头组分别先用光纤识别器识别出无光纤芯(即备纤)，再分别对光纤做绕模(即打小弯)，机房线路测试人员观察 OTDR，如果光功率有大的衰耗，则表明该光纤是我们查找的正确的备纤纤芯。

任务实施　光缆割接

1. 任务描述

某市电信城西端局采用传统有源光网，自局端经过馈线光缆连接西北光交接箱(XBGJ)，然后分别以 12 芯(10 用 2 备)为主的光缆接入城西各个企业驻地。现西郊地区新建了开发区，全面布局了无源光网络，并在西郊地区设置了大容量的光交接箱(XJGJ)，而西北光交接箱(XBGJ)所在位置面临片区改造，电信公司决定取消交接箱(XBGJ)，并将城西各个企业的光接入都割接到西郊的光交接箱(XJGJ)。

该地区原线路与将改接的线路连接如图 6-23 所示。由于光交接箱(XJGJ)至城西各个企业驻地的配线光缆与原配线光缆在用户端附近的路径是重合的，本任务采取的方案是：从 XJGJ 新敷设 12 芯光缆至路径重合点，然后在重合点进行光缆的不中断割接。目前，新光缆已经完成敷设并且在 XJGJ 内成端，现需要机务和线务配合完成割接。

2. 主要工具和器材

(1)本任务所针对的光网路；
(2)光纤熔接机及相关工具；
(3)光缆接头盒；
(4)扎带、密封胶带等；

(5)OTDR 等测试仪表;
(6)割接工作台;
(7)通信工具等。

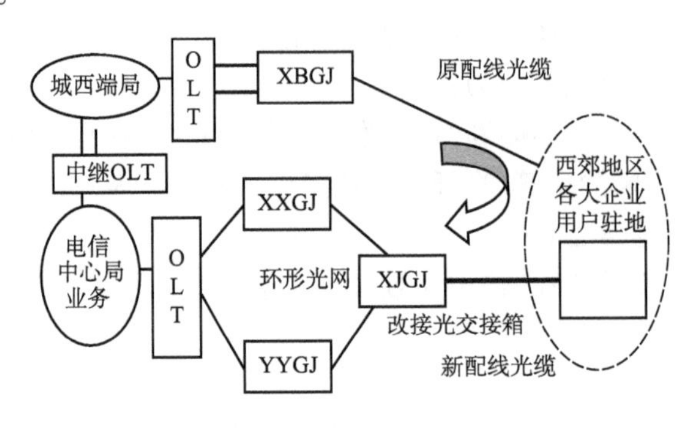

图 6-23　区原线路与将改接的线路示意图

3. 任务实施

本任务由 4 人组成的小组实施,事先根据任务内容做好实施计划和人员分工,然后根据此前介绍的方法,按照准备阶段、开始阶段、实施阶段、收工阶段、完善阶段的流程,为尽量减少对通信的阻断时间,采用纵剖束管割接法完成本割接任务。

任务总结

本任务介绍了首先光缆割接的基本原则、基本流程、不中断业务割接的典型操作方法、割接的注意事项,通过本任务的学习和实施,可使参与者掌握以下知识:

(1)了解光缆割接的基本原则。
(2)掌握光缆不中断业务割接的基本流程。
(3)掌握光缆不中断业务割接的典型操作方法。
(4)掌握光缆不中断业务割接的注意事项。
(5)提高任务计划、任务实施、规范操作、团队合作等方面的能力和素养。

习题与思考

一、填空题

1. 光缆线路割接类别分为(　　　　)割接和(　　　　)割接两大类。

2. 按改接与割接的部位不同,可分为(　　　　)割接、(　　　　)割接、(　　　　)移改三种。

3. 光缆线路障碍修复的三个基本环节是(　　　　)、(　　　　)和(　　　　)。

4. 利用光时域反射仪(OTDR)可测量光纤的长度、(　　　　)、(　　　　)、接头损耗等。

5. 电缆用户割接大致有三种情况,一种是(　　　　)的线路割接;一种为(　　　　)的线路割接;另一钟为(　　　　)割接。

6. 再生中继可消除传输中(　　　　)、(　　　　)和(　　　　)的影响。

7. 线路设备维护分为(　　　　)、(　　　　)、(　　　　)和(　　　　)。

8. 通信线路的四防是指(　　　　)、(　　　　)、(　　　　)、(　　　　)。

二、选择题

1. 光缆线路维护中最常见的工具有 OTDR 和(　　)等。

A. 光功率计　　B. 兆欧表

C. 万用表　　D. 光时域反射仪

2. 下列仪表中,能对光缆障碍进行定点的是(　　)。

A. 地阻仪　　B. OTDR　　C. 万用表　　D. 兆欧表

三、判断题

1. 对于 1+1 保护方式,由于一端是永久性桥接的,因而保护倒换只需由下游端作决定即可。(　　)

2. 光线缆路发生障碍时,应遵循边抢通、边修复的原则。(　　)

3. 国标规定,主干通信电缆一般都必须施行充气维护。(　　)

4. 进入局(站)内的光(电)缆线路防雷保护措施同野外直埋光缆线路一样,光缆内的金属构件不作防雷接地处理。(　　)

四、简答和论述题

1. 简述进行光缆杆路维护的过程和注意事项。

2. 简述 EPON 的常见故障和维护中的注意事项。

3. 怎样应付突发性故障,在什么情况下布放应急光缆?

4. 简述光缆割接技术管理工作的全过程。谈谈带业务割接的典型操作方法,简述一级光缆线路带业务割接机线配合流程。

5. 架空光缆线路日常巡检的重要意义是什么?

6. 简述光缆断线定位和处理方法。

7. 总结并说明电缆线路查障与修复的基本步骤。查障中需要注意哪些安全问题?

8. 简述电缆交接箱改接的过程和注意事项。

9. 电缆改接前期工作的目的和重要意义。

10. 调查现场用户下线分布情况,说明填制配线表及改线簿的重要意义是什么。

五、综合分析题

1. OTDR 测试光缆线路时可以得到后向散射曲线,从曲线上可以看到光缆的熔接点、活动接头、机械接头、光缆终点、光纤过度弯曲和光纤裂纹等事件,请根据图 6-24 指出 1、2、3、4、5、6 各点分别可能对应上述的什么事件。

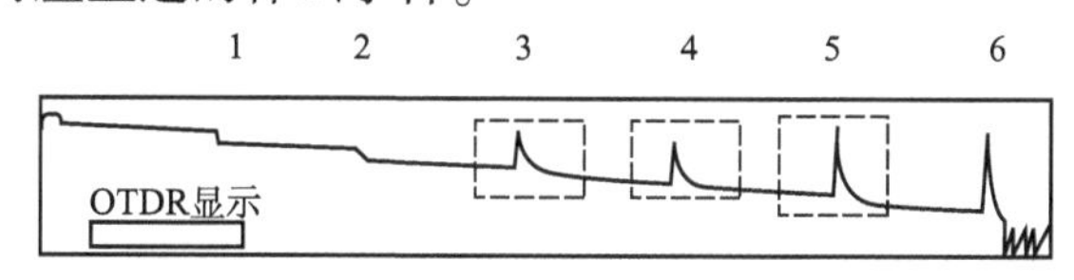

图 6-24　OTDR 曲线

2. 如图 6-25 所示为 EPON 通信线路接入示意图。局端的语音、数据以及 IPTV 多业务通过光网络接入交接箱,自交接箱由一根光纤接入一小区机房的光分路器和 ODF,再由用户配线光缆接入各个单元楼道的 ONU,由 ONU 进行 O/E 转换、多业务处理后,经过铜缆接入用户终端。

(1)若其中一个单元楼道所属的全部用户都发生上网速率明显变低现象,试分析引起故障的原因(指出 2 个以上可能发生的故障点)以及排障方法。

(2)若发生整个小区各个单元所有用户全业务中断,试分析引起故障的原因(指出3个以上可能发生的故障点)以及排障方法。

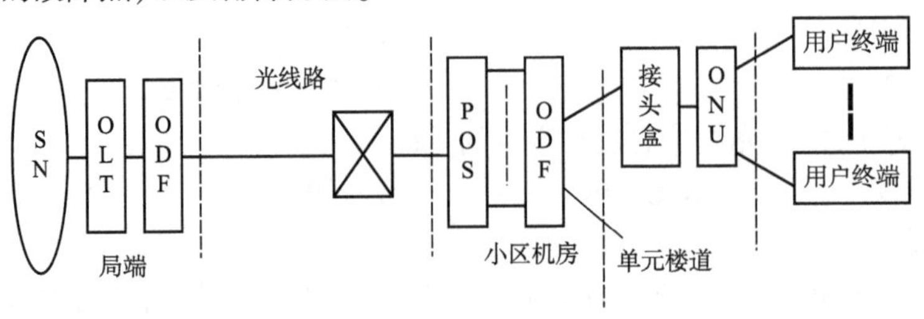

图6-25　EPON通信线路接入示意图

参 考 文 献

[1] 中华人民共和国通信行业标准. YD 5121—2010 通信线路工程验收规范[S],北京:北京邮电大学出版社,2010.

[2] 陈东升. 通信光缆电缆线路工程设计与施工新技术及验收规范实用手册[M],北京:科大电子出版社,2003.

[3] 李立高. 通信线路工程[M],西安:西安电子科技大学出版社,2008.

[4] 中华人民共和国通信行业标准. YD/T 908—2011 光缆型号命名方法[S],北京:人民邮电出版社,2012.

[5] 中华人民国家标准. GB 50373—2006 通信管道与通道工程设计规范[S],北京:中国计划出版社,2007.

[6] AQ7260 OTDR 光时域反射仪 简易操作手册,横河电机株式会社.

[7] 中国通信企业协会通信设计施工专业委员会. 通信施工企业管理人员安全生产培训教材,2010.